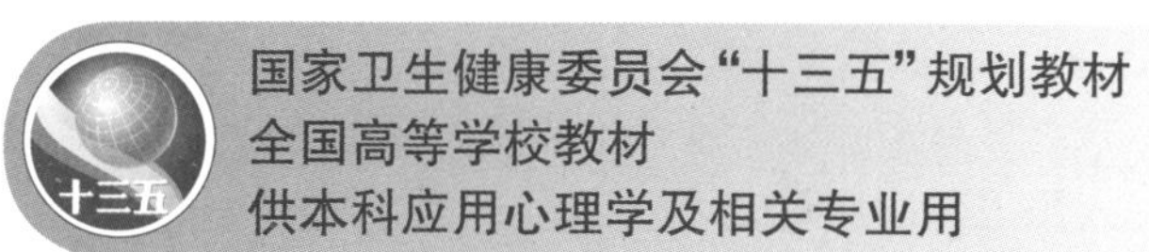

国家卫生健康委员会“十三五”规划教材
全国高等学校教材
供本科应用心理学及相关专业用

发展心理学
Developmental Psychology

第3版

主　　编　马　莹

副 主 编　刘爱书　杨美荣　吴寒斌

编　　者（以姓氏笔画为序）

马　莹（上海海洋大学）
刘爱书（哈尔滨师范大学）
杨美荣（华北理工大学）
吴寒斌（江西中医药大学）
周　莉（大连医科大学）
赵　岩（上海市教育科学研究院）
徐　伟（滨州医学院）
姬　菁（陕西中医药大学）
温子栋（天津中医药大学）
谢杏利（蚌埠医学院）
蔡珍珍（齐齐哈尔医学院）

人民卫生出版社

图书在版编目(CIP)数据

发展心理学 / 马莹主编. —3 版. —北京：人民卫生出版社，2018

全国高等学校应用心理学专业第三轮规划教材

ISBN 978-7-117-26801-1

Ⅰ. ①发… Ⅱ. ①马… Ⅲ. ①发展心理学－高等学校－教材 Ⅳ. ①B844

中国版本图书馆 CIP 数据核字(2018)第 130820 号

发展心理学

第 3 版

主　　编：马　莹

出版发行：人民卫生出版社（中继线 010-59780011）

地　　址：北京市朝阳区潘家园南里 19 号

邮　　编：100021

E - mail：pmph @ pmph.com

购书热线：010-59787592　010-59787584　010-65264830

印　　刷：三河市尚艺印装有限公司

经　　销：新华书店

开　　本：850 × 1168　1/16　　印张：18　　插页：8

字　　数：483 千字

版　　次：2007 年 7 月第 1 版　　2018 年 7 月第 3 版

2022 年 11 月第 3 版第 4 次印刷（总第 10 次印刷）

标准书号：ISBN 978-7-117-26801-1

定　　价：65.00 元

全国高等学校应用心理学专业第三轮规划教材

修订说明

全国高等学校本科应用心理学专业第一轮规划教材于2007年出版，共19个品种，经过几年的教学实践，得到广大师生的普遍好评，填补了应用心理学专业教材出版的空白。2013年修订出版第二轮教材共25种。这两套教材的出版标志着我国应用心理学专业教学开始规范化和系统化，对我国应用心理学专业学科体系逐渐形成和发展起到促进作用，推动了我国高等院校应用心理学教育的发展。2016年经过两次教材评审委员会研讨，并委托齐齐哈尔医学院对全国应用心理学专业教学情况及教材使用情况做了深入调研，启动第三轮教材修订工作。根据本专业培养目标和教育部对本专业必修课的要求及调研结果，本轮教材将心理学实验教程和认知心理学去掉，增加情绪心理学共24种。

为了适应新的教学目标及与国际心理学发展接轨，教材建设应不断推陈出新，及时更新教学理念，进一步完善教学内容和课程体系建设。本轮教材的编写原则与特色如下：

1. 坚持本科教材的编写原则　教材编写遵循“三基”“五性”“三特定”的编写要求。

2. 坚持必须够用的原则　满足培养能够掌握扎实的心理学基本理论和心理技术，能够具有较强的技术应用能力和实践动手能力，能够具有技术创新和独立解决实际问题的能力，能够不断成长为某一领域的高级应用心理学专门人才的需要。

3. 坚持整体优化的原则　对各门课程内容的边界进行清晰界定，避免遗落和不必要的重复，如果必须重复的内容应注意知识点的一致性，尤其对同一定义尽量使用标准的释义，力争做到统一。同时要注意编写风格接近，体现整套教材的系统性。

4. 坚持教材数字化发展方向　在纸质教材的基础上，编写制作融合教材，其中具有丰富数字化教学内容，帮助学生提高自主学习能力。学生扫描教材二维码即可随时学习数字内容，提升学习兴趣和学习效果。

第三轮规划教材全套共24种，适用于本科应用心理学专业及其他相关专业使用，也可作为心理咨询师及心理治疗师培训教材，将于2018年秋季出版使用。希望全国广大院校在使用过程中提供宝贵意见，为完善教材体系、提高教材质量及第四轮规划教材的修订工作建言献策。

第三届全国高等学校应用心理学专业教材评审委员会

教材目录

序号	书名	主编	副主编
1	心理学基础(第3版)	杜文东	吕　航　杨世昌　李　秀
2	生理心理学(第3版)	杨艳杰	朱熊兆　汪萌芽　廖美玲
3	西方心理学史(第3版)	郭本禹	崔光辉　郑文清　曲海英
4	实验心理学(第3版)	郭秀艳	周　楚　申寻兵　孙红梅
5	心理统计学(第3版)	姚应水	隋　虹　林爱华　宿　庄
6	心理评估(第3版)	姚树桥	刘　畅　李晓敏　邓　伟　许明智
7	心理科学研究方法(第3版)	李功迎	关晓光　唐　宏　赵行宇
8	发展心理学(第3版)	马　莹	刘爱书　杨美荣　吴寒斌
9	变态心理学(第3版)	刘新民　杨甫德	朱金富　张　宁　赵静波
10	行为医学(第3版)	白　波	张作记　唐峥华　杨秀贤
11	心身医学(第3版)	潘　芳　吉　峰	方力群　张　俐　田旭升
12	心理治疗(第3版)	胡佩诚　赵旭东	郭　丽　李　英　李占江
13	咨询心理学(第3版)	杨凤池	张曼华　刘传新　王绍礼
14	健康心理学(第3版)	钱　明	张　颖　赵阿勐　蒋春雷
15	心理健康教育学(第3版)	孙宏伟　冯正直	齐金玲　张丽芳　杜玉凤
16	人格心理学(第3版)	王　伟	方建群　阴山燕　杭荣华
17	社会心理学(第3版)	苑　杰	杨小丽　梁立夫　曹建琴
18	中医心理学(第3版)	庄田畋　王玉花	张丽萍　安春平　席　斌
19	神经心理学(第2版)	何金彩　朱雨岚	谢　鹏　刘破资　吴大兴
20	管理心理学(第2版)	崔光成	庞　宇　张殿君　许传志　付　伟
21	教育心理学(第2版)	乔建中	魏　玲
22	性心理学(第2版)	李荐中	许华山　曾　勇
23	心理援助教程(第2版)	洪　炜	傅文青　牛振海　林贤浩
24	情绪心理学	王福顺	张艳萍　成　敬　姜长青

配套教材目录

序号	书名	主编
1	心理学基础学习指导与习题集（第2版）	杨世昌　吕　航
2	生理心理学学习指导与习题集（第2版）	杨艳杰
3	心理评估学习指导与习题集（第2版）	刘　畅
4	心理学研究方法实践指导与习题集（第2版）	赵静波　李功迎
5	发展心理学学习指导与习题集（第2版）	马　莹
6	变态心理学学习指导与习题集（第2版）	刘新民
7	行为医学学习指导与习题集（第2版）	张作记
8	心身医学学习指导与习题集（第2版）	吉　峰　潘　芳
9	心理治疗学习指导与习题集（第2版）	郭　丽
10	咨询心理学学习指导与习题集（第2版）	高新义　刘传新
11	管理心理学学习指导与习题集（第2版）	付　伟
12	性心理学学习指导与习题集（第2版）	许华山
13	西方心理学史学习指导与习题集	郭本禹

主编简介

马莹，教授，博士，硕士生导师。《中国健康心理学杂志》编委；中国心理卫生协会大学生心理咨询专业委员会委员；中国心理卫生协会团体心理辅导与治疗专业委员会委员；中国心理学会会员；上海高校心理咨询协会职业伦理专业委员会副主任委员；上海高校心理咨询协会首批认证督导师。上海首批教师心理健康发展服务中心专家咨询师。曾2次赴日访学。2013年7月赴美国加州大学伯克利分校学术交流。期间，为美国加州伯克利大学心理咨询和服务中心全体专职心理咨询人员做题为"中国女性心理压力的文化分析"演讲报告，引起热烈反响，再次受邀，继而又做题为"中国男性心理的文化分析"报告，引起了美国心理学者对中国文化心理的强烈兴趣。

长期从事心理学教学科研与心理咨询工作，主要讲授《社会心理学》《基础心理学》《发展心理学》《心理咨询理论与技术》等课程。研究方向：社会心理学、心理咨询学、发展心理学。

主持省级以上课题20余项；发表专业论文数十篇；主编出版《心理咨询技术与方法》《心理咨询理论研究》《变态心理学》《发展心理学》《大学生心理健康》等专业教材、专著16部；其中《大学生心理健康》获"2011—2015年上海普通高校优秀教材奖"、"第十二届全国大学生心理健康教育与咨询学术大会优秀论著奖"；《心理咨询技术与方法（第2版）》获2017年"上海高校心理咨询协会第25届学术年会暨2017年上海国际心理咨询理论与实践论坛"优秀著作奖；主讲的《大学生心理健康与成长》课程被评为上海高校市级体育和健康教育精品课程；"2016—2018年上海高校辅导员名师工作室主持"；连续2次获评上海海洋大学"好课堂"称号；2011—2013年间，曾2次获得上海高校微课程竞赛一等奖，1次示范奖；首届全国高校微课教学比赛二等奖。

副主编简介

刘爱书，教授，博士生导师，哈尔滨师范大学教育科学学院心理系主任，心理学一级学科硕士点带头人。中国心理学会发展心理专业委员会委员，黑龙江省心理学会副理事长，《心理科学》和《中国心理卫生杂志》审稿专家，国家自然科学基金一审评委，教育部人文社科项目一审评委。

主要从事《发展心理学》和《心理学研究方法》教学工作，主持省高等教育教学改革项目 1 项，主编《发展心理学》教材一部。研究方向为童年期不良经历对心理发展的影响。主持省自然科学基金项目 1 项，省哲学社会科学研究规划项目 2 项。在《心理科学》《中国特殊教育》《中国心理卫生杂志》《中国临床心理学杂志》等刊物发表论文百余篇，多次获得省社会科学优秀成果奖。

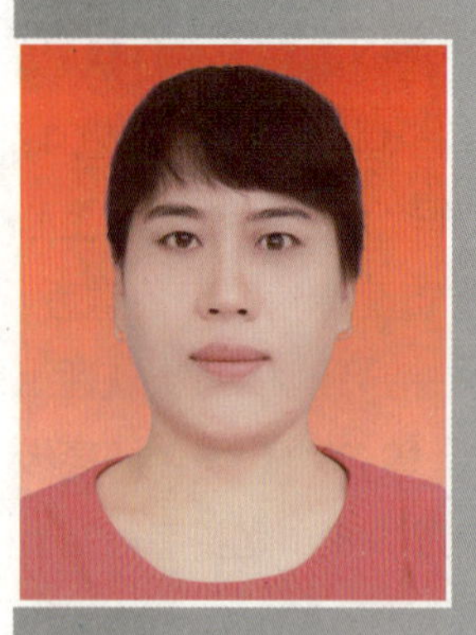

杨美荣，副教授，硕士生导师。现任华北理工大学心理学院心理学系主任，教师党支部书记，中国心理学会会员，河北省心理学会会员，唐山市心理卫生协会心理评估专业委员会主任委员。国家卫健委"十三五"规划教材《发展心理学》（人民卫生出版社）副主编，《中国煤炭工业医学杂志》《教育现代化杂志》编委。

从事《发展心理学》课程的教学工作多年，研究方向为儿童青少年心理行为问题干预。主持省级、市厅级项目 7 项，发表中文核心期刊论文 20 余篇。研究成果获得唐山市科技进步二等奖、三等奖。先后获得"唐山市直教育系统优秀共产党员"、"华北理工大学优秀共产党员"、"大学生创业计划竞赛优秀指导教师"、"大学生学科竞赛优秀指导教师"等荣誉称号。

副主编简介

吴寒斌，副教授，硕士生导师，博士，中西医结合学会心身医学专业委员会委员，中华医学会行为医学分会行为预防学组委员，主要研究领域为应用心理学。

近年来主要讲授《普通心理学》(*Essentials of Understanding Psychology*)(双语)《人格心理学》《发展心理学》《精神分析与梦的解析》等专业基础课程和人文素质通识课程，教学风格风趣幽默，有良好的亲和力，深受好评。主持各级各类课题 20 余项，出版专著 2 部，主编原卫生部“十二五”规划教材 1 部，副主编 2 部，参编论著 3 部。参编的教材《中学教育学》被指定为江西省中学教师资格认定考试辅导用书；近年来在省级以上学术刊物发表学术论文 30 余篇，多篇论文在全国性或省级学术会议上获奖。

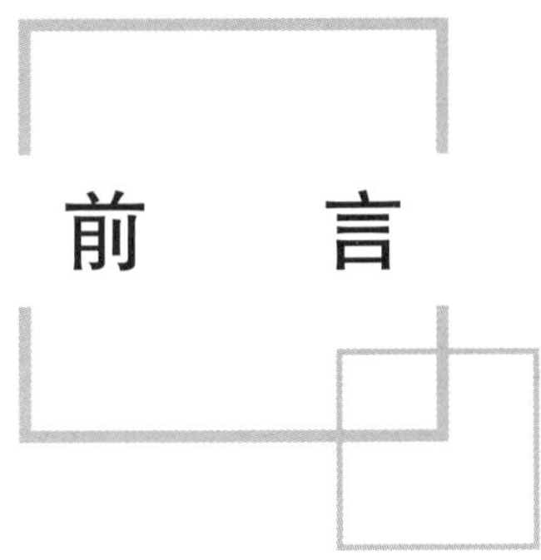

前　言

西方古老宗教用“斯芬克斯之谜”这样的神话来提醒人们首先要了解自己，否则会被大自然中的“怪兽”吞没。

中国古代先贤用哲理警句提醒人们了解自己非常重要。“知人者智，自知者明”。一个人一旦达到了知己知彼的“智”与“明”的层次时，就会了悟人生成长的规律而不违背自然；了解大自然发展的规律，顺应自然；就知道如何树立自己的生活目标而不好高骛远；如何去和他人进行良好的沟通而少发生误会；如何教育好下一代而不揠苗助长；如何管理好员工和下属而发挥更大的潜能；如何与服务对象沟通而被服务对象认可；如何与患者交谈而促进医患关系；如何对服刑者进行改造而让服刑者心服口服……

然而，知人者易，知己者难。

现代社会飞速发展，人类出现了许多心理问题与痛苦，以致影响到了生理的健康发展，心身疾病、神经精神疾病及社会适应不良等问题迭起。表面看似乎是生活节奏加快，社会变化太快，社会竞争加剧所致，实际上更多的原因是由于人类对自身不了解所致。

如何了解人类自己？

发展心理学会告诉你答案！

发展心理学是心理学的分支学科，是研究个体心理发展规律和各年龄阶段心理特征的科学。从狭义发展心理学的角度说，是以人类个体从出生到成熟再到衰老的生命全程中各个年龄阶段心理发展特点为研究对象，探讨个体心理发展的基本规律；解释个体在不同阶段心理发展的特点；找出促进个体心理发展的科学方法。也就是说，发展心理学能告诉人们：一个人不但要认识到自己活着，还要知道如何活才能活得更精彩，更少走弯路，更能挖掘自身潜在的能量。一句话，要知道科学地活着，那就必须得知道人的发展规律，尤其是心理发展规律，懂得人的心理是怎样发生、发展和衰退的，原因是什么，有哪些规律和特点等等。人只有认识自己、认识自己的心理及其变化和发展的规律与特点，人才能够更好地适应社会生活，才能够促进生活的变化也促进自身的发展，也才能够更好地体验人生、感悟人生、总结人生，提高生活质量。

正因为发展心理学有如此重要的作用，所以，发展心理学不仅仅是心理学专业学习的内容，而是任何专业都应该学习的内容，一句话，人类都应该学习它。

本教材以人类心理发展在人生的各阶段“是什么？”——“为什么？”——“怎么办？”为脉络展开阐述，揭示人类从生命诞生的那一刻起，到生命终止的全程中人类心理的不同特点与发展规律，分析心理产生发展的原因，提出促进心理健康发展的有效方法。全书共十一章，在国家级“十二五”规划教材基础上编写，增加了许多前沿性知识与最新科研成果；注重理论联系实际；突出了应用性与指导性；增加了临床实践性与操作性。作者均是在高校工作的一线教授学者，具有扎实的专业基础知识和丰富的教学、写作以及咨询实践经验。每位作者态度严谨、精益求精，反复修稿，力图反映发展心理学的最高研究水平，但由于种种原因，难免存在不足与遗憾，请同仁们指正！在编写的过程中吸收了国内外许多专家学者的宝贵文献资料，向他们表示真诚的感谢！

非常感谢各位作者本着为读者负责的精神，齐心合力，互相学习，互相支持完成了本书的写作。

马　莹

2018年5月

目　录

第一章　绪　论

本章要点

发展心理学是研究个体心理发生发展规律和各年龄阶段心理特征的科学。有广义与狭义之分。本书主要论述的是狭义发展心理学，是以人类个体从出生到成熟再到衰老的生命全程中各个年龄阶段心理发展特点与规律为研究对象的学科。其主要内容为：探讨个体心理发展的基本规律；解释个体在不同阶段心理发展的特点；找出促进个体心理发展的科学方法。用诸如横断设计、纵向设计、序列设计、微观发生设计以及观察法、测验法等许多方法，研究发展心理学的基本理论问题，探索人类个体心理发展的规律。展望中国发展心理学研究的未来。

关键词

儿童心理学　发展心理学　遗传与环境　内因与外因　连续与阶段　发展心理学的中国化

案例

小刚的妈妈与小雨的妈妈在院子里就有关自家孩子的一些变化进行交流。3岁小刚的妈妈抱怨说“我家小刚自从今年与邻居家5岁的童童玩耍后就再也不听话了，任性管不住，都是童童给影响坏了……”。小雨的妈妈忧郁地说“我家宝宝却是太听话了，我们说什么她都听，就是不愿意说话，不愿意与我们交流，只是简单地点点头、摇摇头，急死人了。都8岁的人了，一个人不敢出门与小朋友们玩，不敢主动与任何人说话，我担心她是自闭症啊……”。

人生的发展历程，是由许多不同阶段构成的，每一个发展阶段，都有其相应的发展特点。同样是一声哭喊，哲学家们认为那是人们不愿意降落在充满变数与未知的世界中的逃避反应，人世间有幸福，但更多的是艰辛；有欢乐但痛苦也总是不可避免。生又意味着不可避免死，对生充满希望，对死怀有恐惧，所以人们总会在痛苦中追求欢乐（人有旦夕祸福），在欢乐中回避痛苦（居安思危）。但医学家认为，当胎儿从母体中诞生后没有声音发出，就意味着生命的危险，第一声哭表明胎儿的生存状态是健康的，同时第一声哭又是与大自然第一次接触的反应。而心理学家认为胎儿的第一声哭，既有生物学的意义，也有心理学的意义。心理学的意义就在于表明自己是存在的、哭声既是客观环境的刺激物，又是接受环境刺激的心理反应。因此，如何认识人们在不同阶段做出的反应，使人们彼此之间能够有效地沟通与理解，少走弯路，更能挖掘自身潜在的能量，《发展心理学》会告诉我们答案。人只有认识自己、认识自己的心理及其变化和发展的规律与特点，人才能够更好地适应社会生活，才能够促进生活的变化也促进自身的发展，也才能够更好地体验人生、感悟人生、总结人生，提高生活质量。

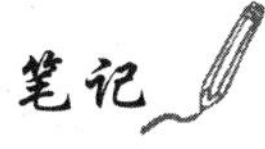

小刚妈妈与小雨妈妈如果了解人类发展的心理与行为特点，那也就会更积极地看到小刚与小雨的变化，理解并接纳小刚小雨的行为反应，更好地促进孩子的健康成长。因此，《发展心理学》我们每个人都应该学习。

第一节　发展心理学及其研究内容

一、发展心理学及其研究内容

（一）发展与发展心理学

发展（development）一词，有多种解释。从哲学的角度讲，是指事物由小到大，由简到繁，由低级到高级，由旧物质到新物质的运动变化过程。从生物学角度讲，是指个体从出生到死亡的一生中，在遗传基础上，生理、心理、才能、经验等在时间上变化的过程。从心理学的角度讲，是指人类个体从出生到死亡整个生命过程中的生理与心理两方面的变化。这个变化是通过两个方面来表现的，一个是心理的种系发展，指从动物到人类和人类各个阶段演化过程中心理发生发展的历史；另一个是人类的心理发展，是指人类个体从生到死亡整个过程中心理发生发展的历史。我们主要从心理学的角度来认识发展。

1. **心理的种系发展**　种系的心理发展，又分为动物种系演进过程中心理的发展和人类历史发展过程中的心理发展。心理现象是动物在长期适应环境的过程中，随着神经系统的产生而出现，又随着神经系统的发展和完善，由低级到高级发展的。以种系发展的观点看心理，意味着心理发展是一个连续不断的、积极的进化过程。

动物界的进化是由单细胞动物发展为多细胞动物的。单细胞动物（如变形虫）具有一种散漫的、无意向的、无中枢的网状神经系统，能产生刺激感应性反应，即能在一定范围内按照环境中的变化要素及自身的生存需要来调整自己的动作。这个阶段动物所具有的感觉细胞，专门负责反应的传导职能，这就是最简单的心理现象，即感觉萌芽。

从单细胞动物发展到多细胞动物，是动物进化史上的一个飞跃。从多细胞动物开始，动物身体的各个部分为适应生活环境的变化而逐渐分化，出现了专门接受外界刺激的特殊细胞。这些细胞逐渐集中，形成了专门的器官，如感觉器官、运动器官等。从单细胞原生动物到多细胞的环节动物，开始出现了心理发展的最初阶段——感觉阶段。

动物从无脊椎动物进化到脊椎动物后，其神经系统就有了很大发展。具体标志是出现了脑和脊髓。随着大脑的进化，动物的各种感觉器官和运动器官也相应完善起来并日趋专门化，在神经系统的支配和调节下，获得了反映事物整体特性的知觉能力，也就是说，动物的心理进入知觉阶段。

从低等的脊椎动物进化到高等脊椎动物，它们的神经系统更加完善，大脑半球出现了沟回，从而扩大了皮质的表面积。与此同时，它们脑的各部分功能也日益分化，使其心理和行为得到了更大的改善与提高。灵长类动物的神经系统达到了相当完善的程度，其大脑在外形、细微结构和功能上都已接近人脑。大脑皮质功能的完善，不仅使它们对外界刺激的分析和综合能力增强了，而且使其对事物之间关系的认知更清晰、更准确。类人猿的心理已出现了思维的萌芽。

2. **人类的心理发展**　人类的心理发展是指个体从出生到衰亡的整个过程中的心理发展，也就是个体心理发展。科学认为人类是由动物进化而来的。人类学家认为，从直立行走的古猿到能制造工具的人，这一时期应是从猿到人的过渡阶段。直立行走，手的发展，使双手从行走功能中解放出来，成为劳动的器官；头部可以抬起，视野得以扩大，来自各种感官的刺激增多，摄入大脑的映象增多，都会有效促进大脑的功能，为复杂而又丰富的心理现象产

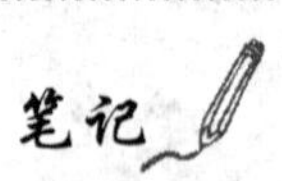

生准备物质基础。脑是心理的活动器官，已得到了生活经验、临床事实和科学研究的证明。古猿在抓握和操纵物体时，由于双手与物体的接触而接受了各种各样的刺激，成为认识物体的器官，促进了感知觉的发展。使用和制造工具标志着劳动的开始，人类在长期的劳动中，通过“工具”作用于劳动对象，积累经验，认识“工具”的种种客观属性，这一切使得人类慢慢产生了各种各样的观念。语言在劳动实践中又逐渐产生了。语言是从劳动中和劳动一起产生的，在劳动和语言的推动下，猿的脑髓就逐渐地变成了人脑髓，使人类的认识能力发展到一个新的阶段，即语词思维或抽象思维开始出现。可见，人类心理的产生和发展离不开人的社会生活实践，离不开各种社会关系。

人类的心理是世界上最复杂的现象之一，人与人之间的心理表现各不相同，每个人自身的心理也在不断变化，在不同年龄阶段又表现出不同的心理特点。但是，心理的发生、发展和衰退，同其他事物一样，都是有规律的，是可以认识的。具体而言，人类个体心理发展具有如下几个特点：第一，意识是人类心理发展的最高体现。人类通过语言概括、主观能动地反映客观事物，可以有计划有目的地认识社会、适应社会以及改造自然。人不仅能够运用意识了解当下的生活状况，总结过去的经验、教训，而且还能预测或期望未来的生活图景。不仅如此，人还能够运用意识认识自己，认识外部世界，组织社会关系，有目的地改造主客观世界。自我意识是人类心理的特有形式。第二，心理发展延续人类一生的过程。从新生儿出生到少年期的发育、青年期的成熟、成年期的稳定和老年期的衰退以至死亡，人类心理都在变化发展中。第三，心理发展按照从低级向高级发展的序列进行，可以分为不同的阶段，如婴儿、幼儿、童年、少年、青年、成年、老年等，且每一阶段的心理发展速度不尽相同。第四，心理发展具有个别差异性。发展虽具有一般的规律，但在不同的个体身上，发展又表现出其特殊性，主要体现在发展的速度和发展的水平上，不同的人，心理发展达到成熟的时间是不同的，有的人早熟，有的人晚熟。另一方面，个体生存的环境不同，人们在与环境的相互作用下，无不受具体的社会、自然环境等的影响，形成具有一定特征的社会化个体。

因此，我们可以这样认为：发展心理学就是研究心理发生发展规律的科学，是心理学科的重要分支。

（二）发展心理学研究的对象与内容

根据发展心理学的概念，可以划分出广义与狭义之分。广义的发展心理学包括动物心理学（比较心理学）、民族心理学、个体发展心理学等。狭义的发展心理学，就是人类个体发展心理学。本书主要论述的是狭义发展心理学，也就是以人类个体从出生到成熟再到衰老的生命全程中各个年龄阶段的心理发展特点与规律为研究对象。

人类心理发展是整体的发展，内部的各项要素是有机的统一体，每一种心理要素的发展都直接或间接地影响着其他心理要素，很难孤立地分割开来。但是，我们以人类从出生到死亡发展的年龄轨迹为视角，将人类在每一个阶段的生理心理因素发展、心理功能发展、行为发展、言语发展等作为研究对象，也可以揭示人类心理发展的普遍规律，探讨心理发展的机制，并提出促进心理健康发展的措施和方法。具体研究以下内容：

1. 探讨个体心理发展的基本规律　主要探讨引起个体心理发展变化的原因以及变化的规律。如儿童语言是如何获得的；为什么不同国家或不同民族的儿童们尽管其母语不同，但却表现出相似的语言发展阶段；人类的心理发展变化是否有规律可循；人的心理发展过程是主观能动，还是环境推动；促进人类心理发展的根本原因是什么，是分阶段的还是连续发展，人类发展的关键期是否存在，发展的重点是开放的还是有最终目标的等。对这一系列问题的不同回答就形成了发展心理学的不同理论流派。

2. 解释个体在不同阶段心理发展的特点　心理的发展是一个过程，在这个过程中，发

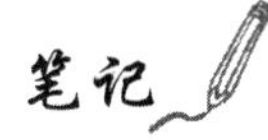

展的速度是不均衡的，有时急剧发展，有时近乎停滞，并且不同时期又表现出不同的心理特点。为了能够比较准确地描述这些发展特点，人们把整个连续的心理历程划分为若干个具有相似的发展速度和特点的区间，也就是年龄发展阶段。根据每个阶段表现出的不同特点，研究个体心理发展的规律。然而，虽然我们在理论上认为个体每一个年龄阶段都会有其独特的特征，但是由于研究者所研究观察的对象年龄不一样，研究的视角不一样，研究方法不一样，研究所得出的观点也不尽相同。如弗洛伊德将人的性心理发展分为五阶段，埃里克森将人的心理发展划分为八阶段，皮亚杰又将人的认知发展分为四阶段，科尔伯格又提出了道德认知发展有三个水平六个阶段等理论观点。

本书在参考国内外各家学派观点基础上，将个体心理发展特点以年龄发展为线索，划分为以下九个阶段：

（1）胎儿期：指从母亲受孕到个体出生前这一阶段。这个时期大约要经历九个月。个体从受精卵发育成为五官俱全、具备人类生命全部特质的胎儿，其神经生理和心理功能是如何发展的，影响胎儿身心发展的因素有哪些等都需要我们去研究。

（2）婴儿期：指胎儿从出生到3岁左右。婴儿期是人生发展中最快的一个时期，在生理和心理的各个方面都取得了长足进展，尤其引人注目的是动作和言语方面的发展。婴儿的动作和言语的发展程度反映着婴儿的心理发展水平，制约和影响着其他方面的发展等，备受人们的关注。但是，婴儿的心理发展又是以什么形式发展，并有哪些因素促进其发展的？

（3）幼儿期：指幼儿3～6岁这一时期。幼儿随着动作和言语的进一步发展，神经系统发育得不断完善，身体运动与动作技能等更加协调。游戏是这个时期的主要活动形式，通过游戏，幼儿模仿成人的语言与行为，将成人的教育、榜样内化为自己的行为；幼儿在游戏中了解人与人、人与物之间的各种关系，在游戏中思考。思考过程伴随着游戏动作，并以外部言语的形式表现出来，游戏进一步促进了幼儿的心理发展。那么如何更好地运用游戏促进幼儿的发展呢？

（4）童年期：指6～12岁这一时期。这时儿童进入小学，学习成为他们的主要活动。学习习惯与社会行为的许多良好习惯在这个阶段形成。通过系统的小学教育，儿童掌握的书面言语知识和范围逐步扩大，进一步促进了儿童的心理发展。学习科目与内容的增加，社交范围的扩展，促进了儿童抽象逻辑思维能力以及心理过程的进一步发展，儿童初步的责任感、义务感和道德感在有意识地培养。然而，童年期不良的社会交往方式与内容发展又会给儿童带来行为发展的障碍。

（5）少年期：大致在12～16岁这一时期。这时少年生理上趋于成熟的时期。在生理上以性发育为主要标志，在心理上以意识到自己不再是孩子为主要标志，而这两者恰恰是同时出现的。然而，心理发展的速度却比生理发展的速度相对缓慢，处于从幼稚向成熟发展的过渡期。这种生理和心理发展的不平衡和急剧的转变，使少年出现了矛盾心理，反抗与依赖，闭锁与开放，创造与批判、高傲与自卑等心理凸现。少年期是从儿童的幼稚期向青年的成熟期发展的过渡阶段，是幼稚与成熟并存、面临诸多变化和转折的关键时期。

（6）青年期：是指从16～18岁这一时期。相当于高中教育阶段。在经过少年期的过渡后，少年期那种情绪上的动荡、不安等已逐渐平息，个体的学习内容更加复杂、深刻，生活更加丰富多彩，心理上逐渐走向成熟并开始设计自己的未来，对生活充满了渴望和热爱，也充满了憧憬和幻想，个体进入了青年期这个相对平稳的发展状态。然而，随着青年理性抽象逻辑思维的快速发展，新的需要与原有认知结构之间构成了新的矛盾，理论认识丰富与实践经历相对薄弱构成了新的矛盾，因此，青年往往会过高估计自己，对自己提出过高的要求，遇到挫折，又容易低估自己。

笔记

（7）成年初期：是指18～35岁这一时期，又可以说是青年晚期。这一时期，个体的自我意识、人生观、同一性、价值观等迅速发展并趋于稳定；恋爱、婚姻、家庭的建立，职业选择与事业的发展等具有社会责任感的生活和活动内容越来越丰富，进一步检验着个体的主观认知。因此，这个时期，是个体由感性向理性转变、完善自我发展的关键期。由此也会出现一系列发展过程中由精神上独立到行为上独立成长的矛盾。

（8）成年中期：是指35～60岁左右这一时期。人到中年，随着事业的稳定、生活方式的稳定以及社交圈子的稳定，个性也趋于稳定，并导致了认识方式的稳定和思维习惯的形成。但是，这一阶段的成年人，承担着重要的社会责任。在家庭中，上有老人，下有孩子；在社会中，一般都是组织部门中的中坚力量，事业上升发展，是人生的“爬坡阶段”，一方面要照顾帮助家庭中的老小，另一方面又不甘安于现状，事业上要有所作为、有所成就；对社会、家庭的使命感和责任感会使中年人产生较大的心理压力，身心危机最容易产生。

（9）成年晚期：是指60岁以后直至死亡这段时期。人到老年，心理和生理上都出现了退行性的变化，逐渐退出了社会主要角色，由社会和家庭中的“强者”变成了“弱者”，对于社会和家庭已不再起支配作用，对自己的最后生活和角色要进行重新定位。赋闲养老、欢度晚年已成为生活的主要内容。随着体力下降、精力不足，以及与社会接触的机会越来越少，老年人要面对生理上的衰退、心理上的孤独、疾病以及死亡等课题，老年人的自尊心和自信心也面临着严峻考验。

3. 找出促进个体心理发展的科学方法 研究不同阶段个体心理发展的特点与基本规律，其目的是为了促进个体心理健康发展。无论是个体自身的原因，还是个体生存的客观环境以及教育方法的原因，个体在心理发展的过程中，都不是一帆风顺的。无论个体在婴幼儿阶段还是青少年阶段甚至于成年阶段，都要主动或被动地接受学校社会的教育，如果不按照个体身心发展规律和个体心理差异引导教育，个体有可能遭遇挫折或出现心理发展困难现象，因此，发展心理研究必须坚持实事求是和理论联系实际的原则，从实际出发，详细积累材料，进行分析综合，做出理论概括，找出科学方法，解决个体心理发展中存在的问题，促进个体心理健康发展。

二、发展心理学的研究设计

现代发展心理学称之为一门科学，是因为研究者在研究过程中采用了科学的方法。所谓科学的方法就是用客观调查所得的数据证明所提出理论观点的合理性和优点。科学的方法包括建立设想并通过研究观察等检验设想。下面简要介绍几种研究设计，即横断设计、纵向设计、序列设计、微观发生设计。

（一）横断设计

横断设计是指在特定时间内同时观测不同的个体来探索其发展状况的研究设计。在横断设计中，研究者在同一时间对不同年龄组的被试进行研究。这种设计对描述与年龄相关的趋势来说是一个有效的策略。因为只需要对被试进行一次测量，研究者不必担心被试退出或者练习效应的问题。所以，横断设计避开了被试需要重复测量的有关问题。比如，要比较不同年龄儿童的利他行为，可以同时让8岁、10岁和12岁的儿童面对一个年龄较小（如6岁）的孩子，观察他们是否会把自己有限的资源（如糖果或其他食品）与对方分享，借以确认这种分享行为是否会随着年龄增长而增多。

横断设计的最大优点是在短时间内能够收集到不同年龄被试的资料。而且横断研究设计可以同时研究较大样本，成本低，费用少，省时省力。

但是，横断设计也有不足。它只是对被试发展过程中的一个时间点进行测量，而个体发展的连续性却无法进行研究。如果不对个体在童年期、少年期和青年期的利他性行为进行连续性测量，就无法解释清楚个体的利他行为是否会随年龄增长或减少。另外，横断设

笔记

计不能解答起因、顺序和一致性问题，它只能告诉我们不同年龄个体偏差行为的差异，但不能回答这种差异产生的原因及影响因素，也不能回答儿童的偏差行为将来会如何发展。

（二）纵向设计

纵向设计是指对同一个体或群体在不同时间内，对他们的某种心理活动进行追踪研究的设计形式。在纵向设计中要求对同一个体或群体进行间隔而重复的观察与测量。对于那些在短期内不能很好地看出个体发展结果的问题，只有通过纵向研究设计，才能经过长期研究后，最后给出结论。纵向设计研究期限短则二三年，长达十几年。比如，在学龄儿童期观察到的利他性特点是否会一直持续到成人期，在幼儿期进行的某些学业方面训练的效果能够持续多长时间，在中年期进行有规律的锻炼是否会在老年期受益等。

纵向设计的优点是可以重复测试相同的研究对象，获取样本中每个人各种特性或发展改变模式的稳定性资料，可以回答发展顺序及一致性或不一致的问题，能够确定发展中的普遍规律和个体差异。但是，纵向设计也有不足，由于研究持续时间比较长，研究的被试可能因生活变迁或时代变化或生病等原因，随研究时间的延续而逐渐减少，研究样本因数量减少而不具有代表性；另外，因反复对研究对象进行评价与测量，可能影响被试的发展，或因对被试多次进行评价或测量，被试对评价或测量会产生熟悉效应，从而影响到所收集到数据的可靠性。

（三）序列设计

为了避免横断设计与纵向设计的不足，研究者将横断设计和纵向设计的优点结合起来，即以一个简单的横断研究或者纵向研究为起点，在大体相同的间隔周期，再加进一个横断研究或者纵向研究，形成一个研究设计序列，这种方法叫序列设计。比如研究 6～12 岁儿童记忆能力的发展，可以从 2006 年开始测量一个 6 岁的样本（2000 年出生）和一个 8 岁的样本（1998 年出生）的记忆能力，接着在 2008 年和 2010 年再次测量这两个样本的记忆能力。

序列设计研究可以通过比较生于不同年代的相同年龄的被试，让研究者发现同辈效应是否起了作用，有助于解释发展中的多样性。另外，它使研究者在同一项研究中能同时进行横断比较和纵向比较。如果在纵向比较和横断比较中，记忆能力按年龄变化的趋势是相同的，那么我们可以确信这些趋势代表了真实的记忆能力的发展变化。

（四）微观发生设计

微观发生设计是指在个体（被试）将要发生重要的发展变化时，反复向他们呈现某种可能引起发展变化的刺激，并监控引起个体行为变化过程的方法。微观发生设计可以克服横断设计与纵向设计的不足，直接研究出个体（被试）的变化形式，即是质变还是量变；变化的速率，即是突然发生还是缓慢发生；变化范围，即在特定领域变化还是广泛存在于各个领域；变化的差异，即个体行为在某个领域内变化的差异有多大等。比如卡雷治、艾德生和豪尔（Courage，Edeson 和 Howe）就采用微观发生设计进行了一项研究。他们结合横断设计和微观发生设计以探讨婴儿视觉再认的发展。在微观发生设计层面，研究对象是 10 个婴儿。研究者在婴儿成长的 15～23 个月之间每周对他们进行两次测量。在研究的横断设计层面，参加的婴儿分别来自 9 个年龄组，每组 10 个婴儿：15 个月大的婴儿为年龄最小组，其次是 16 个月组，依此类推，最大组为 23 个月的婴儿。所有婴儿都要参加三个视觉任务。在第一个任务中，家长偷偷地在婴儿鼻子上涂蓝色的记号，30 秒后，在儿童面前摆上一面镜子。看到镜子里的自己后，摸自己的鼻子或谈论自己外貌变化的儿童，被称为“识别者”；表现出害羞或尴尬的儿童被称为“模棱两可者”；既没有表现出再认，也没有表现出“模棱两可”的儿童被称为“非识别者”。在第二个任务中，要求儿童从三张照片里——包括一张自己的和另外两张同龄、同性别的儿童照片——辨别出自己的照片。在第三个任务中，实验者在儿童头部后方悬挂一个玩具，使儿童可以从镜子里看到玩具。如果婴儿可以回头寻找玩具实际的位置，就算通过了该任务。来自微观发生分析的数据显示，在通过视觉再认的任务前，儿

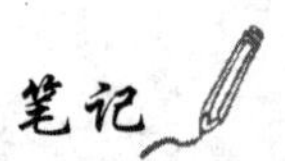

童会经历一段时而可以成功的识别自己，时而又失败的经验。并且，部分儿童经历的这段模糊时期非常短暂，在整个观察过程中只出现一次；而另外一些儿童则会经历较长的模糊期，持续出现在四次的观察中。

当然，微观发生设计也有不足，对被试，尤其是儿童的反复测试可能会引起厌烦，而且未必是真实生活的反映；同时，刺激的反复呈现也会导致练习效应，没有控制组的介入，很难确定有多少变化是由于试验程序造成的，多少是发展本身的。

三、发展心理学研究的具体方法

发展心理学的研究方法是用以收集被试提供的信息并对调查结果进行统计和评价，下面介绍几种常用的方法。

（一）观察法

观察法是发展心理学较为常见的一种方法，是指有目的、有计划地观察个体在一般生活条件下语言和行为的变化，并根据观察的结果判断个体心理发展特点和规律的方法。

根据观察条件的不同可将观察法划分为自然观察法和实验观察法。

1. **自然观察法** 指在日常生活环境中仔细观察个体的行为，并予以记录。

自然观察法的最大优点是：在真实的情境中，发展事件"自然"产生；避免了研究人员个人的偏见；保持行为自然流程的完整性，能够探讨影响行为的因素，了解情境与行为间的关系；可用在缺乏语言表达能力的婴幼儿身上；内容丰富详尽；对同类组群体有较大的普遍意义。其不足是：较难对报告的观察结果进行查证；无法确证引起观察到的行为的真正原因；资料量化困难。

2. **实验观察法** 是指根据研究目的，在特设的实验室条件下，借助一定的仪器、设备，引起个体心理行为的变化，来分析个体心理发展变化的方法。实验观察法是一种经过严密设计在实验室进行的观察，其程序为在个体面前呈现一个被认为会促进所要研究的行为刺激，然后以不被个体觉察的方式（单向玻璃或录像）对个体进行观察，看个体是否会表现出所期待的行为。如在一个有很多有趣玩具的房间里，要求儿童不要动这些玩具，然后研究者借故离开，看这些儿童在没有人监督的情况下会不会做出违规的行为。

实验观察法的优点是研究者可以根据实验目的，严格控制实验条件，有利于研究者弄清楚特设条件与个体心理、行为反应之间的关系；实验结果可以重复检验；实验的所有程序和结果都是客观的，可以通过自然观察或科学仪器进行检查和证实；研究成本较低。但是也有许多不足，比如实验室条件同个体正常生活条件相差较大，研究结果的推广性受到一定的限制。实验过程中的因素受突发事件影响，无法进行控制，因而会影响所得结果的效度和信度。

（二）访谈法

访谈法是研究者直接向个体提出问题，或了解和收集个体有关心理特征和行为特性资料的一种方法。访谈法可以预先设计好访谈内容，要求所有的研究对象都必须依照一定的次序来回答相同的问题；也可以事先不制定标准程序或问题，由访问者与研究对象就某些问题进行自由交谈，被访者可随便提出自己的意见。当然访谈时需灵活机动，以使得个体能够明白研究者了解的目的与实际需要。访谈法的优点是能得到直接明确的回答；能有针对性地收集研究数据，情境自然，可追问或重复。不足是不适用于年龄太小或不能清楚了解他人说话的儿童；回答的信息有可能不真实可信，较难全面了解被访者的真实态度；访谈的资料也难以量化。

（三）个案研究法

个案研究法是对个人背景和个人的发展史做深入的研究。一般是先仔细描述一个或多个个案，并试图对这些个案的描述形成结论。研究者认为今天发生的行为在与生命形成初

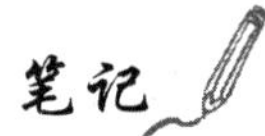

期的情况联系起来时，就能得到更深刻的理解。因此，必须收集许多与个案有关的个人资料，如家庭背景、社会经济地位、教育及工作史、健康记录、生活中重要事件的自我陈述及各种心理测验的表现等。这些资料来自于与个案或其重要关系人如父母交谈的结果。个案研究的优点是能对一个人做综合的多学科研究，但是很难把对某个人的研究结论适用于其他人；材料的真实性因时间的久远而有可能失真；研究者无法使用标准化的问题来询问不同的个案，需要用其他研究方法加以验证。

（四）相关研究

相关研究是指两个因素之间是否存在一个因素导致了另一个因素变化的关系研究。比如儿童攻击行为的产生与他们观看攻击性电视节目存在相关，但是，是一种什么样的关系？是观看高攻击性的电视节目导致儿童观看者具有攻击性，还是具有攻击行为的儿童选择观看具有高攻击性的电视节目，还是与其他原因相关？通过相关研究，研究者可以发现个体发展中的重要关系因素，并进行程度或有无变化的分析。

（五）调查研究

调查研究是指利用问卷和测验来收集个体心理发展数据资料的研究方法。可分为问卷法和测验法。

1. **问卷法**　是指研究人员用统一的、严格设计的问卷，来收集个体心理发展数据资料的一种方法。通常研究者使用的问卷有两种形式：开放式问卷和封闭式问卷。开放式问卷只提出问题，要求被试按照自己的实际情况或看法作答，不做限制。

例如：你觉得自己的记忆力好吗？

回答：不大好。

问：为什么？

答：……

开放式问卷的优点是：对探索性研究十分有用，但不易统计与量化分析。

封闭式问卷指根据研究需要，把所有问题及可供选择的答案全部印在问卷上，被试不可随意回答，必须按照研究者的设计，在给定的答案中作出选择。

例如：你觉得自己的记忆力好吗？

好（　）　　不大好（　）　　很不好（　）

封闭式问卷的优点是可在短时间内获得大量的资料，便于统计分析，但如果问卷设计不当，可能会导致被试做不真实的回答，影响结论的可推论性。

2. **测验法**　是指研究人员运用标准化的测验量表，按照规定的程序对个体进行测量，来研究个体心理发展规律的一种方法。测验量表是发展心理学的一种重要研究工具，具有评估、诊断和预测的重要功能。测验量表因其编制过程采用标准化法，即题目编制标准化，按照规定程序来施测，按照规定的标准进行评分，对结果解释以常模为依据。测验法的优点在于编制严谨科学，便于评分和对结果作统计处理，有现成的常模可直接进行对比研究。缺点是灵活性差，对施测者要求高，被试的成绩可能会受练习和受测经验的影响。

第二节　发展心理学中的基本理论问题

个体心理发展的许多问题至今还是悬而未决的，虽然心理学家们对个体发展各个阶段的划分已经达成某种共识，但是对什么是影响发展过程的相对重要因素以及各发展阶段之间如何相互联系这些问题仍争论不休，主要集中在以下几个方面，即遗传素质和环境教育因素在个体心理发展中的作用问题；个体心理发展的连续性与阶段性的有机统一性问题；个体心理发展的内在动力和外在动力之间的关系问题。

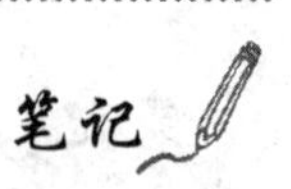

一、遗传素质和环境教育因素的作用

个体心理的发展到底是由先天遗传素质决定的还是由后天环境教育因素决定的，这两种观点一直争论不休，各抒己见。

先天遗传素质指有机体的生物遗传因素，通过遗传，将祖先的许多生物特征，即那些与生俱来的机体的形态、构造、感官特征和神经系统的结构与功能等解剖生理特点传递给下一代，使其具备祖先的某种禀赋和特质。后天环境教育因素，是指胎儿期和出生后的环境和教育影响个体所获得的经验。今天，人们已经不再偏激地认为心理发展是遗传因素或者环境因素单独作用的结果。但是一些天性论者认为对发展最重要的因素是生物遗传，而环境论者则指出环境和教育会对发展产生最重要的影响。

（一）遗传素质论

美国心理学家格塞尔（A.Gesell）通过儿童早期运动发展研究提出了心理发展的“自然成熟理论”。格塞尔认为：先天的成熟和后天的学习是决定儿童心理发展的两个基本因素，在这两个因素中，他更强调生理成熟的作用。他认为儿童身心的发展变化是受机体内部的因素即生物因素固有的程序所制约的。就像向日葵的生长，除非受到恶劣环境的影响，它的生长总是遵循有序的方式，向着太阳生长。人的成长也是一样的，虽然所遇的环境大不相同，但是由基因所预定的发展基础决定着某一种群生长和发展的共同规律。通过遗传带给后代的是既相似又相异的遗传物质。正是遗传素质，使个体在社会生活条件下可能发展成为一个具有高度心理发展水平的人。生下来有缺陷的没有大脑皮质的婴儿，也不能发展成为一个正常的人，不会有正常人的心理活动。也就是说，没有正常人的遗传素质，就没有正常人的心理，遗传是个体心理发展必要的物质前提。而外部环境只为正常生长提供必要的条件，并不能改变发展本身的自然成熟程序。

覃青、傅一笑、蒙华庆等学者对同卵双生子（MZ）50 对，异卵双生子（DZ）43 对进行研究，通过双生子父母调查双生子的精神健康发育状况，同时采集双生子的颊黏膜标本提取DNA 进行卵型鉴定。发现：在影响儿童双生子精神健康发育的因素中，遗传因素起重要作用（覃青、傅一笑、蒙华庆等，2010）。

（二）环境教育论

行为主义的创始人华生（J.B.Watson）、新行为主义者斯金纳（B.F.skinner）以及社会学习理论者班杜拉（A.Bandura）等人则倾向于环境教育在个体心理发展中的决定作用。他们认为环境既包括生物环境比如营养、医疗状况、药物和身体意外等，也包括社会环境、同伴群体、学校、社区、媒体和文化等。个体只要具备了适当的环境条件，任何正常个体都能学会任何事物；即使在遗传因素同等条件下，成长在不同环境中的个体也会有不同的心理发展和不同的思维方式以及不同的人际关系。生长在狼窝里的人类个体，尽管具备着人类的所有器官，但是由于长时间受着狼的习性和环境的影响，有着和狼一样的习性，白天睡觉，夜晚嚎叫，爬着走路，用手抓食。即使被人类解救了回来，进行了一系列的教育影响，也仍然很难达到人类同年龄的心智水平。

美国当代心理学家津巴多博士在 1971 年曾做过一项非常有名的实验，叫斯坦福监狱实验（Stanford Prison Experiment，SPE），也进一步印证了华生的环境因素对人的影响。

实验过程是这样的：津巴多博士招募了 24 名身心健康、遵纪守法、情绪稳定的大学生志愿者，随机挑选其中的 9 名扮演犯人，9 名扮演看守，6 名扮演候补。实验预定为期 2 周，但实际只进行了 6 天，实验不得不停止。在不到一周的时间，实验便让 9 名身心健康、遵纪守法、毫无犯罪前科，具有大学文化知识的年轻人，变成了冷酷无情的看守警察。

中国人也有关于环境影响的名言：“近朱者赤，近墨者黑”。

（三）相互作用论

瑞士心理学家皮亚杰（Jean Piaget）就用相互作用的观点来说明遗传与环境对个体心理发展的影响。他认为个体心理的发展是主体（内因）与客体（外因）相互作用的结果。主体和客体之间相互联系、相互制约，缺一不可。有机体的成熟度、外部环境和经验只影响其发展的速度，而不是心理发展的根本原因。心理发展过程是主体自我选择、自我调节的主动建构过程。

许多现实观察和其他一些研究发现，遗传与环境都在影响个体心理的发展。中国人说的“出淤泥而不染”的现象也是存在的。

我国心理学家朱智贤认为先天因素（包括遗传因素和生物成熟）是心理发展的生物前提，为心理发展提供了可能性，而环境与教育则将这种发展的可能性转变成现实。许多心理学家也通过临床实践与生活观察发现：先天遗传素质只给个体的发展提供了可能，遗传在个体心理发展上的作用主要表现在两个方面：一是通过素质影响个体智力的发展；二是通过气质类型影响个体性格的发展。后天的环境教育将这种可能变成现实，两者相互作用，缺一不可。

朱文芬、傅一笑、胡小梅等学者对重庆市11～18岁111对双生子的暴力行为进行研究发现：青少年暴力行为的产生受遗传和特殊环境因素的共同影响，受环境的影响较大，父母的教育方式对暴力行为是否产生具有一定的影响（朱文芬、傅一笑、胡小梅等，2015）。

杜霞、李玉玲、张玉柱等学者对147对6～12岁学龄双生子心理行为问题进行调查，运用家庭亲密度与适应性量表（FACESⅡ-CV）和家庭一般情况问卷了解儿童生活环境因素。研究结果发现：儿童气质类型、是否足月产、父亲生育年龄、家庭亲密度、适应性及教养方式是影响学龄双生子心理行为问题的主要因素（杜霞、李玉玲、张玉柱等，2015）。

因此，不仅要重视先天遗传素质的健康发展，还要在更广泛的生态系统环境中去认识人的发展变化，关注不同层次环境对人心理发展的影响，同时还要关注人类自身的内在需求与主观努力。

发展既不是由外界环境所控制的，也不是由个体先天遗传素质所决定的。个体的心理发展既是个体先天遗传素质与环境教育影响的产物，又是个人内在需求与主观能动性作用于环境引起新的发展变化的产物。人类在适应环境中发展，又在创造环境中发展。

二、个体心理发展的阶段性与连续性

发展的阶段性和连续性的问题是探讨心理发展变化的形式究竟是渐进式，还是非连续性的阶段性。

（一）阶段性发展观

阶段性发展观点认为，个体的心理发展不是一个连续的过程，而是由一系列突发的变化组成，每一次的变化都意味着个体心理发展到一个新的、更高级的水平，变化是某种性质上的质变。一个阶段是生命周期中一个明显的时期，具有特定的一组能力、动机、情绪或者行为，它们构成了一个一致的模式，因此，阶段之间具有质的区别。儿童对外部世界的反应与成年人不同，会出现新的类型。从时间维度上看，心理发展曲线是一个阶梯状的曲线。

就像一只幼虫吐丝结蛹又破茧成为本质不同的蝴蝶。也就是说，它的成长是非连续性的。个体在发展的过程中，也会有一个领悟的蜕变，如儿童从不能进行抽象思维发展到抽象思维这个阶段，很难反映出这是一个从量变到质变的过程。

奥地利动物习性学家洛伦兹（K.Z.Lorenz，1903—1989）在研究小鸭和小鹅的习性时发现，小鸭和小鹅通常把出生后第一眼看到的对象当做自己的母亲，并对其产生偏好和追随反应，这种反应只是在出生之后的24小时内发生，超过这段时间，这种现象就不再明显。

动物在早期发展过程中，某一反应或某一组反应在某一特定的时期或发展阶段中，最容易获得或最容易形成，如果错过了这个时期或阶段，就不易获得相应的反应，这段时期或阶段被称为“关键期”(critical period)。

奥地利精神病学家弗洛伊德（Sigmund Freud）认为人的心理发展就是性心理的发展。儿童心理发展的各个阶段是由满足性心理需求的性感区的变化决定的；生物因素促进了性心理发展和社会心理发展。在发展的每一个阶段，如果儿童得到了太多或太少的满足，性心理发展就不能顺利进行，停滞在某一阶段，即“固着”(fixation)。这可能导致各种心理疾患，成为神经症和精神病的根源。

（二）连续性发展观

连续性发展观点认为，心理发展是一个小步子的、累加的过程，是渐进式的连续的变化过程。儿童对外部世界的反应与成年人是一样的，他们之间的差异只是量上的差异或复杂程度的差异，不是质的差异。从时间维度上看，心理发展曲线是一条平滑的曲线，这种发展是有机的、必然的，不是外加的、偶然的。人们常说“十年树木、百年树人”，人也就像一棵树，从一棵小树长成大树，树的本质并没有变化。成长过程是连续的。就像孩子说出第一个单词，看上去似乎是突然的非连续性的事件，事实上，是日复一日成长和练习的结果。青春期巨大的身心变化，另一个看似突然的“蜕变”，也是需要经过好几年逐渐量变的过程。因此，人的成长过程是一个连续发展的过程。

美国行为主义心理学家伯尔赫斯•弗雷德里克•斯金纳（Burrhus Frederic Skinner）认为任何一个动作，无论是简单的还是复杂的动作，都是一个运动序列。人的行为大部分是操作性的，行为的习得与及时强化有关。如果个体偶尔发出的动作得到了强化，这个动作后来出现的概率就会大于其他动作。行为是一点一滴塑造出来的，每一个塑造出来的行为可以组合成统一完整的反应链，从而使个体的发展越来越接近人们预期的方向。按照斯金纳的观点，人类语言的获得就是通过操作性条件作用形成的：父母强化了孩子发音中有意义的部分，从而使孩子进一步发出这些音节，导致语言体系的最终掌握。斯金纳同时也认为，得不到强化的行为会逐渐消退。

美国心理学家阿尔伯特•班杜拉（Albert Bandura）提出了著名的社会学习理论，来解释个体社会学习行为问题。

班杜拉认为个体的社会学习行为的习得，除了实际操作的强化外，也有一种习得方式是通过榜样的示范进行学习，即观察学习，后者是人类社会行为学习的普遍方式。人类的大多数行为，包括那些不良行为都是通过大量的观察模仿而习得的。

因此行为主义发展观认为，心理发展就是量的不断增加的过程，是由环境和教育塑造出来的。

（三）连续性与阶段性的统一

实际上，人类心理的发展过程并不是简单地表现出连续性或阶段性的特点，而是这两种形式的有机结合。我们很难说哪一种形式在哪一个阶段决定着个体的心理发展，有时是连续性量的积累结果，有时是阶段性关键表现，因此，心理发展是阶段性与连续性的统一。就如同树种入土成为树苗的那一刻，既是连续生长量变的结果，呈现连续性特点，也是瞬间变化使种子成为树木的结果，是阶段性特点的体现。个体心理的发展是一个不断对立统一、量变、质变的发展过程。如个体心理年龄特征是在个体心理发展的各个年龄阶段中形成的一般的、典型的、本质的特征，它与个体生理发展的年龄阶段有关系，但不是由年龄决定的。也就是说，年龄特征是在一定社会、教育条件下形成的，而个体的心理发展既有连续性又有阶段性，在每一个阶段中既留有上一阶段的特征，又含有下一阶段的新质。在整个心理发展过程中，各个阶段又表现出不同的特殊矛盾，既有发展性，又有阶段性。

笔记

皮亚杰认为人的智力发展过程是一个具有质的差异的连续阶段，个体的智慧是在与环境的相互作用中，伴随着生物性的成熟与发展及自身经验的增长，在适应中一步一步地发展起来的，是一个量变到质变的过程，并表现出发展的阶段性特点。

他把智力发展划分为四个阶段，他认为前一个阶段的结构是后一个阶段的基础，发展阶段具有一定程度的交叉与重叠，各个阶段与特定的年龄相联系。

前苏联心理学家维果斯基（Lev S. Vygotsky）认为心理的发展就是一个人从出生到成年，在环境与教育影响下，在与社会的交互作用中，在低级心理机能的基础上，逐渐向高级的心理机能转化发展的过程。

美国心理学家埃里克森（ErikHomberger Erikson）通过临床观察和经验总结及大量的病例分析，提出人格发展的8个阶段理论。埃里克森认为遗传的生物因素决定了人生各个阶段的时间，但社会环境决定了与各个阶段相联系的危机能否得到积极的解决。埃里克森认为在心理发展的每一个阶段上都存在着一种“危机”（或矛盾）。危机是划分每个发展阶段的特征，表示着一个重要的转折点。每个发展阶段的危机同时兼有一个积极的解决办法和一个消极的解决办法。危机的解决标志着前一阶段向后一阶段的转折。顺利地度过危机是一种积极的解决，反之，是一种消极的解决。积极的解决能够促使个体发展出积极的人格品质，有助于自我力量的增强，有利于个人适应环境；消极的解决则会削弱自我力量，阻碍个人适应环境。生命的每一阶段都受其以前的影响，同时也影响着以后的发展阶段。遗传决定8个阶段的发展顺序，但每一阶段能否顺利度过却取决于环境。

三、个体心理发展的内在动力与外在动力关系

发展心理学研究中还有一个有趣的问题，即个体的心理发展是由内在的驱力推动，还是由环境的刺激所引起。

（一）内在因素影响

有些学者认为儿童心理的发展主要取决于儿童的内在驱力即需要，比如法国哲学家卢梭认为儿童是先天的“高尚的原始人”，他们具备着按照自己的积极倾向发展的能力，人是主动地不断成长的机体，会主动做一些事情，也会坚决不做一些事情。行为的动力来自于内部，环境因素不会影响发展，只是起到加快或抑制的作用。

（二）外在因素影响

也有些学者认为，儿童的心理发展主要取决于外部的环境因素。英国的哲学家洛克就是这个观点的代表人物。他认为个体一生下来就像一块白板，是由社会来书写内容的，只要掌握了影响人的外部因素，人未来的发展就可以预测。行为主义代表人物华生曾说过“给我一打健康的婴儿，把他们放在特定的环境里养育，我敢担保，随机选择一名儿童就能够把他培养成为任何类型的专家——医生、律师、商界首领、政府官员乃至乞丐或者小偷。不论他的天资、嗜好、性格、能力和种族如何。”这些观点都说明了个体的心理发展完全取决于外部因素而非内部因素。

（三）内外因素影响

但是，随着发展心理学研究方法的更新与研究手段的先进，我们越来越发现，个体的心理发展并不是简单地只受外部因素的影响或者绝对地由自己的内在需求所推动，而是内外因素的影响，当然，外因总是通过内因起作用。环境和教育对个体心理发展的作用，必须通过个体心理的内部矛盾来实现，是促进个体心理发展的最主要条件。皮亚杰认为个体心理的发展，既不是客体的简单复写，也不是主体天赋的显现，而是主客体相互作用的结果，是主体通过行动不断地自行建构而成的。

我国心理学家朱智贤也认为，环境和教育只是个体心理发展的外部因素，是通过个体

心理发展的内部矛盾起作用的。当个体随着身体的发育、年龄的增长、活动范围不断扩大，客观环境不断向发展中的个体提出新要求时，就会激发个体潜在的需要，当个体已有的心理发展水平能够满足需要时，个体的心理发展不会有质的变化。但当个体心理发展水平难以满足新的需求时，需要和现有的心理水平之间即形成了矛盾，这种矛盾将促使个体要积极提高自己的能力，解决现有的矛盾，当矛盾得到解决之时，其心理就向前发展一步。这种遇到矛盾和解决矛盾的过程不断地重复，便推动个体的心理逐渐由低级向高级发展，成为个体心理发展的动力。

第三节　发展心理学的历史发展

一、发展心理学的萌芽

发展心理学的研究最早是从儿童心理学研究开始的。儿童心理学的研究，在西方有一百多年的历史，直到近三十多年，在西方特别是美国，兴起了毕生心理发展的研究热潮，发展心理学才得到迅速发展。因此，谈发展心理学的历史，首先得从儿童心理发展的历史说起。

（一）儿童心理学的萌芽

在西方，中古时代的封建社会也和其他各国的封建社会一样，妇女和儿童没有独立的社会地位，甚至是受迫害的，因此，不可能产生关于儿童心理的研究，儿童心理学研究是在文艺复兴以后。由于资产阶级的兴起，人们的意识形态发生了变化，儿童观也随之发生了改变。一些进步的思想家开始提出尊重儿童，发展儿童天性的口号。例如，17 世纪捷克的教育家夸美纽斯（J.A. Comenius）编写了第一部儿童课本《世界图解》；17 世纪英国唯物主义经验主义哲学家洛克（J. Locke）提出对儿童的教育要“遵循自然的法则”；18 世纪法国启蒙教育家卢梭（J.J. Rousseau）发表了有名的儿童教育小说《爱弥儿》，他抨击当时的儿童教育违反儿童天性，指出“他们总是用成人的标准来看待儿童，而不去想想他们在未成年之前是个什么样子。”正是在这些思想的影响下，人类才开始建立更加先进成熟的儿童观，把儿童当作特殊的对象加以关注和研究，直接推动了儿童心理学的发展。

（二）儿童心理学的诞生

真正的儿童心理学产生于 19 世纪后半期，应该以德国生理学家和实验心理学家普莱尔（Praeyer）出版的《儿童心理》为标志。普莱尔对自己的孩子从出生到 3 岁每天进行系统观察，然后把这些观察记录整理成一部著作《儿童心理》。该书于 1882 年出版，被公认为一部科学的、系统的儿童心理学著作。因此可以说，普莱尔是儿童心理学的创始人。因为普莱尔之前的学者，都不是完全以儿童心理发展为研究的主要课题，比如达尔文虽然探讨儿童心理发展，但只是为进化论提供研究依据。而普莱尔的《儿童心理》无论著作的目的还是内容，都是围绕儿童自身的心理特点展开研究的，对儿童的身体发育和心理发展进行专门的论述。同时，普莱尔以系统的观察记录和实验的方法，加上自我内省法，对儿童进行长期追踪研究，比较了儿童与动物、儿童与成人心理反应的差别，运用事实证明了研究儿童心理的可能性和重要性，对儿童心理发展作出了科学研究。《儿童心理》出版后，引起了国际心理学界的高度重视和同行学者的青睐，各国心理学家先后把它译成十几种文字，向全世界推广，从此儿童心理学随之发展起来。普莱尔的《儿童心理》对科学儿童心理学的发展产生了积极又深远的影响。

（三）儿童心理学的演变

真正的儿童心理学研究产生以后，发生了阶段性的变化。总结西方儿童心理学的产生、形成、演变和发展的历史，可以将其分为四个阶段。

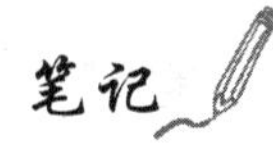

第一阶段：19 世纪后期之前，近代社会发展、近代自然科学、近代教育发展推动了儿童心理学的发展，科学儿童心理学在 19 世纪后期诞生了。

第二阶段：从 1882 年到第一次世界大战，这一时期是西方儿童心理学的系统形成时期。当时，在欧洲和美国出现了一批心理学家，他们开始用观察和实验方法来研究儿童心理发展。普莱尔是其中最杰出的一位。继普莱尔之后，有一些先驱者和开创者，如美国的霍尔（Hall）、鲍德温（Baldwin）、杜威（Dewey）、卡特尔（Cattell）、法国的比纳（A.Binet）、德国的施太伦（Stern）等，都以他们各自的成就，为这门学科的建立和发展作出了贡献。

第三阶段：第一次世界大战和第二次世界大战期间，是西方儿童心理学的分化和发展时期。由于心理学的全面发展，使儿童心理学的研究数量和质量都有了很大提高，出现了各种心理学流派，如精神分析学派、行为主义学派、“格式塔”学派等。一些著名心理学家也相继出现，如瑞士的皮亚杰（Piaget）、奥地利的彪勒夫妇（K. Buhler，C.Buhler）、美国的格赛尔（Gesell）、法国的瓦龙（Wallon）等，他们从各自的立场对儿童心理发展的过程进行了描述，对儿童心理发展的原因进行了理论的说明。可以说，这一时期的儿童心理学已经发展到了相当成熟的阶段。

第四阶段：第二次世界大战以后，是西方儿童心理学的演变和发展的时期。主要表现在两个方面：一是理论观点的演变。原来的学派，有的影响逐渐减小，如霍尔的复演说、施太伦的人格主义学派以及“格式塔”学派等；有的则完全改变旧时的内容，以新的姿态出现，比如比纳、西蒙的测量学说；有的学派在革新后仍具有强的势力，如新精神分析、新行为主义等。二是具体研究方法上的变化。特别是 20 世纪 60 年代以后，由于研究方法上的不断现代化，从而丰富了儿童心理学的理论。

二、发展心理学的问世

虽然文艺复兴以后，儿童心理学研究加快了发展的步伐，但是，19 世纪末叶前，西方儿童心理学的研究仅限于对婴幼儿心理发展的研究。直到 20 世纪以后，儿童心理学的研究领域才逐步扩展到青春期、老年期，直至人一生的发展，即毕生的发展心理学。于是，儿童心理发展被毕生心理发展观所代替，便出现了现代意义的发展心理学。

（一）霍尔、荣格的人生心理发展观点

1904 年，霍尔（Hall）出版了《青少年：它的心理学及其与生理学、人类学、社会学、性、犯罪、宗教和教育的关系》。书中他既研究年幼儿童的心理发展，也研究青少年的心理发展，把儿童心理学的研究范围扩展到了青春期。

精神分析学派的荣格（Jung）是最早对成年心理开展研究的心理学家。荣格从 20 世纪 20 年代开始，对个体心理的发展，特别是对成年期个体心理进行研究，提出了前半生和后半生分期的观点。他认为 25 岁以后到 40 岁是前半生和后半生分界的年限，而个体在生命周期的前半生和后半生，人格是沿着不同的路线发展的。一般来说，人格的发展在前半生更倾向于外部世界，即向外发展，在后半生更倾向于自己的内心世界。二是重视中年危机。他认为个体到了 40 岁左右就进入“中年危机期”，标志就是精神开始转变，由原来对外部世界的掌握转向关注自己的内心。这时个体的雄心壮志和远大的目标已去无踪迹，并开始感到紧迫感和压抑。三是论述了老年心理，特别是临终心理。他认为个体进入老年期时，就开始思索生命的性质以及死后生命是否是自己生命的延续等问题。

新精神分析学派的代表人物埃里克森（Erik H. Erikson）在荣格理论的基础上，将弗洛伊德研究的年龄阶段扩展到青春期直至老年期。他认为，个体的人格是在生物、文化和社会三种因素的影响下，按一定的成熟程度分阶段地向前发展的。他在《儿童期与社会》一书中，把人格的发展从出生到生命的晚年划分为八个阶段。

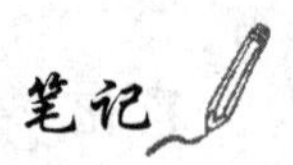

（二）发展心理学的问世

美国心理学家何林渥斯（H.Z. Hollingwerth）最先提出发展心理学应该站在研究人毕生心理发展的立场上，而不能仅仅孤立地研究儿童的心理。他于1930年出版《发展心理学概论》。

1935年，美国另一位心理学家古德伊洛弗（FlorenceL. Goodenough）也提出了同样的观点，并出版了《发展心理学》一书。此书在当时欧美的影响极为广泛。古德伊洛弗认为，人的心理在各种条件和因素的作用下，进行着持续不断的发展变化。研究心理既要重视个体表现外在的行为，也要重视个体内在的心理状态；既要注意正常人的心理发展变化，也要注意非正常人（包括低能人或罪犯或病态人格的人）的心理发展变化；既要研究儿童、青少年的心理，也不能忽略成年人和老年人的心理。他还认为，对人的心理研究，不仅应从人的出生出发，还要考虑下一代。

1957年，美国《心理年鉴》用“发展心理学”作章名代替了惯用的“儿童心理学”。这以后的几十年，心理学家在研究儿童心理发展的同时，也进行了大量的关于成人心理发展的研究和理论建构工作，使人的心理发展研究扩展到了人的毕生发展，研究内容从生命的受精卵开始到生命结束的全部心理发展历程。因此，毕生发展心理学，又称为发展心理学。

三、毕生发展心理学

毕生发展（lifespan development）心理学是德国的巴尔特斯（P.B.Baltes）于1980年在《美国心理学年鉴》中提出来的。他提出了毕生发展心理学产生的三大原因：一是由于第二次世界大战前的一些儿童心理学的追踪研究，被试已经进入了成年期，对他们的研究依然从属于发展心理学的研究，但已经不能被叫做儿童心理学的研究了。因此，提出毕生发展的概念是必须的。第二是由于许多发达国家已经宣布进入了老年社会，推动了对老年心理的研究。老年心理的研究在客观上又推动了成年期的研究。这样，已经构成了毕生发展的蓝图。第三是许多大学都开设了发展心理学的课程，这在客观上也推动了毕生发展心理学的形成。毕生发展心理学关注人类毕生发展过程中的变化与稳定性，他们探讨在什么领域、什么阶段，人们会表现出怎样的发展和变化，以及在什么时候人们会怎样与先前行为保持一致性和连续性。我们可以用巴尔特斯的主要观点阐述毕生发展心理学的观点。

（一）个体发展是毕生的过程

人的一生都处于不断的发展变化过程中，从生命的孕育到生命的晚期，其中任何一个时期都可能存在发展的起点和终点。心理发展不仅取决于先前的经验，而且也与当时特定社会背景等因素有关，因此，人一生发展中任何阶段的经验对发展都有重要意义，没有哪一个年龄阶段对发展的本质来说特别重要。

（二）发展具有多维度的特性

巴尔特斯认为，人的发展是多维度多方面的，因为发展既有生长，也有衰退。首先，发展并不简单地意味着功能上的增加，生命过程中的任何阶段都是获得与丧失、成长与衰退的结合，任何发展都是新的适应能力的获得，同时也包含已有能力的丧失，只是得与失的强度和速率随年龄的变化而有所不同。例如，一个原本有音乐天分的儿童，当把主要的精力放到数学和语文知识的学习时，可能在认知功能得到发展的同时，音乐能力则失去了发展的机会。得失法（a gain-to-loss approach）可以用来判断毕生发展的完善程度，也就是用获得与丧失之间的比率作为评价发展完善程度的标准。比率越大，发展完善的程度就越高，反之，发展就越不完善。成功的发展（successful development）就意味着同时达到最大的获得和最小的丧失。得与失的辩证关系是发展的基本特征，一生中任何阶段的发展都是得与失的结合。其次，人的发展是多方面的，个体毕生发展的不同时期可能会改变其发展方向。例如，一个医学专业毕业的人成了优秀的娱乐节目主持人，发展着跟以往教育训练完全不

笔记

同的能力。即使是在同一发展时期，个体的发展也可能是多方面的。例如，爱因斯坦作为理论物理学界泰斗的同时，又是优秀的业余小提琴演奏家。每个人的发展方向取决于个人的先决条件、所面对的环境及实践的经历。

（三）发展具有可塑性

可塑性是指心理活动的可改变性，至于改变的性质、程度、范围和方向则取决于各种条件。在生命发展的早期，由于神经系统处于发育成熟的过程中，因而更容易受到环境刺激的影响，具有更强的可塑性。随着年龄的增长，特别是老年人由于心理功能的衰退越来越成为矛盾的主要方面，并且外界给他们提供刺激的机会越来越少，因此可塑性降低。但毕生发展心理学家们强调，在所有的年龄阶段中，发展均是高度可塑的。国内外关于认知功能老化的研究表明，经过科学的训练，老年人的认知功能可以得到改善，并能获得各种新的能力。需要说明的是，可塑性也存在个体之间和个体内部的差异。不同个体之间，有的人心理可塑性强，有的人可塑性却相对较弱；同一个体其心理功能的不同方面，也表现出了可塑性的差异。

（四）个体心理发展受个人生活经历的影响

每一个个体总是生活在某种环境中，并接受着具体环境的影响，由于个体心理发展的差异性，其影响结果又各不相同。毕生发展观认为：对个体心理发展产生较大影响的重要环境事件大体有三类。第一，跟年龄相关的事件。很多环境事件的产生都与年龄的变化密切相关。例如：1 岁内要断奶，3 岁要入幼儿园，6 岁要上小学，17～18 岁要高中毕业上大学或就业，25 岁左右要结婚，然后不久要做父母，60 岁要退休回家。人到了什么年龄就要承担什么样的社会角色，这些事件不以个人意志为转移，都会对个体的心理发展产生重要影响。第二，社会历史事件。指对多数社会成员的价值观、生活方式、行为模式等产生重大影响的事件。比如，国家大的改革事件、科学技术产品的问世与使用，当今的网络对人们价值观与态度行为的影响等，会促使人们不自觉地进行分类与分层而形成代沟。第三，危机事件。危机事件带有偶然性，常常出乎人们的预料，如地震、海啸、重病、离异、家庭变故、失业等。当个体遇见这类危机事件时，常常不得不改变人们的发展方向，进而改变人们的心理发展结构，形成具有鲜明历史时代的心理特点。

第四节　发展心理学的研究现状与发展趋势

一、西方发展心理学研究现状与发展趋势

随着社会的发展，教育实际的要求，发展心理学开始飞速发展。特别是近二三十年来，发展心理学的研究出现了一些新突破，也呈现出新的发展趋势。

（一）研究内容由分化走向整合，跨学科研究形成

由于受毕生发展观的影响，心理学家们将研究的内容由儿童扩展至成人，乃至个体从胎儿直到衰老、死亡的整个发展历程，因此，个体生命的全过程就成为研究对象。不仅如此，发展心理学随着科学的发展，整体化研究过程成为主要趋向，在整合研究的基础上，发展心理学某些领域的专家们，在对其自身学科研究到一定程度，发现了自身学科与某些其他学科的天然联系，不同领域、不同形式、不同层次的学科交叉，彼此之间的某些部分或边缘又相互交叠，于是在发展心理学的某些边缘，开拓了新的研究阵地。比如，发展心理学与心理语言学结合的发展，使得个体早期言语的内容及其背景，个体早期言语的社会化问题等有了更为广泛而深入的探讨。因此，心理语言学成为心理学和语言学相交叉的学科产生了；发展心理学与心理生物学结合，使幼儿的能力问题、智力的遗传性问题、气质的生物学

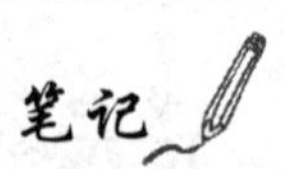

基础以及非人类的智力水平等问题的研究，更为科学化，因此，心理生物学又产生了。

这些不同领域、不同形式、不同层次的交叉学科的出现，使学科与学科之间的明显界限被打破了，呈现出学科之间的相互融合和彼此渗透，就宏观意义上讲，发展心理学研究内容的扩展，已由科学发展的大趋势决定，成为时代潮流的产儿。

与此同时，某些其他学科领域的专家，也在对其自身学科的研究过程中，看到了发展心理学的影响乃至制约作用，如果不解决某些交错重叠的问题，自身学科的研究就无法继续进行，于是转而研究发展心理学。他们的转向也开拓了发展心理学科学研究的新领域。如心理病理学家们发现在对成人精神病变的研究中，成人的精神病变和儿童时期的经历有关。因此，发展心理病理学产生了。发展心理社会学则是在发展心理学和社会心理学各自的研究中，发现了所共同具有的问题：儿童的社会性行为。于是彼此借鉴方法，研究一致的问题，渐渐地形成了一个专门研究儿童的社会性行为的领域，就是发展心理社会学。尽管发展心理学家们早已注意到儿童的社会性问题，但这个新的交叉领域的出现，使儿童的社会性行为得到空前重视。发展心理学因学科的重叠交叉发展使其研究内容大大扩展。当前很多发展心理学研究机构都突出强调了“跨学科性质”，或者重新组建跨学科的发展科学研究机构。如在美国，以北卡莱罗那大学为核心，集中杜克大学、北卡莱罗那州立大学等多所大学的学者，组建了强大的“发展科学研究中心”，目前该中心有100余名来自各种学科背景的发展科学家，在世界范围内有巨大的学术影响，其学科目标是推进关于人类心理发展的理解，并将发展研究成果转化为社会应用。

可以这样说，发展心理学的研究从儿童阶段的心理研究，进入全人的研究，进而发展到对于个体自身心理跨学科的科学研究。

（二）研究方法从单一心理研究走向整合研究

随着现代科学技术的飞速发展以及心理学本身研究的不断深入，发展心理学的研究方法由单一发展到整合研究。具体如下：

1. **运用系统科学原理研究发展心理学** 从整体与环境、整体与部分、部分与部分之间的相互制约、相互作用的关系中综合研究特定对象及其发展，对人的心理发展进行多层次、多水平、多侧面的系统分析；考虑到个体心理系统的从属与包含关系，由单变量的设计、单一方法的运用，发展到采用多变量综合设计、多方法综合运用探讨个体心理发展规律。

2. **运用生态化的观点研究发展心理学** 生态化的研究观点是强调发展心理学的研究应该在现实生活中、自然条件下研究个体的心理和行为，研究个体与自然、社会环境中各种因素的相互作用，从而揭示其心理发展与变化的规律。在现实环境中研究个体，揭示变量之间、现象之间的因果关系，既重视研究的真实性，又重视研究的严密性，即同时强调研究的内部效度和外部效度。比如采用非等组的比较组设计、间隔时间序列设计、重复处理实验设计和轮组设计等准实验设计方法。

3. **运用信息加工的观点研究发展心理学** 信息加工的研究往往聚焦于具体的认知过程，具体揭示个体获取知识的心理机制，即随着年龄的增长，各种信息加工的能力是如何提高的，个体在解决某一课题任务时的步骤或过程是什么等，这将对个体认知发展水平的诊断及优化学习提供重要的指导价值。

4. **跨学科与跨文化研究的运用** 发展心理学研究所涉及的许多课题，除需要与心理学内部各分支学科加强合作以外，通常还需要与心理学领域以外的相关学科加强合作研究。以老年期智力特征研究为例，这是一个涉及心理学、哲学、社会学、医学等诸多学科的综合性课题，单靠发展心理学自身是很难完成的；为了深入研究不同文化背景下个体心理发展的普遍规律和特殊规律，跨文化研究已经成为发展心理学研究的重要方式。作为研究方式的一种新趋势，跨文化研究涉及如何根据不同文化类型进行实验设计、被试取样、统计方法

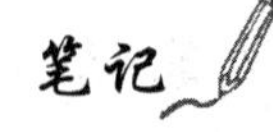

的选择以及研究结果的推论等一系列特殊问题，因而跨学科跨文化研究已经成为发展心理学方法学研究的重要内容。

5. **综合化与现代化研究手段的结合**　发展心理学的研究者将多种研究方法综合使用，以提高研究结果的可靠性；大量使用多变量试验设计；采用综合设计，如将横向设计和纵向设计结合起来，发明了序列设计。随着科学技术的进步，发展心理学的研究手段也日益现代化。在目前相关的发展研究中，录音、摄像、脑电生理、脑影像设备得到了大量的运用，计算机的广泛使用更为发展心理学的研究提供了更多的途径。

6. **数学与数理统计方法的运用**　数学与统计在发展心理学的研究中作出越来越大的贡献。以研究变量之间的数量关系形式说明心理活动的规律，一直是心理学家追求的理想。随着计算机技术和应用数学的发展，数学在发展心理学研究中发挥着越来越大的作用，如多元统计分析、模糊数学等应用数学知识，广泛应用于发展心理学的研究，从而使多变量的实验设计得以实施，使发展心理学的研究更向前迈进。

（三）研究目的将理论联系实际转向应用服务研究

目前，发展心理学的研究在侧重研究基本理论问题的同时，越来越多地参与到社会生活中去，注重应用性的研究。强调以问题为导向的跨学科研究，比以往更加关注教育、临床、社会层面的重大现实问题，突出强调应用研究。在美国，如1997年创刊的《应用发展科学》（*Applied Developmental Science*）杂志，1980年创办的《应用发展心理学杂志》（*Journal of Applied Developmental Psychology*），为发展心理学的应用发展提供了研究平台。根据美国2006年3月出版的《儿童心理学手册》内容可看出，发展心理学的应用性研究主要集中在以下几方面：

第一，教育实践中的研究进展与应用。包括：①学前儿童发展与教育；②早期阅读评估；③双语人、双文字人和双文化人的塑造；④数学思维与学习；⑤科学思维和科学素养；⑥空间思维教育；⑦品德教育；⑧学习环境。

第二，在临床实践中的应用。包括：①自我调节和努力的投入；②危机与预防；③学习困难的发展观；④智力落后；⑤发展心理病理学及其预防性干预；⑥家庭与儿童早期干预；⑦基于学校的社会和情感学习计划；⑧儿童和战争创伤。

第三，在社会政策和社会行动中的应用。包括：①人类发展的文化路径；②儿童期的贫困，反贫困政策及其实行；③儿童与法律；④媒体和大众文化；⑤儿童的健康与教育；⑥养育的科学与实践；⑦父母之外的儿童保育：情境、观念、相关方法及其结果；⑧重新定义从研究到实践。

《儿童心理学手册》在内容上明确反映了实践的需求以及儿童心理学乃至发展心理学自身对应用研究的日益重视。可见，重视发展心理学的应用研究，已经成为发展心理学的又一新的发展趋势。综合当前发展心理学的应用研究，主要集中在如下九大方面：①对胎儿发育和优生问题的研究；②早期智力、早期经验与早期教育问题的研究；③儿童社会性发展的研究；④青少年心理变化的心理适应问题的研究；⑤中老年智力特征的研究；⑥中老年心理疾病预防与治疗的研究；⑦个体性别化实现问题的研究；⑧电视与个体发展的研究；⑨计算机辅助教学对儿童发展作用的研究等。

（四）发展心理学现代研究新视点

尽管研究者们发现，个体心理发展过程中确实存在阶段性的关键期特点，也存在连续性的特点；既有生物性因素的影响，也有环境教育的影响；既有内在需求激发的行为产生，也有外在诱因激发的行为发生。然而，个体的心理需求又是如何被激发的？学习造成的变化与自然发育造成的变化有何不同？为什么最高效的学习发生在发展的敏感期等问题，由于研究手段与技术的限制，难以无损伤、动态、客观地考察，“遗传 - 环境”“结构 - 功能”“身 -

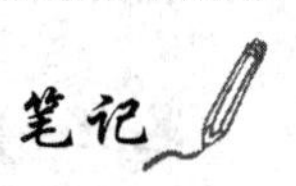

心关系”等心理发展的实质原因似乎还是没有真正揭示出来。

20 世纪 70 年代初，一批美国科学家提出将人脑、电脑研究融为一体，研究智能实体（自然脑和人造脑）的智能活动与环境条件相互制约的规律。但这一命题研究很快遇到了重大挫折，即离散的物理符号计算无法表达人类智能活动的真谛。

进入 20 世纪 80 年代以后，随着神经科学无损伤脑影像等技术的发展，发展心理学研究与神经科学相结合，借助于神经影像学、生物信息学、分子遗传学等多学科的研究方法和技术手段，综合运用磁共振成像技术（magnetic resonance imaging）、功能磁共振成像技术（functional magnetic resonance imaging）、脑电技术（electroencephalography）、脑磁图技术（magnetoencephalography）、近红外成像技术（near infrared imaging）、光学成像技术（optical imaging）、穿颅刺激技术（craniotomy stimulation）、单细胞记录技术（single-cell recording）、基因型检测，以及心理行为测查等多种自然科学和社会科学的研究方法和技术手段，从基因、神经、认知行为和环境等多个水平上研究生理发育（特别是脑发育）与心理发展及学习的相互作用，进而揭示脑发育与认知功能发展的关系，遗传与环境对心理发展的交互作用，个体差异的脑生物基础以及各种学习过程的大脑活动机制。通过揭示个体认知过程的脑机制，来修正已有的理论和模型，并在此基础上提出新的理论和模型。

因此，发展心理学的理论观点及其内容随着生理学、神经学、医学等科学技术的发展而不断地发展完善。

在现代基因技术、脑成像技术的帮助下，研究发现（董奇，2012），人脑的默认网络在婴儿期就已经存在；6 个月大的婴儿已形成了数字处理的右侧顶叶脑功能区，学龄初期（7～9 岁）儿童的短程连接逐渐减少而长程连接逐渐增多，反映了不同脑区之间分离和整合的变化规律。

从基因层面计算行为的遗传率，改变了传统遗传与环境研究中，必须依赖特定被试人群（双生子等）的限制。有研究（董奇，2012）通过分析 549 692 个基因多态位点，估计出人类智力有很高的遗传性，其中晶体智力的遗传率为 40%，流体智力的遗传性为 51%。人格也有很高的遗传性，仅多巴胺系统相关的基因就能解释敏感性人格 15% 的个体差异，并且遗传和环境因素对人格有各自独特的贡献，其中亲子关系对人格有 2% 的贡献。

在基因与环境交互影响心理发展机制及其与人格关系的研究中发现（董奇，2012），DRD4 基因与儿童的冲动性特质相关，但是受到亲子关系的调节，良好的亲子关系下非 7R 基因型的儿童冲动性更高，不良亲子关系条件下则相反。这些研究说明，儿童脑功能发展过程中相关神经网络进行了相当精密的调整，也提示脑功能发展和个体心理发展与学习之间存在着密切的联系。

金敏对 10～16 岁双生子儿童少年行为问题研究发现：遗传及环境因素对儿童少年的行为问题均有影响，但环境因素影响程度更大，尤其是共享环境；儿童少年行为问题的遗传因素与家庭亲密度之间可能存在交互作用，即在低亲密度家庭（高风险环境暴露）中易感基因更有机会得以表达，而在高亲密度家庭环境（低风险环境暴露）中遗传风险受到了一定程度的限制（金敏，2007）。

王上上、陈天娇、季成叶等人对 527 对同性别 6～18 岁双生子进行调查研究发现：遗传对儿童青少年注意问题有高等强度影响，遗传和环境因素共同影响儿童青少年焦虑与抑郁情绪的发生（王上上、陈天娇、季成叶等，2016）。

一系列现代影像学研究成果揭示（颜志雄、刘勋，2016）：从胎儿到老年期的毕生发展大致呈现倒 U 形发育态势，如大脑中轴前后部默认网络之间的功能连接，从儿童到成年期连接强度逐渐增强，达到峰值后呈下降趋势，这与人类心理行为表现是一致的，幼儿期记忆、认知加工能力不断提升，到成年期相对稳定，在 40 岁左右成为发展趋势的转折点，开始面

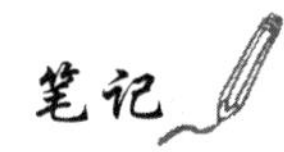

临认知功能的衰退，到老年期，下降趋势更为明显。毕生发展轨线与日常生活中的“返老还童”现象吻合，为心理行为的发展变化提供了神经科学证据。

二、中国发展心理学研究现状与发展趋势

在中国的教育思想史中，早就有人生发展心理学思想，如孔子“吾十有五，而志于学，三十而立，四十而不惑，五十而知天命，六十而耳顺，七十而从心所欲，不逾矩。”的生命全程发展观点。但是科学发展心理学还是在近代从西方引入中国的。在中国，发展心理学同样经历了从儿童心理学到发展心理学的演进过程。从近代到现在，我国科学的发展心理学大致经历了以下四个阶段。

（一）1949年以前的儿童心理学

中国最早的儿童心理学开拓者当属陈鹤琴，他于1919年留学回国后，在南京高等师范学校讲授儿童心理学课程。讲授的内容也大都是译自西方儿童心理学家如普莱尔、鲍德温、霍尔、华生等人的著作。与此同时，他以自己的儿子为对象进行了长期的研究，不仅作了日记式的记录，而且还作了摄影记录，在1925年出版了《儿童心理之研究》一书，成为我国较早的儿童心理学教科书。为了配合儿童教育的需要，他还创办了儿童玩具、教具厂，根据儿童心理的发展程序与心理特点，制作了多种形式的玩具与教具，并编辑出版了不少儿童课外读物，如《中国历史故事丛书》《小学自然故事丛书》等。在他之后，孙国华在国外对婴儿进行研究后于1930年撰写了专著《初生儿的行为研究》，浙江大学的黄翼在20世纪30～40年代期间对儿童的语言、绘画、性格评定等方面进行了研究，艾伟编制了儿童心理测验，肖孝嵘、陆志伟和吴天敏介绍并修订了国外的儿童心理测验，艾华、肖恩承、肖孝嵘、黄翼等分别撰写了儿童心理学教科书等。这些早期的儿童心理学家为我国发展心理学的发展作出了重大的贡献。

（二）1949年至1966年间的儿童心理学

1949年以来，中国的儿童心理学在起起落落中发展，大致经历了2个阶段。

1. 1949—1958年间，以学习前苏联儿童心理学为主　在这一阶段，儿童心理学教学和研究都是学习前苏联的模式。如巴甫洛夫的高级神经学说对我国儿童心理学研究者有较大的影响。我国学者在学习的同时也结合我国实际情况进行了一些有探索性的研究。例如，儿童两种信号系统的实验研究，词在儿童概括认识中的作用，儿童方位知觉的实验研究等。1952年，高校经过院系调整，原辅仁大学心理系、中国人民大学教育学教研室陆续与北京师范大学教育系合并。同年，心理学教研室成立，开设了儿童心理学公共课。1958年，在极“左”思潮的影响下掀起的“批判心理学的资产阶级方向”的运动，心理学遭到了不应有的批判，北京师范大学的朱智贤和彭飞教授受到批判。当时完全否定新中国成立以来心理学、儿童心理学的成就，而且对学术问题采取了违反“双百方针”的方式，造成极为恶劣的影响。

2. 1958—1966年间，心理学以及儿童心理学的恢复和发展阶段

1959年“五四运动”以后，各地有关学校和报刊在心理学、儿童心理学领域中重新恢复了“百家争鸣”的讨论，允许和鼓励被批判的心理学家发表自己的意见。从此，又为心理学的健康发展创造了良好的气氛。1960年，北京师范大学教育系正式设立心理学专业，下设普通心理学和儿童心理学教研室，负责人分别为彭飞教授、朱智贤教授，招收五年制本科生。

1962年朱智贤教授用辩证唯物主义的观点编写的《儿童心理学》教科书出版，这是我国第一部贯彻马克思主义观点、吸收国内外科学成就、联系我国实际、能够体现我国当时学术水平的综合大学和高等师范院校的儿童心理学教科书，曾受到国内外学者的高度评价，对培养我国心理学、教育学的专业人才和科学研究工作都具有重要意义。

1965年到1967年北京师范大学前三届心理学专业本科生陆续从教育系心理学专业毕业，其中1965年毕业的林崇德等后来成为发展心理学的专家。

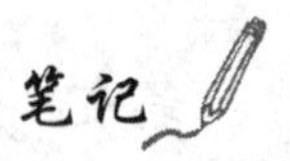

20世纪60年代初期这一段时间内，可以说是新中国成立以来我国心理学、发展心理学的第一个发展时期，其标志是数以百计的发展心理学研究论文被提交到历届心理学学术年会上。就研究涉及的儿童年龄范围来说，从儿童早期到青少年期都有研究，其中以幼儿心理和学龄初期儿童心理的研究较多。就研究的内容来说，也是丰富多彩的：在生理机制方面，除了古典的儿童高级神经活动之外，还研究了不同年龄阶段儿童脑电活动；在心理现象的研究方面，从感知觉、记忆、语言思维到个性发展、道德品质等，都有一些有价值的研究，特别是结合教育教学进行的思维发展研究占有突出地位；在马克思主义儿童心理学理论的探索方面，也作出了很大的成绩，关于建立马克思主义儿童心理学理论的尝试受到国内外的注意，其中关于儿童心理发展动力或内部矛盾的研究，教育与发展的关系问题、年龄特征的稳定性与可变性问题等论文，提出了各种各样的见解。

（三）1966—1976年间的儿童心理学

这一期间正是我国的"十年动乱"时期。由于政治上的干扰，我国发展心理学的研究处于停滞甚至后退的状态。

（四）1976—1987年间的发展心理学

这一阶段，是儿童心理学到发展心理学研究的模仿研究阶段。

1978年，北京师范大学教育系心理学专业恢复招生；各种心理学教育、学术组织以及专门的研究机构开始恢复或建立；心理学专业本科层次和研究生层次教育陆续开展起来，招生规模不断扩大；心理学专业队伍无论从数量上还是质量上都有了极大提高，一大批我国自己培养的博士和海外学成回国的博士工作在发展心理学研究的一线，心理学工作者的队伍逐渐壮大，我国的发展心理学也开始蓬勃发展起来。1981年初，在彭飞教授、朱智贤教授的主持下，北京师范大学心理学系正式成立，彭飞教授任第一届系主任，朱智贤教授任系副主任并兼任系学术委员会主任。

1985年，朱智贤教授发起成立了儿童心理研究所并担任第一任所长。同年，该所主办的全国唯一的发展与教育心理学专业学术杂志《心理发展与教育》创刊。

1986年，朱智贤和林崇德共同完成的《思维发展心理学》问世，书中提出了著名的思维结构及发展理论，并详细论述了思维的发生和发展规律。1988年，他们合著的《儿童心理学史》出版，这是国内第一部系统的儿童心理学史方面的专著。这两部书都曾作为研究生或本科生的教材，与《儿童心理学》一起，在形成中国的儿童和发展心理学学科的教材体系上作出了重要贡献。

1987年，北京师范大学儿童心理研究所改名为发展心理研究所，以此为标志，发展心理学科进入了全面发展的新时期。

（五）1987年以后，发展心理学的繁荣发展与中国化研究趋势

20世纪80年代后西方有关毕生心理发展的研究空前繁荣，在这个大背景下，北京师范大学儿童心理研究所改名为发展心理研究所，开始加强中老年心理研究和早期心理研究。比如，申继亮教授在1992年给本科生开设了发展心理学课程，后又给研究生开设"成人发展与年老化"的系列讲座。另外，他的研究重点一直放在"中老年人认知发展"与"教师心理"研究方面，这些都对发展心理研究所在研究领域上实现从儿童心理研究向毕生发展研究的拓展起了推动作用。

1990年，发展心理学学术研究与培养机构——发展心理学博士点，在北京师范大学成立；1995年，林崇德教授主编的主要由发展心理研究所专家编写的《发展心理学》一书出版，在一定程度上标志着发展心理学内容体系的形成，为学科教材体系建设作出了重要贡献。该书拓展了朱智贤教授的《儿童心理学》，涵盖了中老年人的心理发展，全面展示了个体毕生心理发展的纵向图景。在此期间，冠以"儿童发展心理学""思维发展心理学""品德发展

笔记

心理学”“发展心理学”“青少年发展心理学”“老年心理学”“发展心理学研究方法”名称的各种发展心理学专业书籍陆续出版。发展心理学的研究范围也越来越广泛，如早期心理发展与教育的问题；婴幼儿动作、言语发展的研究；超常、低常儿童的心理发展研究；智力毕生发展与学习；道德的发展研究；幼儿数的概念发展研究；教师心理研究；皮亚杰的实验验证研究等。另外，涉及儿童心理发展理论和儿童心理测量等的研究越来越多，研究对象由原来以儿童青少年被试为主拓展到对毕生心理发展研究。

2004年中国心理学会举办的国际心理学28届学术大会（北京）上，中国发展心理学的研究成果来自各级各类的研究项目；2005年，发展心理学专业委员会举办了第九届全国学术研讨会，大会共有357人参加，共收到论文322篇。2006年，中国心理学会发展心理学与教育心理学两专业委员会第一次联合举办学术年会，共有800余名代表参加了会议，收到会议摘要500余篇。发展心理学家承担省部级以上的纵向课题越来越多，最具影响力的是朱智贤领衔的国家哲学社会科学重点课题“中国儿童青少年心理发展与教育”(1985—1990)和董奇、林崇德主持的科技部科技基础性工作专项“中国儿童青少年心理发展特征调查”(2007—2009)。

当然，这个时期的发展心理学研究，已经从模仿研究逐渐走向验证研究。如对比国内外人类心理发展的异同点研究；在柯尔伯格(L.Kohlberg)的基础上研究中国儿童青少年道德判断的发展等；进而发展到对中国人心理发展特点的研究，如汉字认知的研究；对多元智力和元认知发展的研究等，在国际心理学界产生了较大的影响。

2000年以后，发展心理学的中国化研究成果层出不穷。实际上，早在1978年，朱智贤教授就提出了“儿童心理学研究中国化”的思想，倡导建立中国的儿童心理学体系，在实际研究中确定中国儿童的心理特点和常模。他说“中国的儿童与青少年及其在教育中种种心理现象有自己的特点，这些特点表现在教育实践中，需要我们深入下去研究”。他领衔完成的国家重点研究项目“中国儿童心理发展特点与教育”填补了我国儿童心理研究的很多空白，被誉为“心理学研究中国化”的典型。林崇德教授继续坚持了朱智贤教授“心理学研究中国化”的思想，并进一步提出了心理学研究中国化的途径：摄取-选择-中国化。即以中华文化为背景、以中国人为研究对象，探讨中国人的心理发展现象和规律，建构中国的发展心理学理论体系，最终为中国人的发展服务。

2005年，北京师范大学董奇教授创办并成功申请我国心理学第一个国家重点实验室——认知神经科学与学习国家重点实验室；2014年，北师大心理发展所又成功申请认定了国家协同创新中心——中国基础教育质量监测协同创新中心，使我国发展心理学研究又上了新的台阶。

在最近的十几年间，发展心理学的中国化研究取得了较大的成果。在认知发展、社会性发展、超常儿童、心理理论和弱势群体等方面做了富有成效的研究，涌现出一批国内一流，且能与国际接轨的代表性成果。并且将研究的内容与儿童青少年教育紧密结合在一起，既包括德育方面的直接应用，也包括在缓解考试焦虑、提高学业成绩方面的间接应用。如李燕燕、桑标(2006)等人以观察亲子互动游戏为基本研究手段，分别从游戏参与方式、情感交流、语言交流和父母教养方式四个角度切入，深入探索了在中国城市独生子女居多的独特文化背景下，父母对儿童心理理论发展的影响。苏彦捷等人突破了以往研究难以证明儿童愿望理解发展的层次性的局限，更清晰地阐释了儿童愿望理解发展的一般规律。赵景欣、张文新(2006)等关于5～6岁儿童能够认识二级心理状态的研究发现，改变了学术界对儿童理解社会互动的潜在复杂推理能力的认识。研究者以离异家庭为视角关注影响儿童发展的微观环境如亲子关系、父亲的作用等，并积极采取了许多干预措施。之后，研究内容也更加广泛，尤其是离异家庭子女的自我发展、心理压力与应对、良好的心理与行为适应等开始受到关注。近年来，研究者从不同的角度对留守儿童进行了大量研究。申继亮承担了教育部重大攻关

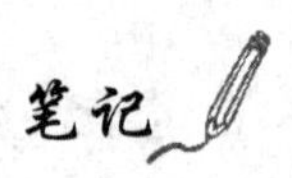

项目，专门考察了留守儿童的社会支持、生活适应和心理弹性等内容。此外，还有研究者分别对收养或寄养家庭的儿童、处境不利与贫困地区的儿童进行了研究。方晓义、刘璐等在青少年成瘾研究及干预中，结合了基因 - 脑 - 行为 - 环境多种研究方法，探索青少年成瘾行为的影响因素、作用机制、发展阶段和干预方法。2014 年，陈英和教授承担的国家社科基金重大项目“中国儿童青少年思维发展数据库建设及其发展模式的分析研究”，通过对全国代表性样本的施测和数据采集，建设中国第一个全面反映儿童青少年思维发展的数据库。许多的研究进一步关注社会问题，将研究服务于社会。林崇德教授承担的教育部哲学社会科学研究重大课题委托项目（教育政策研究）“我国基础教育和高等教育阶段学生核心素养模型研究”，核心任务是要建构出不同教育阶段（小学、初中、高中、大学）学生核心素养的模型及指标体系，确定其相应的表现水平，提出学生核心素养培养实施的具体政策。辛涛教授承担的教育部哲学社会科学研究重大课题“义务教育阶段学生学业质量标准体系研究”，目标非常明确，就是为了解决我国义务教育阶段学业质量标准体系缺乏的问题（林崇德，2015）。

总之，经过近三十多年的发展，我国的发展心理学已经建立起比较完备的研究体系，在众多领域取得了较丰富的研究成果，这些成果既丰富了发展心理学的理论体系，又在一定程度上指导了我国的教育实践，在社会上产生了较广泛的影响。但是，我们也应该看到目前的研究仍然存在一些不足，学术研究日益书斋化，而缺乏对社会现实的关照；研究问题日益书本化而少有生活气息；一些学者以国际化或与国际接轨的名义而无视中国的实际和本土轨道；在研究方法上过分追求量化而使研究近似数字游戏；很多研究貌似精细化而实则是碎片化（林崇德，2015）。因此，在研究的具体方法上要追求严谨与科学；在统计应用上要注意量表的文化特性；编制量表要注意科学严密。在研究内容方面，与日益凸显的实际心理需求相结合，将发展心理学研究与人们改进每一阶段的生活质量相联系，做到真正地促进生活质量的提高。同时，还需要继续努力推进发展心理学的中国化，在保持与国际发展心理学研究同步的同时，又能够有所超前、有所创新，更好地服务于我国的教育实践，促进社会和谐的构建。正如林崇德（2015）教授所展望：站在新的历史起点上，我国的发展心理学研究将继续围绕“个体毕生心理发展与促进”或“教育与发展”这一根本定位，在“认知与创造力毕生发展规律及心理资源开发”和“社会转型期个体心理适应与促进研究”两大研究方向上不断“追踪世界一流、满足国家亟需”；重视并开展认知神经科学研究。进一步加强研究方法的现代化；着重加强应用，提高心理学科为社会服务，尤其是满足国家和社会发展重大需求的能力。

思考与练习

1. 什么是发展心理学？
2. 狭义的发展心理学主要研究哪些内容？
3. 发展心理学的研究设计与方法有哪些？其特点是什么？
4. 发展心理学的主要基本理论问题有哪些？谈出你对这些问题的看法。
5. 如何认识发展心理学的中国化问题？

推荐阅读

1. 罗伯特•费尔德曼．发展心理学——人的毕生发展．第 6 版．苏彦捷，邹丹等，译．北京：世界图书出版公司北京公司，2013
2. David R. Shaffer，Katherine Kipp，et al. 发展心理学——儿童与青少年．第 9 版．邹泓等，译．北京：中国轻工业出版社，2017
3. 董奇．发展认知神经科学：理解和促进人类心理发展的新兴学科．中国科学院院刊，2012

（马　莹）

笔记

第二章　个体心理发展理论

本章要点

弗洛伊德把儿童心理性欲发展分为五个阶段，即口唇期、肛门期、前生殖器期、潜伏期、青春期。埃里克森提出了心理社会性发展的八个阶段理论，每个阶段都有一个心理社会发展任务。华生关于心理发展的基本观点是环境决定论，认为后天学习对儿童心理发展具有积极作用。斯金纳提出了操作性条件反射的思想，强调强化在行为形成和发展中的重要性。班杜拉认为更普遍、更有效的学习方式是观察学习。皮亚杰根据图式的质的差异将儿童认知发展分为4个阶段，即感知运动阶段、前运算阶段、具体运算阶段、形式运算阶段。信息加工理论旨在揭示儿童获取知识的心理机制。维果斯基认为，人的心理发展的源泉与决定因素是人类历史过程中不断发展的文化，并提出了“最近发展区“的思想。布朗芬布伦纳建立了儿童发展的生态系统理论，提出了影响个体发展的四种系统，即微系统、中系统、外系统和宏系统。习性学强调决定动物行为的进化因素，即基因和自然选择的作用，认为动物的行为都具有一定的适应意义。洛伦兹提出的“印刻”现象引出了“关键期”的概念。进化发展心理学是一种从种系发生来解释人类发展的新理论视角，研究个体发生、发展过程中进化的、渐成的程序的表现。生命全程观与生命历程观从人的一生来看发展，二者最大区别在于，生命全程观关注个体的毕生发展，生命历程观试图将生命的个体意义和社会意义联系起来。

关键词

心理性欲发展　心理社会发展理论　环境决定论　操作性条件反射　强化观察学习　信息加工理论　最近发展区　生态系统理论　进化发展心理学

发展心理学理论是试图描述和解释个体心理发展、预测其在某一条件下行为发生的一套概念和观点。众多的发展心理学家看待心理发展的角度不同，形成了各种各样的理论观点，其中有重大影响的是四个理论观点，即精神分析理论、行为主义理论、认知发展理论和社会文化—历史发展理论。近些年涌现出一些新的观点，如进化发展心理学、生态系统理论等，本书也将逐一介绍。

第一节　精神分析理论

一、弗洛伊德的性心理理论

(一) 心理性欲发展阶段

心理性欲发展阶段(psychosexual development)的理论是奥地利精神病学家弗洛伊德

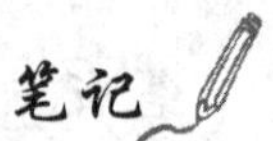

（Sigmund Freud，1956—1939）关于心理发展的主要理论。弗洛伊德既提出了划分心理发展阶段的标准，又具体规定了心理发展阶段的分期。

弗洛伊德认为人的发展就是性心理的发展，儿童心理发展的各个阶段之所以有区别，是由于其性生活的发展所造成的。弗洛伊德所说的性生活，不仅包含两性关系，而且也包含身体的舒适和快乐的情感。他把性的能量称为"力比多（libido）"，力比多集中在身体的某些器官或部位，刺激这些区域可以产生快感，这些区域称作性感区（erogenous zone）。在个体发展的过程中，性感区不断发生转移，性感区的变化决定心理发展的阶段性。在儿童期，口腔、肛门和生殖器相继成为快乐和兴奋的中心。以此为依据，弗洛伊德把儿童心理发展分为五个阶段：口唇期（0～1 岁）；肛门期（1～3 岁）；前生殖器期（3～6 岁）；潜伏期（6～11 岁）；青春期（11、12 岁开始）。在发展的每一个阶段，如果儿童得到了太多或太少的满足，性心理发展就不能顺利进行，停滞在某一阶段，即"固着（fixation）"。这可能导致各种心理疾患，成为神经症和精神病的根源。

1. **口唇期（0～1 岁）**（oral stage） 弗洛伊德认为力比多的发展是从嘴巴开始的。吮吸使婴儿不仅获得了食物和营养，也使他产生快感，因此口唇是婴儿期产生快感最集中的区域。婴儿不饿的时候也有吮吸现象，如吮吸手指。如果不能及时给婴儿喂奶或过早地断奶，其力比多就会固着在口唇区，长大后也会出现咬指甲、有烟瘾、贪吃等口唇期固着行为。

2. **肛门期（1～3 岁）**（anal stage） 这一时期，儿童的力比多集中到肛门区域，儿童从排便和控制排便中获得快感，此时父母也开始对儿童进行大小便训练。如果家长对儿童的大小便训练过于严厉，其发展就会固着在肛门期，成年期后个体会过分要求清洁，对人吝啬或固执地执行预定的时间表或路线图；如果家长对儿童排便没有什么要求，成年后就会凌乱、不爱整洁或挥霍。

3. **前生殖器期（3～6 岁）**（phallic stage） 弗洛伊德认为，在此阶段儿童会出现心理性欲发展中的一个重要事件，儿童对双亲中的异性一方产生性依恋，即男孩对母亲、女孩对父亲产生性依恋关系，把双亲中同性的一方看作是竞争对手，产生攻击欲望。弗洛伊德把男孩对母亲的性依恋叫做恋母情结（mother complex）也称俄狄浦斯情结（oedipus complex），把女孩对父亲的性依恋叫做恋父情结（也称埃勒克特拉情结 Electra complex）。儿童最终通过认同双亲中的同性一方克服了这种焦虑。

4. **潜伏期（6～11 岁）**（latency stage） 经过前生殖器期，力比多便潜伏下来，集中表现的区域不明显，儿童性的发展呈现停滞或退化现象。与前三个阶段相比，潜伏期是一个风平浪静的时期。

5. **青春期（11、12 岁开始）**（genital stage） 经过平静的潜伏期，青春期就来到了。在潜伏期被压抑的性能量在身体中重新活跃起来，并集中在生殖器部位。青少年按社会允许的方式表达自己的性要求，性需求指向年龄接近的异性，寻求异性作为配偶，生儿育女。

（二）人格发展理论

弗洛伊德将人格分为三部分，即本我（id）、自我（ego）和超我（superego）。新生儿是受本我操纵的，本我遵循快乐原则（pleasure principle），它寻求欲望的即时满足。如婴儿饥饿时，没有立即得到食物，就会大声哭闹，直到需要得到满足为止。

自我从婴儿 1 岁时逐步发展，遵循现实原则（reality principle）。自我的目标是在现实生活中为本我寻找满足的途径。弗洛伊德曾形象地将自我与本我比喻为骑手与马之间的关系。马提供能量，而骑手则指导马前进的方向。但有时，骑手也不得不按照马想走的路线前进。

超我在儿童早期逐渐发展起来，它包括良心和理想，遵循道德原则（moral principle）。良心由父母的各种"应该"和"不应该"构成，并把它转化为自己内部的行为准则。理想是儿

笔记

童努力发展的标准。如果自己的行为符合理想，儿童就感到骄傲；如果自己的行为违反了良心，儿童就会焦虑和内疚。自我在本我冲动和超我要求之间扮演调节者的角色。

弗洛伊德的理论具有历史性的意义，他使我们认识到潜意识的情感、动机在个体心理发展中的重要性，童年经验在个性形成中的作用，对父母情绪反应的矛盾性，以及早期人际关系对成年期人际关系的影响。虽然众多的心理学家反对他过分强调性本能的重要性，但精神分析方法对现代心理治疗产生了深远的影响。

值得注意的是，弗洛伊德理论有其社会和历史背景。他关于心理发展的理论，不是建立在一般儿童的群体上，而是来源于接受治疗的中产阶层心理疾患患者。他强调性本能和早期经验对人格发展的影响，忽视了其他因素，如社会和文化的影响。他的弟子对其学说进行了修正，其中最重要的修正是从生物本能论转向强调社会因素对个体心理发展的影响。这方面的代表人物是埃里克森。

二、埃里克森的心理社会性理论

美国心理学家埃里克森（ErikHomberger Erikson，1902—1994）修正和扩展了弗洛伊德的理论。首先，弗洛伊德强调人的生物性一面，认为人的心理发展主要是性心理的发展；埃里克森强调人的社会性一面，强调社会对人格发展的影响，认为人的心理发展主要是社会心理发展。埃里克森重视自我的发展，认为自我的发展是持续终生的。在发展的每一个阶段，自我都必须发展其特定的自我能力，从而成长为一个对社会有用的成员。其次，在“毕生发展观”上，埃里克森是一位先驱。他提出了心理社会性发展的八个阶段理论，前五个与弗洛伊德的五个阶段相并行，后三个是对成人心理发展阶段的划分。其人格发展的每个阶段都包含一个“危机”，即这个阶段非常重要的心理社会发展任务。对所有个体来讲，各个发展阶段是按照成熟的时间表出现的，其危机随着健康自我的发展而得以解决（表2-1）。

第一阶段为婴儿期（0～2岁）。婴儿在本阶段的主要任务是满足生理上的需要，发展信任感，克服不信任感，体验着希望的实现。婴儿从生理需要的满足中，体验着身体的康宁，感到了安全，于是对其周围环境产生了一种基本信任感；反之，婴儿便对周围环境产生了不信任感，即怀疑感。

第二阶段为儿童早期（2～4岁）。这个阶段儿童主要是获得自主感而克服羞怯和疑虑，体验着意志的实现。埃里克森认为这时幼儿除了养成适宜的大小便习惯外，他主要已不满足于停留在狭窄的空间之内，而渴望着探索新的世界。

第三阶段为学前期或游戏期（4～7岁）。本阶段儿童的主要发展任务是获得主动感和克服内疚感，体验目的的实现。本阶段也称为游戏期，游戏执行着自我的功能，在解决各种矛盾中体现出自我治疗和自我教育的作用。埃里克森认为，个人未来在社会中所能取得的工作上、经济上的成就，都与儿童在本阶段主动性发展的程度有关。

第四阶段为学龄期（7～12岁）。本阶段的发展任务是获得勤奋感而克服自卑感，体验着能力的实现。学龄期儿童的社会活动范围扩大了，儿童依赖重心已由家庭转移到学校、教室、少年组织等社会机构方面。埃里克森认为，许多人将来对学习和工作的态度和习惯都可溯源于本阶段的勤奋感。

第五阶段为青年期（12～18岁）。这一阶段的发展任务是建立同一感和防止同一感混乱，体验着忠实的实现。同一感是指人的内部和外部的整合和适应之感；同一感混乱则是指内部和外部之间的不稳定和不平衡之感。

如果说以上五个时期是针对弗洛伊德的五个阶段提出的，那么以下的三个阶段就是埃里克森的独创。

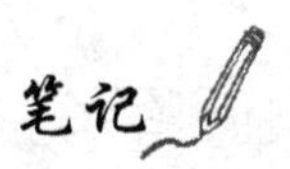
笔记

第六阶段是成年早期（18～25岁），发展任务是获得亲密感以避免孤独感，体验着爱情的实现。埃里克森认为这时青年男女已具备能力并自愿准备着去分担相互信任、工作调节、生儿育女和文化娱乐等生活，以期最充分而满意地进入社会。这时，需要在自我同一性的巩固基础上获得共享的同一性，才能导致美满的婚姻而得到亲密感，但由于寻找配偶包含着偶然因素，所以也孕育着害怕独身生活的孤独之感。埃里克森认为，发展亲密感对能否满意地进入社会有重要作用。

第七阶段是成年中期（约25～50岁），主要为获得繁殖感而避免停滞感，体验着关怀的实现。这时男女建立家庭，他们的兴趣扩展到下一代。这里的繁殖不仅指个人的生殖力，主要是指关心建立和指导下一代成长的需要，因此，有人即使没有自己的孩子，也能达到一种繁殖感。缺乏这种体验的人会倒退到一种假亲密的需要，沉浸于自己的天地之中，只一心专注自己而产生停滞之感。

第八阶段为老年期，即成年晚期（50岁～死亡），主要为获得完善感和避免失望和厌倦感，体验着智慧的实现。这时人生进入了最后阶段，如果对自己的一生周期获得了最充分的肯定，则产生一种完善感，这种完善感包括一种长期锻炼出来的智慧感和人生哲学，伸延到自己的生命周期以外，与新的一代的生命周期融合而为一体的感觉。一个人达不到这一感觉，就不免恐惧死亡，觉得人生短促，对人生感到厌倦和失望。

表2-1 埃里克森的心理社会性发展的八个阶段

阶段	年龄(岁)	心理危机(发展关键)	发展顺利	发展障碍
1	0～2 婴儿期	对人信赖←→对人不信赖 Trust vs. Mistrust	对人信赖，有安全感	难与人交往，焦虑不安
2	2～3 儿童早期	自主←→羞愧怀疑 Autonomy vs. shame and doubt	能自我控制，行动有信心	自我怀疑，行动畏首畏尾
3	4～7 学前期	主动←→退缩内疚 Initiative vs. Guilt	有目的方向，能独立进取	畏惧退缩，无自我价值感
4	7～12 学龄期	勤奋进取←→自贬自卑 Industry vs. Inferiority	具有求学、做人、待人的基本能力	缺乏生活基本能力，充满失败感
5	12～18 青年期	自我同一←→角色混乱 Identity vs. Confusion	自我观念明确，追寻方向肯定	生活缺乏目标，时感彷徨迷失
6	18～25 成年早期	友爱亲密←→孤独疏离 Intimacy vs. Isolation	成功的感情生活，奠定事业基础	孤独寂寞，无法与人亲密相处
7	25～50 成年中期	繁殖感←→颓废迟滞 Generativity vs. Stagnation	热爱家庭，栽培后代	自我恣纵，不顾未来
8	50～ 死亡老年期	完美无憾←→悲观绝望 Integrity vs. Despair	随心所欲，安享天年	悔恨旧事，无法挽回

埃里克森的发展渐成说有着自己的特色，他认为个体发展过程是多维性的，每一个阶段实际上不存在发展不发展的问题，而是发展的方向问题，即发展方向有好有坏，这种发展的好坏是在横向维度上两极之间进行的。

第二节 行为主义理论

精神分析理论关注人的潜意识力量，行为主义理论则关注可观察的行为。他们认为，发展来自于学习，行为变化是基于经验或对环境的适应。因此，行为主义者的目标是找到

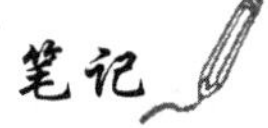

可观察的行为变化的客观规律，并应用于每个年龄的人群。他们认为发展是连续的，并不是分阶段进行的，并且强调发展中量的变化。

一、华生的环境决定论

美国华生（J.B.Waston）是行为主义理论的创始人。他关于发展的观点是环境决定论，即否认遗传的作用，片面夸大环境和教育的作用。

他关于心理发展的基本观点来源于洛克的“白板说”，认为儿童的心理像一块白板，心理发展就是在白板上建立S-R联结的过程。他的心理发展观如下：

（一）否定遗传作用

华生认为行为的产生是由刺激决定的。刺激来源于客观环境或机体内部，而不决定于遗传，因此行为不可能受遗传的影响。他承认人的生理结构是遗传来的，但他认为，生理构造上的遗传作用并不导致机能上的遗传作用。他还主张，行为主义者研究心理学的目的是为了提高行为的可控制性，而遗传是不可控制的，否认遗传因素就能提高对行为的可控性。因此，华生否认了行为的遗传作用。

（二）肯定环境和教育的决定作用

华生从刺激-反应的公式出发，认为环境和教育是行为发展的唯一条件。首先，华生提出了一个重要的论断，即构造上的差异及幼年时期训练上的差异足以说明后来行为上的差异。人出生后生理特点是不同的，但此时每个人都只有一些简单的行为。复杂行为的形成，完全来自环境，特别是早期训练。早期训练不同，后来个体行为的复杂程度也明显不同。其次，华生提出了教育万能论。他曾说过：“给我一打健全的婴儿和我可用以培育他们的特殊世界，我就可以保证随机选出任何一个，不问他的才能、倾向、本领和他的父母的职业及种族如何，而把他训练成为我所选定的任何类型的特殊人物，如医生、律师、艺术家、商人或乞丐、小偷”（《行为主义》，1924年）。

（三）华生的学习理论

华生认为后天学习对儿童心理发展具有积极作用。学习的基础是条件反射，学习的发生就是条件反射的建立。学习的决定条件是外部刺激，外部刺激是可以控制的，所以不管多么复杂的行为，都可以通过控制外部刺激而形成。

华生以一个11个月大的男孩小阿尔伯特对白鼠形成条件恐惧反应的实验，来证明儿童情绪的产生与发展。华生认为，人有三种基本的情绪，即恐惧、愤怒和亲爱。恐惧主要由大声和失控引起。当婴儿安静时，器皿落下、屏风倒落等，会立即引起他的惊跳，肌肉猛缩，继之以哭；当身体突然失去支持，婴儿会发抖、大哭、呼吸加快、双手乱抓。愤怒是由限制婴儿运动引起的，如用毯子把孩子紧紧地裹住或按住婴儿的头部不准活动，婴儿会发怒，把身体挺直或手脚乱蹬、屏息、尖叫。亲爱是由抚摸、轻拍或触及身体敏感区域产生的，抚摸孩子的皮肤或是柔和地轻拍他，会使婴儿安静，产生一种广泛的松弛反应，展开手指、脚趾，发出“咕咕”“咯咯”的声音。

在第一次实验时，华生给阿尔伯特一个小白鼠，他没有表现出惧怕反应，当他伸手想摸时，在他背后突然敲一下，发出刺耳的声音，使他吓了一跳。当第二次看见白鼠时，想再伸手去摸它，刚一伸手，又听到一个大的刺耳声音，使他吓了一跳，并开始哭泣。为了不过分伤害孩子的健康，实验停止一周。一周后，这个白鼠再出现时，虽然没有了刺耳的声音，但阿尔伯特已不敢接近它了。华生通过小阿尔伯特对白鼠形成条件恐惧反应的实验，说明条件化是情绪复杂化和发展的机制，认为人的各种复杂情绪都是在前三种原始情绪基础上，通过条件作用而逐渐形成的。该实验虽是成功的经典实验，但是违背了心理学研究的伦理性原则，受到了广泛的批评。

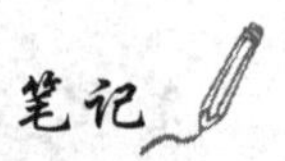

二、斯金纳的操作性条件反射理论

美国心理学家斯金纳（Burrhus Frederic Skinner，1904—1990）是行为主义理论的另一位代表人物。他区分了两类行为，即应答性行为和操作性行为，又提出了操作性条件反射的思想，强调强化在行为形成和发展中的重要性。

（一）操作性条件反射的基本含义

传统的行为主义心理学家信奉刺激 - 反应（S-R）公式，认为一切行为都是 S-R 的反应过程。斯金纳认为这种行为是应答性行为。应答性行为是指由特定的、可观察的刺激所引起的行为。而操作性行为是指在没有任何能观察到的外部刺激的情境下有机体的行为，它似乎是自发的，代表着有机体对环境的主动适应，由行为的结果所控制。斯金纳把那些自发发生而受到强化后经常性重复的行为，称为操作行为。斯金纳认为，人类的大多数行为都是操作性行为，如游泳、写字、读书等等。他把操作行为当作心理学研究的对象，构成操作行为主义的理论体系。

因此，他把条件反射也分为两类，即经典性条件反射和操作性条件反射。经典式条件反射用以塑造有机体的应答行为；操作式条件反射学用以塑造有机体的操作行为。经典性条件反射是 S-R 的联结过程；操作性条件反射是 R-S 的联结过程。他的这种区分，补充和丰富了原来行为主义的公式。

（二）行为的强化控制原理

斯金纳设计了“斯金纳箱”，观察白鼠、鸽子等动物在其中的行为表现，来说明操作性条件反射的形成。箱内放进一只白鼠，并设一杠杆或按键，箱子的构造尽可能排除一切外部刺激。动物在箱内可自由活动，当它压杠杆或啄键时，就会有一团食物掉进箱子下方的盘中，动物就能吃到食物。箱外有一装置记录动物的动作（图 2-1）。通过实验斯金纳发现，动物的学习行为是随着一个起强化作用的刺激而发生的。他把动物的学习行为推广到人类的学习行为上，他认为虽然人类学习行为的性质比动物复杂得多，但也要通过操作性条件反射。

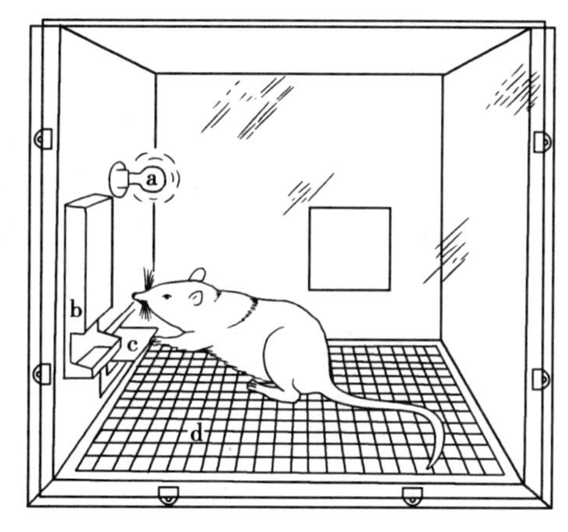

图 2-1　斯金纳箱

惩罚是指由于一种刺激的加入或排除降低了某一操作反应发生的概率的作用。斯金纳认为不能把消极强化与惩罚混为一谈。他的实验证明，惩罚只能暂时降低反应率，而不能减少消退过程中反应的总次数。斯金纳提倡积极的强化作用，建议以消退取代惩罚，因为惩罚对被惩罚者和惩罚者都是不利。斯金纳的理论不仅适用于儿童行为的习得和塑造，对儿童不良行为的矫正也具有指导意义。

（三）儿童行为的实际控制

斯金纳还把“斯金纳箱”用于儿童生活。当他的第一个孩子出生时，他决定做一个新的经过改进的摇篮，这就是斯金纳的育婴箱（Baby Box），于 1945 年在《妇女家庭》杂志上发表。他描述道，光线可以直接透过宽大的玻璃窗照射到箱内，箱内干燥，自动调温，无菌无毒隔音；里面活动范围大，除尿布外无多余衣布，幼儿可以在里面睡觉、游戏；箱壁安全，挂有玩具等刺激物。可不必担心着凉和湿疹一类的疾病。斯金纳箱是斯金纳研究操作性条件反射作用的又一杰作，其女儿曾在箱内生活过 2 年，很快成为一位颇有名气的小画家。其设计的思想是要尽可能避免外界一切不良刺激，创造适宜儿童发展的行为环境，养育身心

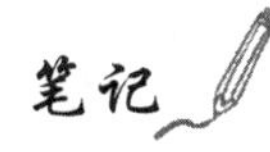

健康的儿童。后来，斯金纳甚至把这种思想由一个儿童成长的行为环境扩展到几千人组成的理想国，写成小说《沃尔登第二》。

1953年，斯金纳去女儿的学校参观，他发现在课堂上很多孩子都愿意回答问题，但并不是每个孩子都有机会表现，而且学生每次回答问题后老师也不一定及时给予反馈。因此，斯金纳把操作性条件反射理论和强化理论用于学校教学，形成了学习和机器相联系的思想，提出了一套有别于传统的教学方法——程序教学法。这种教学方法将一个复杂的课题按照逻辑顺序细分成很多小课题，学生学习这些小课题的时候会被提问，而且能够立即得知自己的回答是否正确。为了使这种教学方法能够更加有效的实施，斯金纳设计了程序教学机。如果学生的回答与机器后来呈现的正确答案相符，机器接着呈现下一个问题。依次回答所有问题之后，再回过头来重新解决这个程序中的问题，并改正他先前回答中的错误，经过多次重复，直到学生完全掌握程序中的所有材料为止。

三、班杜拉的社会学习理论

美国心理学家班杜拉（Albert Bandura，1925）是现代社会学习理论的奠基人。他不否认传统行为主义主张的由反应结果引起的学习现象，但认为更普遍、更有效的学习方式是观察学习。

（一）观察学习

班杜拉所说的观察学习是通过观察他人（榜样）所表现的行为及其结果而进行的学习。观察学习是经由对他人的行为及其强化结果的观察，一个人获得某些新的反应，或现存的反应特点得到矫正。在观察学习中，学习者不需要直接地做出反应，也不需要亲自体验强化，只要通过观察他人在一定环境中的行为，观察他人所接受的强化就能完成学习。因此，这种学习方式又称为"无尝试学习"，也称为"替代学习"。他把以前学习者通过自己的实际行动，同时直接接受反馈（强化）而完成的学习，叫做刺激反应学习，即通过学习者的直接反应给予直接强化而完成的学习。

（二）观察学习过程

班杜拉把观察学习分为注意、保持、复制和动机四个过程。

1. **注意过程**　注意是观察主体与观察对象之间的中介。注意受哪些因素影响呢？一般来说，注意受榜样活动的特点、环境背景、榜样的特征，如地位、权威性、性别、年龄等等因素影响，也与观察者本人的特点，如经验、觉醒水平、兴趣等因素有关。

2. **保持过程**　观察者把自己观察到的示范行为以符号表征的形式转化为个人经验储存在记忆中。这时所储存的不是榜样行为的本身，而是对榜样行为的抽象。保持过程与注意过程紧密联系。没有保持过程的支持，注意过程是很难奏效的。

3. **运动复现过程**　这是观察者对榜样行为的表现过程，即观察者将保存在内部的符号表征转化为外显行为的过程。运动复现也是一个逐步熟练的过程，在初期观察者的行为可能不如榜样行为那么准确，逐渐地行为准确性会增加。

4. **强化和动机过程**　一个人所观察到的榜样行为，有的并不复现，而有的则加以复现，为什么呢？这与由强化引起的动机有关。有些榜样行为带来无奖赏和惩罚的结果，人们就不会去表现这种行为；而能够引起有价值结果的榜样行动是容易被人们所采用的。

（三）替代强化和自我强化

班杜拉认为，并非所有的学习都依赖于直接强化。在观察学习中，观察者并没有直接接受强化，榜样所受到的强化对观察者来说是"替代强化"。学习者如果看到他人成功的行为、获得奖励的行为，就会增强产生同样行为的倾向；如果看到失败的行为、受到惩罚的行为，就会削弱或抑制发生这种行为的倾向。

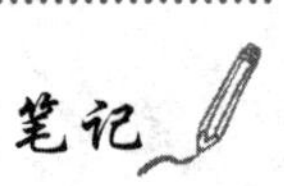

除替代强化以外，班杜拉认为个体还存在着自我强化。自我强化是个体行为达到自己设定的标准时，以自己能支配的报酬来增强和维持自己行为的过程。这无疑是强调了学习的认知性和学习者在学习中的主观能动作用。

通过观察他人（榜样）的行为及其结果，儿童既不需要直接做出反应，也不需要亲自体验强化，就可以完成学习。因此，在班杜拉看来，学习不是外部因素直接强化的结果，而是一个主动的过程。

班杜拉虽然也属行为主义者，但他开始注意到人的行为与环境之间的相互作用，儿童的行为作用于环境，可以有效地改变他们所处的环境，这是对传统行为主义的重要突破。他提出的观察学习也比较接近儿童行为学习的自然情况，而且替代强化和自我强化也使人们看到了个体的能动性和主动性。尽管班杜拉看到了行为的认知因素，但他并没有对认知因素进行深入的探讨，也缺乏实验研究，因此他本质上还属于行为主义立场，也可称之为认知 - 行为主义者。

第三节　认知发展理论

一、皮亚杰的认知发展理论

瑞士儿童心理学家皮亚杰（Jean Piaget，1896—1980）提出了发生认知理论。

（一）心理发展的实质

皮亚杰研究儿童心理发展的初衷是要探讨认识问题。他认为，传统的认识论只顾及高级水平的认识，看不到认识的建构问题，不考虑认识在个体中有一个发生发展的问题。他的杰出贡献是创立了“发生认识论”，从认识发生的角度来研究认识，试图从儿童思维发展的过程中找到人类认识发展的规律。

他关于心理发展的观点与行为主义心理学相反。他认为，儿童是积极的、主动的建构者，而不是机械地对环境刺激做出反应，通过强化作用获得知识；发展的动力来自内部，而不是外部环境，经验只是影响其发展的速度，而不是发展的根本原因。

在儿童心理发展研究上，皮亚杰认为他自己是属于内因外因相互作用的发展理论的。他把适应看作是智力的本质。他认为，智力或认识，既不是起源于先天的成熟，也不是起源于后天的经验，而是起源于动作。动作的本质是主体对客体的适应。主体通过动作对客体的适应，是心理发展的真正原因。“动作”，不仅包含指向于外部的动作，还包含内化了的思维动作，都是适应，智力或思维只是一种适应，适应的本质在于取得机体与环境的平衡。围绕此观点，皮亚杰通过三个重要的概念加以说明。

1. **图式**　皮亚杰认为认知是有结构基础的，图式（schema）就是他用来描述认知结构的一个特别重要的概念。皮亚杰关于图式的定义是：一个有组织的、可重复的行为或思维模式。凡在行动中可重复和概括的东西我们称之为图式。简单地说，图式就是动作的结构或组织，图式是认知结构的一个单元，一个人的全部图式组成一个人的认知结构。最初的图式来自遗传，婴儿的吸吮、哭叫及视、听、抓、握等行为都是与生俱来的，是婴儿生存的基本条件，这些图式是先天性遗传图式，是在人类长期进化的过程中所形成的。全部遗传图式构成一个婴儿的智力结构，以这些先天性遗传图式为基础，随着年龄的增长及机能的成熟，以及在与环境的相互作用中，儿童的图式不断得到改造，认知结构不断发展。

2. **同化与顺应**　皮亚杰认为，同化（assimilation）是把环境因素纳入到机体已有的图式或结构之中，以加强和丰富主体的动作。也可以说，同化是通过已有的认知结构获得知识（本质上是旧的方法处理新的情况）。例如，学会抓握的婴儿看见床上的玩具，会反复用抓握的动

作去获得玩具。当他独自一个人，玩具又较远，婴儿手够不着（看得见）时，他仍然用抓握的动作试图得到玩具，即用以前的经验来对待新的情境（远处的玩具），这一动作过程就是同化。当机体的图式不能同化客体时，则要建立新的图式或调整原有的图式以适应环境，即改变认知结构以处理新的信息（本质上改变旧观点以适应新情况），这就是顺应（accommodation）。例如上面提到那个婴儿为了得到远处的玩具反复抓握，偶然地，他抓到床单一拉，玩具从远处来到了近处，这一动作过程就是顺应。儿童认知结构的发展，即个体对环境的适应，包括同化和顺应两个对立的过程。通过同化和顺应，认识结构就不断发展，以适应新环境。同化和顺应既是相互对立的，又是彼此联系的。同化只是数量上的变化，不能引起图式的改变或创新；而顺应则是质量上的变化，促进创立新图式或调整原有图式。皮亚杰认为，个体的心理发展就是通过同化与顺应达到平衡的过程。个体在平衡与不平衡的不断交替中实现着认知发展。

（二）影响个体发展的因素

皮亚杰认为，儿童心理发展受四个因素的制约。

1. 成熟 成熟指有机体的成长，尤其指神经系统的成熟。成熟给机体发展提供了可能性，但必须通过练习和习得的经验，才能获得某一行为模式。因此，成熟是心理发展的必要条件，而非充分条件。

2. 自然经验 自然经验指通过与外界物理环境接触而获得的知识。这包括两类不同的经验，一是物理经验，是指个体作用于物体，抽象出物体的物理特性，如大小、重量、形状；二是数理 - 逻辑经验，是指个体作用于物体，理解物体动作间的协调关系，如儿童反复摆弄鹅卵石，发现不论如何排列，鹅卵石总数保持不变。这一经验并不是鹅卵石本身具有的物理特性，而是个体通过自己的计数动作与动作的协调而获得的。

3. 社会经验 社会经验是指与社会相互作用和社会传递过程中获得的经验，主要包括社会生活、文化教育和语言等。儿童通过社会相互作用和社会传递，不仅接受人类社会积累的科学文化知识，而且也接受社会期望的观点、信念和价值观，使儿童的社会化过程得以实现。皮亚杰认为社会经验对儿童心理发展的影响比自然经验要大得多。不过他也认为，社会经验与自然经验一样，都是儿童心理发展的必要条件，但不是充分条件。教育虽能促进或延缓儿童心理发展，但教育对发展的影响是有条件的，对儿童心理发展不起决定作用。

4. 平衡 皮亚杰认为，平衡是儿童心理发展中最重要的因素。平衡是指通过同化和顺应达到适应的过程。平衡是儿童心理发展的内部机制，只有通过这个内部机制才能把上述三个因素整合起来。平衡状态不是绝对静止的，一个较低水平的平衡状态，通过机体和环境的相互作用，就过渡到一个较高水平的平衡状态。平衡的这种继续不断的发展，就是整个心理的发展过程。

（三）个体认知发展的阶段

皮亚杰认为，在环境的影响下，儿童的图式经过不断的同化、顺应、平衡过程，就形成了本质不同的图式，即形成了心理发展的不同阶段。皮亚杰认为，从出生到成熟的心理发展过程中，个体的认知发展可划分为以下四个阶段。

1. 感知运动阶段（0~2 岁） 该阶段的儿童能运用最初的图式对待外部世界，开始协调感知和动作间的活动。新生儿只有一些简单的笼统的无条件反射，随后他们的条件反射越来越复杂和丰富；儿童通过积极主动地探索感觉和动作之间的关系获得动作经验，形成一些低级的动作图式，以此来适应外部环境。

儿童这一阶段的认知发展主要是感觉和动作的分化，思维也开始萌芽，表现在以下几个方面。

（1）形成客体永久性意识：最初的婴儿分不清自我和客体，儿童不了解客体可以独立于

自我而客观地存在(图 2-2)。儿童 1 周岁左右时，当客体在眼前消失，儿童依然认为它是存在的，这就表明儿童建立了客体永久性认识。例如，几个月大的儿童，当面前的玩具被遮挡时，他不会去寻找；1 岁左右的儿童，当面前的玩具被遮挡时，他会去寻找(图 2-3)。

图 2-2　儿童无客体永久性

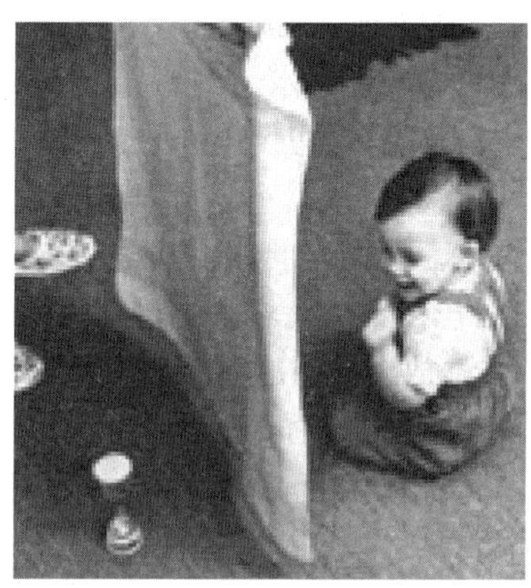

图 2-3　儿童有客体永久性

(2) 建构了时空的连续性：因为儿童在寻找物体时，他必须在空间上定位来找到它。又由于这种定位总是遵循一定的顺序发生的，故儿童又同时建构了时间的连续性。

(3) 出现了因果性认识的萌芽：儿童最初的因果性认识产生于自己的动作与动作结果的分化，然后涉及客体之间的运动关系。当儿童能运用一系列协调的动作实现某个目的(如拉枕头取玩具)时，就意味着因果性认识已经产生了。

2. **前运算阶段**(2～7 岁)　在皮亚杰的术语中，运算(operation)是指一种内部的认知活动，是一种内化了的动作。而“前运算”是指儿童不能进行思维运算活动。

心理表征能力的出现标志是感知运动阶段的结束，前运算阶段的开始，即儿童获得了运用符号代表或表征客体的能力。符号是事物的代表，但不是事物本身。语言即是一种符号，例如我们用“杯子”代表具有与杯子相同功能的一类物品。这一阶段儿童的主要认知发展是出现了符号功能，由于符号功能的出现，儿童出现了新的行为模式，包括延迟模仿、装扮游戏、心理表象、语言。

符号功能的出现是儿童认知能力发展的飞跃。在感知运动阶段，儿童对客体的认识是直接的、即时的，离不开感知动作，而前运算阶段的儿童可以用语词和表象等符号去思考，从而使思维和动作分离，使思维带有间接性和概括性，因此儿童不仅能思考当前的事物，也能思考过去和未来，这就为儿童的认知发展开辟了新天地。

虽然前运算阶段儿童的认知有了质的变化，但其语词和符号还不能代表抽象的概念，

笔记

思维仍受直觉表象的束缚，难以从当前事物的知觉属性中解放出来，该阶段儿童的认知有以下四个主要特点。

（1）单维思维：单维思维是指儿童只能从单一维度来进行思维。如两只同样形状的杯子装同样多的水，把其中一只杯子里的水倒入另一只高而窄的杯子里，这时装着水的两只杯子的水面就不一样高了，问该阶段儿童两只杯子里的水是否一样多（液体守恒）。有些儿童说低而宽的杯子里的水较多，有些儿童说高而窄的杯子里的水较多。皮亚杰认为，前运算阶段儿童只能从一个维度进行思考，或只考虑高度，或只考虑宽度，而不能同时既考虑高度，又考虑宽度。

（2）不可逆性：不可逆性指儿童的思维只能朝一个方向进行，不能在头脑中使物体恢复原状，或回到起点。如前面讲过的液体守恒的例子，儿童没有想到如果将高而窄的杯子里的水倒回原来的杯子中，它们的容量是一样多的。例如问一名 4 岁儿童，“你有兄弟吗？”他回答：“有。”再问他：“你的兄弟叫什么名字？”他回答：“吉姆。”但反过来问：“吉姆有兄弟吗？”他则回答：“没有。”

（3）静止性：静止性是指儿童的认知被静止的知觉状态所支配，不能同时考虑状态间的转化过程。例如前面讲过的液体守恒的例子，儿童只能考虑目前事物的静止状态，即高而窄的杯子里的水的水面高于低而宽的杯子里的水，忽视了它们的转化过程，即没有考虑高而窄的杯子里的水不过是从原来低而宽的杯子里倒过去的。

（4）自我中心性：皮亚杰认为，前运算阶段儿童思考问题的基本方式是自我中心的。所谓自我中心性是指儿童仅从自我的角度去表征世界，很难从别人的观点看问题，相信任何人的观点、想法和情绪体验都是和自己一样的。在著名的三座山实验中，皮亚杰请一名儿童坐在三座山模型的一侧，将玩具娃娃放在模型的另一侧，要求儿童描述娃娃看到的景象。结果六七岁以下儿童的描述与他自己看到的一样，即他认为，自己看到了什么，别人也看到了什么（图 2-4）。

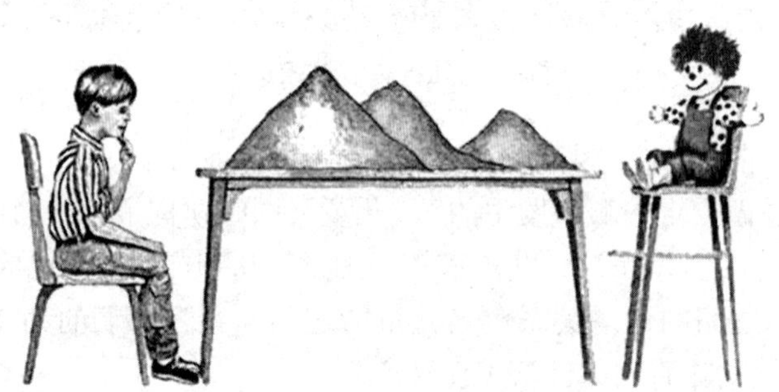

图 2-4 皮亚杰的三座山实验

3. **具体运算阶段（7～12 岁）** 在这个阶段，儿童能进行具体运算，即儿童能在头脑中对具体事物按照逻辑法则进行思考，能在同具体事物相联系的情况下进行逻辑运算。

守恒是具体运算阶段的一个主要标志，是具体运算阶段和前运算阶段的一个分水岭。守恒是指儿童认识到尽管客体在外形上发生了变化，但其特有的属性不变。具体运算阶段儿童认知发展有如下特点。

（1）多维思维：多维思维指儿童能从多个角度思考问题。在液体守恒实验中，该阶段的儿童会正确回答问题，在考虑高度的同时，还能考虑宽度。

（2）可逆性：思维的可逆性是守恒出现的关键。在液体守恒的例子中，该阶段的儿童就能设想把水从高而窄的杯子倒回低而宽的杯子中，使事物恢复原状，因而能正确回答问题。这种可逆性是运算思维的本质特征之一。

（3）转化性：皮亚杰认为，该阶段的儿童思维不再局限于静止的事物，他们能考虑事物的变化过程。若再问液体守恒的问题，他们会考虑高而窄的杯子里的水不过是从原来低而宽的杯子里倒过去的，因而能正确回答问题。

（4）去自我中心性：去自我中心性是指儿童能从别人的观点和角度看问题，认识到别人可能有不同于自己的观点和想法。他们能接受别人的观点，修正自己的看法。

（5）具体逻辑思维：该阶段儿童虽然缺乏抽象逻辑推理能力，但可以凭借具体形象的支持进行逻辑推理。若问这一阶段儿童，假设 A > B，B > C，A 和 C 哪个大，他们可能难以回答。若换另一种说法，"张老师比王老师高，王老师比李老师高，问张老师和李老师哪个高？"他们能很快回答这个问题。因为在后一种表述中，儿童可以凭借具体表象进行推理。

4. 形式运算阶段（12 ~ 15 岁） 形式运算是指对对象的假设或命题进行逻辑转换。用皮亚杰的术语来说，具体运算是指"对实际存在的事物的运算"，而形式运算是指"对运算的运算"。也就是说，青少年的思维摆脱具体事物的束缚，把内容和形式区分开来，能根据种种的假设进行推理。他们可以想象尚未成为现实的种种可能，相信演绎得出的结论，使认识指向未来。

该阶段青少年思维的主要特点如下。

（1）假设演绎推理能力的发展：青少年能够通过假设进行命题的演绎推理，在各种可能的变换形式之中建立各种组合系统，通过实验，运用科学的分析方法，逐一地检验所有的假设，验证真伪，从而解决有关命题。

皮亚杰曾通过钟摆实验反映该阶段儿童的思维特点。向儿童演示钟摆运动，问儿童影响钟摆摆动速度的因素是什么。这里涉及摆的长度、摆锤的外力、钟摆的重量。形式运算阶段的青少年能通过系统探索解决这个问题，他们控制其他因素不变，只变化一个因素，逐一检查每一个假设，最后得出结论。他们像"科学家"一样提出假设，进行科学实验，解决科学问题。

而具体运算阶段的儿童不能系统地操作某一变量同时控制其他变量去解决问题，他们不能将每个可能变量分离开来单独考察，往往在同一时间内改变两种因素。

（2）命题间思维：具体运算是在心理上操纵客体和事件，即命题内思维，能够产生、理解和验证具体的、单一的命题。形式运算是操纵假设情境中的命题与观念，即命题间思维，能够推论两个或更多命题之间的逻辑关系。

（四）皮亚杰理论的贡献和局限

皮亚杰的理论在西方心理学界享有盛誉，他的儿童认知发展理论在儿童心理学界有广泛影响。他强调个体主动性和能动性的作用，认为儿童是客观世界的积极建构者，他的思想已被现代发展理论家广泛接受。皮亚杰第一次最为详尽地描述了儿童智慧发展的基本阶段和机制，极大地推进了关于儿童认知发展的研究，激发了人们对不同年龄阶段儿童认知发展特点、发展机制和影响因素的研究。近些年来西方心理学界对前苏联心理学家维果斯基的社会文化历史理论给予高度评价，掀起了一股维果斯基理论研究热潮，部分原因是人们不满意于皮亚杰过多地强调生物学因素作用的理论解释，转而寻求心理发展的社会制约性。

二、信息加工理论

认知心理学是 20 世纪 50 年代中期在美国和西方兴起的一种心理学思潮和研究领域，以 1967 年美国心理学家 U.R.G. 奈瑟的专著《认知心理学》出版为标志。这种观点迅速传播，20 世纪 70 年代后成为当代心理学的一种主导思潮，使心理学各领域都带有认知心理学的色彩。

在认知心理学中存在着不同观点、有不同的研究途径。当前认知心理学的主流是以信息加工观点研究认知过程，所以可以说认知心理学又可称为信息加工心理学。信息加工观点把人看作是一个信息加工的系统，认为认知就是信息加工的过程，它包括信息的获得、存储、加工和使用。

从20世纪70年代开始，信息加工理论渗透到儿童心理学研究中。信息加工心理学家认为信息加工的方法适合儿童心理的研究，因为信息加工理论强调问题的解决，而问题解决是儿童每天都遇到的事，很多事对成人来说是简单的，而对儿童来说则是新的、富有挑战性的问题。因此用信息加工的观点研究儿童认知发展，就是要揭示儿童获取知识的心理机制，即随着年龄的增长，儿童的各种信息加工能力是如何提高的。用信息加工心理学研究儿童发展的一般特点如下：

(1) 重点研究儿童的信息加工过程。

(2) 加强发展机制的精确分析。

(3) 探究儿童的自我调整过程。

(4) 加强儿童认知的目标分析。

信息加工心理学家以系统论为指导，采用现代化计算机手段，运用信息加工理论对儿童的知觉、记忆、言语和思维等认知过程的发展进行了新的探讨，这种理论更注重研究过程的局限性、克服局限性的策略和关于具体发展内容的知识，而且重视对儿童心理变化的精确分析和连续性的研究。这不仅在理论上有重要意义，而且成功地解决了一些中小学课堂学习的难题，对教育实践有重要指导意义。例如，皮亚杰把同化、顺应和平衡过程作为儿童认知发展的心理机制，虽然这种说法带有普遍性，但不能具体说明儿童获得知识的内部心理过程。而信息加工心理学的研究则关注认知的具体过程，具体揭示儿童解决某一课题任务的心理过程，这对于个体发展水平的诊断和优化学习过程具有重要价值。

信息加工心理学的研究实际上仍存在明显的局限性，尚需进一步完善。例如，信息加工心理学基于对计算机的模拟来研究儿童的认知过程，使用计算机来模拟儿童认知的步骤并建立模型，但他们并没有明确地阐述这种模式的意义。而且，众多模型之间缺乏内在联系，不能从理论高度整合这些模型。虽然关于儿童认知加工能力的发展有很多具体的研究，但就儿童认知发展整体而言，缺乏有理论高度的知识整合。因此目前信息加工的研究缺乏全面的理论指导研究和实践。甚至有人质疑研究效度，认为把认知过程从真实的学习情境中孤立出来是不正确的。

第四节 心理发展的背景观

一、维果斯基的社会文化理论

前苏联心理学家维果斯基（Lev S. Vygotsky，1896—1934）是文化历史学派的创始人。维果斯基虽然与皮亚杰同年出生并为同时代杰出的心理学家，但其理论却在近20年来才开始在北美地区广为流传。

西方心理学自1879年诞生以来，呈现出明显的自然科学色彩。前苏联心理学作为一个独立的体系，不论在哲学基础上，还是在理论上都与西方形成了鲜明的对照。在相当长的时期内，西方心理学和前苏联心理学处于隔绝状态。近年来，西方心理学发展出现了新的走向，逐渐由自然主义的心理科学观向社会文化的心理科学观转变。维果斯基的心理学思想也逐渐进入西方的心理学领地，并逐渐形成了世界性的维果斯基研究热潮。维果斯基对西方心理学的影响以他的《思维和语言》一书1962年在美国出版为标志。

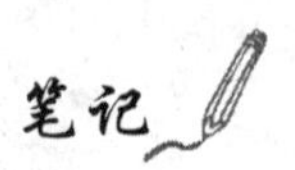

（一）文化历史发展理论

维果斯基毕生从事心理发展问题研究，重点是人的高级心理机能的发生和发展。他强调人类社会文化对人的心理发展的重要作用，认为人的高级心理机能是在人的活动中形成和发展起来并借助语言实现的。维果斯基与 A.H. 列昂节夫和 A.P. 鲁利亚等人由此形成了一个极有影响的文化历史学派，也称维列鲁学派。

维果斯基将人的心理机能区分为两种形式：低级心理机能和高级心理机能。前者具有自然的、直接的形式，而后者则具有社会的、间接的形式。

为了说明人的高级心理机能实现的具体机制，他提出了工具理论。他认为区别人与动物最根本的东西就是工具。人所运用的工具有两类，一类是物质生产的工具，如石刀、石斧乃至现代机器等，另一类是精神生产的工具，如符号、语言。由于使用了工具，人类用间接的方式进行物质生产，而不像动物以直接的方式适应自然。在工具中凝结着人类的间接经验，即社会文化知识经验。由于人类发明了工具，使物质生产间接进行，也导致了人类心理上出现了语言和符号，使间接的心理活动得以产生和发展。正是通过工具的运用和符号的中介，人才有可能实现从低级心理机能向高级心理机能的转化，因此，根据维果斯基的心理发展中介说，一个儿童为了某种目的将某一物体作为工具使用，这就意味着他朝着形成外部世界与自身的积极联系迈进了一大步，因为一个儿童掌握某一特定工具的能力正是其高级心理机能发展的标志。

维果斯基认为，无论是在社会历史发展过程中，还是在个体发展过程中，心理活动的发展都应被理解为对心理机能的直接形式，即“自然”形式的改造和运用各种符号系统对心理机能的间接形式，即“文化”形式的掌握。这表明，人的心理发展的源泉与决定因素是人类历史过程中不断发展的文化，是作为人的社会生活与社会活动产物的文化。

（二）心理发展及其原因

维果斯基认为，心理发展就是个体心理在环境与教育影响下，在低级心理机能的基础上，逐渐向高级的心理机能的转化过程。

1. 由低级心理机能向高级心理机能发展的标志

（1）随意机能的形成和发展：随着儿童的发展，儿童的心理活动越来越主动、自觉，带有明显的目的性，并能有意地调节自己的言行。心理活动的有意性日益增强。

（2）抽象概括性的形成和发展：随着儿童的发展，儿童不仅能依靠感知直接认识客观世界，而且能通过抽象概括技能形成关于客观世界的概念，并运用概念进行判断、推理，认识事物的本质和规律。

（3）形成间接的以符号或词为中介的心理结构：随着儿童的发展，儿童对客观世界的认识，从最初直接以感官反映事物，发展到依靠各种符号系统（主要是语言）反映事物。婴儿的认知以感知觉和直觉行动思维为主，幼儿的认知则以表象记忆为主，学龄儿童的抽象概括机能逐渐占主导地位。

（4）心理活动的个性化：随着儿童的发展，儿童的心理活动越来越带有个人色彩。维果斯基认为，儿童的认知发展不仅是个别机能随年龄增长而提高，更重要的是儿童个性的发展。个性的形成是高级心理机能发展的重要标志。

2. 儿童心理发展的原因

（1）心理发展起源于社会文化历史的发展，是受社会规律制约的。

（2）从个体发展来看，儿童在与成人交往过程中通过掌握高级心理机能的工具即语言符号这一中介环节，使其在低级心理机能的基础上形成了各种新的心理机能。因此儿童获得言语能力对他心理发展有重要意义。

（3）在儿童的发展中，所有的高级心理机能都两次登台：第一次是作为集体活动、社会活

动，即作为心理间的机能；第二次是作为个体活动，作为儿童的内部思维方式，作为内部心理机能。一切心理机能的发展都必然经历外部的社会机能，然后才内化为个人的心理机能。

（三）关于教学与发展的关系

关于教学与发展的关系，维果斯基提出了“最近发展区”的思想。他明确指出“教学可以定义为人为的发展”。

维果斯基所称的教学，不是狭义上的课堂教学，而是成人的帮助和指导。儿童的发展是在社会交往中，在与年长或同辈中更有经验的社会成员的交往中实现的。儿童从出生后就在成人的“教学”中成长。

在教学与发展的关系上，维果斯基指出，当我们要确定儿童的发展水平与教学的可能性的实际关系时，无论如何不能只限于单一的确定一种发展水平，而至少要确定两种发展水平，一种是儿童在独立活动时所达到的解决问题的水平，另一种是在有指导的情况下借助成人的帮助所达到的解决问题的水平。因此维果斯基提出了“最近发展区”(the zone of proximal development)的概念，即“儿童独立解决问题的实际水平与在成人指导下或与有能力的同伴合作中解决问题的潜在发展水平之间的差距”，也就是儿童已经成熟和正在成熟的认知水平的差距。因此，教学不仅要考虑儿童的现有发展水平，又要根据儿童的“最近发展区”向儿童提出更高的发展要求。他主张“教学应走在发展的前面”，教学应带动发展，但教学也要受儿童现有发展水平的制约。

维果斯基关于心理发展的阐述也可以应用于人一生各个年龄段的心理发展。其中文化决定了他们的发展任务，通过社会互动人们获得了特定文化背景所要求的能力。在信息社会中小学开设信息技术课，帮助儿童掌握信息化环境下学习和生活的能力。在工业社会中驾车或使用计算机是人们普遍掌握的能力。而在墨西哥南部的印第安人则教少女复杂的编制技巧，在巴西和其他发展中国家几乎没上过学的卖糖果儿童却能掌握复杂的计算能力，因为他们需要从批发商那里进货，与同伴协商定价，再与顾客讨价还价。

二、布朗芬布伦纳的生态系统理论

1979 年，美国心理学家布朗芬布伦纳（U.Bronfenbrenner）出版了《人类发展生态学》一书，提出了儿童发展的生态系统理论。他受到维果斯基及鲁利亚思想的影响，认为人的心理也是处在生态环境中，人的发展离不开人与环境的相互作用。布朗芬布伦纳所确定的人的发展公式“D＝F（PE）”（发展是人与环境的函数）。他所谓的“生态”是指个人正在经历着的，与之有直接或间接联系的环境。他认为，个体发展的环境是一个由小到大层层扩散的复杂的生态系统，每个系统及其他系统的相互关系都会通过一定的方式对个体的发展施以影响。这个系统的中心是儿童，是具有主观能动性、自然成长的个体。人的发展是与一个庞大的生态体系相互作用的结果（图 2-5）。

布朗芬布伦纳的生态系统包括四个不同层次的环境。

1. **小环境** 处于布朗芬布伦纳的生态系统最内层的是小环境，它指个人直接接触和体验着的环境以及与环境相互作用的模式，包括家庭、学校、托幼机构等。儿童直接生活在其中，是与儿童生活和发展联系最密切、作用最大的环境。小环境与人的发展的科学相关性不仅在于其客观存在的特性，而且在于人是否能够知觉这些特性。

2. **中环境** 这是布朗芬布伦纳的生态系统的第二层，是指小环境之间的联系与相互影响。例如，家庭与幼儿园，是儿童发展环境中最重要的中环境。婴儿的小环境相对单一，但当走出家庭进入托儿所或幼儿园时，他的环境中出现了新的联系，即家庭 - 托儿所（幼儿园）。中环境可能以各种形式存在：与儿童直接作用的两个微观系统中的人之间的相互作用；小环境之间正式与非正式的相互交往；一个环境对另一个环境的了解程度、态度和已有的知

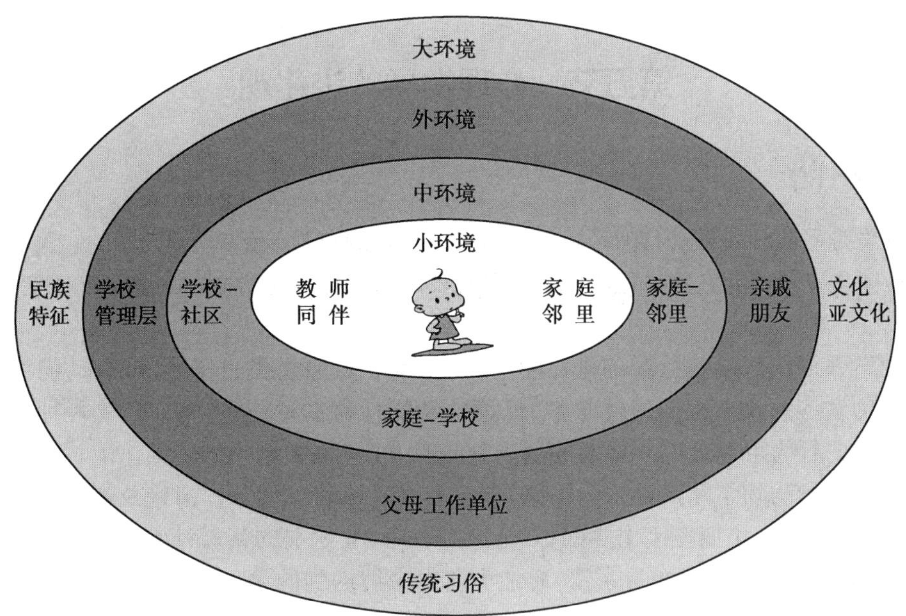

图 2-5 儿童发展的社会生态系统图示（U.Bronfenbrenner，1989）

识。例如家庭对幼儿园的了解程度，有关幼儿集体生活的知识等。如果幼儿园和家庭的教育要求不一致，会使儿童形成两套不同的行为反应系统，即在家与在幼儿园的表现不一致。

3. **外环境** 这是布朗芬布伦纳的生态系统的第三层，是指儿童未直接参与但对个人有影响的社会环境，如社区、父母的职业和工作单位等。这些社会组织或人物没有与儿童发生直接联系，但会影响儿童最接近的环境经验。例如父母所在单位的效益影响父母收入，从而影响父母的教育投资等。这些都是父母的小环境，但由于父母和孩子经常接触，这些成人的小环境会不同程度地对孩子的小环境内发生的事件产生影响，构成了影响儿童发展的外环境。

4. **大环境** 这是生态系统的最外层，它不是指特定的社会组织或机构，而是指儿童所处的社会或亚文化中的社会机构的组织或意识形态，如社会文化价值观念、宗教信仰、风俗、法律及其他文化资源。大环境不直接影响儿童的发展，但对生态系统中的各个系统产生影响。大环境的变化会影响到外环境，并进而影响到儿童的小环境和中环境。例如由于文化背景的差异，美国和中国父母的养育观和儿童观会有很大差异，因而亲子关系会有不同特点。在一定的文化环境之下，所有层次的环境系统都具有相对一致的特征，即都存在于一定的大环境之中。

布朗芬布伦纳认为，这些系统相互联系、相互影响，从而构成了影响儿童发展的一个完整的生态系统，人的发展就是在这样一个层层叠叠、互有联系的生态系统中发生的，这些环境系统都直接或间接地以各种方式和途径影响着人的发展，其中既有近距离的直接影响儿童发展的因素，也包括远距离的间接的影响因素。因此，对儿童发展的分析不应仅停留在微系统上，还应在各系统的相互联系中来考察儿童的发展。

可以看出，布朗芬布伦纳所说的环境不是静止的、不变的，它是动态的、不断变化的。随着儿童的成长，生态环境也在不断拓宽，例如儿童入园、入学、毕业、就业等重大生活事件改变了人们的生活环境，生态系统也在不断变化。处于生态系统中的人，既不是被动地接受环境的影响，也不是个人的力量决定发展，而是环境与人相互作用。人既是环境的产物，也是环境的创造者，二者形成了一个交互影响的网络系统。布朗芬布伦纳的理论为人们理解环境与人的关系提供了崭新的视角。

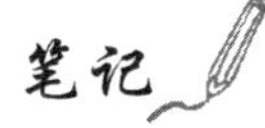

第五节　心理发展的进化观

一、习性学

习性学是研究动物在其自然环境中的习惯或行为的科学，又称为行为学。它关心动物行为的适应或生存价值和它的进化历史。主要代表人物有奥地利动物学家洛伦兹（K.Z.Lovenz）等人。

习性学强调决定动物行为的进化因素，即基因和自然选择的作用，认为动物的行为都具有一定的适应意义。根据习性学家的观察，动物行为主要是遗传的，是物种种系演化的结果。动物的行为可以被内外环境的适当刺激激发，可以在适当的时候出现。其中最著名的研究是奥地利动物学家洛伦兹的小鹅“印刻（imprinting）”现象。洛伦兹在研究刚出生的小鹅的行为时发现，小鹅在刚出生的20个小时以内，有明显的认母行为。它追随第一次见到的活动物体，并把它当成“母亲”。通常小鹅出生后遇到的第一个运动物体就是母鹅，于是小鹅就产生了追随行为，母鹅走到哪里，小鹅就跟到哪里。当小鹅第一个见到的是鹅妈妈时，就跟鹅妈妈走，而当小鹅见到是洛伦兹时，就跟随洛伦兹走，并把他当成“母亲”。如果在出生后的20小时内不让小鹅接触到活动物体，过了一、二天后，无论是鹅妈妈还是洛伦兹，尽管再努力与小鹅接触，小鹅都不会跟随，即小鹅这种认母行为丧失了。于是，洛伦兹把这种无需强化、在一定时期容易形成的反应叫做“印刻”。

不只是小鹅，其他许多鸟类，特别是出生后就会走或游泳的鸟类，都有印刻现象存在。习性学家认为，印刻表示动物一种天生的、本能的、迅速的学习方式，这种学习能使动物形成最初的依恋和合群关系。在自然环境中，印刻现象对小动物的生存是有价值的。母鹅是小鹅的保护者，印刻使小鹅依恋母鹅，保证它的安全，增加了小鹅存活下来的几率。因此，印刻是长期进化的结果，是动物对环境做出的一种适应行为。

在20世纪70年代，传统习性学在很大程度上被社会生物学所取代，这种运动寻求把动物行为研究的一系列新的数学技术运用于人类。可以说，社会生物学是习性学在近期的一种存在形态。

二、进化发展心理学

当代进化心理学的创始人是美国心理学家戴维•巴斯（David Buss），他于1995年发表《进化心理学：心理科学的一种新范式》，提出进化心理学是心理学一种新的研究范式。1999年出版了第一本进化心理学教科书《进化心理学：心理的新科学》。他认为，进化心理学的目的是用进化的观点理解人类心理或大脑的机制。

（一）进化心理学的基本观点

1. **过去是理解心理机制的关键**　要想充分理解人的心理现象，就必须了解这些心理现象的起源和适应功能。“过去”不只是个体的成长经历，更重要的是指人类的种系进化史。

2. **功能分析是理解心理机制的主要途径**　进化论认为，所有有机体都是适应设计的产物，当然也包括人。进化心理学认为，人的心理也是适应的产物，不理解心理现象的适应设计，就很难充分理解人类的心理现象。功能分析就是弄清某些特征或机制是用来解决哪些适应问题的。

3. **人类进化过程中主要的问题是生存与繁殖问题**　在人类进化过程中，人类面临的两大问题是生存和繁衍后代。人的心理就是在解决这些问题的过程中通过自然选择而演化形成的。

4. **心理机制是在解决问题过程中的演化物**　它以目前的方式存在是因为它在人类进

化过程中解决了与生存和繁殖有关的某个特定问题。例如怕蛇是因为它解决了生存中的问题，通过怕蛇而减少被蛇咬死的危险。

5. **模块性是心理机制的特性** 进化心理学认为，心理是由大量的特殊但功能上整合设计的处理有机体面临某种适应问题的机制构成的，可以针对不同的适应问题采用不同的解决方法。

6. **人的行为表现是心理机制和环境互动作用的结果** 心理机制是社会行为的前提，心理机制对于社会环境是高度敏感的，社会环境影响心理机制的表现方式、强度和频率。所有的行为都是背景输入和心理机制相互作用的产物。

进化心理学对心理学中的许多问题进行了广泛的探讨和研究，取得了一些成果，但也存在着一些问题，如研究主要是推论性的、没有令人信服的实验结果、没有自己的研究方法等等。

（二）进化发展心理学的基本观点

进化发展心理学（evolutionary developmental psychology）是在进化心理学的影响下产生的。贝克伦（D.F.Bjorklund）和佩杰林（A.D.Pellegrini）于 2002 年出版的《人类本质的起源：进化发展心理学》（*The origins of human nature*：*evolutionary developmental psychology*）是第一本进化发展心理学著作。他们认为，进化发展心理学应用达尔文进化论的基本原则，尤其是自然选择理论来解释现代人的心理发展。它是一种从种系发生来解释人类发展的新理论视角，研究个体发生发展过程中进化的、渐成的、程序的表现以及发展背后的基因与环境机制。它认为个体的认知方式和行为特点是自然选择的结果，重视基因与环境的交互作用对心理发展的重要意义。

进化发展心理学的基本观点如下：

1. **个体心理发展是环境与进化机制相互影响下渐成的结果** 心理发展不是单纯地受遗传或环境的影响，而是通过遗传、文化等各种水平的生物因素和经验因素之间的交互作用逐渐形成的，是进化的渐成的程序的表现。

2. **儿童心理年龄特征是自然选择的结果** 不同发育阶段的个体面临不同的选择压力，因此，儿童的某些特征不是为成年期做准备的，而是在进化过程中被选择保留下来的适应机能。例如，婴儿超强的模仿能力，追随他人的目光，与成人共同注意等，被认为有利于婴儿早期良好母婴关系的建立，母亲会更多关注回应自己目光的孩子，这直接关系到婴儿自身的生存；儿童在 3.5～4 岁获得心理理论，直接原因是同胞竞争，即兄弟姐妹之间争夺父母的有限资源、关爱和注意；幼儿高估自己能力使他们敢于尝试大量的富有挑战性的活动，这也是一种适应机能。

3. **童年期的许多特征在进化过程中被选择为成年期做准备** 这被称为延迟适应，这一观点集中体现在性别差异领域。个体早期就已表现出性别差异，是在为成年期作准备。男孩喜欢玩手枪是为成年后的捕猎作准备，女孩喜欢玩布娃娃是与女性抚养子代任务相联系的进化倾向。

4. **人类较长的童年期是为了适应复杂的社会环境** 所有哺乳动物都要经历一段较长的发育期，物种的社会系统越复杂，个体的发育期就越长。人类的不成熟期更长，虽增加了个体生存的风险，但有独特的适应价值。儿童的大脑有高度的可塑性，是学习的最佳期。延迟成熟有利于儿童充分掌握高级认知能力和社会交往能力，以应对复杂的人际关系。

5. **进化而来的心理机制在本质上具有领域特殊性** 人类婴儿出生时具有一定的认知能力，用于处理人类祖先生活中重复出现的适应问题。例如，语言就是一个典型的例子。哈佛大学的平克（Steven Pinker）认为，语言是在人类进化过程中自然选择的产物。一些案例表明，有些人的言语能力被破坏但智力处于正常状态。人脑的各个系统处理不同的任务，其中有一个系统专门负责语言，布洛卡区和威尼克区就是最好的证据。但进化发展心理学

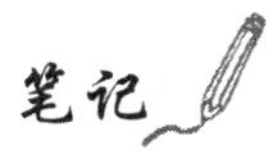

家也不否认存在一般机制，如工作记忆和加工速度等。

6. **进化而来的特征并非都与现代社会相适应** 现代人所处的生存环境和所面临的生存问题与人类祖先的生存条件和适应问题，虽有很多是一样的，但也有很大区别。很多进化来的心理机制是非适应性的。人类的文明不到一万年，进化不能在如此短的时间内把人类塑造得能应对如此复杂的社会文化的压力。

进化发展心理学运用心理生物学框架解释个体发展和种系发生，为心理行为发展的研究开辟了一片新天地。

第六节 毕生发展观

一、生命全程观

"生命全程"(life span)这一术语出现于，20 世纪 40 年代，然而只是在最近十几年中，它才逐步确立为一种关于人类心理发展的观点，一种发展心理学的理论，并且逐渐形成了一种促进整个心理科学发展的运动。在世界范围内，"生命全程心理学"似乎已取代了传统的"发展心理学"，许多心理学的分支学科，也都以"生命全程研究"视角调整自己的研究结构和研究方向。德国心理学家巴尔特斯(Paul B.Baltes，1939—2006)是该理论的积极倡导者。

生命全程观不再仅仅将个体发展视为是成长一成熟一衰退的单向变化过程，而是认为发展贯穿于生命的每一阶段，每一阶段都有其特定的发展任务，而且都表现出获得与丧失的并存。主要观点有：

1. **个体发展是毕生的过程** 个体发展是从胚胎到死亡整个生命的全程，不局限于某一阶段。传统的心理发展观强调早期发展经验对以后发展的重要性，认为后继的发展直接取决于先前的经验。生命全程观则主张心理发展不仅取决于先前的经验，而且也与当时特定社会背景等因素有关。人一生发展中的任何阶段的经验对发展都有重要意义，没有哪一个年龄阶段对发展的本质来说特别重要。

2. **发展是多维度的，有不同层次和不同方向** 发展的多维性表现为发展既有生长，也有衰退。发展并不简单地意味着功能上的增加，任何阶段都是获得与丧失、成长与衰退的整合。得与失的辩证关系是发展的基本特征，一生中的任何阶段的发展都是得与失的结合。发展的多维性也表现为人的发展是多方面的，例如，爱因斯坦作为理论物理学界泰斗的同时，又是优秀的业余小提琴演奏家；鲁迅早年在日本学医，后弃医从文，成为我国著名的文学家和思想家。

3. **发展是高度可塑的** 在生命发展的早期，由于神经系统处于发育中，心理发展具有较强的可塑性。随着年龄的增长，特别是老年人由于生理功能的衰退，可塑性降低。国内外关于认知功能老化的研究表明，经过科学的训练，老年人的认知功能可以得到改善，并能获得各种新的能力。

4. **发展是由诸多因素共同决定的** 人的发展反映着一个人生命过程中生物、心理与社会等多种因素的交互作用。这些因素的交互作用给人的发展带来多种多样的变化，即人的发展可能是许多不同的原因所造成，即使是相同的变化在不同的年龄也会有不同的原因。

二、生命历程观

美国心理学家埃尔德(Glen H. Elder，1934)于 20 世纪 60 年代提出了生命历程理论，该理论侧重于研究剧烈的社会变迁对个人生活与发展的影响，将个体的生命历程看作是更大的社会力量和社会结构的产物。生命历程观将个体的生命历程理解为一个由多个生命事件

构成的序列，所谓的生命事件一般包括接受教育、离开父母独立生活、结婚或离婚、生养子女、参加工作或辞职、居住地的迁徙、退休等事件；生命历程观关注整个生命历程中年龄的社会意义，研究宏观事件和结构特征对个人生活史的影响，通常考察的角色或地位大致包括阶级或家庭成员资格，教育、婚姻和受雇的状况，有时还包括政党成员资格、宗教归属、志愿者团体及活动的参与等。

生命历程理论的两个关键特点：一为“社会规定”性，即生命历程（事件和角色）是由社会建构的，一为“年龄层级”性，即同一事件是否发生在关键期对人的意义完全不同，这一特性强调个人生物意义与社会意义的结合。

生命历程观可体现在以下4个基本原理中：

1. **“一定时空中的生活”原理** 它侧重分析个体属于哪一个同龄群体、在哪一年出生（出生组效应），以及出生在什么地方（地理效应），认为生活在不同生命阶段、不同历史时期以及城乡差异等环境下的个体，生命历程是完全不一样的。

2. **“相互联系的生命”原理** 它强调个体的行为不是脱离于社会背景之外的，而是嵌套于具体的社会关系之中的，受社会影响的同时也在影响社会。如一份关于农场儿童成长的研究发现，农场的成长环境和城市完全不同，不仅家庭内部的人际关系可以影响儿童，农场附近人们频繁的人际交往也会形成“密切社会网络”。

3. **“生命的时间性”原理** 该原理有三层含义。首先，时间性是一种以年龄层级概念来组织一生中社会角色和事件的方式；同时，它也是一种以恰当的方式安排生命中各种变化的过程；另外，它还反映了个人生命历程和历史的位置。时间性原理强调了人与环境的匹配，认为某一生活事件发生的时间甚至比事件本身更具意义。它代表了一种社会需要与个体发展生命历程、发展轨迹结合的视角，表达了彼此联系的生命协调发展的需要。因此，这一原理也可以作为一种评价人与环境匹配度的标准。

4. **个人能动性原理** 生命历程论的先驱——生活史（life history）研究就非常关注行动者和人类主动性的概念，近年来生命历程理论越来越注重从心理学角度去分析个人能动性，主张即使在有约束的环境下，个体仍具有主动性。个体在社会中所做出的选择除了受到社会情景的影响外，还受到个人经历和性格特征的深刻影响。

生命全程观与生命历程观的相同之处在于，二者都从人的一生来看发展，认为发展不仅仅局限于童年期。最大区别在于，生命全程观关注个体的毕生发展，生命历程观极力寻找个体与社会的结合点，试图将生命的个体意义和社会意义联系起来。

思考与练习

1. 试比较弗洛伊德和埃里克森理论观点的异同。
2. 华生关于发展的观点是什么？斯金纳的观点与华生的观点有何异同？
3. 为什么说班杜拉根本上还是行为主义者？
4. 试比较皮亚杰和维果斯基理论观点的异同。
5. 用信息加工的方法研究儿童心理有什么优势？
6. 布朗芬布伦纳的儿童发展的生态系统理论对我们有何启发？
7. 生命全程观和生命历程观如何看发展？二者有何异同？

推荐阅读

1. 鲁道夫•谢弗. 发展心理学的关键概念. 胡清芬，译. 上海：华东师范大学出版社，2008
2. 黛安娜•帕帕拉. 孩子的世界：从婴儿期到青春期. 郝嘉佳，译. 北京：人民邮电出版社，2013

（刘爱书）

第三章　胎儿身心发展的规律与特点

本章要点

在有性生殖的生物中，世代相传的性状是两性生殖细胞结合后发育表达的结果，好的基因表达关系到孩子的健康。胎儿期是指自受孕至胎儿出生的这段时期，也称产前期。此阶段胎儿生长发育迅速，神经生理和心理功能也相应地发展起来。在整个孕育过程中，胎儿的先天遗传因素、孕妇的营养、疾病及用药、外部环境因素等，均可影响胎儿的正常发育。尤其在妊娠早期，孕妇受到不良因素（感染、药物、营养缺乏等）的影响，会导致流产及先天畸形等。胎儿已经具备了一定的感知能力，思维和记忆也开始形成，此时用科学、有效的方法进行胎教，可以最大限度地开发胎儿的潜能。

关键词

胎儿　心理功能　影响因素　致畸敏感期　胎教

案例

某报纸曾报道，罗女士怀孕后一心想生个聪明的孩子，便到音像店买来胎教音乐磁带，每天开大录音机音量，对着肚子放音乐。她有时怕胎儿听不到，干脆将录音机直接贴在肚子上。孩子出生后，罗女士逐渐感觉到孩子的听力有问题，便到医院听力测试中心检查，诊断结果是孩子听觉神经已受到损害，令罗女士大惊失色、追悔莫及。这是怎么回事呢？相信学完本章内容，必会有一个比较清楚的答案。

第一节　心理发展的生物学基础

遗传物质存在于细胞核中，所谓的遗传规律其实就是遗传物质在细胞中传递和表达的规律。在有性生殖的生物中，世代相传的性状是两性生殖细胞结合后发育表达的结果。上下代之间传递的并不是遗传性状本身，而是控制遗传性状的遗传物质。

一、染色体、DNA 和基因

染色质和染色体是同一物质在细胞周期的不同时期的不同形态结构，间期的染色质有利于遗传信息的复制和表达，分裂期的染色体有利于遗传物质的平均分配。染色质的主要化学成分为 DNA 和组蛋白，且两者含量极为稳定。DNA 中的碱基对的排列顺序决定了遗传信息。在 DNA 为遗传物质的生命体中，基因是有遗传效应的 DNA 的一个区段，并与它所决定的蛋白质的氨基酸顺序相对应。基因是控制生物性状从亲代传递到子代的物质基本单位。

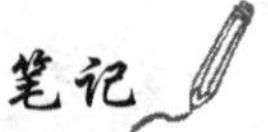
笔记

二、配子发生与减数分裂

配子是指具有受精能力的生殖细胞。男性配子为精子，女性配子为卵子。配子发生是指具有受精能力的生殖细胞的成熟过程(图 3-1)。精子和卵子是高度特化的性细胞，它们一方面是父体和母体的产物，另一方面又是子体的来源，成为连接上下两代的桥梁和传递遗传信息的唯一媒介。一个人从其双亲继承下来的全部物质都包含在卵子和精子这两个细胞中，精子和卵子通过受精作用结合，形成合子，即受精卵，每个人的生命都是从受精卵开始的。

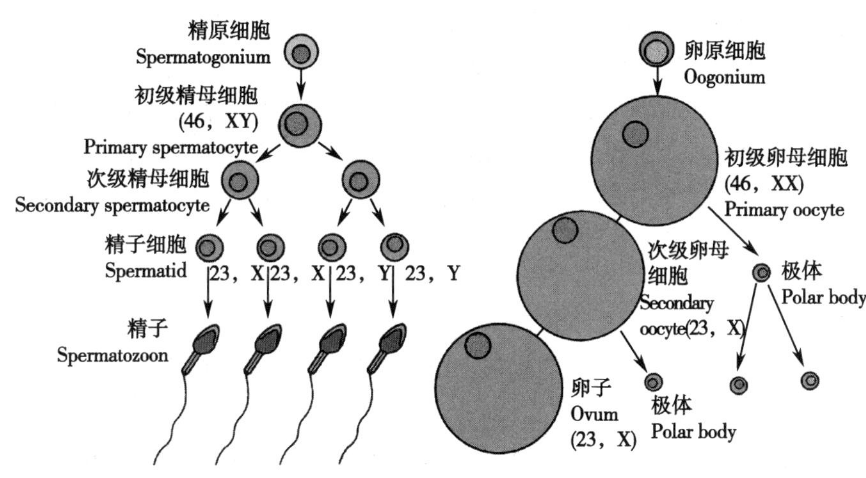

图 3-1　精子和卵子的发生示意图

在精子和卵子的发生中都有一个共同的特点，即在成熟期进行减数分裂(图 3-2)。减数分裂是有性生殖的生物形成性细胞过程中的一种特殊的有丝分裂形式，它由两次连续的细胞分裂来完成。减数分裂的结果是产生染色体数目减半的成熟生殖细胞，体细胞的二倍数染色体变成了精子或卵细胞中单倍数染色体；受精后，精卵子结合成受精卵，染色体数又恢复二倍数。这样周而复始，就保证了亲代与子代遗传物质的相对稳定性，有十分重要的生物学意义。

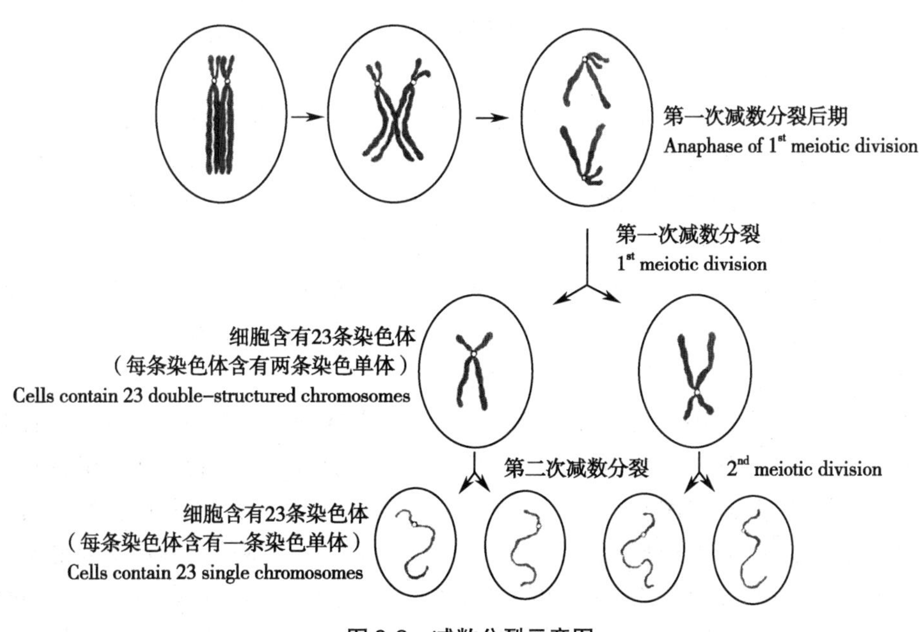

图 3-2　减数分裂示意图

笔记

三、细胞增殖

细胞以分裂的方式进行增殖，细胞增殖是生活细胞的重要生理功能之一，是生物体的重要生命特征。种族的繁衍、个体的发育、机体的修复都离不开细胞增殖。单细胞生物通过分裂产生新个体，多细胞生物通过分裂产生新的细胞来补充旧细胞或从受精卵发育成新个体。细胞的增殖是生物体生长、发育、繁殖以及遗传的基础。

四、显性基因和隐性基因

除了成熟的生殖细胞，基因在人体的体细胞中是成对存在的，等位基因有显性和隐性之分。显性基因用来形容一种等位基因，无论在同质还是异质的情况，都会影响表现型，则称为显性的，是控制显性性状发育的基因。隐性基因，是支配隐性性状的基因。在二倍体的生物中，在纯合状态时能在表型上显示出来，但在杂合状态时就不能显示出来的基因，称为隐性基因。人的外貌就是由这些不同性质的基因控制的，比如人的单眼皮、双眼皮，皮肤的颜色，鼻梁的高低等都是由各种基因决定的。

五、遗传疾病

遗传病是遗传物质改变所导致的疾病。根据遗传物质改变的不同，可将遗传病分为以下几类：

1. **单基因遗传病**　人类体细胞中染色体是成对的，其上的基因也是成对的。如果一种遗传病的发病涉及一对基因，这对基因就称为主基因，它所导致的疾病就称为单基因病。单基因遗传病种极多，但在人群中的发病率很低。许多疾病的症状在出生时并不明显，往往不易察觉和确诊，同时还缺乏有效的治疗措施，各种代谢性疾病很多都是单基因遗传病。如白化病、软骨发育不全、苯丙酮尿症和甲型血友病等。

2. **多基因遗传病**　一些常见的疾病和畸形有复杂的病因，不但涉及遗传基础，而且需要环境因素的作用才发病，称为多基因病或多因子病。其遗传基础不是一对基因，而是涉及许多对基因，同时还涉及环境因素。病因和遗传方式都比较复杂，各型先天性心脏病和唇、腭裂都是常见的多基因遗传病。除此之外，精神分裂症，情感性精神障碍，重型先天性心脏病等，也属于多基因遗传病，这些病遗传性很高，危害严重，不论男女，其后代发病的几率都大大超过正常人群。

3. **染色体病**　染色体数目或结构的改变所致的疾病称为染色体病。由于染色体往往涉及许多基因，所以常表现为复杂的综合征。染色体的结构异常可引起畸形，如 5 号染色体短臂末端断裂缺失可引起猫叫综合征。基因突变的发生次数尽管比染色体畸变多，但多不引起畸形，故基因突变引起的畸形远比染色体畸变引起的畸形少。

4. **体细胞遗传病**　体细胞中遗传物质改变所致的疾病称为体细胞遗传病。因为它是体细胞中遗传物质的改变，所以一般并不向后代传递。各种肿瘤的发病都涉及特定组织中的癌基因或抑癌基因的变化，是体细胞遗传病。

相关资料显示：在胚胎和哺乳时营养不良时将会使 DNA 发生改变，导致成年后出现代谢性疾病。近十年以来的人类研究证明，宫内环境和母亲的营养在新生儿成年后的一些疾病发病中起了重要作用，如肥胖、糖尿病或高血压，科学家们试图解密的胚胎程序的分子机制就隐藏在这些疾病的背后，研究人员重点研究了母亲在围生期的营养对基因组表观遗传改变的影响，表观遗传是指在不影响 DNA 核苷酸序列改变情况下基因表达上的稳固变化。这些变化包括一些化学改变，如 DNA 甲基化以及组蛋白的修改（甲基化、乙酰化和脱乙酰

化)。由此可见，孩子还在母体时的生活就关系到出生后的基因表达和营养健康了，好的基因表达关系到孩子是否能健康、聪明、漂亮。

第二节 胎儿神经生理和心理功能的发展

生命的开始起源于精子与卵子结合形成受精卵时，也就是说，在男性的精子和女性的卵子相结合的这一瞬间，一个新的生命就诞生了。个体在母体子宫内发育的这段时期称为宫内发育期。个体生理上的发育从这个阶段就开始了，而心理和行为的发展也在此时奠定了基础。

一、胎儿宫内发育分期

胎儿(fetus)在宫内的发育是人的整个生理发育过程的初始环节和重要阶段。这一时期胎儿的发育结局将对其出生后发育产生重大影响。正常孕期分成三个时期：胚芽期(0～2周)，受精卵形成到宫内着床；胚胎期(3～8或10周)，受精卵迅速分化，逐渐形成组织和器官系统；胎儿期(8或10周～40周)，生长发育迅速，机体构造复杂化，身体部分功能开始分化，体质迅速增强，为出生后的生存做好准备。胎儿胎龄的计算，以孕妇末次月经的第一天算起，通常以37～42周(266～293天)为正常孕期。

(一)胚芽期

胚芽器(embryo period)受精卵(约0.2mm)细胞迅速分裂，24小时分裂到2～8个细胞(或分裂球)。这时称为早期胚胎。在输卵管内的3天，受精卵形成12～16个细胞的实心胚(也有称细胞团、分裂球)，被透明带包围，体积不变，如桑葚，称为桑葚胚。第四天，孕卵到达子宫，桑葚胚随细胞分裂而体积增大，中间出现腔隙，内含少量液体，此时的孕卵称为胚泡。胚泡壁由扁平细胞构成，胚泡一侧内面为内细胞群。着床后，胚泡的内细胞群形成胚胎。进入第三周时的胚芽，长度为5mm～1cm，肉眼能勉强看见，重量不足1克(图3-3)。

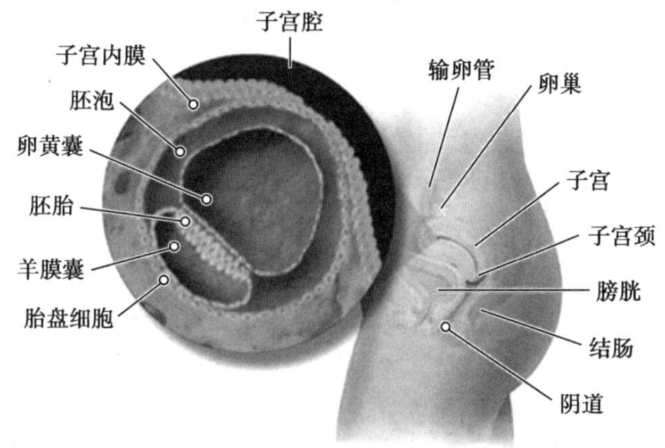

图3-3 孕2周图

(二)胚胎期

胚胎期(embryonic period)是生命开始的非常重要的阶段，从绒毛到胎儿身体部分的一般形式和基本结构在胚胎期初步形成。

在胚胎期，增殖的细胞群发生分化，形成三层细胞：外胚层形成皮肤和中枢神经、周围神经系统的基础；中胚层进一步分化成为肌肉、骨骼、结缔组织和循环、生殖、泌尿三个系统；内胚层则产生消化系统和其他内部器官与腺体。

孕3周，脊索、神经管形成，体节(脊椎前体)出现，体蒂形成，尿囊伸入体蒂，胚盘开始

笔记

卷褶，一对心管开始脉动；孕4周末，可辨认胚盘与胚体，胚体呈圆筒形，原条消失，脑泡形成，腭弓出现；孕8周末，胚胎近3厘米，已经发育至具有人类胚胎的特征，鳃、尾消失。除大脑外，其他所有器官系统均已存在。胚胎大体上已长成人形，头仍大且占胚体的一半，颈部更明显。脸、眼睛、嘴都清晰可辨。眼睛此时仍呈张开状态，直至眼皮明显且上皮融合后关闭，外耳此时定形，但位置仍在头的下端。外生殖器开始突显，但仍未能明显显示性别。四肢已得到相当的发育，有了手指和足趾，可以见到心脏跳动，神经系统开始有初步的反应能力。

人体各器官系统基本上是在这个时期形成，其特点主要是组织器官分化快、变化大。一般认为这是胎儿器官、四肢和其他生理系统分化、生成的最重要的时期，即关键期。如果某一器官或生理系统在这一阶段不能形成，那么它们将来再也不会形成和发展，胎儿出生后将形成永久性残疾。这一阶段也是胎儿发育的最敏感期，最容易受放射性、药物、感染及代谢性产物或胎内某些病变等因素的影响，不利于胚胎的发育和成长，可使胎儿畸形，甚至导致早产、流产。这一时期胎儿死亡率很高，胚胎总数的30%可能都在此阶段流产。

器官发育结束，胎盘形成，表示胚胎期结束（图3-4）。

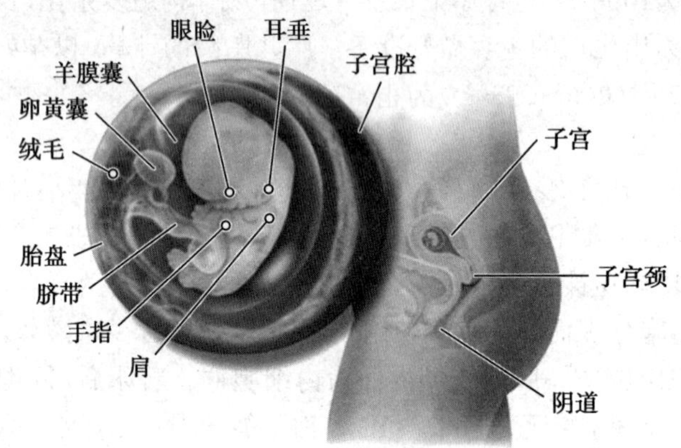

图3-4　孕8周图

（三）胎儿期

胎儿期（fetal period）是指怀孕后的第九周至胎儿出生的一段时间，它是“生长和完成”的时期。它在产前期中占的时间最长。在这一时期中，胎儿的骨细胞开始发育，毛发、指（趾）甲和外生殖器发育分化出来，已有器官的结构得到进一步发展，躯体比例以及各部功能日趋成熟。

生命个体进入第9～12周时，开始被称为胎儿。第8周初胎头占整个胎儿全长的1/2，以后躯体生长加快，至第12周末身体重量增加1倍。内脏系统已开始具有功能，能吞咽羊水，变成尿液排泄出来。第九周时，男女胎儿外阴大致相似，至第12周末，已显示成熟胎儿男女外阴的形态。肺的发育随着支气管、细支气管和更小的分支的出芽而进行。

第13～16周，胎儿身长已达16cm，体重约120g，生长迅速。胎头与身体的比例不那么悬殊了，腿相对变长，骨骼迅速骨化。在肝、胃、肠的功能作用下，已形成绿色的胎便，等出生后才能排出。皮肤很薄，头皮已经长出毛发，肌肉发育。胎儿开始有呼吸运动。心率是成人的两倍。

第17～20周，孕妇就会感觉腹内胎儿在踢自己以显示他的存在，这就是胎动。胎儿传来的另一个信息是可以在腹部听到胎心音，一般为120～160次/分。胎儿已具备听力，能听见声音，可开始进行音乐胎教了。此时胎儿体长约25cm，重500g。女婴的子宫于第八周已完全形成，男婴的睾丸于第20周开始下降，但仍位于腹腔内。

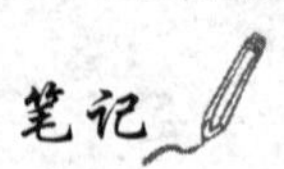

第21～24周，胎儿约30cm长，660g重，两条胳膊弯曲在胸前，两只膝盖提到腹部。妊娠21～24周时，原始肺泡形成，并开始产生表面活性物质。这时出生往往仅能存活几个小时，因为呼吸系统发育还不完善。孕24周末，各脏器均已发育。

第25～28周，胎儿约35cm长，1000g重，看起来像个小老头儿。这时出生虽能有浅表的呼吸和哭泣，但仍很难存活。

第29～32周，胎儿身长约40cm，体重约1700g。胎儿在子宫内活动自由，胎动协调，位置基本固定，一般头部朝下。神经系统进一步完善，肺及其他内脏已基本发育完成。这时出生的早产儿，如在暖箱里精心照料，已能存活。男婴的睾丸于第28～32周间下降至阴囊。

第33～36周，胎儿约45cm长，体重在4周内可以增加1000g，发育基本完成。这时出生的早产儿如果能精心照顾，成活率可达90%以上。

第37～40周，胎儿发育完成，约50cm长，3000g重。皮肤呈白色微带粉红色，体表有一层白色的脂肪，体形丰满，胸部发育良好，双乳凸出，会打嗝、会吮自己的拇指。经过十个月的产前发育，足月胎儿得以顺利分娩（图3-5）。

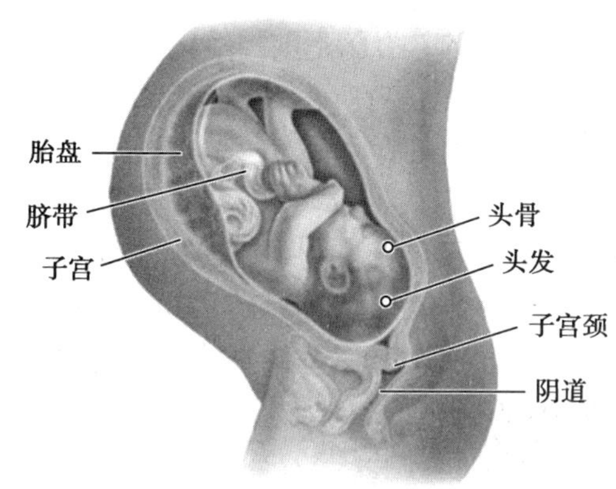

图3-5　孕40周（足月胎儿）图

这一时期还出现另一重要发育特征：胎儿动作，主要表现为胎动和反射活动两种类型。胎动是指胎儿在母体内自发的身体活动或蠕动。在胎儿期，至孕8周开始，胎儿在羊水中进行类似游泳样的运动。8周的胎儿就能摆动自己的头、胳膊和躯体，并且准确地顶、蹬母亲的腹部表示自己的好恶。到孕20周末时，多数孕妇都可感到胎动。妊娠28～30周是胎动最活跃的时期。明显的胎动有三种类型。一是缓慢的蠕动或扭动，在妊娠12～16周时最易察觉。二是剧烈的踢脚或冲撞。当母亲感到较强的胎动时，是胎儿正在用脚踢子宫壁。此类胎动从24周起增加，直至分娩。三是剧烈的痉挛动作。胎儿8周时即可利用头部或臀部的旋转使身体弯曲避开刺激，12周时能够动脚跗趾和头。当临近出生时（孕32～36周时）明显受母亲的情绪和饮食的影响。例如，孕妇在喝咖啡后，胎儿行为增加，而且胎儿行为可能随着母亲每日的节律而变化。反射是在中枢神经系统的参与下，有机体对内外环境刺激所做的适应性、规律性反应。胎儿的反射只涉及无条件反射。12周的胎儿已出现巴宾斯基反射和其他类似吸吮反射及握持反射的活动。20周的胎儿逐渐获得了防御反射、吞咽反射、眨眼反射和紧张性颈反射等对其生命有重要作用和价值的本能动作。

二、神经系统的形成和发育

神经系统（nervous system）是心理活动的主要物质基础，主要由神经胶质细胞和神经细胞两种细胞组成。人的一切心理活动如感知、意识、记忆、思维等，都是通过神经系统的活动来实现的。

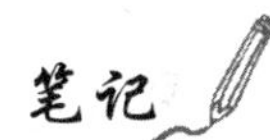

（一）神经元的形成和发育

神经元（neuron）又称神经细胞，是能产生、传导和接受神经冲动的细胞。

神经细胞是具有胞体和突起的特殊类型的细胞，主要结构包括细胞体、树突、轴突三部分。这是脑具有复杂功能及智慧的结构基础，是神经系统内接受、整合和传递信息的基本单位。

在胚胎发育期，主要是神经元数量增多。胚胎期后期则主要是细胞的增大和神经轴突的分支以及髓鞘的形成。大多数神经元是不可替代的，一旦神经元细胞体死亡，这个神经元就永远失活。

胶质细胞为神经细胞提供结构支持和营养，运送代谢物并使之与其他细胞分隔开。

（二）神经系统的形成和发育

人的神经系统分为周围神经系统和中枢神经系统两部分。

周围神经系统分布全身，与脑、脊髓和全身器官相连来接受刺激信息，包括躯体神经系统（脑部发出的神经称为脑神经，共 12 对；脊髓发出的神经称为脊神经，共 31 对）和自主神经系统。

中枢神经系统主要包括脊髓和脑。脊髓是脑神经传入与传出的中转站以及简单的反射控制中心。中枢神经系统的主要功能是对所输入的信息进行分析与综合，一方面调节身体器官的生理平衡，维持人的基本动力与行为反应，另一方面对协调人与社会关系的复杂信息进行加工与处理。

脑是人的中枢神经系统中最重要的部分，所有复杂的心理活动都与脑密切相关。大脑皮质是脑的最高级部位。成人的大脑皮质表面积约 2200 平方厘米。大脑两半球皮质是人类高级思维活动的物质载体。智能的生物学基础是脑的结构和功能，出生时发育良好的脑是后天进行智能开发的物质基础，是心理活动最重要的器官。特别是大脑皮质前额叶和海马部位，是与智能活动直接相关的重要脑区。

人类神经系统发育的主要顺序如下。

中枢神经和周围神经在孕 3 周（胚胎只有 15 毫米长）时即开始形成。精卵结合后，人胚最早只是一个简单的两层结构的盘，就是妊娠 3 周桑葚胚的外胚出现的神经盘。孕 3 周末，盘的背侧细胞迅速增厚、增宽，称为神经板。再不久，神经板两侧隆起形成神经褶，两褶中央内凹形成神经沟。神经沟不断加深，两侧神经褶逐渐靠拢并愈合成一条中空的神经管和神经冠。它们将分别发育成为中枢神经和周围神经系统。

胎儿初期神经系统的发育是快速进行的神经纤维形成。在体内、体节间及脑干间形成相连接的向心性神经纤维和离心性神经纤维。到妊娠第 8 周末，神经系统的大体结构已基本形成。

神经细胞的增殖与分化高峰在妊娠的 12～16 周，神经细胞的移行与分化高峰在妊娠的 12～20 周。移行是数百万神经元从室及室下带经过一系列步骤移行到中枢神经系统内某区永久存在。在孕 12～20 周，神经元迅速移行至皮质和小脑。

在孕 4 周时胚胎已有脊髓。

脑的构造大体分为三个部分：后脑（小脑和延髓）、中脑、前脑（主体是大脑）。这些名称并不精确地与它们在人脑中的位置对应，只是在胚胎神经发育过程中，相对于身体从前往后的排列位置。到妊娠第 5 周，能够分出前脑、中脑、后脑三个主要部分。

前脑的发育高峰在 8～12 周。第 8 周时大脑皮质开始出现。胎儿的大脑是未成熟脑。未成熟脑的发育有一个发育高峰：从孕 10 周到生后 2 岁半。两个关键期为怀孕的前四个月和胎儿出生前两个月到生后两岁。大脑的组织过程从孕 20 周开始，大脑发育包括轴突和树突的增粗和延长、突触的形成、神经元空隙的选择性消除。大脑突触连接及神经回路建立、

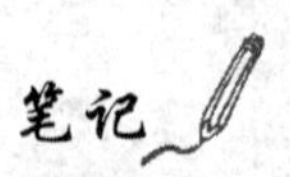

膜兴奋性形成于妊娠20周至生后2～3年。髓鞘形成于出生前至出生后数年。

至胎儿出生时，大脑外形与成人相似，脑表面的沟回已经形成，出生时神经细胞数目已与成人相同，在结构上已经接近成人，脑重350～400克，约为成人脑重的25%。

（三）反射机能的形成和发育

神经系统最基本的活动方式是反射。

反射是在中枢神经系统的参与下，有机体对内外环境刺激所做的适应性、规律性反应。因此，反射也是心理活动产生的基本方式，是物质转化为心理的重要机制。

根据反射产生的不同条件，反射分为无条件反射和条件反射。无条件反射是有机体在种系发展过程中形成并遗传下来的反射，最基本的无条件反射有吸吮反射、把握反射和防御性反射。条件反射是在无条件反射基础上建立起来的。条件反射是后天习得的，因此胎儿的条件反射只涉及无条件反射。

12周的胎儿已经出现巴宾斯基反射、其他类似吸吮反射及抓握反射等活动。从第17周开始由大脑控制行为反应和活动。但是，从大脑到身体各个部分的神经通路还需要一定时间连接。

刘泽伦（1991）对人工流产的胎儿的研究表明，8周的胎儿即可对细而发尖的刺激产生反应。胎龄16～20周时，触及胎儿的上唇或舌头，胎儿会产生嘴的开闭活动。用胎儿镜发现，如果用一根小棍触胎儿手心，其手指会握紧；碰其足底，趾可动，膝、髋可屈曲。

三、胎儿心理机能的形成

（一）感觉的形成

感觉是人脑对直接作用于感官的客观刺激物的个别属性的反映。它是一切高级和复杂心理活动的基础，是维持正常的心理活动、保证机体与环境平衡的重要条件。

也可以说，感觉是以生理作用为基础的简单心理活动。

1. **视觉** 妊娠第7周，眼睛形成。第10周，出现连接眼球和大脑的视神经。第12周，出现眼睑。第28周，眼睑打开。

胎儿在4个月时就对光线十分敏感，母亲日光浴时，胎儿对光线变化强弱都有所感觉。当用手电筒照射孕妇腹部时，胎心率会立即加快，且胎心率可随着手电筒开启与关闭而变化。

2. **听觉** 胎儿听觉感受器在24周时就已经基本发育成熟，胎儿内耳迷路及周围末梢感受器至孕24周完成其正常发育。超声图观察震动声音刺激引起的反射，在24～25周第一次引起（出现），并持续到28周以后，表明此时中枢神经系统听路已经成熟。听分析器的神经通路除丘脑皮质外，均在36周以前完成髓鞘化。

能产生听觉的振动波称为声波。声波在子宫外通过腹壁传导，在子宫内通过羊水传导。已经发育成熟并且有完整听觉器官的胎儿同新生儿一样，当遇到声源刺激时，声波可穿透腹壁的肌肉而进入羊水，再经此介质传经头颅骨—鼓室—前庭窗—迷路外淋巴—内淋巴—基底膜—柯蒂氏器，从而产生对声音的感觉。美国神经病学家希科克斯（Hecox，1975）很早就曾采用解剖学和电生理学方法证实胎儿期确有听觉反应，这与胎动记录分析的结果相一致。美国学者（Jason，1983）用高效超声显像观察到震颤传音刺激引起的胎儿眨眼反应，并将此现象称为听觉眨眼反射（APR）。

大量的生理学、心理学研究发现，孕16周时，胎儿的听觉系统已经建立。有人认为，孕16周时食物经过孕母消化道产生的肠鸣音、有节奏的呼吸、持续节律跳动的心脏，以及每次心脏收缩血液快速流进子宫的声音，胎儿都能听到。同时，胎儿可听到宫外的声音。

到孕28周以后，胎儿的听觉已经发育得较好，对于外界的声音刺激较敏感，会有喜欢或讨厌的反应及面部表情。胎儿最喜欢、最熟悉的声音是母亲的心跳。当胎儿听到强烈的

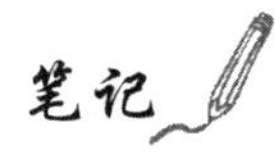

音响如摇滚乐时会使劲地踢脚，而听到优美舒缓的乐曲时则可安静下来。听阈（能听到声音强度）在孕27～29周约为40分贝。孕32周时，胎儿能听出音调的强弱与高低，能区别声音的种类且反应敏感（能分辨出父亲或母亲的声音，并对较低频的父亲的声音更敏感）。

心理学家对胎儿听觉环境还进行了深入的研究和分析。①外界声音由于受母体腹部的吸收与阻挡，到达胎儿听觉器官时已经明显减弱了。美国学者沃克（Walker，1971）等人发现母体腹壁对1000赫兹以上的声音有极为明显的吸收与屏蔽作用。②到达胎内的声音还会受到体内噪声（母亲的心音、肠鸣音、腹主动脉血流声音等）的干扰。沃克等人发现母体腹壁噪声竟可达85分贝。这么强的体内噪声可淹没大部分到达体内的声音。③胎儿生活在充满液体的环境里，目前我们对声音在这种环境里的传播机制还不太清楚。但是，英国研究者阿米蒂奇、鲍德温和文斯（Armitiage，Baldwin & Vince，1980）发现频率在1000赫兹以下的声音可以毫不受阻地直达羊水囊里。这也许就是婴儿出生后能马上辨认出母亲声音的原因。

3. **触压觉** 触觉是微弱的机械刺激兴奋了皮肤浅层的触觉感受器引起的感觉。压觉是较强的机械刺激导致深部组织变形时引起的感觉。两者在性质上类似，统称为触压觉。

胚胎的外层，称为外胚层，在妊娠第6周形成皮肤。用B超进行直观的研究发现，孕8周起胎儿已经有皮肤感觉。孕10周左右，胎儿皮肤已有压觉、触觉功能。16～20周胎儿的触觉与出生后1周岁孩子的触觉水平相当。妊娠最后数周，胎儿身体充满了整个子宫，随着羊水量减少，皮肤紧挨着子宫壁。当孕母用手抚摸或按摩下腹触摸胎儿的头部时，胎儿会立即摇动脑袋。

4. **嗅觉** 嗅感觉器位于上鼻道及鼻中隔后上部的嗅上皮。孕24周时，嗅觉开始发育，胎儿能够嗅到母亲的气味并记忆在脑中。孕32周时，味觉感受性增强，胎儿能够辨别苦和甜。

5. **味觉** 味觉信息由7、9、10三对脑神经传送入脑。胎儿12周时舌上出现味蕾，味觉在孕26周形成。从孕30周开始，胎儿已经有了发达的味觉，对羊水的味道有一定的鉴别力。

以色列研究者斯坦纳（Steiner，1979）的实验研究发现，当用不同的气味或味道的物质试验胎儿的反应时，其面部表情发展水平与成人一样。将糖水注入羊水中，可见胎儿的吸吮次数明显增多；将味道苦涩的油性液体脂醇注入羊水中，胎儿吸吮的次数明显减少。

胎儿24周时在宫内已可吞咽羊水，足月时胎儿每日吞咽羊水约1升。羊水是含有母亲所吃的食物、香料和饮料味道的混合液。这样胎儿通过羊水可接触各种物质的味道，如糖、氨基酸、蛋白质和盐等。胎儿舌的解剖发育使之对这些刺激产生反应。研究表明，人类胚胎8周开始形成味蕾，9～11周舌真皮层的味觉乳头初步形成，胚胎10周左右味孔开始形成，胚胎14～15周时味蕾形成尚未成熟，但已有微绒毛形成，微绒毛可通过味孔接触口腔中的化学物质，接受羊水中的味觉刺激。母孕期常吃的食物味道可进入流动的羊水中，孕妇所吃食物的种类即是胎儿对食物味道的一种体验。美国学者贝尔奇（Birch，1998）等研究证实，胎儿可对不同味道的物质刺激产生反应，如注射甜或苦的物质到羊水时，胎儿表现出不同的吞咽动作。以早产儿为研究对象的另一研究发现胎儿有味觉偏爱的表现，提示24周的胎儿已可将感觉信息传到中枢神经系统。美国研究者曼那拉、杰各农（J A Mennella，C P Jagnow，2001）等给妊娠12周后的妇女实验组每周4天喝胡萝卜液300ml，连续3周，发现胎儿16周时对含胡萝卜味食物的喜好和接受力明显增加，提示孕期羊水确实是将孕母饮食味道传递给胎儿的载体，母亲孕期的饮食习惯可能会影响婴儿的味觉发育乃至于日后的生长发育。母亲妊娠反应致严重呕吐或孕期曾患严重腹泻，其后代喜好咸味，推测可能与母亲呕吐、腹泻致自身电解质失衡或母亲食欲减退而多食偏咸食物，使羊水含钠增加，胎儿很早习惯咸味羊水有关。

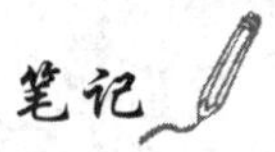

（二）思维和记忆的形成

胎儿的大脑在第20周左右形成。孕20周时，脑的记忆功能开始工作，胎儿能够记住母亲的声音并产生安全感。

孕28～32周时，大脑皮质已经相当发达。妊娠32周，胎儿大脑已如新生儿。通过脑电波已经清楚地分辨出胎儿的睡眠状态和觉醒状态，这是胎儿意识的萌芽时期。

胎儿在宫内用大脑接收了大量的信息，能判断其是否重要，决定对哪一类信息做出反应，还要将某些信息传递的记忆储存起来，这就是思维和记忆在工作。例如，胎儿对母亲的声音感到熟悉而产生安全感，是因为胎儿反复听到母亲的声音而产生了记忆。李虹（1994）在胎教音乐对胎儿影响的实验研究中发现，施乐组胎儿出生后对音乐的反应显示了对音乐的偏好倾向，这是对音乐刺激的再认能力，说明胎儿后期已存在听觉记忆。李素华等曾做过试验，让孕妇在胎儿期给胎儿取一个乳名，经常隔着腹壁呼唤，并与之对话。胎儿出生后，听到唤他的小名时会突然停止吃奶或从哭闹中安静下来，有时还露出高兴的表情。这项试验证明，胎儿不但有一定的听力，还有一定的记忆和领悟能力。

四、胎儿生理——心理发展中主要的异常

（一）胎儿生长受限

胎儿生长受限（fetal growth restriction，FGR），原称胎儿宫内发育迟缓，是指胎儿在宫内未达到其遗传的生长潜能，即胎儿小于正常。一般是指胎龄准确的足月胎儿体重小于2500克或体重处于同孕周平均胎儿体重的第10百分位数以下，或低于平均胎儿体重的两个标准差。

胎儿生长受限不仅影响胎儿的发育，而且远期也影响儿童期及青春期的体能与智能发育，且胎儿生长受限的患儿在成人以后，发生心血管系统、神经系统及代谢方面疾病的几率大于正常者。

颜耀华、李力（2004）的综述报告中提到，国内外多项研究表明，胎儿生长受限由多种因素引起。在早孕期间，主要由遗传因素或基因异常导致胎儿生长发育受限，占胎儿生长受限总数的38%。而到中、晚孕期间，胎儿生长受限的发病原因主要包括母体因素及胎盘因素，这种由于外来因素造成胎儿的生长受限占总数的62%。

（二）脑及其他神经行为发育异常

一般情况下，血-脑屏障可以保护中枢神经系统免受某些毒素的侵害。血-脑屏障对于进入大脑的毒素是具有选择性的。发育不完全的脑允许更多的毒物通过。

胎儿期连接大脑皮质和基底节的神经细胞的突触相对来说比较稀疏，而且在这个过程中，哪怕是很轻微的中毒都会引起突触的改变。如缺氧或低血糖引起的全身性损害会导致神经传导功能的损害；树突结构的改变会导致如记忆、注意及解决问题的技能及神经识别功能的障碍。

（三）甲状腺功能发育异常

母体内的T4（四碘甲腺原氨酸）在孕早期通过胎盘已经被广泛认同。T4作为T3（三碘甲腺原氨酸）的前体物质对小儿脑的发育至关重要，包括神经元的生成、神经组织的移行、轴突及树突的形成、髓鞘的形成、神经突触的发生和神经递质的调节等。

胎儿自身的甲状腺发育始于孕期10～12周，此期开始摄碘形成T4，但至18周时才开始发挥作用。

胎儿心动过缓可以诊断胎儿甲状腺功能减退（胎儿甲减）。脐静脉血穿刺测得TSH（促甲状腺激素）升高，FT4（血清游离甲状腺素）降低；超声检查显示胎儿甲肿、发育迟缓、畸形。

胎儿甲减对胎儿有许多不利的影响，如智力、精神运动能力障碍或减退，骨骼发育不良，严重时可引起克汀病。

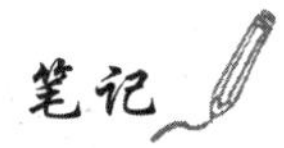

第三节　影响胎儿身心发展的因素和致畸敏感期

一、影响胎儿身心发展的因素

影响胎儿身心正常发育的因素很多，包括先天遗传因素、子宫内环境因素、母亲自身条件、母亲的疾病、母亲的情绪状态、母亲所处环境因素等等，上述的因素中任何一种都可能影响胎儿的身心发展。

（一）先天遗传因素

如果胎儿发育不正常，母亲十月怀胎，一朝分娩，就会产出缺陷儿。李蔓、王嵬（2007）在出生缺陷危险因素及诊断研究进展中指出，在出生缺陷发生的原因中，遗传因素起决定作用的占25%，环境因素起决定作用的占10%，另有65%原因未明，推知是遗传与环境交互作用的结果，由此可见，遗传因素在出生缺陷的发生中起着不可忽视的作用。由遗传因素引起的疾病包括单个基因缺陷、多个基因缺陷、染色体缺陷和体细胞缺陷造成的疾病。

（二）母亲的自身条件

1. **母亲的身高**　母亲高矮与胎儿大小有一定关系，一般来说，身材高大者，其胎儿相对较大；身材矮小者，其胎儿相对较小，但绝大多数身材矮小母亲的胎儿属于发育正常的范围，只要在足月分娩时，胎儿身长达到或超过45cm，体重达到或超过2.5kg，长大后孩子的智商也不比大胎儿差。值得注意的是，身材特别矮小的妇女，只要不是遗传性疾病或身体重要脏器疾患引起，仍能孕育体重、身长和智力正常的胎儿。身材矮小的孕妇主要的问题是容易难产，因这些妇女多数有骨盆狭窄，如果胎儿正常大小，便形成头盆不称，因而胎儿很难从阴道娩出，往往需要剖宫产。

2. **母亲的体重**　母亲体重对胎儿正常发育也有很大影响。吴少晶（2012）在综述报告《围产期肥胖对母婴近远期的影响》中提到，怀孕前或怀孕期间发胖不仅对孕妇自身的健康不利，而且还会影响到婴儿的健康状况。孕期发胖会显著增加孕妇患糖尿病和惊厥症的危险。孕妇产前体重过重，特别是初次妊娠者，具有围生期胎儿死亡率较高的危险性。研究人员王洪芳（2016）对孕妇肥胖和血脂水平对新生儿出生结局影响的研究结果表明：肥胖孕妇分娩时巨大儿出生率更高，在某些必需营养补充过多的情况下，会造成胎儿发育过快，体质量过重的情况，而巨大儿的发生又可能增加胎儿宫内窘迫、新生儿窒息、肩难产、新生儿死亡的风险，孕妇剖宫产率增加，造成产伤、产后出血等并发症发生率提高，造成母婴不良结局。

另外，孕妇过瘦也会影响胎儿发育。由于过瘦的母亲本身就缺乏营养，这使得她们在怀孕期间很容易出现贫血、肌肉痉挛和甲状腺肿等疾病。妊娠贫血症会影响胎儿体内的铁储备，从而造成胎儿出生后的缺铁性贫血；肌肉痉挛是由于缺钙造成的，过瘦的孕妇经常出现这种情况的话，会使胎儿严重缺钙，导致出生以后的佝偻病、鸡胸以及抽搐等。

3. **母亲的年龄**　母亲年龄对胎儿的影响主要指两方面：年龄偏小与年龄偏大。年龄太小（18岁以下）生育，胎儿体重过轻、神经缺陷的可能性增加，这是婴儿死亡的主要原因。而低年龄母亲分娩困难的概率要高于正常孕妇，也较可能得并发症，如贫血。年龄大于35岁的孕妇属于高龄产妇（特别是第一胎），怀上染色体不正常胎儿的几率较大，早产可能性较高，容易发生妊娠期并发症。而且由于骨骼及生理因素，高龄孕妇顺产的可能性降低，易出现分娩困难和死胎，新生儿遗传缺陷发生率明显增高。

雷敏、黄小云等（2015）关于深圳母亲不同分娩年龄与剖宫产比率的研究结果显示，剖宫产总平均比率为31%（2544/8141）。随着母亲分娩年龄增大剖宫产率呈现大幅度递增的

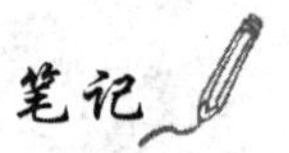

特征：18 岁组剖宫产率最低，为 18.2%，从 18～39 岁剖宫产率不断攀升，37 岁组、39 岁组为 47.2%、44.9%，分别为剖宫产率的最高和次高。可见，母亲分娩年龄增大伴随着母体危险因素的增大，成为剖宫产率的重要影响因素之一。

胎儿患唐氏综合征的概率：孕妇 30～34 岁为 1.66‰，35～39 岁为胎儿自身的甲状腺发育始于孕期 10～12 周 3.22‰，40～44 岁时上升到 12.52‰，45 岁以上则达到 29.74‰。这是由于高龄孕妇为胎儿提供的胎内环境与正常孕妇相比，通常较为劣势所致。

4. 母亲的孕史 女性每一次妊娠，都有经历妊娠并发症的风险，如妊娠引致的高血压、宫外孕、大出血、丧失劳动能力、感染等。如果是非意愿妊娠，还可能有进行人工流产的风险。因此，一生生育太多子女的妇女显然面临更大的染上生殖病症和死亡的风险。高胎次的妊娠和分娩对妇女健康的危害更大，以前历次妊娠和分娩对身体的消耗和伤害一直积累下来，妇女的身体比以前生育低胎次时虚弱得多。由于同样的原因，高胎次生育的婴儿的健康水平相对较差，出生缺陷的可能性相对较大，婴儿死亡概率相对较高。

围生儿死亡是指妊娠足 28 周至出生后 7 天的死亡的胎儿和新生儿，即包括死胎、死产及早期新生儿死亡。母亲的年龄及胎次是围生儿死亡的社会因素之一，围生儿死亡率随母亲年龄增加而降低，最低在 25～29 岁及 30～34 岁，以后又上升。第二及三产的死亡率最低，以后随产次增高而增高，而且自然流产的风险也随着母亲胎次增多而相对上升。

在理解这些因素间的关系时有几点需要注意。第一，这些因素并不单独起作用，例如：高龄母亲可能先前有过几次孕史，许多高龄母亲也可能过胖；第二，有些因素可以列入生物学的部分，但事实上许多问题是由与之有关的心理和社会因素引起的；第三，许多妇女尽管有一定的危险因子，但能妥善对待，最终不会发生问题。所以，这些因素仅意味着出现问题的几率高于正常，不意味着一定出问题。

（三）宫内环境

1. 母亲营养不良 胎儿的生长发育完全依赖于母体供给的营养，胎儿营养的好坏不但关系到胎儿的生长发育，而且关系着其未来一生的健康。在最初三个月的子宫生活中，孕妇营养影响着细胞的分化及骨骼的生长，在其后六个月的妊娠期内，子宫内能量及营养素的供应，则决定着新生儿的大小。

应小燕等（2001）为研究孕妇营养状况与胎儿发育迟缓（IUGR）及新生儿出生后视力发育障碍的关系，将 60 例住院产妇分为两组：即 IUGR 组与对照组，各 30 例。分析孕妇 8 种营养食品的摄取情况，用荧光法检测母血及脐血中维生素 A 含量，用吸收光谱法测定母血与脐血中铁、铜、锌含量，检测新生儿出生后 3～7 天及出生后 10 个月时的闪光视觉诱发电位。结果发现，与对照组相比，IUGR 组孕妇的鸡蛋、猪肝与瘦肉的摄取量均明显减少（$P<0.05$），母血及脐血中维生素 A、铁含量显著降低（$P<0.01$），脐血中锌含量降低（$P<0.05$），新生儿闪光视觉诱发电位检测提示，三相波中波峰向上主波（P100）的潜伏期延长，幅值降低。可见，孕期富含维生素 A、铁与锌等营养成分的食物摄取减少与 IUGR 的发生密切相关，并可导致胎儿视觉发育障碍。

妊娠时如缺乏一种必要的营养素，即使其他营养素供给充足，也会导致流产、围生期死亡或出生缺陷。比如孕早期缺乏锌元素或叶酸的胎儿可能发生神经管畸形，摄入过多的维生素 A 则可能导致脊柱裂和脑膨出。孩子牙齿发育的好坏与孕期母体钙质的摄入量有关，钙摄入低则胎儿的牙齿就长不结实，幼儿期易患龋齿。孕期母体发生严重的贫血或营养不良还可能导致流产。

王妍平和陈叙（2016）关于宫内营养对胎儿心血管健康远期影响的研究表明：宫内营养不均衡（包括营养不良和营养过剩）对胎儿远期的心血管健康造成了负面影响。宫内营养不均衡直接影响子代的血管结构及功能并增加子代心血管代谢异常的危险，从而影响子代

笔记

的血管健康。母体营养不良可能导致胎儿生长受限；同样，母体的代谢性疾病，如胰岛素抵抗、糖尿病、高血压、血脂异常也会增加子代发生动脉粥样硬化和心血管疾病的风险。

2. **宫内感染** 宫内感染是指孕妇受病原体感染后所引起的胎儿感染。胎儿在母亲的子宫里生长，处于一个相对封闭的环境，许多致病因素无法突破母体对胎儿的保护作用危害胎儿。但有些传染病则可通过孕妇，使胎儿在子宫里时就受到感染，这就造成了宫内感染。

宫内感染是母婴垂直感染的一部分，感染途径有 3 种：一种是病原体通过血液循环，经胎盘感染胎儿，如乙肝病毒、风疹病毒、梅毒螺旋体等。二是母亲阴道或子宫颈病原体逆行而上感染胎儿，如巨细胞病毒、单纯疱疹病毒等。三是母亲生殖道病原体上行污染羊水，被胎儿吸入或咽下，引起感染，如李斯特菌、大肠埃希菌感染。均会给胎儿造成危害。可能引起新生儿肺炎、新生儿窒息、新生儿脑炎等严重疾病，增加新生儿死亡率。

3. **药物** 许多药物可通过母体血流经胎盘进入胎儿体内，对胎儿产生不良影响；有些药物则可能直接导致胎盘功能降低，影响胎儿的正常发育。孕妇如果用药不当，往往会引起流产或使胎儿患有功能性疾病，甚至造成先天性畸形。由药物引起的胎儿损害或畸形，一般都发生在妊娠期的头 3 个月内，特别是前 8 个星期内最为突出。因为着床后的受精卵已开始分化，并逐渐形成不同的组织和器官的雏形。在这个重要阶段，如果孕妇用了某些药物，一些组织和器官的细胞就会停止生长发育，从而导致胎儿身体残缺不全出现畸形。20 世纪 50 年代推出的镇静剂沙利度胺（又称反应停），对减轻妇女怀孕早期出现的恶心、呕吐等反应有效，迅速在多个国家推广。但是，它在欧洲、澳大利亚、加拿大和日本等国导致不少新生儿先天四肢残缺（称为“海豹胎”“海豹样肢体”“海豹样畸形”等）。研究人员随后发现，这种药品对新生儿的危害不仅是四肢，可能导致眼睛、耳朵、心脏和生殖器官等方面缺陷。

4. **吸烟** 目前已有相当多的研究证实孕妇吸烟会危害胎儿，因为胎儿是靠着胎儿胎盘与脐带从母亲那里获取营养和氧气，母亲所摄取的任何物质都有可能透过胎盘而传入胎儿体内。孕妇吸烟对于胎儿的不良影响与每天吸烟多寡有关，长庚医院妇产科的研究报告显示，每天抽一包烟的孕妇比不抽烟的孕妇增加 20% 的围生期并发症和死亡率；每天抽多于一包者则增加 30% 的危险性。

香烟中所含尼古丁、一氧化碳或其他有毒物质可能会对胎儿产生以下不良影响：

（1）自然流产率增高：吸烟妇女容易发生自然流产，其发生几率的高低与吸烟多寡有直接关系。吸烟孕妇比不吸烟的孕妇增加 80% 的自然流产。发生流产的主因在于吸烟破坏胎盘功能，而造成早期自然流产。

（2）胎儿死亡率增加：美国专家指出每年有四千六百个婴儿死亡的主因在于孕妇吸烟。怀孕期间吸烟的孕妇发生围生期死亡的几率是不吸烟孕妇的四倍。发生死亡率的高低也与吸烟多寡有直接关系。

（3）低体重儿：怀孕期间吸烟孕妇所生的婴儿体重，平均低于正常婴儿体重约 150～250 克。出生婴儿体重减轻程度与母亲吸烟多寡有直接关系，吸烟量愈多者其生下的婴儿体重愈轻。每天抽少于一包烟的孕妇比不吸烟的孕妇会增加 53% 生下低体重儿的几率，而每天抽多于一包者则增加 130% 的危险性。

（4）早产儿：14% 早产的发生与母亲的吸烟有关。怀孕期间吸烟孕妇发生早产的几率是不吸烟孕妇的二倍，每天抽一包烟以上的孕妇发生早产的几率是不吸烟孕妇的三至四倍。

（5）胎儿畸形的发生：吴艳洁、王璐等（2013）对孕妇吸烟与新生儿畸形发病率的关系进行了研究，按孕妇在孕期有无吸烟分为吸烟组、被动吸烟组和未吸烟组。观察各组新生胎儿畸形的发病率。结果发现，胎儿畸形的发病率分别为吸烟组 11.67%、被动吸烟组 10% 和未吸烟组 2.5%，未吸烟组低于吸烟组和被动吸烟组（$P<0.01$）。研究结果表明：孕妇吸烟可严

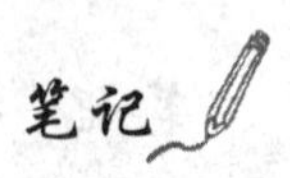

重影响胎儿的生长发育，新生儿畸形率明显增高。

5. **饮酒** 酒精是日常生活中较常见的致畸剂之一。孕妇饮酒可引起胎盘血管痉挛、胎儿缺氧而影响胎儿发育，产生低体重或畸形。酒精对胎儿的有害作用，主要是损伤脑细胞，使脑细胞发育停止，数目减少，使脑的结构形态异常和功能障碍，导致不同程度的智力低下，甚至造成脑性瘫痪。酒精可通过胎盘进入胎儿体内，引起胎心酒精中毒综合征，这种孩子的特征，前额突起、眼裂小、斜视、鼻梁短、鼻底部深、鼻孔朝天、招风耳、低体重、中枢神经系统发育障碍。一般认为，酒精对胎儿的危害程度与孕妇饮酒数量及妊娠月份有关。酒喝得越多、越早，对胎儿的危害就越大。

（四）母亲的疾病

孕妇的健康对胎儿的发育非常重要，许多疾病都会影响胎儿发育。具体如下：

1. **风疹** 孕妇前三个月内感染风疹后，风疹病毒可以通过胎盘感染胎儿，使胎儿发生先天性风疹。重者可导致死产或早产，轻者可导致先天性心脏畸形、白内障、耳聋和发育障碍等，称为先天性风疹或先天性风疹综合征。妊娠第一个月时感染风疹，胎儿先天性风疹综合征的发生率可高达 50%，第二个月为 30%，第三个月为 20%，第四个月为 5%。妊娠 4 个月后感染风疹对胎儿也有影响。有的新生儿并不是在出生后立即显示出症状，而是在出生后数周、数月或者数年才逐渐出现症状。风疹病毒会引发胎儿运动、行为、智力方面的发育障碍。

2. **糖尿病** 妊娠期糖尿病（GDM）是指妊娠期间首次发生或发现血糖代谢异常，其发生率为 1%～5%。它是一种常见的妊娠期合并症。该病的临床过程复杂，可引起巨大儿、胎儿生长受限、胎儿畸形、死胎、新生儿呼吸窘迫综合征、新生儿低血糖等，孕妇易并发妊娠期高血压、胎膜早破、早产，剖宫产的发生率明显增加。

3. **感冒** 一般的感冒，症状较轻，如流清涕，打喷嚏，对胎儿影响不大，也不必服药，休息几天就会好的。但在妊娠早期（5～14 周），主要是胎儿胚胎发育器官形成的时间，若患流行性感冒，且症状较重，则对胎儿影响较大，此间服药对胎儿也有较大风险。已知与人类有关的流感病毒有 300 多种，目前已知其中有 13 种病毒在感染母体后可影响到胎儿的生长发育，出现低能、弱智、各种畸形，早产、流产，甚至死胎。

4. **高血压** 孕妇在妊娠 28 周前发生高血压可能为本身原有的疾病，如在这以前未测过血压则不易与妊娠高血压综合征前期区别，但也可以两者同时存在。高血压病妇女死亡率较高，胎儿早产、肺发育不成熟及宫内发育迟缓的发生率都较高。

5. **人乳头瘤病毒（HPV）感染** 霍晓燕、董友玲等（2017）对 116 例感染人乳头瘤病毒的产妇分娩时羊水、胎盘组织及胎儿脐静脉血、口咽部分泌物与外阴分泌物中的 HPV 进行检测，并进行了产妇 HPV 感染分型。随访 1 年，观察 HPV 感染对产妇和胎儿的影响。结果发现，参与研究的 116 例产妇中，因胎儿畸形而终止妊娠的有 2 例，因稽留流产而导致终止妊娠的有 3 例。通过对羊水、胎盘组织及脐静脉血、口咽部分泌物、外阴分泌物或包皮分泌物进行检测，HPV 感染呈阳性的胎儿有 28 例，HPV 感染率为 24.14%，其中 60.71% 的胎儿 HPV 感染分型与产妇一致，39.29% 的胎儿 HPV 感染分型与产妇不一致，原因尚不明确。

6. **妊娠合并梅毒感染** 郭玲（2015）的研究结果显示，在多个区域内妊娠期合并梅毒感染的检出率出现显著的升高态势，甚至有个别地区发生率已经达到 2.9‰～48‰。全世界范围内由于妊娠期合并梅毒感染而导致的流产、胎儿宫内死亡、新生儿夭折等不良妊娠结果达到（70～150）万 / 年。

此外，孕妇如果严重缺碘就会发生甲状腺肿大，严重者会影响胎儿智力发育和体格发育，造成智力低下、体格矮小。另外，孕妇如果患妊娠高血压综合征（妊高征）、心脏病、慢性肾炎、癫痫等许多疾病，疾病本身和治疗过程都可能给胎儿带来不利影响。

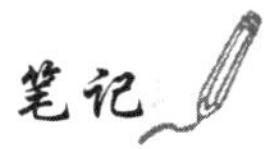

（五）母亲的情绪状态

孕妇情绪的好坏，不仅直接影响自身的健康，而且对胎儿的影响也很大。首先，胎儿对母体的血液声、说话声、胃中的水声，呼吸、心跳、肌肉和关节活动的声音，以及外界的各种声音都能听到，并能做出不同的反应。另外，母体和胎儿的内分泌、代谢是通过胎盘联系的。对孕妇的情绪刺激，能激起自主神经系统的活力，释放出乙酰胆碱等化学物质，同时引起内分泌的变化，分泌出不同种类不同数量的激素。所有这些化学物质，都能经由胎盘、脐带，传给胎儿。医学研究表明，孕妇在情绪好的时候，体内可分泌一些有益的激素以及酶和乙酰胆碱，有利于胎儿的正常生长发育。孕妇在情绪不良的情况下，如在应激状态或焦虑状态中，会产生大量肾上腺皮质激素，并随着血液循环进入胎儿体内，使胎儿产生与母亲一样的情绪，并破坏胚胎的正常发育。大量调查资料表明，孕妇在恐惧、愤怒、烦躁、哀愁等消极状态中，身体的各部分机能都会发生明显变化，从而导致血液成分的改变，影响胎儿身体和大脑的正常发育。医学研究还发现，妊娠7～10周内，是胎儿颚骨的发育期。此时孕妇的情绪若过度不安，则可导致胎儿唇裂；孕期若过度恐惧忧伤、高度紧张，或接受自身难以承受的精神刺激等，均可引起胎盘早剥，造成胎儿死亡。

周丽菊（2000）的研究综述中提到，怀孕早期，因孕妇的情绪不好，会造成肾上腺皮质激素的增高，这就可能阻碍胎儿上颌骨的融合，造成腭裂、唇裂等畸形。怀孕7个月后，如果孕妇受到惊吓、忧伤、恐惧或其他严重的精神刺激等，会引起胎儿加速呼吸和身体移动。如孕妇吵架时，有5%的胎儿心率加快，80%以上的胎儿胎动增强。胎动次数比平常增多3倍，最高时，可达正常的10倍。有可能引起子宫出血、胎盘早期剥离，造成胎儿的死亡。即使胎儿顺利娩出，也比正常婴儿瘦小。且往往身体功能失调，特别是消化系统容易发生紊乱，躁动不安、易受惊吓、常哭闹、不爱睡觉。

（六）父源因素的影响

近年国内外关于胎儿生长发育的研究大多关注的是母源因素，对父源因素的研究相对较少。周梦林、应俊等（2015）对父源因素对胎儿生长发育的影响进行了研究。父亲影响胎儿发育的主要因素可以分为两类，即包括年龄、疾病、体型、生活方式、暴露环境在内的遗传因素和以心理状态、职业、经济收入为代表的社会环境因素，前者直接影响父源基因的完整性和表达情况，而后者主要影响母体的生活环境和生活质量，这两类因素的不良发展均可能导致胎儿在宫内的生长发育发生异常，从而出现各种不良妊娠结局。

（七）外部环境因素

环境因素对人类复杂生殖过程的每一阶段都容易造成损害，包括生育力减弱，胎儿子宫内生长迟缓、自然流产，以及各种各样的出生缺陷。母亲所处环境对胎儿的发展确实有很大的影响。

1. 物理因素

（1）X光照射：孕妇照X光，对胎儿有很大的影响，特别是妊娠头三个月，这时期是胚胎器官的发育关键时期，胚胎对各种有害因素异常敏感。受孕两周内下腹部接受X射线照射时，可导致受精卵死亡。X射线对6～12周内的胚胎有很强的致畸作用，畸形严重时也可致胚胎死亡。在胎儿生长的早期接受了放射线照射，可导致胎儿生长受阻，孕中期以后，胎儿的大多数器官已基本形成，放射损伤很少引起明显的外观畸形，但此时胎儿的生殖系统、牙齿、中枢神经系统仍在发育过程中，因此受X射线影响可能产生智力低下等后果。一般认为，在怀孕一个半月内应绝对禁止X光射线，怀孕头三个月内，甚至更长时间也应禁止X光照射，即使是常规的胸部透视也应推迟到妊娠28周以后才可慎重采用。甚至在怀孕前，也应该有一段时间不受X线照射，有时怀孕前受X光照射，妊娠期才出现问题，接受X线透视的妇女，尤其是腹部透视者过4周后怀孕较安全。因此，准备怀孕的妇女不要做X光透视检查。

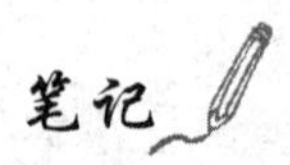

（2）电磁辐射：孕妇在怀孕期的前3个月尤其要避免接触电磁辐射。因为当胚胎和胎儿在母体内受到电磁辐射，也将产生不良的影响。如果是在器官形成期，可能造成发育中的器官畸形；在胎儿的发育期，则可能损伤中枢神经系统，导致胎儿智力低下。在现代生活中，人类对电的依赖越来越多，要逃离电磁辐射几乎是不可能的。目前，我们力所能及的是与电磁场的来源保持距离。随着电脑应用的范围越来越广，妇女操作电脑的机会大为增加。由于电脑及其机房有电磁辐射、噪音及光照不适，存在着电子设备的污染。有报道称电脑在工作时显示器发出的放射线，对植物细胞的分裂和繁殖有破坏作用，在妊娠早期对胚胎的微细结构有损害。因此，经常接触电脑的妇女，怀孕后最好不要上机，以减少电磁波给母婴带来的危害。如孕中期（24周）后，因工作需要仍需使用电脑，应与电脑保持一臂的距离，与他人操作的电脑保持两臂的距离。电热毯导致孕妇流产的事是毋庸置疑的，孕妇应避免使用。至少，电热毯只能用来进行床预热，然后就要把插头拔掉。所有的微波炉都会泄漏微量的微波辐射。在微波炉的使用中，孕妇尤应远离工作中的微波炉。

（3）噪音：越来越多的研究表明，严重的噪音会影响胎儿听觉器官的发育。那些曾经接受过85分贝以上（重型卡车声响是90分贝）强噪音干扰的胎儿，在出生前听觉的敏锐度已受损。一些科学家研究指出，构成胎儿部分内耳的耳蜗从妊娠第20周起开始成长发育，其成熟过程在婴儿出生30多天时仍在继续进行。由于胎儿内耳的耳蜗正处于成长阶段，极易遭受低频率噪声的损害，外环境中的低频率声音可传入子宫，并影响胎儿。胎儿内耳受到噪音的刺激，能使脑的部分区域受损，并严重影响智力的发育。噪音还能使孕妇内分泌腺体的功能紊乱，从而使脑垂体分泌的催产激素过剩，引起子宫强烈收缩，导致流产、早产。

2. **化学因素** 包括自然的和人为的，如汽车、拖拉机排出的废气及工业废气对大气的污染；工业废水对饮水的污染；杀蚊虫剂对空气的污染；农药、化肥对粮食、蔬菜的污染等。另外，孕妇服药，洗涤剂、喷雾清新剂、食品添加剂、调味品、化妆品以及各种职业性有害物质的直接接触等均可导致流产、先天畸形甚至死胎。如有资料表明，在半导体工作线上工作的孕妇流产的危险性高于一般孕妇，就是因为半导体生产线上的乙烯乙二醇醚含量较高。室内装修污染都对胎儿正常发育会造成不良影响。张海燕等（2009）研究了孕妇孕期低水平铅暴露对婴儿听觉发育的可能影响。研究者于2006—2007年在广州市天河区妇幼保健院对100例孕中期血铅水平的产妇所生新生儿至婴儿6个月龄，实行脑干听觉诱发电位（BAEP）检测，作为铅暴露对婴儿听功能影响的研究指标。结果发现，听觉异常的婴儿占调查胎儿的12.0%，而且产妇血铅水平越高，婴儿听觉异常的发生率随之增加。可见，铅对胎儿的听觉影响没有最低值，低水平铅暴露是导致新生婴儿听觉异常的主要原因之一。

二、胚胎的致畸敏感期

胚胎发育是连续的过程，但也有着一定的阶段性，处于不同发育阶段的胚胎对致畸因子作用的敏感程度也不同。受到致畸因子作用最易发生畸形的发育时期称致畸敏感期（sensitive period to teratogenic agent）。

胚前期（即受精后的前2周）的胚胎在胚期前两周受到致畸因子作用后较少发生畸形。因为此时的细胞分化程度极低，如果致畸作用强，胚胎即死亡；如果致畸作用弱，少数细胞受损死亡，多数细胞可以代偿调整。

胚期（即受精后的第3～8周）的胚胎细胞增生、分化活跃，器官原基正在发生，最易受到致畸因子的干扰而发生畸形。所以，胚期是受到致畸因子作用后最易发生畸形的致畸敏感期。由于各器官的发生与分化时间不同，故致畸敏感期也不同（图3-6）。

胎儿期是胚胎发育过程中最长的一个时期，起自第9周，直至出生。此期胎儿生长发育快，各器官进行组织分化和功能分化，受致畸因子的作用后也会发生畸形，但多属组织结构

和功能方面的缺陷，一般不出现大的器官畸形。所以，胎儿期不属于致畸敏感期。另外，不同致畸因子对胚胎的致畸敏感期也不同。例如，风疹病毒的致畸敏感期为受精后第1个月，畸形发生率为50%；第2个月降至22%，第3个月只有6%～8%。沙利度胺的致畸敏感期为受精后的第21～40天。

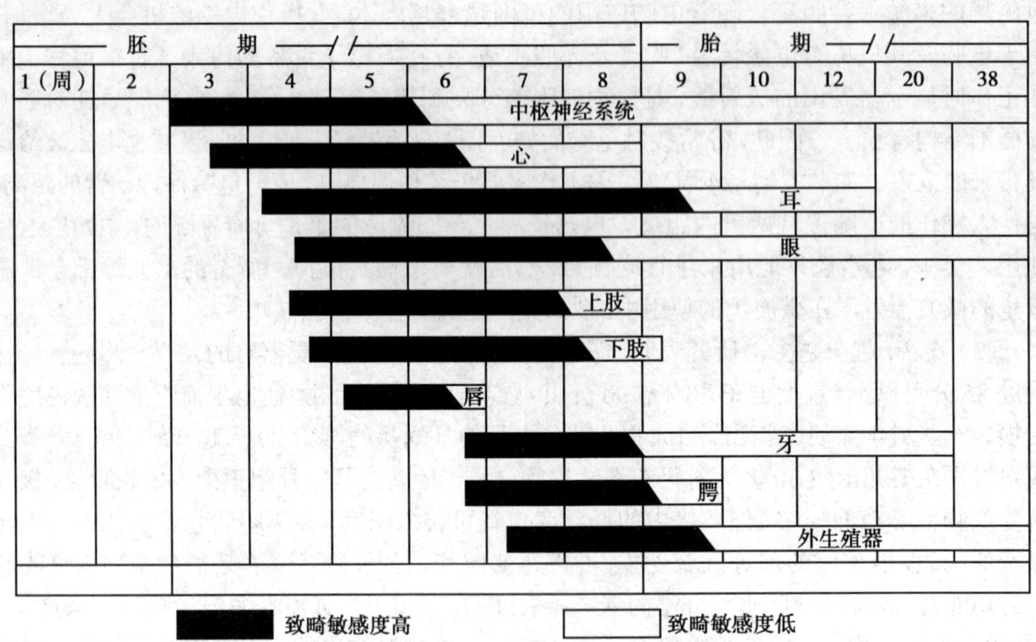

图3-6 人胚胎主要器官的致畸敏感期

第四节 妊娠期的心理卫生与胎教

随着医学模式由传统的生物医学模式转为现代的生物—心理—社会医学模式，人们开始关注心理社会因素对孕产期过程的影响，孕妇的心理社会因素成为影响分娩的重要因素之一。妊娠、分娩是一自然生物学过程，同时又是一个情绪情感复杂多变期，孕妇特别是初孕妇在这一时期易产生不同于非孕期的抑郁、焦虑等不良情绪。荆蕊平、刘金环等（2008）对孕妇临产前焦虑、抑郁的研究结果表明，孕妇临产前，焦虑发生率为26.90%，抑郁发生率为18.75%。强烈而持久的负性情绪体验易导致孕妇出现心身健康问题，也对胎儿的生长发育产生不良影响，而良好的社会支持系统会协助孕妇对引起焦虑、抑郁的因素进行评估，以抑制不适应反应，增进适应反应的方式，来降低不良情绪及心理问题的发生。因此，孕妇能否顺利完成孕产期这一生理过程，与孕妇的心理状态及家人和医护人员的表现有密切的关系。

一、妊娠期心理特点

（一）妊娠早期

1. 接受妊娠 妊娠早期是一个自身调整的时期，调整自己面对已经怀孕的事实，接受这个事实是早孕时期最重要的心理任务。

2. 早孕反应 妊娠常见的早孕反应可多达10余种：低热畏寒、疲乏冷漠、嗜睡懒怠、恶心呕吐、厌食择食、情绪不稳定、易激惹、语言多而意向不明或寡言少动，敏感而易受伤害等，均为正常反应。

3. 性欲变化 一般认为孕早期妊娠妇女的性欲减低，性交频率和快感均锐减。这个时期需要与其丈夫或伴侣公开、真诚地交流。一些孕妇更需要其丈夫或伴侣的关心和关爱。

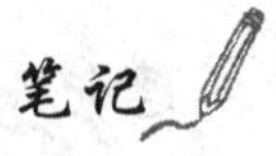

性欲受疲劳、恶心、抑郁、痛苦、担心、焦虑、关心以及乳腺发育的影响，而这些可能都是妊娠早期的正常反应。

4. **情绪变化**　妊娠早期的情绪变化主要为焦虑，一方面是对自身的焦虑，另一方面是对妊娠过程能否正常进行的焦虑。怀孕影响着她们的生活（特别是有工作者），她们不得不承担新的责任，有着许多焦虑：是否具有成为母亲的能力、家庭支出、家务管理以及她们的一些亲人能否接受她们妊娠的事实等。

妇女一旦接受妊娠，希望家人分享快乐，但更多的妇女是希望得到家人的关心和照顾。由于妊娠期情绪变化较大，家人应给予理解，多给予温暖、鼓励和支持，使孕妇顺利度过妊娠早期。

（二）妊娠中期

一般情况下妊娠中期孕妇心理状态比较平稳。一般孕妇从不适应到适应了正常妊娠的生理过程，感觉良好。大多数妇女在妊娠中期心理状态比较平稳，表现为：宽容、友善、富有同情心、主动关心别人、心境良好、对周围的一切都感到是那么美好，对未来的生活充满了希望。胎动使孕妇确实感觉到小生命的存在，“胎儿是一个独立的人”的观点逐渐增强了，这是母子关系的开始。

（三）妊娠晚期

平静的妊娠中期过后是活跃的妊娠晚期，随着分娩期的临近，这一阶段也充满忧虑。妊娠晚期是等待的时期，同样也是充满希望的时期。

妊娠晚期仍有许多忧虑和恐惧。父母期待着胎儿生长，向往孩子的出生，但同时对孩子可能存在智力或身体缺陷担忧。孕妇的注意力转向自己和孩子，害怕疼痛、损伤，开始担心产程中可能出现的意外和孩子的健康问题。另外，孕妇觉得自身笨拙、丑陋、邋遢，更加需要丈夫的关爱。身体的不适及胎动经常打扰孕妇的休息。大多数孕妇在妊娠晚期会感到呼吸困难、尿频、背痛、便秘和静脉曲张。由于子宫的增大，性交发生障碍，性交的位置及性满足方法的改变都可能因为她们的不适而失败。因此，需要夫妻之间真诚的交流以及相互协商。

二、妊娠期妇女的心理卫生

孕妇普遍期望得到妊娠期保健指导，在不同阶段有不同需求，孕早期孕妇关注孕期日常科学保健及胎教相关知识，孕中期孕妇关心如何检测胎儿，孕后期孕妇关注分娩方式、分娩前准备事项，母乳喂养及产褥期保健等。

1. **孕妇自身**　孕妇自己应保持健康愉快的良好心境，学会克服不良情绪，特别是焦虑情绪所带来的危害。首先要独立自信，不要无端担忧；其次是思想放松，怀孕要经过许多过程，早孕时要经过早孕反应，分娩时要经过阵痛是自然现象，如果害怕，情绪过分紧张，给自己的紧张和痛苦反而会更大。生男生女是自然选择，对家庭生活琐事也要胸襟开阔，避免生闷气和发怒，同时孕妇还要尽量不看有恶性刺激的电影和电视以免引起过度的情绪波动，只有这样保持乐观良好的心情，才能使胎儿健康发育。

2. **孕妇的家人**　孕妇在妊娠各期的心理变化也不相同，对妊娠期心理状态的影响除生理改变外，人际关系是影响妊娠时心理状态的重要因素。

在妊娠这个特殊时期，家人尤其是丈夫要分享幸福，解除顾虑，稳定情绪，不要在孩子没出生时就口口声声喊儿子，这样就表明丈夫很喜欢儿子，给孕妇增加心理压力，担心如果生下的是女儿，丈夫是否会不高兴，是否会对她冷遇。丈夫在生活上要给予孕妇帮助、体贴、照顾，孕早期有择食反应，丈夫既要满足其需要，做些可口的饭菜又要限制其暴饮暴食，孕妇腹部不断增大，活动受限，丈夫要给予帮助，比如洗脚、剪脚趾甲、系鞋带等，多陪孕妇

散步，观花赏景，多听音乐，通过腹壁和孩子情感交流，和妻子一起关注胎儿的生长发育，使妻子有一个平静、安详、幸福的心境，以保证胎儿的健康发育和分娩顺利。

3. 妇产科医护人员 妇产科医护人员应通过与孕妇谈心，摸清其心理状况，有针对性地做好细致耐心的解释工作，加强孕期保健，开展孕妇学校，使孕妇懂得妊娠的生理卫生知识、早孕的征象、孕期母体的变化、孕妇情绪对胎儿的影响、乳房护理。同时还应进行宣教工作，使孕妇懂得孕期保健的重要性，使其主动定期产前检查，以便及时发现和治疗妊娠期合并症及并发症。

在妊娠晚期还要教会孕妇自数胎动的方法，以便随时掌握胎儿的健康状况，从而保证孕妇的心身健康。对入院的孕妇应热情接待，耐心做好思想工作，带她熟悉环境，细心讲解待产与分娩的有关知识，使其对产程有所了解，讲明分娩是正常的生理现象。

对于孕妇的恐惧心理，医护人员应以亲切的语言、温和的态度耐心地解释，以真正同情心，多给一句安慰和鼓励，让其有依托感，对分娩全过程心中有数，增强对分娩的信心，对医务人员产生信任感和安全感，以最佳心理状态顺利分娩。

妇女妊娠期是一个特殊时期，做好妊娠期心理保健，可减少妊娠期并发症和合并症，可缩短产程，降低难产率，减少产后并发症，可提高出生人口素质，还可以促进医患关系的和谐，避免医疗纠纷的发生。

三、胎教

（一）胎教方法

现代医学研究证实，胎儿确有接受教育的潜能，主要是通过中枢神经系统与感觉器官来实现的。孕 26 周左右胎儿的条件反射基本上已经形成。在此前后，科学地、适度地给予早期人为干预，可以使胎儿各感觉器官在众多的良性信号刺激下，功能发育得更加完善，同时还能起到发掘胎儿心理潜能的积极作用，为出生后的早期教育奠定良好基础。因此，孕中期正是开展胎教（fetus education）的最佳时期，不可错过。胎教能使母体分泌对胎儿发育有益的激素及相关酶，对胎儿发育起到重要作用。

目前，国内外广泛采用的胎教方法主要有以下几种，根据胎教是否直接对胎儿施加影响，可分为直接胎教法、间接胎教法和综合胎教法。

1. 直接胎教法 直接胎教法是直接对胎儿产生影响的胎教方法。

（1）音乐胎教法：主要是以音波刺激胎儿听觉器官的神经功能，来达到激发大脑的右脑突触迅速发育。从孕 12 周起，便可有计划地实施。

第一，要认识胎教音乐的作用。胎教主要作用就是对胎儿大脑发育给以必要的激发，首选方法就是给胎儿宝宝听音乐，孕期妈妈在高雅的音乐环境中欣赏世界名画等等。这是被世界公认的最有效的胎教方法。胎教和早教音乐应选择适合于胎儿听觉能力的优雅、柔和性质的音乐。

第二，注意音乐胎教的安全性。音乐胎教所使用的播放设备非常重要。由于胎儿耳蜗发育不完全，某些对于成年人无害的声音也可能伤害到胎儿的耳朵。黎玲玲（2014）的研究中提到，给胎儿听到音乐强度不应超过 60 分贝，频率不要超过 2000Hz，时间控制在 10～15 分钟。普通的 CD 播放器、音箱等播放设备都不能控制播放出的音量音频大小，因此，孕妇打开大功率音箱或者将耳机放在腹部对胎儿进行音乐的胎教方式不仅不科学，还可能伤害到胎儿。

（2）光照胎教法：光照胎教法是用手电筒的微光作为光源通过对胎儿进行刺激，训练胎儿视觉功能，帮助胎儿形成昼夜周期节律的胎教方法。从孕 24 周开始，每天定时在胎儿觉醒时用手电筒（弱光）作为光源，照射孕妇腹壁胎头方向，每次 5 分钟左右，结束前可以连续

关闭、开启手电筒数次，以利胎儿的视觉健康发育。但切忌强光照射，同时照射时间也不能过长。

（3）语言胎教法：孕妇或家人用文明、礼貌、富有感情的语言，有目的地对子宫中的胎儿讲话，给胎儿期的大脑新皮质输入最初的语言印记，为后天的学习打下基础，称为语言胎教。在妊娠第 83 天中，不断生长发育的胎儿，由眼镜猴样进一步发展到类似猩猩的类人猿样，胎儿的大脑开始有皱褶，掌管智能和感情的前脑发达起来，即形成了“人脑”。据医学研究证实：父母经常与胎儿对话，能促进其出生以后在语言及智力方面的良好发育。

（4）抚摸或按摩胎教：抚摸或按摩胎教是指有意识、有规律、有计划的抚摸胎儿，以刺激其感官的一种方法。婴幼儿的天性是需要爱抚。胎儿受到母亲双手轻轻地抚摩之后，亦会引起一定的条件反射，从而激发胎儿活动的积极性，形成良好的触觉刺激，通过反射性躯体蠕动，以促进大脑功能的协调发育。胎儿体表绝大部分表层细胞已具有接受信息的初步能力，并且通过触觉神经来感受母体外的刺激，而且反应渐渐灵敏。法国心理学家贝尔纳•蒂斯（Bernard Ortiz）认为：“父母都可以通过抚摩的动作配合声音，与子宫中的胎儿沟通信息。这样做可以使胎儿有一种安全感，使孩子感到舒服和愉快。”

孕 24 周以后，可以在孕妇腹部明显地触摸到胎儿的头、背和肢体。孕妇每晚睡觉前先排空膀胱，平卧床上，放松腹部，孕妇本人或者丈夫用双手在孕妇的腹壁轻轻地抚摩胎儿，抚摸从胎头部位开始，然后沿背部到臀部至肢体，轻柔有序。每天 2～3 次，每次 5～10 分钟，以引起胎儿触觉上的刺激，促进胎儿感觉神经及大脑的发育。但应注意手活动要轻柔，切忌粗暴。

可以依此方法与胎儿做运动联系，就是轻轻拍打或抚摸胎儿，每天 2～3 次，每次 5～10 分钟。这样反复的锻炼，可以使胎儿建立起有效的条件反射，并增强肢体肌肉的力量。经过锻炼的胎儿出生后肢体的肌肉强健，抬头、翻身、坐、爬、行走等动作都比较早。但要记住，如果胎儿以轻轻蠕动做出反应，可继续抚摸；若胎儿用力挣脱或蹬腿，应停止拍打抚摸，理想的抚摸时间，以傍晚胎动较多时，或晚上 22 时左右为好。

2. **间接胎教法** 通过对孕妇施加影响从而间接地对胎儿进行胎教的方法。

（1）运动胎教法：运动胎教，是指导孕妇进行适宜的体育锻炼，促进胎儿大脑及肌肉的健康发育，有利于母亲正常妊娠及顺利分娩。但要注意运动胎教时间不要过长。

1）姿势：缩臀、肩微向后，两臂放松、抬头、收下巴，要经常保持良好的姿势，可以避免腰酸背痛。

2）减轻疲劳预防腰酸背痛的运动方法：平躺、膝盖弯曲双脚底平贴地面，同时下腹肌肉收缩使臀部稍微抬离地板，然后再放下，做运动时同时配合呼吸控制，先自鼻孔吸入一口气，然后自口中慢慢吐气，吐气时将背部压向地面至收缩腹部，放松背部及腹部时再吸气，吐气后会觉得背部比以前平坦。

3）伸张动作：有助于增强骨盆底部肌肉的韧性及伸展大腿的肌肉。坐在地板上，两足在脚踝处交叉轻轻地把两膝推向下，或两足底相对合在一起，且向下轻压两膝。次数：每天两次，每次二十遍。

4）平躺，两手置身旁两侧做一个“廓清式呼吸”。即深吸一口气，大力吐一口气。慢慢抬起右腿，脚尖向前伸直，同时慢慢自鼻孔吸入一口气注意两膝要打直。然后脚掌向上屈曲，右腿慢慢放回地上同时自口呼出一口气。接着左腿以同样动作做一次。注意吸气和呼气。要与腿的抬高及放下配合进行，当抬腿时两脚尖尽量向前伸直，腿放下时脚掌向上屈曲，膝盖要保持挺直，每一脚各做五次。

5）平躺，手臂和身体成直角向外伸开，作“廓清式呼吸”，慢慢抬起右腿，脚尖向前伸直，同时自鼻孔吸入一口气，再自口吐气时，脚掌向上屈曲，同时右腿向右侧外方伸展，慢慢放

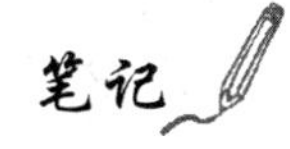

下右腿，使靠近右手臂位置。再来脚尖再度向前伸直，自鼻孔吸气并抬高右腿，接着一面自口吐气，一面将右腿放回最初位置之地板上。左腿同样作一次，注意没有抬高的一腿要保持平贴地面。每一脚各做三次。

（2）饮食胎教法：女性在怀孕前及怀孕中的营养状况，会深深影响到自身的健康及胎儿的健康。根据美国母亲食品营养委员会的建议，怀孕期间固然应注意均衡营养，但是怀孕前的营养状态亦应受到同样重视。所以，想要孕育优质胎儿，必须从怀孕前就开始调养身体，再加上怀孕期摄取均衡营养，才能为胎儿生长打好健康基础。

（3）情绪胎教法：情绪胎教，是通过对孕妇的情绪进行调节，使之忘掉烦恼和忧虑，创造清新的氛围及和谐的心境，通过母亲的神经递质作用，促使胎儿的大脑得以良好的发育。我国传统医学经典《黄帝内经》中率先提出孕妇“七情”（喜、怒、忧、思、悲、恐、惊）过激会致“胎病”理论。现代医学研究也表明，情绪与全身各器官功能的变化直接相关。不良的情绪会扰乱神经系统，导致孕妇内分泌紊乱，进而影响胚胎及胎儿的正常发育，甚至造成胎儿畸形。

（4）美育胎教：是指根据胎儿意识的存在，通过孕妇对美的事物的感受而将美的意识传递给胎儿的胎教方法。可通过看、听、体会，享受世界上各种各样美的事物的感受，经神经传导输送给胎儿。美育胎教也是胎教学的一个组成部分，它包括自然美育、感受美育等方面。美育胎教运用审美心理学的知识，强调胎教中孕妇的审美感知、审美情感、审美想象、审美理解，从而达到优化和加强胎儿心理素质的目的，为提高胎儿出生后对美的感知能力奠定基础。

3. **综合胎教法** 综合胎教是多种胎教方法的综合应用。美国俄亥俄州的斯塞迪克（Sisaidike）夫妇十分重视胎教，4名女儿智商奇高，均达到160以上，他们归功于胎教。斯塞迪克夫妇后来总结了自己的胎教方法并辑录成书，命名为“斯赛迪克”胎教，供准父母参考。“斯赛迪克”胎教实施方法如下：

（1）经常用悦耳、快乐的声音唱歌给胎儿听。

（2）多播旋律优美节奏明快的音乐或歌曲，将幸福与爱的感觉传递给胎儿。

（3）随时与胎儿交谈。由早上到晚上就寝，一天里在做着什么，想着什么，都跟胎儿说。例如，早上起床，跟胎儿说早安，告诉他现在是上午，可以将当天的天气告诉胎儿。

（4）讲故事给胎儿听。自己必须先了解故事的内容，然后用丰富的想象力，把故事说给胎儿听。说故事时，声调要富感情，不要单调乏味。

（5）多出外散步，增长见识。出外散步，无论是看到什么，如车辆、商品、行人、植物，都可以将它们变成有趣的话题，细致地描绘给胎儿听。例如路上遇见邮差，便告诉胎儿邮差穿怎样的制服，邮差可以帮我们派信等。

（6）利用形象语言。在白色的图书纸上，利用各种色彩来描绘文字或数字，加强视觉效果。教导文字时，除反复念之外，还要用手描绘字形，并牢牢记住文字的形状与颜色，而且要有形象化的解说，以A为例，可以对胎儿说，A好像是一顶高尖的帽子，然后选出一个以A为首的单词教给胎儿，如Apron，并跟胎儿说，这是妈妈在厨房烹饪时要穿的，今天这件的图案很大，此外，妈妈还有好多件。以后，妈妈会穿着它做饭给你吃。教导数学时，也要用形象的教导法，如告诉胎儿1加1等于2时，不妨说妈妈有一个苹果，如果爸爸给我一个苹果，那么，我们有两个苹果。

（7）出生后跟进。等小孩出生以后，最好把胎教所用过的东西，放在婴儿的面前，如此一来，婴儿会慢慢回忆起以前学过的东西。

目前，胎教在临床实践中已经得到了广泛应用。杨柳（2016）研究了音乐胎教对胎儿血流动力学及行为活动影响的超声评价，研究结果表明，23周孕龄及以上健康胎儿进行综合胎教可明显改善胎儿血液循环，增加心脑血流量，促进胎儿发育。黄绍芳、朱淑平等（2015）开展了胎教方式在电子胎心率监护中唤醒胎儿的临床研究，研究结果表明，做电子胎心率

笔记
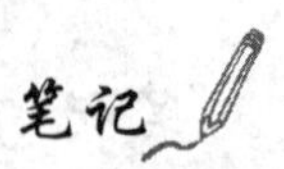

监护时，引导孕妇自行抚摸腹部和语言胎教相结合的方法唤醒胎儿可缩短检查时间，降低假阳性率，可产生良好的经济效益和社会效益。危娟、徐富霞（2014）对音乐疗法在早产儿护理中的应用效果进行了研究，结果表明，音乐疗法能促进早产儿体重增长、进食量增加，改善早产儿的心肺功能。陈春霞（2017）对激光穴位照射联合音乐胎教治疗孕妇胎位不正的临床效果进行了研究，研究结果表明激光穴位照射联合音乐胎教治疗孕妇胎位不正临床效果显著，且简单可操作性强，具备普及价值。邓翠莲、钟玉瑶（2016）等研究了音乐胎教对胎儿免疫功能的影响，结果表明，音乐胎教能有效地降低胎儿胎盘循环阻力，增加胎盘灌注血流量，有利于胎儿对于营养物质和氧气的吸收，同时显著增强胎儿免疫力。

（二）实施胎教的几点建议

年轻的父母之所以关注胎教，是出于对后代的责任感，他们已经认识到今后的社会是一个机会均等、公平竞争、优胜劣汰的社会，孩子的健康和聪明程度将会对其一生产生深远影响。他们愿意接受胎教、早教，但往往也容易出现操之过急、实施过度等情况。在实施胎教时，专家提供以下几点建议。

1. **科学的态度，正确的目的** 胎教的主要目的是让胎儿的大脑、神经系统及各种感觉机能、运动机能发展更健全完善，为出生后接受各种刺激、训练打好基础，使孩子对未来的自然与社会环境具有更强的适应能力，而不像某些宣传误导的那样，是为了培养天才、神童。

2. **必要的知识，冷静的头脑** 父母在准备怀孩子之前，应从正规的专业单位及渠道学习一些有关儿童发展方面的知识，包括胎儿发育、胎教早教、孕期心理卫生及儿童心理与教育学的有关常识。这能使自己做到心中有数，保持冷静的头脑，能够识别和选择适合自己的方法。

3. **适宜的程度，可靠的方法** 一般胎儿发育到 4 个月以后才开始出现对外界“刺激”的听觉反应。孕妇抚摸腹部，或在腹部放置小型录音机或胎教仪，播放优雅动听的音乐，胎儿会出现心率加快，胎动次数增多等反应。这些接受优雅动听音乐“刺激”的胎儿，其中枢神经系统发育比较快而完善。但是胎儿的听觉器官和神经是非常脆弱的，用于胎教的音乐强度不应超过 60 分贝，频率不应超过 2000Hz，在节奏和力度上应尽量与宫内胎音合拍，而且每次持续 10～15 分钟，不宜时间过长。

本章开头的案例中，罗女士选择的胎教音乐强度过大、频率过高，且胎教实施时间过长，音乐胎教实施不当，给孩子的听觉神经造成了无法弥补的损伤。建议父母要了解胎儿发展的身心规律，掌握科学的胎教方法，按胎儿的月龄及每个胎儿的发展水平作相应的胎教。做到既不放弃胎教的时机，也不过度人为干预。在自然和谐中有计划进行胎教，才可能获得满意的成效。

思考与练习

1. 胎儿宫内发育是怎样分期的？
2. 胎儿心理机能有怎样的发展？
3. 影响胎儿身心发展的因素有哪些？
4. 胎教的方法有哪些？怎样正确对待胎教？

推荐阅读

1. 傅松滨. 医学遗传学. 第 3 版. 北京：北京大学医学出版社，2013
2. 高英茂，李和. 组织学与胚胎学. 2 版. 北京：人民卫生出版社，2010
3. 李晓捷. 人体发育学. 2 版. 北京：人民卫生出版社，2016

（杨美荣）

笔记

第四章　婴儿期身心发展规律与特点

本章要点

婴儿期是个体生理发育和心理发展最迅速的时期，其发展水平和质量对个体毕生都有重要而长远的影响。婴儿大脑和神经系统快速发展，3 岁时接近成人脑重范围；身体各部分发育遵循头尾原则和近远原则；动作发展遵循着整分原则、首尾原则和大小原则。新生儿已具有一定的感知能力，婴儿的方位知觉、深度知觉、物体知觉逐步发展。新生儿已有定向性注意，1 岁以后有意注意逐渐产生。胎儿末期已有听觉记忆，出生到 1 岁，婴儿的记忆初步发展。3 岁前是思维发展的萌芽时期，表现为直观行动思维。婴儿期是儿童口头语言开始发生和发展的时期。新生儿已有初步分化的情绪反应，婴儿期情绪的社会性逐渐增加。在 2～3 岁的时候，掌握代名词“我”，标志着自我意识的萌芽。婴儿主要的人际关系是亲子关系，依恋是婴儿情感社会化的重要标志，婴儿依恋行为因教养方式不同形成不同的类型；婴儿同伴交往也已开始发展。

关键词

婴儿心理　动作发展规律　感知觉　言语发展　情绪发展　婴儿气质　依恋　自闭症（孤独症）

案例

豆豆现在七个多月了，他的妈妈面临了一些新的问题。“豆豆以前一直是和善的娃娃，不论遇见谁，都会露出灿烂的微笑。但他现在对陌生人的反应就像见了鬼似的，要么皱着眉头，要么转过头去躲到妈妈怀里，甚至会害怕得大哭起来。”豆豆的妈妈说：“这有时让我感到很尴尬。豆豆不想跟不认识的人待在一起，他前后强烈的行为反差，看上去好像经历过人格移植似的。”除了这些，豆豆妈妈说，现在豆豆对妈妈表现的越来越依恋了。豆豆自从生下来就一直是妈妈在照顾，一次都没有离开过妈妈。现在妈妈必须要去上班了，怎样才能让豆豆在妈妈离开时不哭不闹呢？第一次离开时，妈妈想了办法，让保姆把豆豆抱到阳台上看豆豆平时特别喜欢看的那个工地，妈妈偷偷溜走了，第一次成功了。第二次他就不这样了，一抱豆豆去阳台，他就开始回头，开始哭，第三次就更困难了。为什么豆豆会出现这样的心理行为特点，爸爸妈妈们应该如何面对这些问题，阅读完本章婴儿心理发展特点，相信会找到答案。

婴儿期指个体 0～3 岁的时期，是个体生理发育最迅速的时期，也是心理发展最迅速的时期。婴儿不仅身体迅速生长、神经系统迅速发展，同时，他们的心理也发生了巨大变化。动作是婴儿发展的主导活动，从吃母乳到断奶，学会吃普通食物；从躺卧状态发展到独立行走和随意运用双手操纵物体，并出现了简单的游戏。婴儿从完全不懂语言到能够运用语言

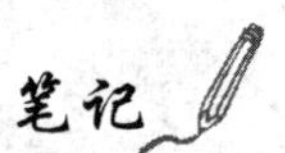

与他人交往，并通过语言调节自己的行为。他们从一个自然人、生物人逐步发展成为适应人类社会生活的社会人。

第一节　婴儿生理发育和动作的发展

婴儿生理发展是指神经系统（主要是大脑）和身体在形态、结构及功能上的生长发育过程。大脑和神经系统是心理活动的基础，身体是活动的物质载体，动作是婴儿身心发展的直接前提，因此婴儿的生理发展和动作发展直接影响和制约着婴儿心理的发生和发展。

一、婴儿的神经生理发育

婴儿神经生理发育主要表现在脑的发育，包括大脑形态发育、大脑结构发育以及大脑功能发育三个方面。

（一）大脑形态发育

1. 脑重　婴儿出生时脑重量约为350～400g，是成人脑重的25%，而这时体重只占成人的5%。此后第一年内脑重量增长速度最快，6个月时为出生时的2倍，达到700～800g，占成人脑重的50%。儿童体重要到10岁时才达到成人的50%，可见，这一时期婴儿脑发育速度远远超过身体发育的速度，说明脑的发育大大早于身体的发育。第一年内婴儿脑重接近成人脑重的60%，达800～900g；到第二年年末时脑重约为出生时的3倍，约为1050～1150g，约占成人脑重的75%；3岁时婴儿脑重已接近成人脑重范围，以后发育速度变慢；15岁达成人水平。出生后脑重的增加主要不是因为神经细胞数量的大量增加，而是因为神经细胞体积增大和树突的增多、加长，以及神经髓鞘的形成和发育。

2. 头围　婴儿头围发展也存在类似于上述脑重发展的趋势，明显快于身体的发育。新生婴儿头围平均为34cm，为成人的60%，6个月时为42cm，1岁为47cm，2岁时为48～49cm。10岁时达到成人头围水平，平均为52cm。

如果婴儿头围过大，如新生儿的头围超过37cm，就属于“大头”（又称巨头畸形）。这可能是某些疾病的表现，需尽快检查治疗。例如，佝偻病的患儿头颅不但大，而且颅骨软；脑积水和巨脑症的患儿头围比正常婴儿大，脑的重量也比正常婴儿重，但他们的智力却比正常婴儿低。如果新生儿的头围小于32cm，或3岁后小于45cm，则为“小头畸形”，其脑发育将受严重影响，智力发育易出现障碍。当然，有个别婴儿头围过大或过小可能是由体重过大或过小，而不存在其他病因，这需要临床检查确定。

（二）大脑结构发育

大脑结构发育主要表现在神经元分化生长、突触联结增加和髓鞘化逐渐完成等三个方面。

1. 神经元　神经元（neuron）是大脑和神经系统的基本单位，负责接收和传递神经冲动，它由胞体、树突和轴突组成（图4-1）。大脑皮质的神经元于胎儿第5个月即开始增殖分化，到出生时，神经元数量已与成人相同。从脑开始发育算起，神经元的数量就以每分钟25万的速度递增，到出生时最多，达到大约1000亿个。

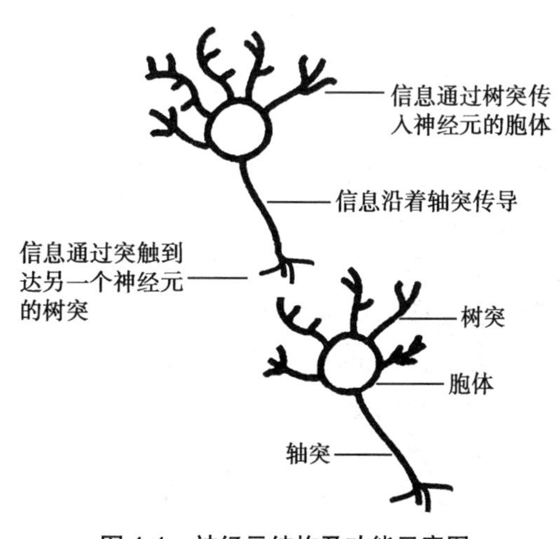

图4-1　神经元结构及功能示意图

神经元的形态大小各异，标志着它们最终

笔记

将要行使的职责不同，这主要受神经元迁移到的具体位置的影响。神经元的发育，主要表现在以下两个方面：

（1）树突生长：树突（dendrites）是神经元的一种突起，形状如树，一般较短，其作用是负责接收从感受器或者其他神经元发出的刺激，并将神经冲动传向胞体。

（2）轴突分叉：轴突（axon）的功能是将神经冲动从胞体传递出去，到达与它联系的各种细胞。每个神经元只有一根轴突，但轴突末端会发出几个分支和其他神经元发生接触，这就是轴突分叉。

2. **突触** 突触（synapse）是神经元之间的联结。两个神经元的突起快要接触的地方有一点很小的缝隙就是突触，化学神经递质（neurotransmitters）就在这里流动。这些神经递质携带着信息，从一个神经元传递到另一个神经元。神经元之间的突触连接十分重要，因为突触的构成将最终决定信息在脑部的传递方式。而人早期的经历恰恰决定其突触的构成。因此儿童早期的经历可以塑造大脑突触的构成。

婴儿出生时，大约有50万亿个突触连接，相当于成年人的1/10，突触密度远低于成年人。出生后几个月内，突触数量迅速增加。3岁时，婴儿突触连接的数量大致是成人的2倍，大概是1000万亿。4岁左右儿童，其大脑皮质各区的突触密度达到顶峰。在整个儿童期，突触密度保持在显著高于成年人的水平，到青春期，突触数量逐渐减少，突触连接数量和成人大致相当（图4-2）。

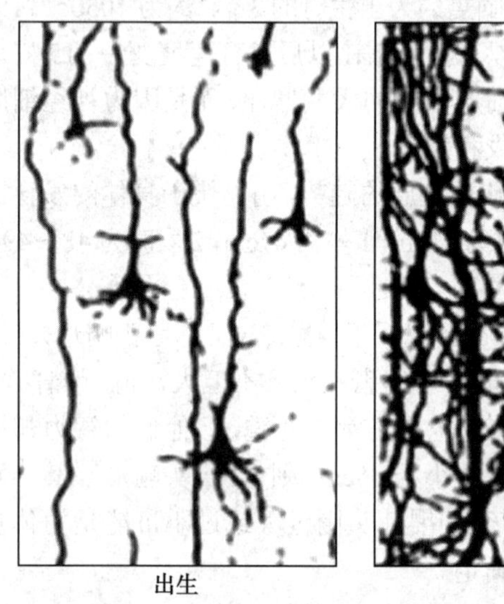
出生

6岁

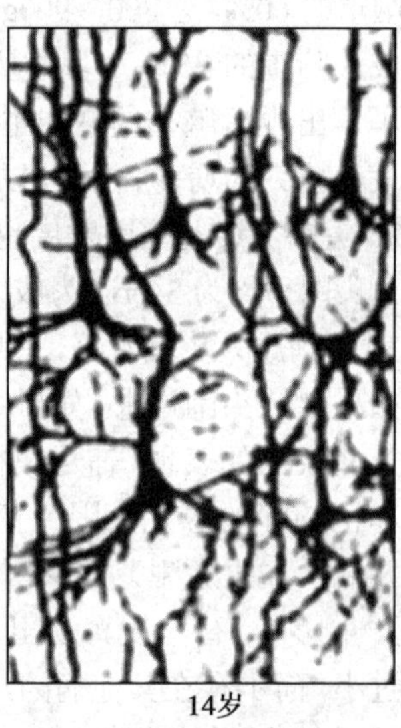
14岁

图4-2 人类脑的突触密度图

为什么婴儿拥有的突触连接会超过他最终所需要的数量呢？这是因为只有拥有大量丰富过剩的突触连接，才可以帮助婴儿适应所面临的各种可能的新环境。婴儿可能生活在俄罗斯，也可能生活在中国；可能需要学习筷子吃饭，也可能需要学习刀叉吃饭；可能生活在南美雨林，也可能生活在大都市纽约。最终，大脑需要学会使用俄语或汉语，学会用筷子或刀叉吃东西，学会在南美雨林中跟踪猎物或者在纽约的大街小巷中穿行。那么，为什么后来突触连接的数量又会减少呢？研究证明，突触之间存在竞争。取胜的关键在于经验。一个突触被使用的机会越多，它就越有可能被永久保留下来。而那些不被经常使用的突触通常就会枯萎或死亡。这个过程称之为突触演变。通过突触演变，删除掉不必要的突触联结，可以节省神经系统消耗的能量，脑在处理信息时也会变得效率非凡。

3. **髓鞘化** 髓鞘是一层包裹在神经元外部以使神经元之间彼此隔离的髓鞘脂。神经髓鞘形成以后，就像电线加上了绝缘皮一样，能使神经兴奋沿着一定的道路迅速传导，而不

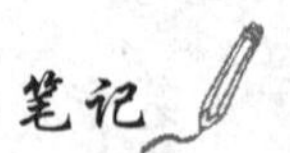

致蔓延泛滥。神经纤维髓鞘是逐步形成起来的，全部皮质神经纤维的髓鞘化，还要经过很多年的时间才能完成。它的作用在于使神经元分工更加明确，传递信息更快，效率更高，一旦受激发就发生连锁反应。大脑的髓鞘化程度是婴儿脑细胞成熟状态的一个重要指标，婴儿到了3岁，髓鞘化的过程接近完成。

（三）大脑功能发育

1. 脑电波 脑电波（electroencephalogram，EEG）是从安放在头皮上的电极记录的脑的电活动，脑电的变化常作为婴儿脑功能发展的一个重要指标。

脑电可分为不同频段，频率由低到高依次为δ波（<4Hz）、θ波（4～7Hz）、α波（8～12Hz）、β波（13～30Hz）、γ波（30～70Hz，以40Hz为中心），它们有不同的发展模式。有研究证实，5个月的胎儿已显示出脑电活动，8个月后则呈现出与新生儿相同的脑电波。新生儿觉醒时的脑电波大部分是δ波和θ慢波，快波（α和θ）随着年龄的增加而增长。出生后5个月是婴儿脑电发展的重要阶段，脑电逐渐皮质化。低频脑电波从第1年开始逐渐减少，α波的增长一直持续到青少年期。

2. 大脑单侧化 看起来似乎是完全对称的大脑两半球，实际上在大小和重量上，尤其在功能上是有差异的。这种大脑两半球功能不对称性被称为“单侧化”。左、右两半球在实现语言、逻辑、数学和空间认知、雕刻、音乐等方面有功能上的差异。

大脑单侧化有一个明显的发展过程，它随着个体语言能力日臻完善而逐渐显现出来。1岁之前，左右脑的功能尚未分化，而左右手也尚未分工，这个阶段的婴儿经常用双手来拿奶瓶，用双手、双脚来爬行。到了2岁时，左右脑逐渐分化，可以隐约看出婴儿习惯用哪一只手拿东西，用哪一只脚做动作。3岁时婴儿的动作更协调，身体的各种动作反应变成反射性行为，不再需要大脑皮质来控制，大脑皮质转而负责较高层次的学习认知工作了。4岁时婴儿惯用手的习惯很明显，主动以惯用手来操作，对应到大脑皮质就是大脑功能比较优势的一边。

（四）脑的可塑性与可修复性

脑具有一定的可塑性和可修复性。脑的可塑性是指脑按照新经验对神经通路进行重组的一种现象。婴儿对脸孔的辨认对其大脑神经通路的重组就是一个很好的例子。我们的头脑包含一张神经元的网络，婴儿跟我们一样，生下来就有数以千亿计的神经元，都以细微的结合点（即突触）彼此联结，在婴儿出生几秒钟，本能会让婴儿转向母亲的脸孔，在他看到第一张脸孔的同时，也改变了他的头脑，一条专属于他的母亲的神经通路建立起来了，当他看到他的父亲，另一条路径也建立了，从此以后，婴儿见到更多脸孔时会创造出更多路径。虽然还很小，但是婴儿辨认不同脸孔的能力非常强，雪菲儿大学的科学家通过实验证明婴儿甚至能分辨长得非常相似的灵长类动物，如狐猴的脸孔，而成年人却办不到。科学家将狐猴的脸给两组婴儿看，一组年龄在六个月以下，另外一组在九个月以上，一开始所有婴儿都看着这些脸孔，注意力都集中在上面，直到形成习惯化，然后研究者换上不同的脸孔，出现了不同的结果，大一点的婴儿拒绝去看这些新脸孔，他们以为已经看过了，显然他们是没有看出其中的不同。但是小一点的婴儿却显得兴致勃勃，因为他们认出这是不一样的狐猴。为什么大一点的婴儿失去了那项辨别灵长类动物脸孔的天赋呢？这是因为人类婴儿经验中面对的更多是人类的面孔，识别人类面孔的突触联结将会加强，婴儿不需要的突触联结就会失去，所以到了10个月的时候，婴儿辨认人类面孔的能力进一步加强了，而辨认灵长类动物脸孔的神经联结由于未能得到强化，就慢慢丧失了。这是后天经验对大脑神经网络塑造的结果。

脑的可修复性是指大脑的某一部分受损伤，其本身可以通过某种类似学习的过程获得一定程度的修复的现象。研究发现，婴儿早期大脑具有良好的修复性。脑的可修复性表现

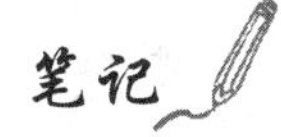

在两个方面，一是婴儿大脑的某一部分受损伤，其本身可以通过某种类似学习的过程获得一定程度的修复，重新建立联结。年轻大脑可快速建立神经联结，白鼠的神经联结被切断，一段时间后会重新建立联结而修复，而且年轻白鼠比年老白鼠快得多。二是大脑具有一定的补偿能力。比如一侧脑半球受损伤后，另一侧脑半球可能会产生替代性功能。在5岁以前大脑任何一侧的损伤都不会导致永久性的言语能力丧失，因为言语中枢受损伤，另一侧脑半球很快会产生替代性功能，使言语中枢转移。但是超过5岁，这种言语中枢的修复性功能便难以实现，致使言语障碍无法克服。

年龄越小，脑的可塑性与可修复性越强。因此，与其他年龄段相比，婴儿大脑具有很强的可塑性和可修复性，不仅强于成年人，也强于儿童青少年和幼儿。由于婴儿大脑的发展在很大程度上受后天环境的影响和制约，因此，对婴儿身体和神经系统实施刺激，对促进其大脑的发展具有重要作用。

二、婴儿的身体发育

(一) 婴儿身体发育规律

随着年龄的增长，儿童身体各部分生长的速率是不同的。婴儿身体生长遵循两个普遍的原则，即头尾原则和近远原则。

所谓头尾原则是指身体发育是从头部延伸到身体的下半部，即胎儿和婴儿的头脑比躯干和下肢先发育。如图4-3所示，2个月胎儿的头部长度是身长的1/2，新生儿头部长度占身长的1/4，2岁时头部只占1/5，而成人的头部与身长的比例是1/7。

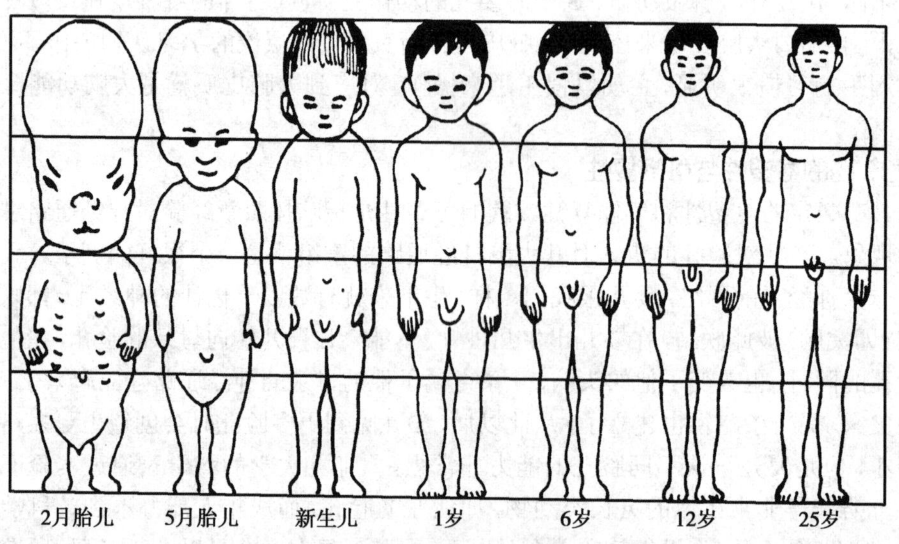

图4-3 各年龄身体各部分发育的比例

所谓近远原则是指身体发育遵循从身体的中部开始各年龄，逐渐扩展到外周边缘部分的顺序。即婴儿头部、胸腔和躯干最先发育，然后是上臂和大腿、前臂和小腿，最后是手和脚的发育。

(二) 婴儿身体发育过程及其正常值

由于婴儿身体整个发育过程受遗传和环境等多种因素的影响，个体之间在身高、体重或其他生理发展方面存在很大差异。下面一些图表所示的各方面的发展正常值，指的是大致的平均水平。因此，不能仅凭婴儿某一时期某一方面发展的过早或者过晚就断定婴儿发育异常，而是需要连续、系统、综合地观察才能得出正确的结论。

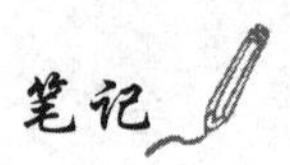

1. **体重** 足月男婴体重约为3.3～3.4千克，女婴为3.2～3.3千克。到5个月时翻一倍，

12个月增加了两倍，此后速度变慢，到30个月达到出生时的四倍左右，约为13千克（表4-1）。

2. **身高** 足月婴儿刚出生时约为50厘米，第一年内增长25厘米，第二年内约增长10厘米，值得注意的是新生儿身高与其成年以后身高没有密切关系。

3. **胸围** 胸围反映了婴儿身体形态与呼吸器官的发育状况。刚出生时婴儿胸围比头围小，一般到18个月胸围才超过头围，之后胸围继续增大。

表4-1 0～3岁儿童体重、身高的生长标准值

年龄	男						女					
	体重（kg）			身高（cm）			体重（kg）			身高（cm）		
	3rd	50th	97th	3rd	50th	97th	3rd	50th	97th	3rd	50th	97th
出生	2.62	3.32	4.12	47.1	50.4	53.8	2.57	3.21	4.04	46.6	49.7	53.0
3月	5.37	6.70	8.29	57.7	62.0	66.3	4.96	6.13	7.62	56.5	60.6	64.9
6月	6.80	8.41	10.37	64.0	68.4	73.0	6.34	7.77	9.59	62.5	66.8	71.2
9月	7.56	9.33	11.49	67.9	72.6	77.5	7.11	8.69	10.71	66.4	71.0	75.9
12月	8.16	10.05	12.37	71.5	76.5	81.8	7.70	9.40	11.57	70.0	75.0	80.2
15月	8.68	10.68	13.15	74.4	79.8	85.4	8.22	10.02	12.33	73.2	78.5	84.0
18月	9.19	11.29	13.90	76.9	82.7	88.7	8.73	10.65	13.11	76.0	81.5	87.4
21月	9.71	11.93	14.70	79.5	85.6	92.0	9.26	11.30	13.93	78.5	84.4	90.7
2.0岁	10.22	12.54	15.46	82.1	88.5	95.3	9.76	11.92	14.71	80.9	87.2	93.9
2.5岁	11.11	13.64	16.83	86.4	93.3	100.5	10.65	13.05	16.16	85.2	92.1	99.3
3.0岁	11.94	14.65	18.12	89.7	96.8	104.1	11.50	14.13	17.55	88.6	95.6	102.9

资料来自中国儿童生长标准，国家卫生计生委妇幼健康服务司政策文件. 2009-06-03

三、婴儿动作的发展

（一）婴儿动作发展的一般规律

虽然不同个体的动作发展存在一定的差异性，但从与生俱来的无条件反射到有目的的复杂动作技能的发展进程来看，个体动作的发展过程遵循一定的顺序原则。我国心理学家朱智贤（1980）把婴儿动作发展的基本规律概括为以下三条：

1. **整分原则** 即从整体动作向分化动作发展。儿童最初的动作是全身性的、笼统的、散漫的、非专门化的，"牵一发而动全身"，这是由于运动神经纤维还没有髓鞘化的结果。以后，这种泛化的整体动作才逐步分化为局部的、准确的、专门化的动作。例如，把毛巾放在2个月婴儿的脸上，就引起全身性的乱动；5个月的婴儿开始出现比较有定向的动作，双手向毛巾方向乱抓；而8个月的婴儿，就能毫不费力地拉下毛巾。

2. **首尾原则** 即从上部动作向下部动作发展。如果是婴儿仰卧，他首先出现的动作是抬头，然后是俯卧、翻身、坐、爬、站立，最后是行走。这些动作是按照首尾顺序发展起来的。

3. **大小原则** 即从大肌肉动作向小肌肉动作发展。婴儿首先出现的是躯体大肌肉动作，如头部动作、躯体动作、双臂动作、腿部动作等，以后才是灵巧的手部小肌肉动作和视觉动作等。

陈帼眉（1989）进一步提出了个体动作发展的另外两条规律：

1. **从中央部分的动作到边缘部分的动作** 婴儿最先发展的是头部和躯干的动作，然后是双臂和双腿有规律的动作，最后是手指的精细动作。

2. **从无意动作到有意动作** 婴儿的动作发展也服从心理发展的规律，即从无意向到有意发展。婴儿的动作随年龄增长，越来越受意识支配，越来越具有目的性。

(二)婴儿动作对个体发展的意义

动作是个体发展的重要领域,也是个体其他方面发展的基础。动作在个体生存和发展中具有重要的价值。

1. **动作是个体发展的重要领域** 动作是个体与环境互动的重要手段,不仅是个体适应环境的工具,也是个体适应环境的产物。个体在适应环境的过程中,动作也逐渐发展起来。从反射性到操作性,从不随意到随意,从简单、不分化到复杂、分化,从泛化到准确。因此,动作本身就是个体发展的重要方面。

2. **动作是评价个体身心发展的重要指标** 在生命早期,由于婴儿发展的成就主要在动作的发展上,而语言能力的局限也使婴儿其他方面的发展以动作发展为表现形式,因此动作的发展成为评价儿童发展的重要指标。早在19世纪,儿童心理学创始人德国生理学家和实验心理学家普莱尔在他的著作中指出,儿童的动作反应就是其描述儿童发展的主要方面。从20世纪初开始,动作都是儿童发展评估的主要指标。目前在婴儿发展评估中使用的各种量表,如Bayley量表、Denver发展量表、Kent婴儿量表,以及我国修编的中国儿童发展量表,都以动作发展为主要指标。动作发展滞后,尤其是具有标志性动作的发展滞后,被看作是儿童发展问题的表现。

3. **动作发展对个体脑发育和心理发展有促进作用** 白鼠的脑结构与人类非常相似,只是沟回比人类更少,也更容易测量。一项关于白鼠的研究发现,生活在丰富环境的白鼠比生活在普通环境的白鼠形成了更多的树突联结,而且在测试中表现更出色。那么,是不是我们只要提供丰富的环境,个体大脑就会发展得更好呢?在1985年的一项研究中,有科学家把年幼的白鼠同成年的白鼠放在同一个笼子里,希望年幼的白鼠能够向成年的白鼠学到经验,他想看看是不是年幼的白鼠和成年白鼠放在同一个笼子都会长出更多的树突。令人诧异的是,只有年长的白鼠长出更多的树突,原因是成年白鼠霸占了整个笼子,剥夺了幼鼠活动的机会。因此,我们得到启示,我们仅仅给婴儿提供丰富的环境是不够的,还有给婴儿更多活动的机会、更多做动作的机会。动作能促进婴儿脑发育和心理的发展。

婴儿动作的发展还改变着婴儿与周围环境的关系。当新生儿只能整天躺在床上时,他的视野是非常有限的;当他能坐的时候,就能比躺着感受更多的刺激;当他能伸手够物时,他就能操纵物体,感受物体的特性;当他能爬至会行走时,他就能主动接近他感兴趣的物体,取得了探究物体的主动权。总之,动作发展拓宽了婴儿的视野,打开了一片认知新天地,为认知能力发展奠定了基础。同时,动作不仅对婴儿认知有重要促进作用,而且对婴儿依恋、情绪、交往、社会性等发展也有重要影响。

(三)婴儿动作发展的训练

1. **手眼协调能力** 手眼协调是指人在视觉配合下手的精细动作的协调性。眼睛是心灵的窗户,婴儿通过视觉才能真实地了解周围的事物。手是认识事物的重要器官,通过触摸物品,可以感受物品的软硬、粗糙度、冷热等物理特性。只有手眼协调的活动才能真正有效地促进婴儿的全面发展。

每个婴儿手眼协调能力的发展进程不同,这与后天环境、父母施予的教育以及训练有着非常密切的关系。手眼协调能力的训练越早越好。父母应积极创造条件,充分训练婴儿抓、握、拍、打、敲、捏,挖、画的能力,使其心灵手巧。

(1)手眼协调发展进程:3~4个月婴儿开始学习看自己的手和辨认眼前目标。5~7个月的婴儿可用手捕捉想要的东西,双眼可以监控双手玩弄物品,但手眼协调能力依然比较差。9个月时婴儿能用眼睛去找寻从手中掉落的东西,喜欢用手拿着小棒去敲打物品,尤其喜欢敲打能发出声音的各类玩具;10~12个月的婴儿已经能够理解手中抓着的玩具与掉落在地上的玩具之间的因果关系,因此喜欢故意把抓在手中的玩具扔掉并且用眼睛看着、用

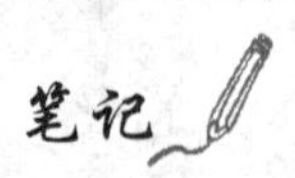

手指着扔掉的玩具，此时婴儿的手眼动作已基本协调，已能完成一些基本的操作技能。1 岁 5 个月时婴儿开始尝试拿笔在纸上涂画，翻看带画的图书。1 岁 5 个月到 2 岁的婴儿发展出更高级的手眼协调动作，比如能够独自把积木垒高，拿着笔在纸上画长线条，把水从一只杯子倒入另一只杯子等。3 岁时婴儿的小手已经非常灵活，手眼协调能力获得大幅度的发展。

（2）手眼协调训练方法：手眼协调能力标志着一个儿童发育的成熟度，平时注意培养训练，手眼动作就能较快协调。对于 1 岁内的婴儿，可以练习抓握、敲打等动作。1 岁后婴儿喜欢涂鸦，他们只是喜欢乱画，笔画和线条乱七八糟，手眼协调不够。涂鸦不仅发展了婴儿手的精细动作，又能通过画出的痕迹进一步激发婴儿的绘画兴趣。在涂鸦过程中婴儿发展了手眼协调性后，就可以提笔画画，这是训练幼儿手眼协调的基础项目。同时，家长应提供给婴儿一些操作性玩具，如积木、插板、拼图，也可用纸盒和冰糕棍自制撬棍玩具，让孩子反复练习。穿珠子、投掷东西、捏橡皮泥，也是很好的锻炼方法。另外，几乎每一个婴儿都喜欢自己拿勺吃饭，并试着往嘴里放，这是提高手眼协调能力的一个好项目。大一些的婴儿也可以使用剪刀和筷子，婴儿通过不断的练习，手眼协调就能快速发展起来了。

2. **身体运动能力** 婴儿出生后全身动作发展有一定的顺序，3～4 个月时能俯卧抬头和俯卧翻身，5～6 个月时能竖直独坐，8～9 个月时能爬会站，1 周岁左右能独立行走，2 岁前能达到能蹲会跑的程度，3 岁前就能跳、踢、投掷等。婴儿身体运动能力的发展，不仅扩大了视野，拓展了活动空间，使婴儿接触了更多的事物，而且也促进了婴儿感知觉和认知能力的发展，促进了大脑的发育。因此，要抓住婴儿身体动作发展的关键期，训练婴儿的运动能力，促进身心发展。

6～8 个月是婴儿学习爬行的关键期。婴儿从仰卧到直立行走的过程中，爬是关键的一步。爬行动作不仅对婴儿身体的全面活动、四肢的协调动作以及全身各关节的运动都起着重要作用，而且还活动了全身，锻炼了全身的骨骼、关节、肌肉和内脏各器官。此外，通过爬行，孩子开阔了视野，能接触到更多的外界环境，有利于其感知觉的发育。爬行也是目前国际公认的预防感觉统合失调的最佳手段，缺乏爬行被认为是感觉统合失调的原因之一。因此，在此阶段，家长要给婴儿的爬行提供充分的时间和空间，积极开展爬行训练。5～6 个月时，可在婴儿前方放一些他喜欢的玩具，使他尝试着去够取。10 个月后，就可以在地板上练习爬行了。

1 岁左右是婴儿独立行走的关键期。行走同爬行一样，一方面锻炼了全身的运动技能，另一方面也扩大了婴儿探索环境的范围，增加了婴儿认识事物的机会，发展了他们的认知能力和意志力。

在练习行走前，要给婴儿做被动体操，尤其要锻炼腿部肌肉力量，为行走做准备。婴儿能扶物站立后，就可以让他扶物慢慢行走，但是时间不宜过长，以几分钟为宜。行走稳定后，家长就可以领着婴儿的手行走，或在婴儿腰间围一条围巾家长拽着，让孩子练习独立走步。也可在婴儿的前方放一个他喜欢的玩具，训练他迈步向前够取，或让婴儿靠墙独立站稳后，父母后退几步，手中拿玩具，用语言鼓励婴儿朝父母方向走去，婴儿快走到父母身边时，父母再后退几步，直到婴儿走不稳时把婴儿抱住，夸奖他走得好并给他玩具。慢慢地婴儿就会走得越来越好。

在婴儿行走熟练后，家长可以依照此法训练婴儿的跑、跳、投掷等动作。

通过婴儿动作发展训练，可以促进婴儿动作的迅速发展，但我们还要注意必须让婴儿积极主动参与进来。有研究者将两只处于视觉发展关键期的小猫放入一个较大的圆形容器中，容器内壁画满垂直条纹，容器的中心放置了一根平衡木，平衡木的两边各有一个篮子，每个篮子放着一只小猫，其中一只篮子上有一些小孔，可以容纳小猫的四肢，另外一只篮子则没有，四肢穿过篮子的小猫开始游走，另外一只则只能随之打转，研究者们发现主动活

动，与环境发生交互作用的小猫对垂直条纹发展出了非常好的视觉，而被动小猫则根本无法看到条纹。由此可以推断，经验能够促使脑发育，但是个体主动参与到活动中来才更有效果。

专栏 4-1

动作发展的文化差异

跨文化研究告诉我们婴儿达到主要动作发展阶段的时间很大程度上受父母教养活动的影响。例如，肯尼亚的吉普斯吉人通常努力促进动作技能的发展。婴儿 8 个星期大时，父母会双手夹着婴儿的腋窝，推着婴儿向前让他们做行走练习。在出生后的头几个月内，婴儿被安放在一些浅洞里，这些浅洞的四壁可以支撑婴儿的后背，使他们保持一种向上的姿势。由于这些经验，吉普斯吉人的婴儿比西方国家的婴儿早坐（在无帮助情况下）大约 5 个星期以及早走（无帮助）大约 1 个月也就不足为奇了。

与之类似，荷兰心理学家霍普金森（Brian Hopkins）比较了英格兰白人婴儿和从牙买加移民到英格兰的黑人婴儿的动作发展。与其他几个有关黑人婴儿和白人婴儿的比较研究一样，黑人婴儿更早地表现出坐、爬和走等重要动作技能。这些发现是否反映出了黑人和白人的基因差异呢？可能并非如此，因为这可能是抚养方式导致的差异。只有当黑人婴儿的母亲按照传统的牙买加做法抚养婴儿，帮助婴儿练习其动作发展时，黑人婴儿才能更早地获得动作技能。这些做法包括按摩婴儿、伸展他们的四肢，经常抓在他们的胳膊轻轻地上下摇动。牙买加母亲希望婴儿的动作发展更早一些，努力去促进这些技能的发展，而且确实达到了目的。

美国心理学家齐拉泽（Philip Zelazo）和他的同事对北美婴儿的研究所得出的结果与这些跨文化研究结果非常一致。齐拉泽发现如果让 2～8 周大的婴儿经常处于站立姿势，并鼓励他们进行行走反射练习的话，这些婴儿的行走反射会增强（一般情况下出生后不久行走反射即告消失）。他们比控制组那些没有接受此类练习的婴儿更早学会走路。但是，为什么伸展婴儿的肢体或使其处于处于站立姿势会加速婴儿的动作发展呢？美国心理学家赛伦（Esther Thelen）认为，经常让婴儿处于站立姿势有助于锻炼他们颈部、躯干和腿部的肌肉，从而促进站立和行走这样的动作技能的早期发展。所以看起来成熟和经验对动作发展都很重要，成熟确实给婴儿最初获得坐、站立和行走能力的时间设立了一定的限制，但是经验（如直立的姿势）以及各种各样的练习可能会影响婴儿重要能力的成熟及转化成动作的时间。

第二节 婴儿认知的发展

对于婴儿认知的发展，人们普遍关注其感知觉、注意、记忆、思维等认知过程的发展。随着科学技术的发展，一些新的发展心理研究方法的运用，已使认知发展成为婴儿心理领域内材料最丰富、成果和争议最多的方面。本节内容先介绍研究婴儿认知发展的方法，再依次介绍婴儿的感觉、知觉、注意、记忆、思维的发展。

一、研究婴儿认知发展的方法

对于心理学研究来说，婴儿是较为特殊的对象，婴儿是典型不配合研究的例子。“他们可能既不明白，也不能清楚、可靠地回答研究者的问题。他们注意力不集中，能做的行为反应有限，且反应不稳定”。因此，对于以婴儿为研究对象的研究需要一些特殊的方法。下面介绍一些可用于研究婴儿认知发展的方法。

（一）视觉偏好法

视觉偏好法（visual preference method）是美国发展心理学家罗伯特•范兹（Robert Fantz）在研究婴儿视知觉的过程中想出的一个方法。通过给婴儿呈现两个（或更多）刺激物，观察他（她）更喜欢哪一个，从而获取婴儿知觉发展的相关信息的方法。

视觉偏好法是个很简单的测验程序，在这个程序里，研究者给婴儿同时呈现至少两种刺激，观察婴儿是否对其中的一个更感兴趣。20 世纪 60 年代早期，罗伯特•范兹首先用此方法来判断出生不久的婴儿能否分辨视觉图案（比如面孔、同心圈、白报纸和没有图案的盘子）。在此之后，视觉偏好法得到了广泛的运用。在视觉偏好法中，婴儿躺在一个观察箱里，实验者给婴儿同时呈现两个或更多刺激物。观察者在“观察箱”上方进行观察，并记录婴儿注视每个视觉图案的时间。如果婴儿看某一个图案的时间比其他图案长，就认为他更喜欢该图案。

视觉偏好法的优点在于它对婴儿来说容易反应并且应用广泛。但这个方法也有其局限性，如很难说明婴儿是如何分辨的。若婴儿表现出偏好，我们能知道他们能够分辨出刺激间的不同，但是未必能知道做出分辨所使用的信息是什么。解决的方法是通过实验设计将刺激设计成只有某一方面不同，若婴儿仍表现出偏好，那么可以推测他们是根据这一方面进行分辨的。另外一个方法是，通过眼动仪记录注视位置，从而判断婴儿是如何分辨刺激的。

（二）习惯化—去习惯化

习惯化与去习惯化是发展心理学家研究婴儿感知觉的方法。

习惯化是指婴儿对某种重复的刺激做出反应后，婴儿对该刺激反应会失去兴趣，视觉注意逐渐减少的现象。比如，当一个人进入一个陌生的房间，清晰地听到时钟响亮的滴答声，坐下来看一会儿书，就不再注意到滴答声了，这就是习惯化。但如果时钟突然停了，又会马上注意到这个变化。这种已经习惯化了的刺激如果改变则会重新引起有机体的注意，这种注意恢复的现象就叫做去习惯化。

去习惯化，是指对对某一刺激已经形成习惯化的婴儿，增加新的刺激引起婴儿新的注意的过程叫去习惯化。

如我们想知道婴儿能否分辨“pa”和“ba”音，可以先反复给婴儿呈现“pa”音直到它被习惯化，当下一个“pa”音应该正常出现时，用“ba”音取代，如果婴儿对“ba”音去习惯化，就表明婴儿能够分辨这个音之间的差别。与偏好法相比，习惯化范式有明显优点，适用范围更广。偏好法很难用于听觉刺激，因为很难通过同时呈现两个声音的方法来考察婴儿更喜欢哪个。另外，习惯化方式还可以用于大小恒常性的研究。

（三）条件反射

条件反射包括经典条件反射和操作性条件反射。经典条件反射由俄国生理学家巴甫洛夫（I.B. Pavlov）提出，是指一个刺激和另一个带有奖赏或惩罚的无条件刺激多次联结，可使个体学会在单独呈现该一刺激时，也能引发类似无条件反应的条件反应。操作性条件反射由美国心理学家斯金纳（B.F.Skinner）提出，是指如果一个操作发生后，接着给予一个强化刺激，那么其强度就增加，由此形成的条件反射就是操作性条件反射。

比如在学习语言过程中，当婴儿发出一个语音，父母及时给予表扬和鼓励，那么发出这个语音的几率就会增加，婴儿就越来越多的尝试这个发音，从而学会这个语音。这是操作性条件反射在婴儿语言学习中的应用。操作性条件反射还可以用于婴儿不良行为矫正。当婴儿无理哭闹时，若父母给予关注，那么这个哭闹行为就会受到强化，婴儿的哭闹行为就会越来越严重。相反，若父母对婴儿的不良行为如哭闹、吃手指等不予关注，注意不去强化，那么这些不良行为就会减少。

笔记

（四）视崖实验

视崖（visual cliff）由美国心理学家沃克（R.D.Walk）和吉布森（E.J.Gibsen）的研究发展而来，一种能够制造深度幻觉的平台式装置，是为了回答婴儿是否能够知觉深度。具体实验详见19页深度知觉部分。

（五）皮亚杰自然观察法

瑞士心理学家皮亚杰（Jean Piaget）对婴儿的研究是以他对他的女儿在其生命头两到三年生活的观察研究为基础的。皮亚杰的研究在儿童自然环境下进行，本质上没有使用特别的工具，而更偏爱灵活的探索、使用简单熟悉的材料和对个人原始记录进行分析。

皮亚杰婴儿研究的这些特点也许是由他的工作客观条件决定的，因为只有三个被试，无法使用标准的统计检验，居家观察对仪器使用也有限制，当时许多现代技术工具并没有发明出来。所以他的研究有着明显的缺点，样本小、没有随机性，数据间的一致性几乎没有检验。但是皮亚杰的研究给我们提供了一个典型的自然情境的例子，表明了一个有经验观察者的自然观察的价值，其研究结果在出版70年后依然影响着婴儿认知领域，足以说明它的生命力。

二、婴儿感觉的发展

感知觉是婴儿最先发展且发展速度最快的认知能力，在婴儿的认知活动中一直占主导地位。

（一）视觉

视觉是人类最重要的一种感觉，主要由光刺激作用于人眼所产生，在人类获得的外界信息中，80%来自视觉。大量研究已证实，视觉发生在胎儿中晚期，约4～5个月的胎儿已有了视觉反应的能力，因此新生儿已具备一定的视觉能力，只是还很不成熟。

1. **视敏度的发展**　视敏度是精确地辨别物体细节或远距离物体的能力，俗称“视力”。新生儿的晶状体不能变形，其视敏度很差。1962年美国发展心理学家范兹（Robert Fantz）等人研究表明新生儿视敏度为6/60～6/120，即能在6m处看见正常成人在60m或120m处的东西。所以要使新生儿看清楚物品，必须将物体放在距婴儿眼20cm左右的距离，相当于母亲抱婴儿时母亲脸和婴儿脸之间的距离。

到5～6个月时，即可达到6/6的水平，相当于对数视力表的5.0，是正常成人的水平。总之，视敏度在婴儿出生的头几个月发展非常迅速。

2. **视觉调节能力的发展**　由于新生儿的视觉高级神经中枢还没有完全形成，外周器官的结构还没有完全成熟，因此新生儿的视觉调节能力还较差。最初几周婴儿不能根据物体距离进行视觉调节，他看不同距离的物体都不很清楚。从第2个月开始，婴儿的视觉调节开始复杂化，能根据物体距离调节视力。到第4个月时已接近成人的视觉调节能力，晶状体已能随物体远近而相应变化。

3. **颜色视觉**　冯晓梅等人（1988）对北京友谊医院176名出生8分钟到13天之间的新生儿视觉辨别能力发展水平的研究发现，出生8分钟到13天的新生儿已能辨别灰圆和红圆。2～4个月婴儿的色觉已经发展得很好，对颜色区分的能力与成人相似。4个月婴儿的色觉与成人接近，甚至表现出对某种颜色的偏爱。2～3岁婴儿比较偏爱鲜艳的暖色，如红和黄，其偏爱程度依次为红、黄、绿、橙、蓝、白、黑和紫。

4. **立体觉**　立体觉是个体将物体在两眼中的视像合并成一个有立体感（深度）的完整形象的过程。婴儿在4～6个月内具有了立体觉。

（二）听觉

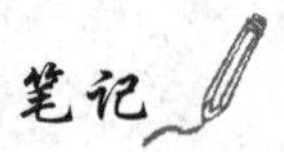

研究表明，胎儿的听觉感受器在6个月时就已基本发育成熟，听分析器的神经通路除

丘脑皮质外，均在9个月以前完成髓鞘化，因此胎儿已有听觉，可以听到透过母体的1000Hz以下的声音。

1. **听敏度** 听敏度即听觉器官对声音刺激的精细分辨能力，包括对声音频率、强度以及时值差别的鉴别等。1个月的婴儿能鉴别200～500Hz纯音的差异，5～8个月的婴儿能在1000～3000Hz范围内觉察出音频2%的变化（成人是1%），4000～8000Hz内的差别阈限与成人水平相同。

2. **音乐听力的发展** 新生儿对音乐刺激存在天生的偏好。婴儿喜欢听轻柔、旋律优美、节奏鲜明的乐曲。出生仅仅两天的听力正常的新生儿，对和谐的乐段比不和谐乐段有更为强烈的偏好。2～3个月能区分高音、3～4个月能区分音色，6个月听音乐时可出现强烈的身体运动，1岁5个月到2岁可随着音乐出现舞蹈动作。

婴儿对音乐的时间差异与音高差异的敏感性在许多方面甚至与成人接近。比如婴儿能觉察出音乐节拍的变化（从三拍子变化成为二拍子）。1岁以内的婴儿可以感知复杂的音乐节奏，但是如果没有持续暴露在这种复杂节奏的音乐中，这种能力在1岁前就可能丧失。

3. **听觉定位能力** 新生儿就会出现听觉定位能力，甚至有研究表明产房里的新生儿就已经表现出这种能力。然而在2～3个月这种反应会消失，直到4～5个月再次出现。一种看法是，新生儿的定位是一种皮质下的反射，而年龄稍大的婴儿的定位是一种皮质事件。随着年龄的增长婴儿的听觉定位变得越来越准确。

4. **语音听觉** 婴儿喜欢听人的语音，尤其喜欢听母亲的语音。有研究表明，即使出生3天的新生儿也表现出对人类声音的偏好，能够辨别不同说话者的声音，对母亲声音偏好。也有研究在1个月的婴儿中见到这种母亲语音偏好，但这种偏好只出现在母亲对婴儿使用“妈妈语”的时候。根据观察，11～12周时喜欢人声而不喜欢噪声；12～14周对母亲的声音比对陌生人的声音敏感；14～16周时常常听到母亲脚步声而停止哭叫；15～17周可以见到对噪声源有明显的拒绝。

研究者分析，婴儿对母亲声音的偏好，原因是早在胎儿期对母亲声音的接触，因此婴儿对母语的偏好大于另一种语言，对熟悉言语的偏好大于对陌生言语。这种偏好不仅有利于言语学习，也对母婴依恋的形成有重要作用。

5. **视听协调能力** 新生儿就有视听协调能力。美国心理学家斯佩尔克（Spelke）发明一种方法检测婴儿的这种能力（图4-4）。依次或同时呈现两个可视事件，其中一个事件的声音呈现在两个事件中间。然后观察婴儿的注视方向，发现3～4个月的婴儿能将声音与特定视觉景象联系起来。3～6个月的婴儿对于声、像刺激相吻合的物体注视的时间更长一些。

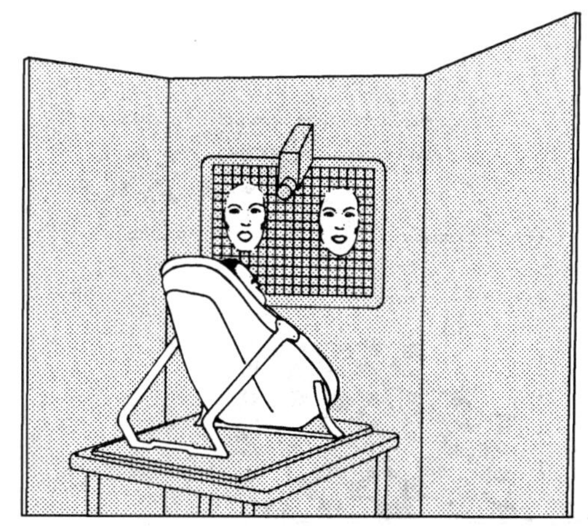

图4-4 用以研究婴儿的视听协调的实验
（两张面孔均在讲话，其中一个说话者的嘴唇运动与声音一致）

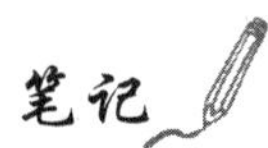
笔记

4～7 个月的婴儿对说话声音与面部口唇运动相符的人脸注视时间较长。甚至婴儿能够发现性别 - 声音对应和年龄 - 声音对应。当播放男性声音时，他们对男性面孔注视时间较长；当播放女性声音时，他们对女性面孔注视时间较长。当他们听到儿童声音时，对儿童面孔注视时间较长；当听到成人声音时，对成人面孔的注视时间较长。

（三）味觉、嗅觉、触觉

味觉感受器在胚胎 3 个月时开始发育，6 个月时形成，出生时已发育完好。新生儿能够区分甜、咸、酸、苦四种基本味觉，但偏爱甜味。面部表情可以反映他们对这几种味道的区分，如对甜味的反应是面部肌肉放松，酸味会使他们撅起嘴，苦味使他们张大嘴巴。男性新生儿对甜味和苦味较女性新生儿敏感。

嗅觉感受器在胎儿 7～8 个月时发展成熟，能区别几种气味。新生儿偏爱某些气味，并具有初步的嗅觉空间定位能力。新生儿可由嗅觉建立食物性条件反射，辨认母亲。

4～5 个月的胎儿已建立触觉反应，新生儿可表现手、足底、嘴的本能触觉反应（抓握反射、巴宾斯基反射和吸吮反射）。0～3 个月的婴儿有无意识的原始的够物行为，4～5 个月的婴儿获得了成熟的够物行为。

三、婴儿知觉的发展

知觉是客观事物直接作用于感觉器官而在头脑中产生的对事物整体的认识，它以感觉为基础。婴儿在感觉发展的基础上，知觉也在迅速发展。

（一）空间知觉

1. **方位知觉** 方位知觉是对物体所处方向的知觉。新生儿已经能够对来自左边的声音向左侧看或转头，对来自右边的声音则有向右侧转的表现，即新生儿已有听觉定位能力。婴儿还能够依靠视觉进行定位。因此，婴儿是以自身为中心，依靠视觉和听觉来定向的。

婴儿方位知觉的发展主要表现在对上下、前后、左右方位的辨别上。2～3 岁的儿童能辨别上下，4 岁儿童开始能辨别前后；5 岁开始能以自身为中心辨别左右，7 岁后才能以他人为中心辨别左右，以及两个物体之间的左右方位。

2. **深度知觉** 美国心理学家吉布森（Gibson）和沃克（Walk）发明了一种叫“视崖”的装置，用于探索婴儿深度知觉的发展。

“视觉悬崖”是一种测查婴儿深度知觉的有效装置。在平台上放一块厚玻璃板，平台在中间分为两半，一半的上面铺着红白相间的格子图形，视为“浅侧”；另一半的格子图形置于玻璃板下约 150cm 处，视为“深侧”。这样透过玻璃板看下去，深侧像一个悬崖（图 4-5）。

吉布森和沃克曾选取 36 名 6 个半月到 14 个月的儿童进行“视崖”实验。实验时，母亲轮流在两侧呼唤婴儿。

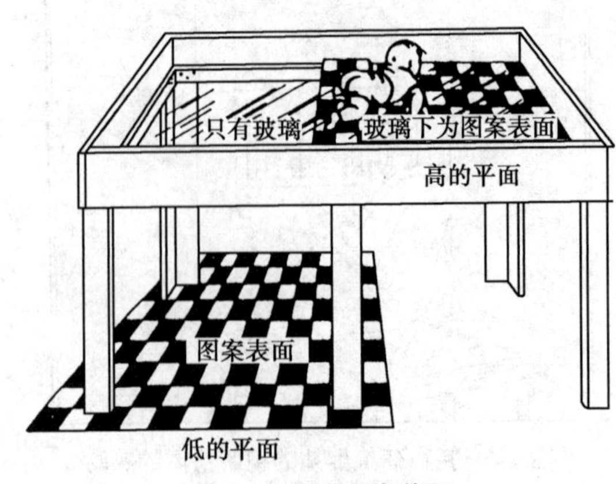

图 4-5 视觉悬崖装置

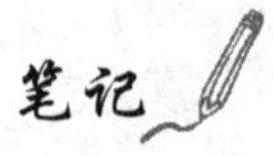

结果发现，6个半月到14个月的36名婴儿中，27人爬过浅滩，只有3人爬过悬崖。即使母亲在深侧呼喊，婴儿也不过去，或因为想过去又不能过去而哭喊。该实验说明婴儿已有深度知觉。

美国心理学家坎波斯（Campos）和兰格（Langer）选取了2～3个月的婴儿进行"视崖"实验。结果发现，当把幼小的婴儿放在深侧时，婴儿的心率会减慢，而放在浅侧则不会有此现象。这表明婴儿是把悬崖作为一种好奇的刺激来辨认。但如果把9个月的婴儿放在悬崖边，婴儿的心率会加快，这是因为经验已经使得他们产生了害怕的情绪。

视崖并不是唯一考察婴儿深度知觉的程序。其他测量方法还有婴儿对不同距离物体的趋近行为和对快速接近或者逼近物体的回避行为。

（二）物体知觉

美国发展心理学家罗伯特•范兹（Robert Fantz）设计了测查婴儿期视觉辨认的装置。这种装置是一个具有观察功能的小屋，让处于觉醒状态的婴儿平躺在屋中小床上，在婴儿可注视到的头顶上方呈现不同的刺激物，观察者通过小屋顶部的窥测孔，记录婴儿注视物体所用的时间。范兹给1～15周的婴儿呈现了人脸照片、牛眼图及画有不规则图案的圆盘，并记录在1分钟内婴儿对不同刺激所注视的时间。结果表明，3个月的婴儿就可以从其他图形中区分出母亲面孔的照片，并对其表现出偏好，5～7个月的婴儿可以在其他不同刺激中辨认出差别，8～9个月获得了形状恒常性。

4个月的婴儿有大小恒常性，6个月前的婴儿已能辨别大小。据研究，2岁5个月到3岁是孩子判别平面图形大小能力急剧发展的阶段。

（三）面孔知觉

面孔是一种特殊的视觉刺激，携带着大量的信息，如性别、种族、年龄、个体吸引力、社会地位和情绪状态等。人类通过面孔产生面部表情，通过面孔识别辨认对方的身份来实现人际沟通和交流。因此，面孔识别也是人类的一项基本认知能力。婴儿对人的面孔知觉能促进他们最早的社会关系发展。

婴儿从什么时候开始将面孔当作面孔，而不是其他物体刺激，我们不得而知。但婴儿很早表现出对面孔的兴趣。有研究表明，几周的新生儿可对面孔产生偏好，特别是对自己母亲的面孔的偏好。但让新生儿母亲用围巾遮挡他们的头发和前额，新生儿对自己母亲的面孔不再产生偏好。这表明，新生儿对母亲面孔的再认，不是基于面孔的细节，而主要是基于面孔总的特征和外围的轮廓，如发型轮廓和头型等。美国学者Maurer和Salapatek（1976）对6个1个月大的婴儿和6个2个月大的婴儿扫视人脸的特点进行的研究表明，1个月的婴儿扫视人的面孔，注视点更多地停留在前额、头发和下巴部分，而2个月的婴儿的注视点更多地停留在人的眼睛和嘴巴处，开始更仔细知觉人的面孔的内部特点。因此婴儿早期对母亲面孔的再认是粗浅的、有限的。

3个月的婴儿能区分不同的面孔，对一个面孔注视的时间长于对相应的非面孔刺激注视的时间，且对熟悉面孔（通常是母亲）注视时间长于不熟悉的面孔，表现出对人的面孔和熟悉的面孔的偏好。半岁后婴儿将自己的面孔知觉为熟悉的刺激，并能依据性别对面孔分类。

四、婴儿注意的发生发展

（一）婴儿注意的发生

新生儿就有注意，其实质是先天的定向反射。大的声音会使他暂停吸吮及手脚的动作，明亮的物体会引起视线的片刻停留。这种无条件定向反射是最原始的初级的注意，即定向性注意。

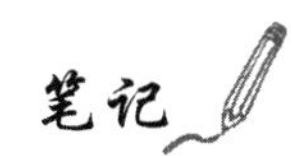

新生儿的注意也有选择性。所谓选择性注意是指儿童偏向于对一类刺激物注意得多，而在同样情况下对另一类刺激物注意得少的现象。这类研究主要集中在视觉方面，也称为视觉偏好。

范兹对新生儿视觉注意的选择性做了一系列的研究。在出生后 10 小时的新生儿面对的上方，呈现正常的人脸图片或乱七八糟的脸形图片，似乎新生儿生来就喜欢看人脸，特别是正常的人脸，而不喜欢怪脸。原因在于人脸有更多吸引和保持新生儿注意的特点，包括脸的轮廓、脸的多成分、多活动等。他们还发现，新生儿对比较规则而复杂的图形比对简单而单调的图形（如圆、三角形等）注视时间长些，这种对刺激物的偏爱，被认为新生儿有区分不同图形的感觉发生（图 4-6）。

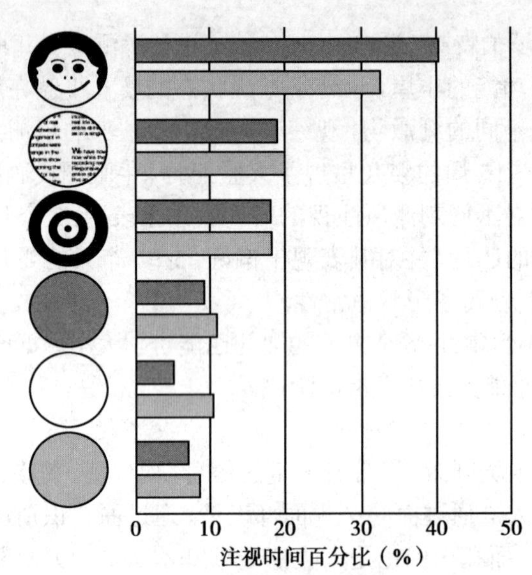

图 4-6　婴儿对形状和颜色的注视时间

（黑色——8～12 个月的婴儿，灰色——大于 12 个月的婴儿）

（二）婴儿注意的发展

1 岁前婴儿注意的发展，主要表现在注意选择性的发展上。婴儿选择性注意的发展主要表现在以下两个方面，一是选择性注意性质的变化。在儿童发展的过程中，注意的选择性最初取决于刺激物的物理特性，比如，刺激物的物理强度（声音的强度、颜色的明度等）、以后逐渐转变为主要取决于刺激物对儿童的意义，即满足儿童需要的程度。二是选择性注意对象的变化。一方面是选择性注意范围的扩大。有关婴儿对简单几何图形的注意研究结果表明，婴儿的注意发展，从注意局部轮廓到注意较全面的轮廓，从注意形体外周到注意形体的内部成分。另一方面是选择性注意对象的复杂化，即从更多注意简单事物发展到更多注意较复杂的事物。1 岁以后，言语的产生与发展使婴儿的注意又增加了一个非常重要而广阔的领域，使其注意活动进入了更高的层次，即第二信号系统。物体的第二信号系统特征开始制约、影响婴儿的注意活动，使婴儿的无意注意开始带有目的性的萌芽，有意注意逐渐产生了。

儿童有意注意的形成大致经过三个阶段。

第一阶段，儿童的注意由成人的言语指令引起和调节。几个月后，成人常常自觉或不自觉地用言语引导儿童的注意，如“宝宝，看！灯！”。一边说，一边用手指向灯。成人用言语给儿童提出注意的任务，使之具有外加的目的。这时儿童的注意就不再完全是无意的了，而开始具有有意性的色彩。

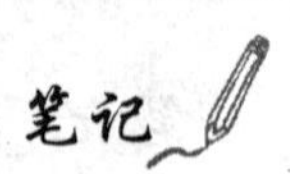

第二阶段，儿童通过自言自语控制和调节自己的行为。掌握言语之后，儿童常常一边做事，一边自言自语："我得先找一块三角形积木当屋顶""可别忘了画小猫的胡子"。在这种情况下，儿童已能自觉运用言语使注意集中在与当前任务有关的事物上。

第三阶段，运用内部言语指令控制、调节行为。随着内部言语的形成，儿童学会了自己确定行动目的、制订行动计划，使自己的注意主动集中在与活动任务有关的事物上，并能排除干扰，保持稳定的注意。这已经是高水平的有意注意。

可见，有意注意是在无意注意的基础上产生的，是人类社会交往的产物，是和儿童言语的发展分不开的。

五、婴儿记忆的发展

（一）婴儿记忆的发生

长期以来，研究者认为，记忆的发生应当在新生儿期。新近胎儿研究表明，胎儿末期（妊娠8个月左右）就有听觉记忆，出生后已有再认表现。

（二）婴儿记忆的发展

研究表明，新生儿末期已有长时记忆能力，3个月婴儿对操作性条件反射的记忆达4周。1岁后，言语的产生和发展使语词逻辑记忆能力的产生成为可能。符号表征、再现和模仿，尤其延迟模仿能力的出现，标志着婴儿表象记忆和再现能力的初步成熟。

习惯化和去习惯化技术是人们研究婴儿记忆能力的新方法（第一节）。给婴儿呈现一个刺激，监视婴儿对刺激的注视情况。如果将刺激不断重复呈现给婴儿，婴儿对刺激的注意力就会下降。注意力的下降表明婴儿已经对其习惯化了，即婴儿对多次呈现的同一刺激的反应强度逐渐减弱，乃至最后形成习惯而不再反应。习惯化表明婴儿能再认以前看过的刺激。一段时间后如果换一个新的不同刺激，就会重新激发婴儿对新刺激的注意，并能将注意力恢复到先前的水平，这就是去习惯化。去习惯化表明婴儿能对新旧刺激进行区分。习惯化与去习惯化合称为习惯化范式。在婴儿认知发展研究中应用广泛。

研究结果表明，3个月的婴儿能记住一个视觉刺激长达24小时，1岁时能保持数天，对某些有意义的刺激（如人脸照片）能保持数周。

六、婴儿思维的发展

（一）婴儿分类能力

在范兹视觉偏好实验设计的基础上，研究者设计了新的实验思路进行婴儿分类能力研究。研究思路是，先给婴儿呈现并让其实际接触几种不同的刺激物，隔一段时间后，再呈现与先前所呈现的刺激物在本质特点上相同，但在某些具体特征上有些区别的刺激观察婴儿的反应。如果婴儿对第二次所呈现的刺激物的反应与第一次的反应类似，说明婴儿不仅具有分辨刺激的能力，而且还具有简单的归类能力。

美国心理学家弗里德曼（Friedman）根据上述思路对6个月的婴儿进行了测查。第一次呈现的刺激物是绒毛熊、圆形小摇鼓和小塑料球；第二次呈现的是绒毛猫、方形小摇鼓和大塑料球。结果发现，在第一次对绒毛熊表现偏好的儿童，在第二次物体呈现后对绒毛猫也表现偏好，具体表现为注视的时间长、注视时有抓取的动作倾向以及在实际接触刺激物时的动作模式与第一次时的相同，对另外两种刺激物的反应情况一样。这表明婴儿能通过简单的知觉分类将一些东西归为已知类别，并对此做出恰当的反应。

（二）婴儿问题解决能力

问题解决是人类重要的高级认知能力，也是人类思维活动的最一般形式，它也有一个产生和发展的过程。

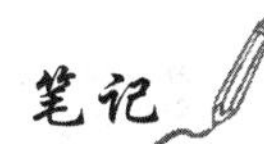

婴儿在与外界现实相互作用中，经常会遇到各种“问题”，因此他们从小就出现了要解决问题的努力。例如，4个月的婴儿怎样去抓握一个物体，8个月的婴儿如何把手里的东西从一只手倒到另一只手里，1岁的婴儿如何寻找眼睛看不到的玩具等。因此，我们可以把这个时期的问题解决行为看作是“手段-目的”思维操作。

按照皮亚杰最初的观点，在10个月以内，婴儿不存在真正的问题解决行为。后来皮亚杰本人及其他研究者证实，3个月的婴儿就已具备了比较明显的问题解决能力。12个月以前已能利用工具解决问题，并获得了“手段-目的”分析策略。

英国心理学家威拉茨（Willatts）和布伦纳（Bremner）对婴儿用支持物够物行为进行研究，结果表明，7～8个月儿童能根据不同情况的任务调整够物行为，9个月婴儿在用支持物够物时已很少犯“A、B”错误。而皮亚杰的研究表明，这一阶段的婴儿只要成功地在A处找到东西后，即使后来的东西被移到B处，他也仍坚持在A处寻找，全然不考虑B处。

七、婴儿认知发展的个别差异与促进

早期认知发展存在着个别差异，而婴儿的认知发展是遗传和环境相互作用的结果，因此遗传和环境中的任何因素都可以导致婴儿认知发展的个别差异。

（一）影响婴儿认知发展个别差异的社会环境因素

1. **社会文化环境的影响** 婴儿一生下来，就生活在一定的社会文化环境之中。正是通过与社会中成熟个体的相互交往活动，儿童才逐渐掌握了具有文化意义的思维方式。20世纪80年代国内的儿童认知发展跨文化研究结果表明，各民族儿童认知发展的顺序是共同的，但发展水平存在差异。差异的原因主要在于经济文化发展和学校教育质量的不同，而不在于民族本身。我国许多少数民族地区存在着传统的育儿方式：如沙袋育儿、篓筐育儿、百吊床育儿、蜡烛包育儿等方式，妨碍婴儿的身心发育。

2. **家庭环境的影响** 家庭环境是儿童早期最重要的社会生活环境。家庭环境的质量决定着婴儿的心理发展水平。为了促进早期认知发展，只是向儿童提供丰富的具有刺激性的物理环境，让儿童去独立地发现、探索是远远不够的；家中的父母或年长的哥哥姐姐要和婴儿一起玩、一起交往，才能更好地促进其发展。

（二）婴儿认知发展的促进

婴儿出生后就有比较完备的感觉器官，因而婴儿的感知觉出现得最早，发展最快。而人类的智能要发展，必须有足够的感知觉刺激。因此促进婴儿认知发展，要从训练感知觉开始。家长要给婴儿提供丰富多彩的刺激。例如对于视觉的发展，家长可以把色彩鲜艳的玩具挂在新生儿的床上，6个月后可以把婴儿带到户外，观赏行人、汽车、树木、花草等，进一步扩大视野。1岁左右就可以给婴儿指认颜色，学习识别颜色。对于听觉的发展，家长可以在新生儿的床边挂上小铃铛等声音柔和的玩具，弄出响声吸引他的注意，父母也要经常对婴儿说话，也可以带几个月的婴儿到户外聆听环境中的各种声音，对于2～3岁的婴儿听节拍、辨方向等小游戏也很适合训练婴儿的听觉。

第三节 婴儿言语的发展

婴儿为什么能在短短几年中，不经过正式的培训而基本上获得社会上通用的言语即母语？他们是怎样获得言语的？其内在机制是什么？这是当代心理语言学和发展心理语言学中最尖锐、最复杂的基本课题之一。目前语言学家和心理学家提出了几种言语获得的理论，争论的主要热点问题是语言是先天的还是后天习得的，是被动学习（强化和模仿）还是主动地创造的。

一、言语获得理论

（一）强化和模仿理论

这种理论强调后天学习在婴儿语言发展中的作用。以斯金纳的操作性条件反射为基础的强化说认为，婴儿言语的获得是通过操作性条件反射而形成的，而强化在这一过程中起着非常重要的作用。该理论特别强调选择性强化的作用，认为父母总是对孩子的发音活动进行鼓励和反应，以刺激孩子发出更多的音，同时父母又总是以更正确的语音进行强化，所以婴儿的咿呀学语也就朝着正确的语音、语义方向发展。

模仿说是以美国心理学家班杜拉（Albert Bandura）的社会学习理论为基础的。他们认为，婴儿主要通过观察和模仿作用学会说出正确的语音，其中大部分是在没有强化的条件下进行的。在生活中婴儿和父母进行相互模仿的游戏，他们中的一个发出一种声音，另一个则以同样的声音愉快地回答。在这样的游戏中，婴儿不仅仅练习了语音，也练习了相互谈话这种方式，还获得了语义。

其实，在日常生活中，成人是经常将模仿和强化结合起来帮助婴儿学习语言的。

强化说和模仿说的观点与我们的生活经验是一致的，周围的语言环境，特别是成人的强化对婴儿的语言学习发挥着重要作用。一些研究也表明，模仿不仅对语音和词义的学习有作用，对句法的获得也起到一定的作用，但研究者也发现，儿童时常会说出一些他们未曾学习过的词汇和句子，所以，模仿不是言语获得的唯一途径。

（二）转换生成理论

与以上强化说和模仿说的主张相反，美国语言学家乔姆斯基（Noam Chomsky）认为，言语是人类与生俱来的一种能力，他在《句法结构》一书提出了转换生成语法的主要思想，奠定了他在现代语言学中的划时代地位，促使心理语言学在20世纪50～60年代兴起。

乔姆斯基认为，在语言的多样性下面，存在着人类语言共同的基本形式，即语法结构，只要有适当的言语信息输入，婴儿就能够学会任何一种语言。而人类语言的语法规则是非常复杂的，婴儿的认知水平很低，成人不可能把这些规则直接教给婴儿，婴儿也不可能自己独立发现这些语法规则。婴儿先天具有一种普遍语法，言语获得过程是由普遍语法向个别语法转化的过程。这一转化是由先天的“语言获得装置（language acquisition device，LAD）”实现的。他认为儿童的大脑里有一种天生的“言语获得装置”。这个装置是一个天生的生物系统，储存着人类所有语言的共同语法规则。婴儿运用这种普遍语法，就很容易理解别人的言语，从而掌握这种语言。

乔姆斯基的理论有许多合理之处，有三个事实支持该理论：①所有健康的儿童获得本民族的语言无须专门训练；②没有任何动物可以获得与人类同等程度的语言；③大脑的某些区域显然有特殊的言语功能区。而且，该理论也得到了一些研究结果的支持。但“言语获得装置”只是一个假设，很难得到证实；并且他过分强调天赋性，低估了后天教育的作用；也忽略了语言的社会性，有唯心主义倾向。20世纪70年代美国“人工野孩”吉妮的个案研究公布后，乔姆斯基对其理论进行了补充，作为言语获得基础的这种先天机制后天必须及时地暴露于言语刺激下而被激活，否则就会失效。

（三）相互作用理论

以皮亚杰为代表的认知发展理论强调环境和主体的相互作用对言语发生和发展的重要影响。他们认为，儿童言语发展，既受遗传因素的影响，也受环境因素的影响。片面强调其中任何一类因素，都是不正确的。这一理论主张先天的言语能力和后天的语言环境的相互作用，使儿童获得了惊人的言语成就。皮亚杰认为，言语是儿童的一种符号功能，语言源于智力并随认知结构的发展而发展。

林崇德认为，应该动态地、发展地考察婴儿言语的发生过程。言语发生的过程，实质上是一个多种因素相互影响、相互作用的复杂的动态系统的活动过程。在系统发生的初期，即时性模仿和强化依随可能相对起着重要的作用；在系统发生的中、晚期，选择性模仿和婴儿自发的言语实践活动可能起主导作用。而人类所独有的符号表征能力、适宜的发音器官及其活动则是言语系统发生发展的前提条件。

二、婴儿言语发展的一般模式

婴儿的言语发展包括对言语信息的感知理解（听、读）和言语的表达（说、写）这两个主要的方面。吴天敏、许政援等人的研究表明，从出生到3岁，儿童言语发展可以大致划分为三个不同的阶段言语发展的准备时期（从出生到1周岁）、单词句时期（1岁至1岁半左右）和多词句时期（1岁半至3岁左右）。这大致代表了婴儿言语发展的一般模式。

（一）言语发展的准备时期

婴儿出生的头一年是言语发展的准备时期，主要是通过语音的发展为言语表达做好准备。

1. **新生儿期（0~1个月）** 这时婴儿已经能够对声音进行空间定位，儿童一出生就会由生理需要而发出喊叫声音，例如尿了、饿了就会哭闹，这一阶段也叫做反射性发声阶段。

2. **发音游戏期（2~4个月左右）** 这时婴儿已经开始能和成人进行“相互模仿”式的“发音游戏”，能够鉴别区分并模仿成人的语音，并能够辨别清浊辅音，获得了语音范畴性的知觉能力。婴儿最初所发的音大部分是单音节音，先出现元音，如A-A、E-E，后出现辅音，如K-K等。然后辅音和元音结合在一起，成为连续音节，如MA-MA、NA-NA、BA-BA等声音。他们开始用不同的声音表达不同的情绪，为言语的发生准备条件。这一阶段也叫做咿呀学语阶段。

3. **语音修正期（5~9个月左右）** 这时婴儿已经能够鉴别言语的节奏和语调特征，并开始根据其周围的语音环境改造、修正自己的语音体系。那些母语中没有的语音在这一阶段逐渐被丢失。5、6个月左右的婴儿能够发出的音节组合更多，如OU-MA、BA-WA等。这些音和成人语音很相似，可能发展成为婴儿说出的第一批词。7～8个月左右的婴儿开始能够听懂成人的一些话，并做出相应的动作反应，词的声音已经开始成为物体或动作的信号。例如，成人在孩子面前指着玩具狗反复地说“狗”“狗”，以后再向孩子问及“狗”呢？孩子会转头把目光投向玩具狗。但是，此时词音引起的反应并不是婴儿对词内容的反应，而是对词的音调的反应。就是说这时词的声音还不是言语信号或第二信号系统的信号，仍然属于第一信号系统的活动。只要音调相似，都能引起婴儿同样的反应，比如“灯灯”和“凳凳”都能引起孩子看灯泡的反应。这一阶段也叫开始理解言语的阶段。

4. **学话萌芽期（10~11个月）** 这时，婴儿逐渐过渡到对词的内容发生反应开始懂得词的意义。婴儿已经能够辨别母语中的各种因素，能把自己听到的语音转换为音素并认识这些语音所代表的意义。词开始成为第二信号，这使他们能够经常地系统模仿和学习新的语音，为言语的发生做好了准备，这也是婴儿同成人进行言语交际的开端，因此也叫做说话萌芽阶段。

5. **开始言语期（1岁左右）** 这时婴儿能够听懂的词大约是10～20个，而能够说出的词则更少，但是试图用言语表达自己的需要，因此把这个阶段叫做开始言语期。

（二）单词句时期

第二年的上半年，言语发展主要是对言语理解的发展，也叫做言语理解阶段。之所以称作单词句时期，是因为这个时期的儿童是以一个词代表一个句子的意思，在特定的情境中代表着儿童想要表达的意思。例如，孩子说到“糖”，可能是他想吃糖，也可能是想让妈妈吃糖，还有可能是想吃苹果（他叫不出苹果的名称，只好以糖来代替）。

婴儿在1周岁左右能说出第一批词，词汇量约50个。第一批词的出现是建立在皮亚杰的感知运动功能基础上的，这些词主要包括重要的人物（如妈妈、爸爸、爷爷、奶奶、姥姥、姥爷、阿姨、哥哥、姐姐、弟弟、妹妹等），熟悉的动作（如抱抱、走走、坐坐、吃饭、喝水、睡觉、打等），熟悉的行为后果（如痛、烫、冷、热、脏）等。

在言语获得的早期，一般认为名词获得比动词早而且数量多。美国学者Tardif等的研究证实，讲英语的儿童符合这个情况，而讲汉语的儿童获得动词等同于名词，且与之同时出现。

婴儿运用新词时有外延扩大或缩小的倾向。例如，“小狗狗”是特指自己家的宠物狗，这时外延的缩小，表明词的概括性很低。又如当说“马”的时候，不仅要把马当成马，而且还要把驴、牛当成马，这是外延的扩大，孩子概括的是各种不同类别的非本质特征。外延的扩大也反映出言语发展上的另外一种特点，即说出的语言和理解的语言的区别，理解在前，表达在后，婴儿理解的东西要比他能说出的东西多得多。

（三）多词句时期

1岁半至3岁左右是儿童积极的言语活动时期，儿童的词汇量迅速增长，3岁时，掌握的词汇量可以达到1000个，这些词汇中除了名词和动词外，还包括形容词、副词、代词等其他种类的词汇。据国外有关研究，第二年上半年儿童的词汇量增加速度十分缓慢，每个月增加13个词。而在下半年即18～24个月期间，词汇增长速度很快，随着记忆、分类、表征能力的改善，词汇增加出现快速期，许多儿童每周增加10～20个新词。因此，儿童的言语活动空前地活跃，当儿童掌握的词汇达到200个左右的时候，他们开始能说出不完整的双词句。

根据吴天敏和许政援的研究，可以把这个时期划分为两个小的阶段，即简单句阶段（1岁半左右至2岁），这是掌握最初步的言语阶段，复合句开始发展阶段（2～3岁），这是掌握最基本的言语阶段。

1. **简单句阶段**　在简单句阶段，婴儿经常会说出一些不完整的双词句或对词句，因为句子不够完整，因此被比喻为“电报句”。如“爸爸坏”（爸爸的眼镜坏了），“妈妈汽车”（妈妈看爸爸的汽车来了），“宝宝打”（宝宝犯错误了该打）等。因此，要想对孩子说出句子的确切含义做出判断，还要结合孩子说话的情境。研究表明，婴儿说出的双词语包括动词加名词、形容词加名词、名词加名词三种结构，其中动词加名词的结构最多。

电报句表达的意义范围很广泛，研究人员从说各种不同语言（英语、德语、俄语、芬兰语、土耳其语等）的儿童中收集的电报句的样本表明，虽然不同民族的儿童运用的语种不同，但在简单的双词句中，所表达的各种意义却惊人地一致。

简单句阶段，儿童在说电报句子同时，也开始说出结构完整但无修饰语的简单句，包括主谓句、谓宾句和主谓宾句。2岁左右的儿童其话语中完整的句子已经占了一半以上，而以上三种句子的数量相差不大。

2. **复合句子发展的开始阶段**　复合句是指由两个以上的单句组合而成的句子。但儿童的复合句可以在简单句尚不完善时就能出现，复合句出现后，同简单句并行发展，发展的水平存在较大的个体差异。

三、言语获得的个别差异与促进

（一）言语获得的个别差异

儿童言语的获得是遗传和环境因素共同作用的结果，其发展存在着个别差异。

1. **性别差异**　从婴儿期到青春前期，女孩的言语发展一直优于男孩，早期词汇发展女孩稍强于男孩，女孩说话要比男孩早1个月，且学词快、词汇多，达到发音完全清晰的年龄

笔记

比男孩早，开始灵活运用句子的年龄、会使用较长较复杂句子的年龄也比男孩早。有研究表明，湖南省 4～16 岁儿童口吃患病率，男性为 1.37%，女性为 0.35%。男孩中患有口吃的人数要比女性多。

2. **早晚差异** 有些儿童言语发育较早，言语技能较好，有些儿童则相反。当发现儿童比同龄孩子言语发育慢，而智力及其他方面均发育正常，这就属于个体差异。只要及时加强言语训练，随着年龄增长儿童逐渐会获得言语能力，如果是疾病引起，应在医生指导下进行治疗。

3. **风格差异** 婴儿的言语发展表现出不同的言语风格。一种为“指称风格”，即婴儿说出的词主要是物品的名称。这是由于婴儿对这些物品非常感兴趣，想探究这些物体，家长就告诉他们这些物品的名称，因而婴儿就认为言语的用途就是指称各种物品。另一种言语风格为“表现风格”，婴儿用言语表达自己或别人的需要或感受，说一些表达愿望和情绪的词，如“我要”“我喜欢”等。言语兼有指称和表达需要这两种功能，随着年龄的增长、儿童将认识到言语的两种功能。

（二）言语获得的促进

婴儿言语的获得是一个不断发展完善的过程，虽然婴儿与生俱来拥有获得言语的惊人能力和生物学准备，但言语的发展离不开环境的支持。因此促进婴儿言语的发展，就要提供充分的语言环境，利用一切机会与婴儿进行言语交流。

1. 抚养者在照料婴儿时，通常会用言语把行动内容表述出来，即边做边说，使婴儿易于将语言与具体行为联系起来。

2. 在婴儿咿呀学语时，抚养者也要对其做出回应，这样可以鼓励婴儿的发音练习，同时，这种回应也为婴儿提供了言语交流和相互对话的经验。

3. 在 1 岁前婴儿经常通过动作来表达自己的愿望，如婴儿想吃苹果，就用手一指或看一下苹果。若抚养者立即把苹果送到婴儿手上，婴儿就失去了用语言表达的练习机会。因此，抚养者可以鼓励婴儿说“苹果”，或等婴儿说出“苹果”一词后，再把苹果递给他。

4. 抚养者要和婴儿经常参加“共同注意”活动，并告诉婴儿当时注意的事物的名称。有研究表明，经常参加“共同注意”活动的婴儿，词汇掌握得较多，说话较早。

生活中，由于各种原因如抚养者缺乏科学育儿知识，不注重言语交流，或抚养者个性内向，很少与婴儿进行言语交流，都会使婴儿失去语言学习的机会。

第四节　婴儿感情的发展

情绪和情感是个体对客观事物的态度体验和相应的行为反应，统称为感情。婴儿感情发展就是婴儿情绪和情感的发展

一、婴儿基本情绪的发展

新生儿有初步分化的情绪反应，与婴儿的生理需要是否满足有直接关系。美国心理学家伊扎德（C.E.Iizard）认为新生儿有 5 种情绪反应，即惊奇、伤心、厌恶、初步的微笑和兴趣。孟昭兰指出，新生儿有四种表情，即兴趣、痛苦、厌恶和微笑。

（一）快乐

婴儿的笑是快乐的表现，其发展有一个过程。其发展可分为以下几个阶段：

阶段 1：自发性的笑

新生儿常有自发性的笑，常常在没有任何外部刺激的情况下发生，这是内源性的笑。在轻拍或抚摸婴儿时，他会露出愉快的笑容，这是诱发性的笑。把婴儿双手对拍、给婴儿看

东西等，也能引起婴儿微笑，这是反射性的笑。

阶段 2：无选择的社会性微笑

婴儿在 5～6 周时表现出对人有特别的兴趣和微笑，成人的面孔容易引起婴儿自发的社会性微笑。一直到 3 岁半左右，婴儿对人的社会性微笑是不分化的，即对所有人的笑都是一样的。

阶段 3：有选择的社会性微笑

从 4 个月后，婴儿出现有差别的、有选择性的社会性微笑。对母亲、家庭成员和陌生人的笑是有区别的。这时婴儿表现出“认生”，陌生人出现时婴儿会产生警惕性的注意，紧张不安，甚至会躲避陌生人，即“陌生人焦虑”，也会出现对抚养者的依恋。当抚养者要离开时，婴儿会表现出“分离焦虑”，如哭泣。

（二）恐惧

恐惧是一种消极情绪。对于危险事物的恐惧，是一种适应性的保护自己的本能反应、对婴儿的生存是有益的。恐惧情绪的发展经历以下 4 个阶段：

阶段 1：本能的恐惧

这是一种生来就有的反射。最初的恐惧是由听觉刺激或触觉刺激引发的，如大的声响、突然的身体位置或姿态的变化、疼痛等。

阶段 2：与知觉和经验相联系的恐惧

大约从 3～4 个月起，曾引起不愉快经验的刺激，会激发婴儿的恐惧情绪。这时恐惧情绪多是视觉刺激引发的。行为主义创始人华生以 9 个月大的男孩阿尔伯特为被试，通过条件反射机制形成了对白鼠的恐惧情绪，就充分说明了生活经验在情绪形成中的重要作用。

阶段 3：惧怕陌生人

大约从 6 个月起，婴儿出现“认生”现象，也称之为“陌生人焦虑”。一般到 1 周岁时会消失，也有婴儿会持续到 2～3 岁。婴儿见到陌生人会哭泣或回避，立刻寻找或抱紧妈妈。

阶段 4：预测性恐惧

2 岁左右，婴儿的恐惧较多地表现为由想象或预想引起的恐惧，如怕黑暗、怕狼外婆、怕独自一人等都属于预测性恐惧。一般来说，这些恐惧在 4 岁时达到高峰，一直到 6 岁左右，才开始逐渐下降。

（三）哭

哭是婴儿情绪表达的基本方式，新生儿就是以其第一声啼哭宣告他来到了这个世界。婴儿的哭是痛苦的表现，其发展有一个过程，可以分为以下几个阶段：

阶段 1：生理性的哭

由机体内外不适宜刺激引起，如饥饿、疼痛、机体不适等，婴儿就会啼哭。这种哭常常伴有号叫、闭眼、蹬腿等动作，常发生在早期，并随着年龄增长逐渐减少。

阶段 2：心理性的哭

由恐惧、害怕、突然受到惊吓等心理刺激引起，这种啼哭一般发生在 2～3 个月之后，带有明显的面部表情，并且很容易通过条件发射而泛化。

阶段 3：社会性的哭

6 个月以后，如果婴儿长时间得不到成人的陪伴，会用哭声来呼唤成人。同时，婴儿也逐渐学会把哭作为手段，运用哭声吸引成人注意，从而满足自己的需要。这是主动的、操作性的哭。

（四）婴儿情绪的社会化

婴儿情绪有一个从生理性向社会性发展的过程，这就是婴儿情绪的社会化。从以上对婴儿的笑、恐惧、哭的描述，我们可以看出随着年龄增长，婴儿情绪的发展趋势，一是引起的

原因从一开始完全由本能的、生理性的，由机体内外刺激所引起，到逐步增加社会性因素，如大人的安抚或离开而引发；二是反应类型由应答型、反射性，到逐步出现主动性、操作性，婴儿应答性的情绪反应是先天性的，而操作性情绪反应是在后天经验中学会的，是社会性的。

二、对他人情绪的识别和理解

情绪和情感发生时，总伴随着某种外部表现，包括面部体态、手势及言语的变化，统称为表情。表情一般分为3种，即面部表情、语调表情和姿态表情，其中，面部表情是种十分重要的非语言交往手段。通过识别他人的表情，个体能了解他人的情绪，并调整自己的行为。众多研究表明，不同文化背景中，人们对表情的再认具有惊人的一致性。

婴儿识别和理解他人表情的能力是逐步发展的，一般分为4个阶段：

阶段1：不完整的面部知觉（0～2个月）

刚出生的新生儿看到的事物是非常模糊的，对人的面孔的知觉也是如此，其视线停留在面部的边缘（如发际、下颌），而对面部的中心部位注视不够，对集中展示情绪的眼睛和口唇注视不够。

阶段2：无评价的面部知觉（2～5个月）

随着视觉系统的成熟，婴儿逐渐具备了辨认面孔的能力，他们会对熟悉的人笑得较多，对陌生人笑得少，甚至躲避哭泣。大约在3个月的时候，婴儿能够分辨成人的不同表情，且能面对面地模仿成人的各种表情，能对成人的面部表情做出回应。但这时的婴儿对成人的面部表情的回应一律是愉快的情绪反应，不论成人的面部表情是高兴还是忧伤。可见，婴儿只是对成人的面部特征做出反应，还不能对成人的面部表情的情绪信息进行加工。

阶段3：对表情意义的情绪反应（5～7个月）

6个月的婴儿能知觉面部表情的细微变化，能通过面部表情更精细识别他人的情绪。他们能将积极表情（如快乐、惊奇等）和消极表情（悲伤、害怕等）区分开，从而做出不同的反应。对不同人或不同情境中的表情有一致性的理解。

阶段4：在因果关系参照中应用表情信号（7～10个月）

这时的婴儿已经学会识别他人的表情并影响自身行为。如8个月的婴儿面对母亲的微笑表现出相应的微笑，对母亲的悲伤表情表现出呆视或哭泣，对母亲的漠无表情表现出犹豫等。遇到陌生人的时候，婴儿会看妈妈的表情，如果妈妈此时面带微笑、点头并露出赞许的目光，婴儿就会放下心来，自在地玩耍。

婴儿识别高兴表情的能力先于识别愤怒表情的能力，与儿童的积极情绪发展先于消极情绪发展相一致。

三、婴儿的情绪调节

（一）婴儿情绪的自我调节

情绪自我调节是指利用一定的策略调整自身情绪状态，从而达到个体所追求的目标。成人经常用分心策略来缓解消极情绪。

情绪调节的发展是从依赖他人帮助的外部调节逐渐转化为内部的自我调节的过程。新生儿根本不能做到情绪的自我调节，当他感觉不舒服的时候，他就会大声哭闹，直到成人满足他的需要或安抚他为止。当婴儿会爬或行走时，就会主动远离这些不愉快的刺激，来调节自己的情绪。婴儿1岁后，随着言语能力的发展，成人开始用语言表达对婴儿的要求，如要求打针婴儿不哭。在这种要求下，婴儿可以逐渐学会控制自己的情绪、婴儿也学会用言语表达自己的情绪，引导成人帮助他们调节情绪。如他们会在害怕时说"我怕，我怕"，成人就会用搂抱、抚摸安慰他。到2岁左右，婴儿开始通过与同伴说话、玩玩具等方式有意地调

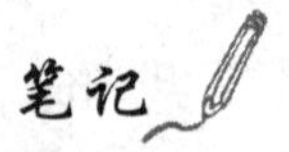

节自己的情绪，当看到电视上令人害怕的场景，他们会用捂住双眼来避免消极情绪的唤起，从而调节自己的情绪。

（二）成人对婴儿情绪的调节

乐观豁达的父母是婴儿学会控制愤怒情绪的最好榜样。当婴儿夸大情绪时，成人沉着、冷静、理性的态度能够帮助婴儿学会抑制自己的愤怒情绪。成人也可以通过和婴儿一起看儿童图画书或游戏等形式，帮助婴儿学习情绪表达的社会规则。例如：通过在儿童故事中为人物添加“快乐的脸”与“生气的脸”来了解为什么婴儿会不开心，为什么妈妈爸爸会生气，为什么妈妈爸爸和婴儿会一起开心。

2 岁以后的婴儿已能从关注自己的情绪拓展到关心他人的情绪。例如，婴儿在看见家人不愉快的时候，试图去安慰他。又如，看见大人不开心，就乖乖地去一边自己玩玩具，不再为大人添乱。这时成人更加需要以相对平等的方式来理解婴儿的忧伤与愤怒。例如：婴儿和小伙伴因为争抢玩具生气了，成人可以通过和婴儿谈话，请他说出感受，或者与他一起快乐游戏等帮助他调节情绪。

第五节　婴儿人格与社会性发展

一、婴儿的自我意识

（一）自我意识的发生

所谓自我意识是人对自己以及自己与客观世界关系的一种意识，它在个体社会性发展中处于中心地位。

婴儿出生后在生活中获得了各种感觉经验，如冷热、饥饱等，他们不能把自己作为一个主体同周围的客体区别开来，甚至不知道手、脚是自己身体的一部分，因而我们可以看到7～8 个月的婴儿咬自己的手指、脚趾，有时会自己把自己咬痛而哭叫起来。逐渐地，婴儿知道了手、脚等是自己身体的一部分。这些感觉经验逐渐使婴儿获得了身体的自我感觉。这就是自我意识的最初级形式或准备阶段。

（二）自我意识的发展

自我意识的发展是以儿童动作的发展为前提。当婴儿作用于客观事物时，他会注意到他的不同动作可以产生不同的结果。因而，1 岁左右的儿童开始把自己的动作和动作的对象区分开来，开始知道自己和物体的关系，把自己和客体区分开来，认识自己的存在和自己的力量，产生自信心。如我们常见到 1 岁左右的孩子不小心将手里的玩具弄掉，成人马上捡起递给他，之后他会有意地把玩具反复扔到地上，看见成人去捡时，他会非常高兴，似乎从中获得了极大的乐趣。

美国心理学家盖洛普（Gordon Gallup）在研究黑猩猩的自我意识时，发明了一个“点红实验”。在黑猩猩被麻醉后用唇膏在它的眉毛和耳朵上做了记号，当黑猩猩醒来后，偶尔向镜子里看了一眼，就用手去摸自己变了颜色的眉毛和耳朵。这显然说明黑猩猩明白镜子里的那个家伙就是自己。美国心理学家阿姆斯特丹（BeulahAmsterdam）巧妙地借用了盖洛普的“点红”方法研究婴儿的自我意识。研究对象为 88 名 3～24 个月婴儿，在婴儿毫无察觉的情况下在其鼻尖上点红点，然后置之于镜子前，结果表明，13～24 个月的婴儿开始对镜像表现出一种小心翼翼的行为，20～24 个月的婴儿显示出比较稳定的对自我特征的认识，他们对着镜子触摸自己的鼻子，观看自己的身体，这表明他们已经知道镜子里的小孩是谁了；阿姆斯特丹认为自我意识的真正出现与儿童语言的发展相联系，儿童开始了用语言称呼自己身体的各部分，然后会像其他人那样叫自己的名字。这时儿童只是把名字理解为自己的符

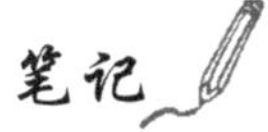

号，遇到别人也叫相同的名字时就会感到困惑，儿童在2～3岁的时候，学会代名词“我”，标志着儿童自我意识的萌芽。

二、婴儿的气质

气质是婴儿出生后最早表现出来的稳定的个人特征，是个性形成的基础。婴儿气质对了解和预测婴儿的个性和社会相互作用系统有重要意义。

（一）婴儿气质类型

最著名的婴儿气质类型是美国儿童精神病医生托马斯（Alexander Thomas）和切斯（Stella Chess）的分类。他们将婴儿气质类型划分为三种，即容易型、困难型和缓慢型。

1. **容易型** 这类婴儿约占40%。他们吃、喝、睡等生理功能有规律，容易适应新环境，也容易接受新事物和不熟悉的人。他们情绪一般积极愉快、爱玩，对成人的交往行为反应积极，容易受到成人最大的关怀和喜爱。

2. **困难型** 这类婴儿约占10%。他们在饮食、睡眠等生理功能活动方面缺乏规律性，对新食物、新事物、新环境接受很慢。时常大声哭闹，烦躁易怒，爱发脾气，不易安抚。他们的情绪总是不好，在游戏中也不愉快，在养育过程中容易使亲子关系疏远。

3. **缓慢型** 这类婴儿约占15%。他们活动水平很低，行为反应强度很弱，常常安静地退缩。情绪低落，不愉快，逃避新事物、新刺激，对外界环境和事物的变化适应较慢。但在没有压力的情况下，他们也会对新刺激缓慢地发生兴趣，在新情境中逐渐地活跃起来，随着年龄的增长，随成人抚育和教育情况不同而发生分化。

以上三种类型只涵盖了约65%的儿童，另有35%的婴儿不能简单地划归到上述任何一种气质类型中去，他们往往具有上述两种或三种气质类型的混合特点，属于上述类型中的中间型或过渡（交叉）型。

（二）婴儿气质的稳定性与可变性

气质最主要的特征是稳定性，但其稳定性是相对的，气质也不是一成不变的。

1. **气质的稳定性** 在一项著名的纽约追踪研究中，托马斯采用家长问卷法从1956年开始对141名婴儿进行追踪研究：研究中定期收集家长对儿童的行为描述，结果表明气质是相当稳定的。婴儿期属于困难型的儿童，长大后表现出较多的行为问题，缓慢型的儿童其退缩行为有所加强。

由于众多研究主要采用问卷法、访谈法进行的，容易混淆婴儿行为的稳定性和家长评价的稳定性。因而近些年来人们开始对婴儿气质进行家庭观察。美国心理学家帕特森（Gerald R. Patterson）等对12～30个月的婴儿进行家庭观察，得出的婴儿气质稳定性较低。由于这些研究只是记录了婴儿个别行为，人们也对其可靠性提出了质疑。于是研究者开始在控制较好的情景下进行观察并加以实验测量。如科纳（Anneliese F. Korner）采用几种客观方法观察、测量和评估新生儿的活动性和哭的个体差异，还是发现了日益增长的稳定性。

2. **气质的可变性** 气质虽然是比较稳定的个性心理特征，在后天生活环境和教育的影响下，婴儿气质在一定程度上是可以改变的，美国心理学家卡根（Jerome Kagan）对100名婴儿的气质进行长达4年的追踪，结果发现，20个月时是非抑制型气质的婴儿，在4年里很少发生变化。而抑制型婴儿中有一半减少了抑制性。也有研究发现，出生时比较急躁的婴儿，在第2、第3年里比不急躁的婴儿更易变为抑制型婴儿。

其实，人们之所以认为气质是稳定的，是人们假设气质的生物学基础是稳定不变的，可是，婴儿的神经系统也处在发展变化中，具有较强的可塑性，也可能改变气质的特点，更重要的是，环境因素对婴儿气质的变化有持续的影响。例如气质的性别差异，很可能是父母对孩子的不同性别角色期望造成的，或加强了原有的差异。

（三）婴儿气质对早期教养和发展的影响

婴儿气质对早期教养的影响体现在不同气质类型婴儿对早期教养的适应性和要求不同，一般来讲，容易型婴儿对各种各样的教养方式都容易适应，因此这类婴儿容易抚养。困难型婴儿的早期教养和亲子关系一开始就面临着问题，父母必须要处理许多棘手的问题，如怎样适应婴儿生活不规律、适应慢的特点，怎样对待婴儿的烦躁、哭闹等。如果父母的教养方式不能适应婴儿的气质特点，就会导致婴儿更加烦躁、抵触。因此，家长要全面考虑婴儿气质特点，采取适合婴儿气质特点和有针对性的措施，使婴儿健康成长。对缓慢型气质的婴儿，关键在于允许他们按照自己的速度和特点适应环境，如果给他们很大的压力，他们就会表现出回避倾向。事实上，这类儿童应多寻找机会去尝试新事物，适应新环境，逐渐获得良好的适应性。

因此，父母应接受婴儿与生俱来的气质特征，采取适合于儿童特点的教养方式，才能帮助儿童健康成长。

三、婴儿的依恋

（一）依恋的概念

依恋（attachment）是指婴儿与抚养者之间所建立的、持久的情绪联结，婴儿和照看者之间相互影响并渴望彼此接近，表现出依附、身体接触、追随等行为。它主要体现在母 - 婴之间，是婴儿情感社会化的重要标志。

许多心理学家认为，依恋行为是有生物学根源的，它同吃饭一样也是儿童生存的基本需要，最有力支持这了观点的依据是20世纪50年代美国心理学家哈罗（Harry Harlow），等的恒河猴实验。

他为小猴设计了两个假的“母亲”，一个是用金属丝做的，用画有两只眼睛的木块做头，但能提供食物（乳汁）；一个是用柔软的布做的，并有比较精致的面部特征，但不能提供食物。实验中发现，小猴平时待在绒布母亲身边，只有吃奶才到木头母亲身边，害怕时又会回到绒布母亲身边。如果强迫小猴做出选择，它们宁愿同一个温暖的、柔软的、毛巾质料的“母亲”接触，尽管这个“母亲”不能提供食物，而不喜欢同一个冰冷的、硬的、金属质料的“母亲”接触，虽然这个“母亲”能提供食物。哈罗也发现，被剥夺了肉体接触的婴猴，虽然其他方面给予很好的照看，但它们极端胆小和畏缩，无能力和同伴建立良好的社会关系，生病和死亡率也较高（图4-7）。

图4-7　猴子的依恋实验

这个研究也表明，除了哺育行为外，还有某种东西（很可能是身体接触）在母婴依恋中起着重要作用。

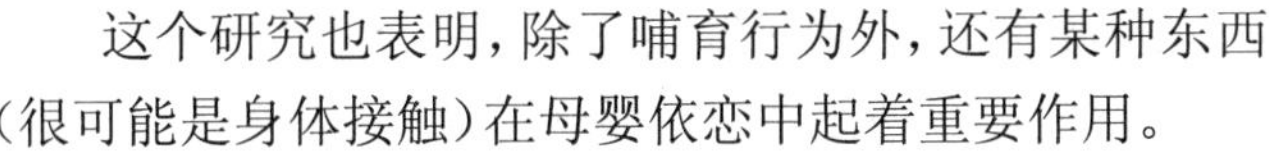

（二）依恋发展阶段

英国精神分析学家鲍尔贝（John Bowlby）认为，像其他动物一样，人类拥有一个基本的需要，即与生活当中的其他人形成依恋，只有获得这种依恋，人类才能够建立起良好的与人交往的技巧。根据鲍尔贝的观点，依恋的能力的形成受到早期与重要他人经验的影响。例如，如果儿童的母亲不在或者是没有形成一种安全的联结，那么儿童长大后将缺乏责任感和形成稳定亲密关系的一种普通能力。相反，在童年时期，如果母亲或其他家庭成员为儿童提供了鲍尔贝所说的一个可靠而安全的环境，那么，儿童后来将有可能拥有亲密的人际关系。

笔记

鲍尔贝根据自己的研究，提出了依恋形成和发展的阶段模式。

阶段1：前依恋期（出生至2个月）

婴儿似乎有一种有助于依恋发展的内在行为。新生儿用哭声唤起别人的注意，似乎他们懂得，成人绝不会对他们的哭置之不理，而必须同他们进行接触。随后，他们用微笑、注视和咿呀语同成人进行交流，使成人与婴儿的关系更亲近，这时的婴儿对于前去安慰他的成人没有选择，所以此阶段又叫无区别的依恋阶段。

阶段2：依恋建立期（2个月至6～8个月）

婴儿能对熟人和陌生人做出不同的反应，能从周围的人中区分出最亲近的人，对熟悉的人有特殊友好的关系，并特别愿意与之接近，这时的婴儿一般仍然能够接受陌生人的注意和关照，同时也能忍耐同父母的暂时分离。这表明依恋尚在形成中。

阶段3：依恋关系明确期（6～8个月至18个月）

婴儿对于熟人的偏爱变得更强烈，并出现“分离焦虑”——离开照看者时感到不安和“陌生焦虑”——对陌生人的谨慎与回避。由于婴儿运动能力的发展，他们可以去主动接近人和主动探索环境，同时他们把母亲或看护人作为一个“安全基地”，从此出发，去探索周围世界，当有安全需要时，又返回看护人身边，然后再进一步去探索。

阶段4：目的协调的伙伴关系（18个月以上）

由于言语和表征能力的发展，此时的婴儿能较好地理解父母的愿望、情感和观点等，同时能调节自己的行为。例如，他现在能够忍耐父母迟迟不给予注意，还能够忍耐同父母的短期分离，他相信父母将会返回。

通过与母亲建立依恋关系，婴儿认识到母亲是最值得信赖的，母亲在与不在都是安全的，长大后，儿童对人与人之间的关系产生一种安全感，有助于儿童建立各种亲密的人际关系。

（三）依恋类型

最广泛使用的评价依恋类型的方法为“陌生情境（strange situation）”技术，它是由美国心理学家艾恩斯沃斯（Mary D. Salter Ainsworth）首次提出的。陌生情景法是一种在有控制的实验室情境中测量婴儿依恋行为的技术，它通过在实验室设置一种陌生情景，观察儿童在此情境中的反应，从而判断儿童依恋现状及其特点。这一技术的研究思路是，具有安全型依恋的婴儿能利用其母亲作为安全基地，从这一基地出发探索一个不熟悉的游戏场地，当母亲离开时，婴儿应表现出分离焦虑，陌生人的安慰行为不能很好地降低焦虑。

该实验中有3人参与，即母亲、婴儿、陌生人。实验用的房间对于母亲与婴儿均为陌生的地方，这房间经过布置，又使人感到舒适、自在，就像在婴儿的游戏室里。房间一边有一面单向玻璃，研究者可以从这里观察房间内的一切情况。母亲可意识到这块玻璃及其后面的观察者，但婴儿却不知道，因而婴儿的行为应不受观察者的影响。研究过程共有8个步骤，以引起婴儿的依恋行为，观察婴儿与母亲在分离后的相互作用，以及婴儿独自时或与陌生人在一起时的反应，记录婴儿对母亲和对陌生人反应的异同（表4-2）。

陌生情景法将婴儿的生活高度浓缩在短暂的20分钟内。这种浓缩加上陌生环境，使婴儿比在家中更易产生焦虑或压抑反应。由于它跟真实的家庭情境相似，因而被认为是评价婴儿依恋的可靠技术。

艾恩斯沃斯通过对婴儿依恋的实验研究，指出婴儿的依恋行为可以分为三种类型。

1. **安全型** 最初和母亲在一起时，婴儿以母亲为“安全基地”，很愉快地探索和游戏，当陌生人进入时，他有点警惕，但继续玩，无烦躁不安表现。当把他留给陌生人时他停止游戏，并去探索，试图找到母亲，有时甚至哭。当母亲返回时，他积极寻求与母亲接触，啼哭立即停止。当再次把他留给陌生人，婴儿很容易被安慰，这类婴儿约占70%。

2. **回避型** 这类婴儿与母亲刚分离时并不难过，但独自在陌生环境中一段时间后会感

表 4-2 陌生情景技术实验步骤

顺序	出现的人物	持续时间	动作行为	观察的依恋行为
1	母亲、婴儿、实验员	30 秒	实验员将母子二人领入房间，随即离开	——
2	母亲、婴儿	3 分钟	母亲坐在椅子上，让婴儿自己探索环境，婴儿游戏时，母亲坐在那儿看	母亲作为安全基地
3	母亲、婴儿、陌生人	3 分钟	陌生人进入房间，第一分钟沉默，第二分钟与母亲交谈，第三分钟接近婴儿	对陌生人的反应
4	陌生人、婴儿	3 分钟	母亲悄悄离开房间，婴儿首次与母亲分离，只有陌生人与婴儿在一起，若婴儿焦虑不安，陌生人前去安慰他	分离焦虑
5	母亲、婴儿	3 分钟	母亲回来，首次重聚，陌生人离开。如必要，母亲安慰婴儿，或引导婴儿游戏	对团聚的反应
6	婴儿	3 分钟	母亲离开婴儿，让婴儿独自在房间	分离焦虑
7	陌生人、婴儿	3 分钟	陌生人进入，引导婴儿游戏，必要时安慰	陌生人安慰婴儿的能力
8	母亲、婴儿	3 分钟	第二次重聚，母亲进入房间，必要时安慰婴儿，引导婴儿游戏，陌生人离开	对团聚的反应

注：关于持续时间的延长或缩短如果婴儿极其压抑，则缩短该步骤时间；如果婴儿需较长时间才能开始游戏，则加长该步骤时间。

到焦虑。容易与陌生人相处，容易适应陌生环境，很容易从陌生人那里获得安慰。当分离后再见到母亲时，对母亲采取回避态度。当母亲抱起他时，他经常不去拥抱母亲。这类婴儿约占 20%。

3. **反抗型** 这类婴儿在与母亲在一起时，紧靠母亲，不愿离开母亲去探索环境。表现出很高的分离焦虑。由于同母亲分离，他们感到强烈不安；当再次同母亲团聚时，他们一方面试图主动接近母亲，另一方面又对母亲的安慰进行反抗。约占 10%。

（四）影响依恋的因素

婴儿属于哪种依恋类型，与母亲的教养方式及婴儿本身的气质特点等因素有关。依恋的质量取决于这些内外因素相互作用。

1. **母亲方面的因素** 在婴儿依恋中，起主要影响作用的是母亲，母亲是否能够敏锐地、适当地对婴儿的行为做出反应，母亲是否能积极地同婴儿接触，母亲是否能在拥抱婴儿时更小心体贴，母亲能否在婴儿哭的时候给予及时安慰等，都直接影响着婴儿依恋的形成。

安全型依恋儿童的母亲对婴儿的信息很敏感，能及时做出反应，对婴儿的照顾体贴周到；回避型依恋儿童的母亲对婴儿提供了过多的刺激，回应过多，例如她们常对婴儿唠叨个没完，以致婴儿不愿理睬；反抗型依恋儿童的母亲则对婴儿照顾不周，对婴儿发出的信息不能及时做出反应，使婴儿的情绪受到挫伤。

2. **家庭因素和文化因素** 除父母与婴儿的交往方式外，家庭环境因素，如家庭结构、家庭气氛等，也会影响婴儿依恋的发展。家庭的重大变故，如父母失业、婚姻危机或第二个孩子的出生，会影响亲子关系，自然也会影响依恋。

文化也是影响婴儿依恋的重要因素。关于德国、美国、日本的跨文化研究结果表明，三个国家的安全型依恋儿童约占样本的 60%，而德国的回避型儿童的百分比（35%）高于日本（5%）和美国（20%），日本反抗型儿童的百分比（27%）高于美国（13%）和德国（7%）。研究者认为，这样的结果是由抚养实践中的文化差异造成的。例如，德国的父母鼓励儿童的独立性，不赞赏儿童与父母的身体接近，可能造成回避型儿童的比例较高。而日本母亲则很少将婴儿单独留给陌生人，婴儿缺乏与母亲分离的经验，分离对日本婴儿造成的压力比西

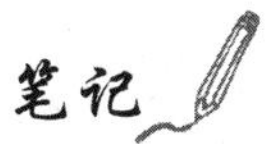

方国家的婴儿大得多，可能造成反抗型婴儿的比例较高。

3. **婴儿的心理特点** 依恋是婴儿和抚养者之间建立的一种人际关系，他的产生和发展取决于关系的双方。

婴儿气质是最早表现出来的心理特点，与环境相互作用，影响父母的养育方式。有研究表明，父母的养育方式是否符合婴儿的气质特点，决定婴儿依恋的类型。该研究教给母亲如何对待 6 个月大的易激怒的婴儿，母亲认识到了孩子的气质，对孩子变得亲切和耐心，并对孩子的需要快速做出反应，结果与婴儿建立起安全型的依恋。因此，只要父母的养育方式适合婴儿的气质特点和需要，就可以和婴儿建立起安全型的依恋关系；否则，困难型气质的婴儿可能形成不安全型的依恋。

（五）依恋与儿童心理发展的关系

不同的依恋类型影响着儿童的发展。安全型儿童的社会技能发展得更好，人际关系也很好。安全型儿童倾向于和父母有良好关系。他们更常遵守一些规则，也更愿意学习新的东西。这些儿童也更容易适应新环境，反抗型儿童则经常用焦虑和反抗来对付父母的帮助，他们很难从父母的经验中得到教益。

这样的区别一直延续到学龄期。安全型儿童喜欢直接同教师接触，他们发现直接接触可以引起教师的注意。回避型和反抗型则频繁地请求帮助，但很少对得到的感到满意。其中回避型和反抗型寻求注意的方式不同。反抗型显示长期的抱怨，回避型则间接通过羊肠小道接近教师，他们总是被动地等待教师通知。

婴儿依恋类型也会影响其认知发展。安全型的婴儿在以后的问题解决任务中表现出较高的热情和坚持性。

不安全型儿童的发展前景是否就一定糟糕，这取决于父母的养育方式的连续性。若父母的养育方式得到改变，关心婴儿，对婴儿的需要较敏感，婴儿就会发展得较好。

儿童的依恋是一个不断发展的过程，它将直接地反映父母 - 儿童关系的变化，在某种程度上，家庭情况及父母 - 儿童关系的变化，会改变早期依恋的性质。

四、婴儿的同伴关系

虽然在出生后的头 3 年里，婴儿主要生活在家庭中，其主要的人际关系是亲子关系，但同伴交往也已开始了。随着婴儿的发展，与同伴的交往时间和交往数越来越多，同伴在儿童发展中的作用也越来越大，影响着婴儿个性、社会性的发展。

在婴儿出生半年后开始出现真正意义上的同伴交往行为。婴儿的早期同伴关系的发展经历以下三个阶段：

阶段 1：以客体为中心阶段（6 个月到 1 岁）

这个阶段的婴儿通常互不理睬，只是看一看、笑一笑，或抓一抓同伴。他们的交往更多地集中在玩具或物品上，而不是另一个婴儿。一个婴儿的社交行为往往不能引发另一个婴儿的反应。因此这个阶段没有真正意义上的同伴交往。但单方面的社交行为是社交的开端，当一个婴儿的社交行为能成功地引发另一个婴儿的反应时，就出现了婴儿之间的简单的交往。

阶段 2：简单交往阶段（1 岁至 1 岁半）

这个阶段的婴儿已能对同伴的行为做出反应，并企图去控制另一个婴儿的行为，婴儿之间的行为开始具有应答性。这时婴儿之间的交往行为就是社交指向行为。社交指向行为指婴儿直接指向同伴的各种具体行为，如微笑、发声和说话、给或拿玩具、身体接触（如抚摸、轻拍、推、拉等）、走或跑到同伴身边等。婴儿发出这些行为时，总是伴随着对同伴的注意，也总能得到同伴的反应。于是婴儿之间就有了直接的相互影响，简单的社会交往由此产生。

有研究者观察了一个日托中心的6个1岁至1岁半左右婴儿的交往活动，结果发现，所有的婴儿都非常留意其他婴儿的一举一动，并对同伴发出一些具有社交意义的行为，如互相对笑、说话、给或拿玩具。

阶段3：互补性交往阶段（1岁半至2岁半）

随着婴儿的发展，婴儿之间的交往内容和形式都更为复杂。2岁以后的婴儿逐渐习惯与抚养者分离，与同伴在一起交往。他们一起玩耍嬉戏、吃午饭等，也出现了婴儿之间的合作游戏、互补行为，例如你跑我追、你躲我找、一起搭积木等。美国心理学家伊克曼（Carol Eckerman）在研究中把0～12个月、16～18个月、22～24个月的3组婴儿分别和自己的母亲、不熟悉的同伴、同伴的母亲放在一起，观察他们与谁玩。结果表明，16～18个月和22～24个月的两组婴儿社会性游戏明显多于单独游戏，与同伴游戏的数量明显多于母亲。在1岁半左右至2岁期间，只要有机会就会与同伴交往，这个时期将是社会性交往的转折点。

儿童同伴交往的发展要求有一定的环境条件。独生子女在3岁左右还没有进入幼儿园，对儿童同伴交往和同伴关系的发展有不利影响。由于他们没有经历同伴交往的发展历程，对同伴很不熟悉，不会与同伴交往，其社交技能的发展也将被推迟。缺乏社交技能的儿童，其社会适应将会出现困难，到成人时再试图改变将会很困难。

第六节　婴儿期常见心理问题与干预

一、孤独症

孤独症，又称自闭症（autistic disorder），是1943年由美国精神病学家肯纳（Leo Kanner）发现的，他在“孤独性情感交往障碍”一文中提出了“早期婴儿孤独症”的概念。他注意到了11个婴儿在出生后不久，就表现出不能与人们进行沟通，极度的自闭、孤独，语言能力有限，且坚持要把他们的东西放在指定的地方。

英国精神病学家鲁特（Michael Rutter）将孤独症的主要特征归纳为：①缺乏社会兴趣和反应；②言语障碍，从无言语到言语形式奇特；③异乎寻常的动作行为，游戏形式僵硬、局限，动作刻板、重复、仪式化及强迫性行为；④起病于出生后30个月内。

肯纳和鲁特提出的孤独症的特征，为ICD-10和DSM-Ⅳ的诊断标准的制定奠定了基础。

（一）流行病学资料

孤独症并不常见，在每一万名婴儿中有2～5例。也有资料称该病的患病率为0.02%～0.13%。该病发病率有明显的性别差异，男孩多于女孩。

（二）临床表现

大多数孤独症儿童会表现出三方面的缺陷，人们以著名研究者Lorna Wing的名字将这些缺陷命名为温氏三缺陷（Wing’striad）。这三方面的缺陷是社会性缺陷、言语和沟通障碍、行为障碍。

1. **社会性缺陷**　社会行为异常在婴儿期就可出现，表现为不能进行眼对眼的线索跟踪，不能做出对他人的表情动作，不能与他人分享。缺乏依恋行为，不黏人。对亲人和生人的反应没有很大的差别，看见陌生人也不害怕，不认生。对团体游戏活动不感兴趣，很少主动找人玩，随着年龄增长，有些儿童会在人际关系上有所进步，但仍表现出对“人”不感兴趣的特征。

2. **言语和沟通障碍**　孤独症儿童的言语发展通常是滞后的，50%的孤独症儿童没有沟通性的言语，且有言语的孤独症儿童，也常表现出鹦鹉式仿说、代名词反转、答非所问、声调缺乏变化等特征。他们在模仿语言时，会重复他人说过的话，并且用相同的语调。如被动

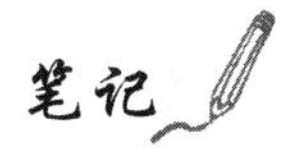

回答、答非所问、重复提问、话题单一。不使用眼神传达信息或感情，眼光常飘忽不定，不会用手势、表情、身体动作与妈妈或其他人交流。

3. **行为障碍** 孤独症儿童有刻板的行为模式，对亲人或生人说固定的话，做固定的动作，不懂得应因人、因时、因地不同而有所变化。对待玩具或某些物品有固定的摆放或摆弄方式，对于某些物品有依赖性，经常带在身边。日常生活中有固定的仪式，往往在吃饭前后、睡觉前后、上厕所前后及出门前和刚回家时，会说固定的话，做固定的动作，这些都被称作仪式性的行为。

另外，他们还有情感表达、认知和生理方面的异常表现。他们的情绪表达不恰当，可无缘由地哭或笑。孤独症儿童的智商通常低于 70，属于轻、中度智力低下，还有部分患儿会出现癫痫发作，遗尿和大便失禁也常见，一小部分患儿有自残行为，如撞头、撕咬等。

（三）诊断标准

孤独症的诊断源于美国，以后的研究也是美国做得较多，其诊断标准比较成熟，现将 DSM-Ⅳ的诊断标准介绍如下（表 4-3）。

表 4-3 DSM-Ⅳ的孤独症诊断标准

* 在下列标准中至少有 6 项，并且第一组中至少有 2 项，第二、第三组中至少分别有 1 项：
1. 社会交往有质的缺损，至少有下列 2 项表现：
(1) 非言语性交流行为的应用有显著缺损，如眼神交流、脸面表情、躯体姿态及社交手势等方面
(2) 与同龄伙伴缺乏应有的同伴关系
(3) 缺乏自发地寻求与分享乐趣或成绩的机会（如不会显示、携带或指出感兴趣的物品或对象）
(4) 缺乏社交或感情的互动
2. 言语交流有质的缺损，至少有下列 1 项表现：
(1) 口语发育延迟或缺如（并不伴有以其他交流方式来代替或补偿的企图，例如手势或姿态）
(2) 虽有足够的言语能力，而不能与他人开始或维持一段交谈
(3) 刻板地重复一些言语或奇怪的言语
(4) 缺乏各种自发的儿童假扮游戏或社交性游戏活动
3. 重复刻板的有限的行为、兴趣和活动，至少有下列 1 项表现：
(1) 沉湎于某一种或几种刻板的有限的兴趣，而其注意力集中的程度却异乎寻常
(2) 固执于某些特殊的没有实际价值的常规行为或仪式动作
(3) 刻板重复的装相行为（如手或手指扭转，或复杂的全身动作）
(4) 持久地全神贯注于物体的某个部件
* 功能发育异常或延迟；至少有 1 项，而且出现在 3 岁之前：
1. 社会交往
2. 社交语言的应用
3. 象征性或想象性游戏
* 障碍不能用 Rett 综合征和儿童瓦解性精神障碍来解释

（四）病因与发病机制

自 1943 年肯纳提出孤独症后，很多学者对其病因进行了探讨。目前关于孤独症的病因假说有如下三种，即心理病因说、生物病因说和认知缺陷说。

1. **心理病因说** 早期人们把孤独症的社会交往、言语发展和行为上的症状归因于婴儿缺乏足够的父母照管而导致的情绪障碍。肯纳在最初报道时，注意到孤独症儿童与父母之间的交往上存在缺陷。孤独症模仿语言、刻板行为被看作是儿童对父母的敌对反应，因为这些儿童认为父母没有满足他们的需要。因此在治疗中常把帮助父母克服不良教养方式作为治疗的手段。

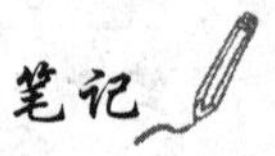

但目前研究表明，孤独症儿童父母养育方式和家庭互动方式的研究，没有得到严格控

制的实验研究的支持。一些研究发现，孤独症儿童的家庭没有特别的异常，很多家长和其他孩子的父母一样爱孩子，并无忽视的行为。相反，亲子交往中的异常现象不是来源于父母，而是来源于儿童。父母在照料这样的婴儿时，难免会紧张焦虑，从而影响交往。

目前尽管缺乏足够的证据支持孤独症的心理病因说，但这种观点却给孤独症儿童的家长造成了很大的压力。如果没有这种压力，他们也许能做得更好。

2. **生物病因说** 目前有较多的研究结果提示生物学因素在孤独症发病机制中起重要作用。

（1）遗传因素：鲁特 1968 年的研究发现孤独症儿童的同胞患病率为 2%～3%，高于一般人群 5～10 倍。对双生子和家庭的研究表明，基因是导致孤独症的主要因素，其表达模式非常复杂，可能涉及多个基因。这些基因缺陷包括 X 染色体异常、皮肤块状硬化及苯丙酮酸尿症等。

（2）出生缺陷和先天神经异常：孤独症儿童通常有身体发育异常及脑电图异常，而且发生癫痫的危险系数较高。

（3）出生前后的不利因素：有学者报道出生前后的不利因素与脑损伤和孤独症有关。有些孤独症是产科并发症的结果，有些则与产妇年龄过大、用药、早产、晚产和先兆流产有关。

3. **认知缺陷说** 认知理论关注孤独症儿童在认知上的缺陷，认为认知缺陷可解释孤独症的部分或全部症状。

Beate Hermelin 和 Neil O'Connor 发现，孤独症儿童在编码、排序和抽象思维上有困难，这些困难主要是由于言语发展滞后。Hober 的研究表明，孤独症儿童对他人面部表情的信息加工不同于正常儿童，因此他们会对人做出不恰当的反应。Baron-Cohen（1995）的研究则表明，孤独症儿童缺乏“心理理论”，他们不能对他人的心理状态形成表征，这种能力通常在儿童 2 岁时初步形成。

另外，中心协同弱化理论认为，控制信息输入方面的困难导致了孤独症的障碍；执行功能缺陷理论则认为，孤独症儿童缺乏指向中心协同的强大内驱力，他们没有理解所处情境整体特征的愿望，因而他们只对零碎的信息进行加工，而不能整合。

当然，更为可能的假设是认知能力的共同缺陷导致了孤独症的临床症状。未来的研究目标是搞清楚这些认知缺陷与孤独症的神经生物学因素之间的关系。

（五）治疗与干预

目前还没有根治孤独症的方法，好的治疗方法也只能帮助孤独症儿童掌握一些技能，弥补他们的人际沟通、认知和行为方面的缺陷，帮助家长更好地应对孩子的孤独症问题，尽力使儿童和家长有正常的生活。

1. **药物治疗** 根据特定的精神病理学选择药物，其目的在于改善症状，并为照料和训练提供条件。如用氟哌啶醇改善活动过度、激动、攻击和刻板行为，但药物治疗的副作用大，而且还没有确切的科研结果证明药物对自闭症治疗是有效果的。因此，必须严遵医嘱。

2. **结构化教学** 结构化教学是美国北卡罗莱那大学发展的孤独症及相关沟通障碍儿童的课程与教学方案（The Division for the Treatment and Education of Autistic arid Communication Handicapped Children，以下简称 TEACCH 方案），是以高度结构化为教学主要策略的一种教育方案，也是最具影响力的孤独症儿童教育方案之一。

该方法主要针对孤独症儿童在语言、交流、感知觉、运动等方面所存在的缺陷进行教育，核心是引导孤独症儿童对环境、教育和训练内容的理解和服从。孤独症儿童拥有良好的视觉加工能力和机械记忆能力，因此该方案运用大量的视觉线索和提示，来帮助孤独症者进行工作或学习。该课程内容包括：

（1）根据孤独症儿童能力和行为的特点设计个体化的训练内容，训练内容包含儿童模

笔记

仿、粗细运动、知觉能力、认知、手眼协调、语言理解、语言表达、生活自理、社交以及情绪情感等各个方面。

(2) 强调训练场地或家庭家具的特别布置、玩具及其有关物品的特别摆放，即所谓教学环境的结构化。

(3) 训练程序的安排和视觉提示，利用每日程序表和每次活动程序卡增加儿童对训练内容的理解。

(4) 在教学方法上运用语言、身体姿势、提示标签、图表、文字等各种方法增进儿童对训练内容的理解和掌握。

(5) 运用行为矫正技术增加儿童的服从和良好行为，减少异常行为。

在进行 TEACCH 教学时，一般安排两个临床工作者处理同一个案例、一个是儿童治疗师，另一个是家长顾问。每一次治疗时，儿童治疗师直接接触儿童，并编制下一周的教学计划，家长顾问则与家长一起回顾并计划下一步的儿童治疗策略。家长要根据儿童治疗师编制的教学计划，每天用 20 分钟时间在家中与儿童一起进行教学。

3. **行为治疗** 行为治疗方案能有效地帮助孤独症儿童获得技能，减少攻击性行为。例如训练自控行为，并对自控行为加以强化，以克服攻击行为。

4. **对家长的教育** 家长在得知孩子患有孤独症后，就会出现焦虑、恐慌、绝望等不良情绪，这将妨碍对患儿的治疗。首先，要向家长讲明孤独症是什么样的病，说明孤独症的病因不明，也不一定与家庭环境和教育完全有关，消除家长的内疚情绪。其次，要在早期坚持有计划的教育和医疗方案，可取得较好的效果，鼓励家长积极参与治疗。若家长能深入参与结构化教学计划，或行为训练计划，那么家庭治疗会取得最佳效果。

二、感觉统合失调

感觉统合(sensory integration)最早是由美国的爱尔丝(Jean Aryes)在 1969 年提出的一个概念，它是指大脑将从身体各感官(眼、耳、口、鼻、皮肤等)传来的感觉信息进行组织加工、综合处理的过程，只有经过感觉统合，人类才能完成那些复杂而高级的认知活动，包括注意力、记忆力、言语能力、组织能力、逻辑和思维能力等。如果大脑对输入的感觉信息不能在中枢神经系统内形成有效的组合，就会产生一系列学习和生活上的障碍，从而影响儿童发展。

儿童感觉统合失调是指儿童大脑对人体各种感觉器官如眼、耳、皮肤等传来的感觉信息不能很好地进行分析和综合处理，造成整个身体不能和谐有效地运作。这些孩子智力正常，但由于存在感觉统合失调，其智力水平没有得到充分的发展，在学习能力、运动技能、社会适应能力等方面存在障碍。

几乎 80% 的感觉统合学习是在婴幼儿时期进行的，因此婴儿期的感觉统合的训练，对预防感觉统合的失调具有重要意义。

(一) 流行病学资料

儿童感觉统合失调这一病态现象并非少见，据国外报道为 10%～30%。我国的有关报道与国外基本相同，据不完全统计，我国目前已有 10%～30% 儿童不同程度地患有这种障碍，例如一项对南京地区 2486 名 6～11 岁的学龄儿童调查中发现，34.9% 的学龄儿童存在不同程度的感觉统合失调症，其中轻度失调儿童占 24.3%，中度达 9%，重度占 1.6%；上海 2031 名学龄儿童的调查表明，儿童患轻度感觉统合失调的比率为 36.6%，重度为 16.1%。目前研究发现，儿童感觉统合失调在大中城市偏低些，在农村及偏远地区略高些。

轻度感觉统合失调的儿童，经教育和指导可以自愈。对于中重症儿童，则需要在儿童心理和教育者的干预治疗或专业指导下进行矫正。

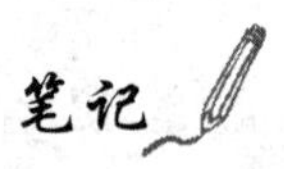

（二）临床表现

1. **前庭平衡功能失常** 表现为好动不安，注意力不集中，上课不专心，爱做小动作。他们比一般孩子更容易给家长添麻烦，挑三拣四，很难与其他人同乐，也很难与别人分享玩具和食物，不能考虑别人的需要。有些孩子还可能出现语言发展迟缓，说话晚，语言表达困难等。

2. **视觉感不良** 表现是尽管能长时间地看动画片，玩电动玩具，却无法流利地阅读，经常多字少字；写字时偏旁部首颠倒，甚至不认识字，学了就忘，不会做计算，常抄错题等。

3. **听觉感不良** 表现为别人的话听而不见，丢三落四，经常忘记老师说的话和留的作业等。

4. **动作协调不良** 表现为平衡能力差，容易摔倒，不能像其他孩子那样会滚翻、系鞋带、骑车、跳绳和拍球等。

5. **本体感失调** 表现为缺乏自信，消极退缩，语言表达能力差，手脚笨拙等。

6. **触觉过分敏感** 表现为紧张、孤僻、不合群、爱惹别人、偏食或暴饮暴食、脾气暴躁、害怕陌生的环境、吃手、咬指甲、爱哭等。

这些问题无疑会造成儿童学习和交往的障碍，因为这样的儿童尽管有正常或超常的智商，但由于大脑无法正常有效地工作，因而直接影响了儿童学习和运动的完成。

（三）诊断标准

感觉统合失调存在与否，可通过孩子日常行为观察或追踪过去的行为表现来判断。但行为观察只是大体的判断，准确的诊断需要标准化的评定量表。

为了对感觉统合进行研究，美国学者爱尔丝对感觉统合失调编制了检核表，由父母填写，由检查者对儿童感觉统合失调的严重程度作评定。我国台湾的郑信雄在1985年根据中国文化背景，将几种综合症状检核表综合起来，编制成感觉统合检核表。1994年北京医科大学精神卫生研究所在内地10余个地区的施测，具有较好的信度和效度，证明其在国内外有较好的可用性和可接受性。

该量表用于6～11岁的学龄儿童，包括前庭失衡（14项）；触觉功能不良（21项）；本体感失调（12条）；学习能力发展不足（8项）；大龄儿童的问题（3项）。全量表由58个问题组成。由儿童的父母或知情人根据儿童最近1个月的情况认真填写。根据年龄及性别将各项原始分数转换成标准分数（均数为50，标准差为10）。儿童的得分低于40分为有轻度感觉统合失调，低于30分有严重的感觉统合失调。

通过附表测定，可以准确判定孩子有无感觉统合失调及其失调的程度和类型，并根据评定结果制订感觉统合训练方案。

（四）病因与发病机制

造成儿童感觉统合失调的原因是复杂的，目前尚不能做出明确的解释。就现有的调查研究结果来说，大致有两个方面的原因，即先天因素和后天因素。

1. **先天因素** 早产、出生时低体重、新生儿窒息、高胆红素血症、新生儿肺炎以及母亲妊娠期患有妊娠高血压综合征、先兆流产等疾病，均可能影响孩子的神经系统发育，导致脑功能失调发生。研究者认为，胎位不正可引起平衡失调；早产或剖宫产造成幼儿压迫感不足，引起触觉失调。

2. **后天因素** 小家庭和都市化生活，使儿童活动范围变小，大人对幼儿过度保护，事事包办，导致儿童接受的信息不全面；父母太忙碌、辅导少，造成幼儿右脑感官刺激不足；出生后，没让孩子经过爬就直接学走路，产生前庭平衡失调；父母或保姆不让孩子玩土、玩沙，造成婴儿触觉刺激缺乏；过早使用学步车，使婴儿前庭平衡及头部支撑力不足；父母要求太高，管教太严，造成孩子压力太大，儿童自由活动时间太少造成精神上的伤害，产生拔苗助长的挫折。以上这些行为都不利于儿童感知觉的发育及发展。

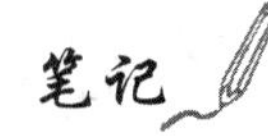

（五）治疗与干预

目前感觉统合失调治疗无特殊的药物治疗，感觉统合训练并配合心理治疗是有效的治疗方法。

1. **感觉统合训练** 感觉统合训练是针对存在感觉统合失调儿童所采用的一系列游戏运动训练疗法、寓训练治疗于游戏之中。通过感觉统合训练，使儿童感觉统合正确，身体的不同部位能一起和谐有效地运作，使人得以顺利学习和活动。

感觉统合训练最好在婴幼儿期开始，越早训练，效果越好。因为感觉统合失调实际上是轻微脑功能失调，是大脑发育不成熟的表现，治疗应在大脑具有良好的可塑性之前。否则，训练效果不佳。

感觉统合训练包括提供前庭、本体和触觉刺激的活动。训练中指导儿童参与各种活动，要求他们对感觉输入做出适应的反应，即成功的有组织的反应。具体的训练内容为：

（1）触觉：训练强化皮肤、大小肌肉关节神经感应，训练大脑感觉神经的灵敏度。可纠正患儿胆小、情绪化、怕生、笨手笨脚、怕人触摸、发音不正确、注意力差等。

（2）前庭平衡觉：训练调整前庭信息及平衡神经系统自动反应功能，促进语言神经组织健全、前庭平衡觉及视听能力完整。针对姿态不正、双侧协调不佳、多动的孩子。

（3）弹跳训练：调整固有平衡、前庭平衡感觉，强化触觉神经、关节信息，促进左右脑健全发展。适应证：姿态不正、情绪化、身体灵活度不够、多动、注意力不集中、语言发展迟缓、阅读困难、胆小、情绪化、笨手笨脚、视觉判断不良、触觉发展不佳、关节信息不足。

（4）固有平衡训练：调整脊髓中枢神经和对地心引力的协调，强化中耳平衡功能，协调全身神经功能，稳定大脑发展基础。可矫正多动不安、容易跌倒、脾气急躁、好惹人、语言发展不佳、缺乏组织及推理能力、双侧协调不良、手脚不灵活等问题。

（5）本体感训练：强化前庭平衡、触觉、大小肌肉双侧协调，灵活身体运动能力，健全左右脑均衡发展。适用于语言发展迟缓、笨手笨脚、注意力不集中、多动不安、情绪化、创造力不足等问题。

2. **心理治疗** 可用支持性心理治疗，给患儿以鼓励和支持。同时也可以配合生物反馈治疗，纠正不良反应，改善症状，以达到治疗目的。

思考与练习

1. 为什么在描述婴儿心理发展之前要先描述婴儿生理发展情况？
2. 婴儿神经生理发育的特点是什么？如何理解？
3. 动作发展对婴儿生理发育和心理发展有何意义？
4. 研究婴儿认知发展的实验范式有哪些？就人们对婴儿认知能力的认识和实验技术之间的关系，谈谈你的理解？
5. 转化生成理论的主要观点是什么？如何评价？
6. 如何促进婴儿言语发展？你能设计一些小活动吗？
7. 婴儿能调节自己的情绪吗？这对你有什么启发？
8. 什么是陌生情境技术？婴儿依恋有哪些类型？对婴儿的心理发展有何影响？

（温子栋）

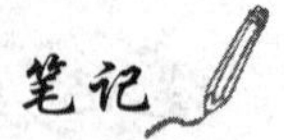

第五章　幼儿期身心发展规律与特点

本章要点

幼儿心理是指3～6岁儿童的心理发展规律及其特点。在一个人的一生中，幼儿期是生理与心理发展非常迅速的时期。概括地看，这个阶段的儿童在生理发育的基础上，能较好地控制自己的身体和动作，能学习掌握一些基本的技能，动作总体是协调灵活的。思维的发展从具体形象思维向抽象逻辑思维发展，但是仍然存在很多的局限性，如逻辑性和抽象概括性差。游戏是幼儿期的主导活动，是幼儿的重要生活内容。游戏开发了幼儿的智力，促进了儿童对社会和自然界的认识，促进了其社会化的发展。除先天的气质特点外，幼儿的人格萌芽已经受到外界环境的强烈影响，开始形成最初的人格特点。幼儿阶段有了初步的自我评价，社会化行为开始形成，并形成了初步的社会认知。幼儿期达到对性别的稳定认识，对他人心理的理解和同伴关系的发展，都标志着他开始慢慢进入到人类社会中来。

关键词

幼儿心理　幼儿认知发展　幼儿的言语发展　幼儿的游戏发展　幼儿的感情发展　幼儿社会性　幼儿人格

案例

贝贝今年4岁了，她喜欢玩女孩子都喜欢的过家家、串珠子、堆积木等。每次她玩的时候，都喜欢爸爸妈妈陪着她一起玩，但是爸爸妈妈总是边玩手机，边心不在焉地陪她玩，或者干脆跟她说："宝宝乖，你自己玩吧。"琪琪的妈妈每次都愿意陪在女儿身边，和她一起玩游戏，但是有的游戏会把她漂亮的裙子弄脏，这时妈妈就会制止她玩这种游戏，不顾她的意愿甚至哭闹，理由是这是新衣服，或者裙子弄脏了就不漂亮了，洗不干净了等等。

朵朵的妈妈是个急性子，每次看到朵朵串珠子时笨手笨脚的，好长时间也穿不进一颗珠子，便急于帮忙，一把夺过朵朵手中的珠子，说："这样不就穿进去了吗？"壮壮的妈妈认为，男孩子未来要有出息，成天玩耍对孩子的成长意义不大，为了不让孩子输在起跑线上，应该花更多的时间来学习，因此，从壮壮2岁开始，就陆续给他报了英语、绘画、围棋、珠心算、钢琴等特长班。

在幼儿的成长中，游戏的作用不可忽视。随着幼儿身体的发育和活动范围的扩大，游戏在幼儿生活中的比重日益增大。幼儿在游戏中发展其智力，与同伴交往，游戏是幼儿参与社会活动的主要形式，心理的各个方面也随之逐步发展起来。

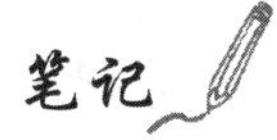

第一节　幼儿生理的发展

一、幼儿脑结构与功能的发育

个体的大脑和神经系统在幼儿期继续发展，表现在大脑结构的继续完善和功能的进一步成熟。大脑和神经系统的发展为幼儿的心理发展提供了物质基础。

（一）幼儿大脑结构的发展

幼儿大脑结构的发展主要表现在以下方面：

1. 幼儿脑重的增加　儿童早期经历可极大地影响脑部复杂的神经网络结构，即人类大脑的实际结构是由出生后的早期经历而不仅是由遗传决定的。就好像一台计算机一样，孩子生来就配备了硬件，而儿童早期的生活经历则为计算机发挥各种功能提供了软件。

孩子出生后头两年脑部发育最快，3 岁儿童的脑重约 1000g，相当于成人脑重的 75%，而 7 岁儿童的脑重约 1280g，基本上已经接近成人大脑的脑重量（平均为 1400g）。

2. 幼儿大脑皮质结构的发展　2 岁以后，脑神经纤维继续增长，此后，神经纤维的分支进一步增多、加长，额叶表面积的增长率继 2 岁左右的增长高峰后，在 5～7 岁时又有明显加快，此后维持在一稳定水平（图 5-1）。同时，神经纤维的髓鞘化也逐渐完成，使得神经兴奋的传导更加精确、迅速。

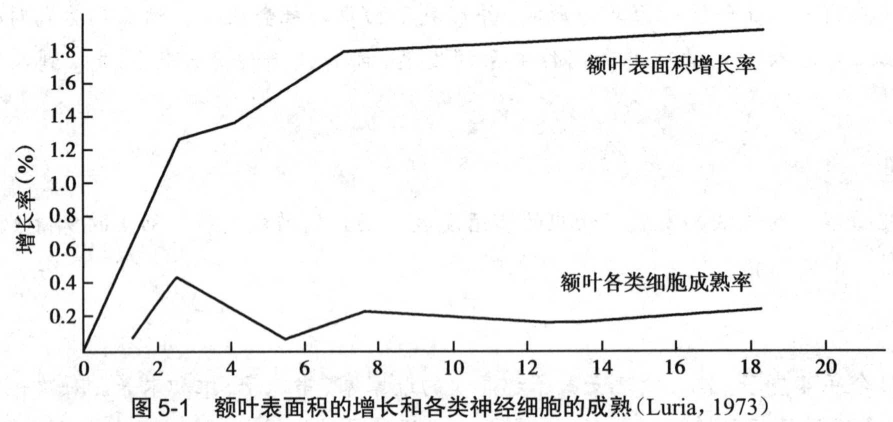

图 5-1　额叶表面积的增长和各类神经细胞的成熟（Luria，1973）

3. 幼儿脑电波的变化　国外有研究（Corbin & Bickford，1955）指出，5 岁前儿童的脑电图 θ 波（4～7 次 / 秒）多于 α 波（8～13 次 / 秒），5～7 岁时 θ 波与 α 波的数量基本相同，7 岁之后 α 波逐渐占主导地位。

刘世熠等（1962）研究发现，大脑的发展是不平衡的，随年龄的增长而发展，而且这一过程是不可逆的。在 4～20 岁之间，脑电发展存在两个明显的加速时期，第一次在 5～6 岁左右，表现为枕叶 α 波与 θ 波斗争最为激烈，α 波逐渐超过 θ 波；第二次出现在 13～14 岁左右，表现为除额叶外的整个皮质中，α 波与 θ 波的斗争基本结束，θ 波基本上被 α 波所代替。幼儿大脑结构的相对成熟为幼儿智力活动的迅速发展和新的、复杂行为的形成提供了生理上的保证。

（二）幼儿皮质抑制功能的发展

皮质抑制功能的发展是大脑皮质功能发展的重要标志之一。它是儿童注意力、思维能力、观察力、意志力和自我调控能力的重要保证。

3 岁以前儿童的内抑制功能发展很慢，约从 4 岁起，由于神经系统结构的发展，内抑制功

笔记

能开始蓬勃发展起来，皮质对皮下的控制和调节作用逐渐加强。与此同时，幼儿的兴奋过程也比以前增强，表现在儿童的睡眠时间逐渐减少，清醒时间相对延长。新生儿每日睡眠时间达 20 个小时以上，1 岁儿童需要 14～15 个小时，3 岁儿童为 12～13 个小时，5～7 岁只需 11～12 个小时。

与成人相比，幼儿的抑制功能还是较弱。因此不能对幼儿有过高的抑制要求，如要求幼儿长时间保持一种姿势或集中注意力于单调乏味的课业，这样反而会引起高级神经活动的紊乱。

二、幼儿身体的发育

（一）身高和体重

与 3 岁以前相比，幼儿的身体发育速度相对减缓，但是比后期发展还是要快得多。在 3～6 岁这个阶段，儿童的身高大约年增长 4～7cm，体重年增加 4kg 左右。

（二）骨骼和肌肉

这个阶段儿童的骨骼硬度较小，但是弹性非常大，可塑性强，因此一些舞蹈、体操、武术等项目的训练从这个阶段就开始了。也正因如此，如果儿童长期姿势不正确或受到外伤，就会引起骨骼变形或骨折。

肌肉的发育现在还处于发育不平衡阶段，大肌肉群发育得早，小肌肉群发育还不完善，而且肌肉的力量差，特别容易受损伤。这个阶段肌肉发育的特点为，跑、跳已经很熟练，但是手的动作还很笨拙，一些比较精细的动作还不能成功完成。

（三）心肺功能

心肺的功能要比成人差，儿童的心肺体积比例大，心脏的收缩力差，平均每分钟心跳 90～110 次，肺的弹性较差，对空气的交换量较少，所以大强度的运动，会使儿童的心肺负担加重，影响身体健康。

这个时期，由于儿童生理的发育速度很快，因此新陈代谢比较旺盛，但是由于身体的生物机体的功能发育还不成熟，对外界环境的适应能力以及对疾病的抵抗能力都较弱。

三、幼儿动作技能发展

总体上看，幼儿期动作的发展仍遵循婴儿动作发展的规律。在这一时期，许多新的动作技能产生了，其中每一种技能都是在婴儿期简单的运动模式基础上发展起来的。儿童把以前获得的技能整合为复杂的动力性活动系统。动作作为主体能动性的基本表现形式，在个体早期心理发展中起着重要的建构作用，它使个体能够积极地构建和参与自身的发展。

（一）幼儿大动作技能和精细动作技能发展

1. **大肌肉动作的发展**　随着儿童的身高和体重的增长，他们的重心开始向下转向躯干的发育，平衡能力大大增强。幼儿的步伐开始流畅而富于节律性（起初是跑，后来是双脚跳、单脚跳、快跑）。当儿童脚下更稳时，他们的手臂和发育不全的身体能够试着使用新的技能——扔球和接球，骑三轮车，玩单杠等。上肢和下肢的运动技能开始结合为更精细的活动。例如，4 岁时能准确扔球给同伴接住，5 岁的儿童能学会爬梯子、骑自行车，能在投、接、跳等活动中灵活地移动全身。

2. **幼儿精细动作的发展**　精细动作是指协调胳膊、手和手指等更小肌肉的能力。如同大肌肉动作的发展，精细动作技能在儿童早期也有了飞跃性的发展。此时，他们开始进入幼儿园接受正规的学前教育，这种集体生活的锻炼促使幼儿的双手技能迅速地成熟。他们可以自己洗脸、穿衣服、刷牙，进行一切力所能及的活动。3 岁儿童已经能够用笔画出圆圈

和方块，能够将简单的图形拼到一起；4 岁时，能画出简单人像，能折纸；5 岁儿童能够系扣子、拉拉链，在吃饭的时候能够用筷子或叉子、汤匙和刀（表 5-1）。

表 5-1　幼儿大动作技能和精细动作技能的发展

年龄	大动作技能	精细动作技能
3～4 岁	✧ 两只脚交替上楼梯，上下楼梯时先迈同一只脚 ✧ 双脚跳、单腿跳时会弯曲上身 ✧ 投掷和抓接时上身会参与；球砸在胸上时僵硬地抓住 ✧ 骑三轮车，会转弯	✧ 扣住和解开大的纽扣 ✧ 不用他人帮助就可以自己吃东西 ✧ 使用剪刀 ✧ 临摹直线和圆圈 ✧ 画出自己的第一张画（类似“蝌蚪人”）
4～5 岁	✧ 两只脚交替下楼梯 ✧ 跑得更平稳 ✧ 飞跑，单腿跳跃 ✧ 通过身体旋转和转移重心脚来投球，用手抓住球 ✧ 三轮车骑得快，转弯平稳	✧ 有效地用叉子（中国人相当于用筷子） ✧ 沿着线用剪刀剪下东西 ✧ 临摹三角形、十字、叉、一些字母（或者汉字）
5～6 岁	✧ 跑步速度加快 ✧ 飞跑时平稳，会真正地跳跃 ✧ 表现出像样的投掷和抓接 ✧ 可以骑辅助轮的自行车	✧ 系鞋带 ✧ 用刀切软的食物 ✧ 画人 ✧ 临摹一些数字、图案和字母

（二）幼儿绘画动作技能的发展

绘画是幼儿表达自己美好愿望的语言和符号，它反映着幼儿智力的发展情况，也是幼儿非常喜欢的动作游戏。随着年龄的增长，儿童在绘画上表现出四个明显的阶段性特征。

第一阶段，涂鸦阶段（scribble）（1 岁半左右至 2 岁）

这个阶段的儿童开始在纸上乱画，这些最初画下的东西纯属涂鸦。处于涂鸦阶段的儿童在乱涂乱画时极为专心，并经常迅速地画了一张又一张。其特点是不注意颜色，仅使用一支笔，没有想到要利用身边其他的笔。儿童的涂鸦是不教自会的。

第二阶段，形状阶段（shape）（2～3 岁）

这个阶段的儿童常在画纸的中央，对涂抹做仔细的安排，以便画一个基本的几何图形，比如三角形或矩形。其特征是将整个几何图形用乱涂的方式涂得满满的。这时的图形通常有 5 种：圆形和椭圆形、正方形和矩形、三角形、十字形和叉形。

第三阶段，图案阶段（design）（3～4 岁）

由于儿童所画的并非都是规则的图形，所以还有一个特别的分类叫“奇形怪状”。这个阶段末期的儿童还开始将两个单一的几何图形画在一起，产生一个新的“组合体”。这时的绘画仍然是非再现性的，但这却是通往再现性绘画的必经之路。

第四阶段，图画阶段（pictorial）（4～6 岁）

这一阶段幼儿的绘画更有现实性，也更加复杂。这时的绘画在形状方面是不真实的，颜色的使用也是不真实的。儿童虽然发现了用图画来再现事物的可能性，但他们往往还会画一些涂鸦般的抽象画。

总之，幼儿在动作发展上存在很大的个体差异。动作发展早晚与早期运动经验有关。幼儿的动作发展还有显著的性别差异。男孩在强调力量的动作能力上要超过女孩。例如，男孩比女孩跳得更远、跑得更快、扔球也更远。而女孩在小动作上的发展以及要求身体协调性和脚步的运动上占优势，比如单足跳和跳绳。

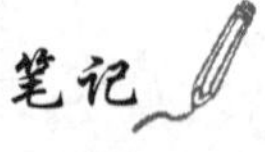

第二节　幼儿认知发展

一、幼儿感知觉、注意及记忆的发展

(一) 幼儿感知觉的发展

感觉和知觉是个体心理发展的大门。儿童感觉和知觉的发展经历了一个从低级到高级的过程。在所有心理成分中，感觉与知觉是发展最早也是最好的。

1. 听觉　在语音知觉方面，幼儿对纯音的听觉敏度比语音听觉敏度强，到幼儿中期，语音听觉敏度提高了，到幼儿晚期，语音的听觉敏度已接近成人，已经能辨明母语的全部语音。

2. 视觉

(1) 视力：视力检查表明，幼儿的视力不如正常成人。儿童的视力在2岁时达到0.5～0.6，3岁时达到1.0以上者为67%，到5岁时可达到83%，6岁时达到正常成人的视力范围。

(2) 颜色知觉：儿童在3～4个月时能辨别彩色与非彩色。幼儿初期已经能够初步辨认红、绿、黄等基本色。但在辨认近似色，如橙色与紫色、橙与黄、蓝与天蓝等，往往出现困难，同时，也难以完全正确地说出颜色的名称；幼儿中期的大多数儿童已能区分基本色与近似色，如黄色与淡棕色，能够经常地说出基本色的名称；幼儿晚期不仅能认识颜色，画图时还能运用各色颜料调出需要的颜色，而且能经常正确地说出黑、白、红、蓝、绿、黄、棕、灰、粉红、紫、橙等颜色名称。幼儿颜色知觉是存在性别差异的，女孩的颜色辨别能力强于男孩。在色盲调查上发现，色盲在男性中占5.8%，女性中占1.5%，而大部分是先天性的。

3. 整体与部分知觉　美国学者 Elkind 和 Koegler（1964）对儿童整体和部分知觉的发展进行了研究，被试为5～9岁的儿童，让他们看一些图片，这些图片组成一个整体，但每一部分又显得很突出。指导语："你看到了什么，它们看起来像什么？"实验结果表明，71%的4岁儿童只看到了图片的个别部分，9岁儿童中仅有21%的人作这种回答，即9岁儿童中有79%的人既看到了图片中的部分，又看到了整体。这个实验提示了儿童对物体的部分知觉与整体知觉发展的过程。儿童先是认识客体的个别部分（4～5岁），然后开始看见整体部分，但不够确定（6岁）；接着既能看到部分，又能看到整体（7～8岁），但此时儿童往往还不能把部分与整体联系起来。

4. 空间知觉

(1) 形状知觉：天津幼儿师范学校心理组的研究发现，幼儿的形状知觉随年龄发展提高很快。认识图形正确率高，而对图形命名正确率低。其中对圆形识别率最高，3岁时达到100%，其他图形则差些。丁祖荫（1985）通过研究发现，幼儿辨认形状时配对最容易，指认次之，命名最难，幼儿掌握形状由易到难的次序是圆形、正方形、三角形、长方形、半圆形、梯形、菱形和平行四边形。

(2) 大小知觉：杨期正等（1981）的实验研究发现，3岁幼儿一般已经能判断图形大小。4～5岁幼儿能判别等大的图形。至于5～6岁幼儿，即使在图形大小不等，排列次序错开的情况下，也能从中选出最大、最小和等大的。以上情况说明，儿童判别能力的发展是一个不断精确的渐进过程。

(3) 方位知觉：叶绚等（1958）研究发现，3岁幼儿能正确辨别上下方位；4岁能正确辨别前后方位；5岁开始正确辨别以自身为参照的左右方位；6岁时能完全正确地辨别上下前后4个方位；7岁后才能以他人为中心辨别左右，以及两个物体之间的左右方位。

5. 时间知觉　皮亚杰曾对儿童的时间知觉做过实验研究。在他的实验里，4岁半左右至5岁的儿童还不能把时间关系和空间关系区分开来；5岁至6岁半左右的儿童开始把时

间次序和空间次序分开，但仍不完全；7 岁至 8 岁半左右的儿童才能把时间与空间关系分别开来。

（二）幼儿注意的发展

注意在幼儿心理的发展中有重要意义：第一，注意使儿童从环境中接受更多的信息。第二，注意使儿童能够发觉环境的变化，从而能够及时调整自己的动作，并为应付外来刺激准备新的动作，把精力集中于新的情况。

1. 幼儿的无意注意和有意注意的特点

（1）幼儿无意注意的发展：3 岁前儿童的注意基本上都属于无意注意。3～6 岁儿童的注意仍然主要是无意注意。但是和 3 岁前儿童相比，幼儿的无意注意有了较大发展。这时主要有以下两个特点：

第一，刺激物的物理特性仍然是引起无意注意的主要因素。强烈的声音、鲜明的颜色、生动的形象、突然出现的刺激物或事物发生了显著的变化，都容易引起幼儿的无意注意。

第二，与幼儿的兴趣和需要有密切关系的刺激物，逐渐成为引起无意注意的原因。3～6 岁儿童，随着知识经验和认识能力的发展，能够发现许多新奇事物和事物的新颖性，即与原有经验不符合之处。在整个幼儿期，对象的新颖性对引起注意有重要作用。

（2）幼儿的有意注意的发展：幼儿期有意注意处于发展的初级阶段，水平低、稳定性差，而且依赖成人的组织和引导。这时有以下特点：

第一，幼儿的有意注意受大脑发育水平的局限。有意注意是由脑的高级部位控制的。大脑皮质的额叶部分是控制中枢所在。额叶在大约 7 岁时才达到成熟水平，因此，幼儿期有意注意开始发展，但远远未能充分发展。

第二，幼儿的有意注意是在外界环境，特别是成人的要求下发展的。儿童进入幼儿期，也就进入了新的生活环境和教育环境。儿童在幼儿园必须遵守各种行为规范，完成各种任务，对集体承担一定义务。所有这些都要求幼儿形成和发展有意注意，注意服从于任务的要求。

第三，幼儿逐渐学习一些注意方法。有意注意要有一定的方法。幼儿在成人教育和培养下，逐渐能够学会一些组织有意注意的方法。

最后，幼儿的有意注意是在一定的活动中实现的。幼儿的有意注意，由于发展水平不足，需要依靠活动进行。把智力活动与实际操作结合起来，让幼儿能够完成一些既具体又明确的实际活动的任务，有利于有意注意的形成和发展。

2. 幼儿注意品质的发展

（1）注意稳定性：总的说来，幼儿的注意稳定性差，实验证明，在良好教育环境下，3 岁幼儿能集中注意 3～5 分钟；4 岁能达到 10 分钟；5～6 岁幼儿能集中注意 15 分钟。在玩游戏的时候，集中注意的时间会延长一倍以上。

（2）注意广度：幼儿的注意范围较小，认为是由于幼儿知识经验贫乏，眼球跳动的距离比成人短，不善于运用边缘视觉等原因造成的。天津幼儿师范学校心理组的研究表明，在 0.1 秒的时间内，大部分 4 岁幼儿（73.5%）只能辨认 2 个点；大部分 6 岁幼儿（66.6%）刚能辨认 4 个点，4 岁幼儿不能辨认 6 个点，44% 的 6 岁幼儿能辨认 6 个点。

（三）幼儿记忆的发展

幼儿期记忆的容量、记忆的持久性、记忆的抽象性和记忆的目的性均有显著发展。其中幼儿的记忆策略和元记忆也开始从无到有地发展起来。幼儿能够部分地保留个体早期的记忆，完全能够对其周围人、事、物进行有效的记忆，而这较好地推动了幼儿心理的成长。

1. 幼儿记忆容量的发展 与婴儿期比，幼儿的记忆容量增加显著。儿童记忆广度的增加受生理发育的局限。儿童大脑皮质的不成熟，使他在极短的时间内来不及对更大的信息

量进行加工，因而不能达到成人的记忆广度。研究表明，成人短时记忆容量为(7±2)个信息单位(组块)，而7岁前儿童尚未达到这一标准。洪德厚(1984)研究发现，幼儿从3岁到6岁各年龄阶段的短时记忆广度均数分别为3.91、5.14、5.69、6.10个组块。沈德立等人(1985)研究发现，不同年龄组幼儿对图片再认的保持量有显著差异，小班、中班、大班幼儿的保持量分别为7.47、11.38、13.57。对听觉通道记忆，则分别采用再认法和再现法测查幼儿对听到的词汇的保持量，结果表明，小班、中班、大班幼儿再认保持量依次是8.92、11.80和13.38；再现保持量依次是3.45、4.06和5.29。

2. **记忆保持时间的发展** 记忆的保持时间是指从识记到再认或再现之间的时间距离。已有研究表明，2岁能再认几个星期以前感知过的事物；3岁就能再认几个月前的事物；4岁能再认1年前的事物；7岁能再认3年前的事物。在再现方面，2岁能再现几天前的事物；3岁能再现几个星期前的事物；4岁能再现几个月前的事物；5～7岁能再现1年前的事物。当然这只是平均数据，有个别儿童的记忆保持时间会更好，如有些超常儿童。

3. **记忆在有意性和抽象性上的发展**

(1) 幼儿有意识记和无意识记的发展：整个幼儿期的记忆是以无意识记为主，有意识记成分在逐渐增加。大约5岁以后，在教育的影响下儿童的有意记忆逐步地发展起来。这主要是由于言语发展的结果，同时，幼儿期的教育任务，如有意识去复述故事、回想问题等，也会促进儿童有意记忆能力的发展。

天津幼师心理组(1980)让儿童分别对两组(各10张)图片进行有意识记和无意识记，图片画有儿童熟悉的物体(如飞机、衣服、汽车等)，结果见表5-2。结果显示，两种识记效果都随年龄而增长，有意识记的效果优于无意识记的效果。

表5-2 不同年龄幼儿有意识记和无意识记效果比较

年龄(岁)	有意识记	无意识记
4	5.4	4.5
5	6.2	5.3
6	6.9	5.7
7	7.7	6.2

(2) 幼儿记忆的形象性与抽象性的发展：幼儿的记忆还是以直观形象性为主，语词记忆很差。随着幼儿抽象逻辑思维与言语的发展，儿童的语词记忆也在发展。卡尔恩卡(1955)让3～7岁儿童记住三种材料，第一种是儿童熟悉的具体物体，第二种是标志儿童熟悉的物体名称的词，第三种是标志儿童不熟悉的物体名称的词。结果表明：无论哪个年龄阶段，形象记忆效果都优于语词记忆效果。

4. **自传体记忆** 自传体记忆(autobiographical memory)是指自己生活中重要的事件和体验的记忆。研究发现(Courage & Howe，2002)，2岁末“认知自我”的出现是自传体记忆形成的基础，但由于存在婴儿期遗忘的现象，自传体记忆的出现时间应该为3～4岁。学龄前儿童对熟悉事件的记忆常常以脚本(scripts)的方式进行组织。如，儿童可以这样描述在餐馆进餐的过程：开车达到餐馆，进去后排队，与服务员交谈，得到食物，吃完东西，开车回家。随着年龄增长，脚本会变得更加详细。

自传记忆可以帮助个体建构个人生活史，使个体把自己的经验与他人的经验联系起来，在社交中创造共享记忆。父母经常和孩子谈论一些过去的及未来的事情，特别是与儿童的个人经验有关的事情。这样会使孩子明白什么是事件中的重要特征和如何组织建构这些事件，比如记住相关的人物、地点、时间、结果等，以及事件的时间顺序和事件的原因等。有研

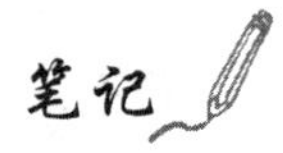

究表明，经常参与这类谈话的幼儿的自传记忆丰富。女孩的自传记忆比男孩丰富详细。

学龄前儿童对事件的回忆有时是准确的，但并不全是准确的。美国心理学家塞西等(Ceci & Bruck，1993)在研究中询问学前儿童，是否记得曾经经历了诸如被老鼠夹夹到手指这样的事件。几乎所有的儿童在第一次访谈的时候都没有承认经历过这些虚构的事件，但是在不断的询问之后，超过50%的5岁以下儿童和约40%的5、6岁儿童都说这些事件在自己身上发生过，并且还能生动地对自己的经历进行描述。如果反复询问儿童同样的问题，他们的错误率会提高，幼儿的记忆也容易受到成人提问暗示的影响。心理学家和法学专家在共同关注，儿童作为受害人或目击证人，其证词是否可取。

5. 元记忆的发展

(1) 幼儿记忆策略的形成：自美国学者弗拉维尔(Flavell，1971)提出元认知概念以来，记忆策略的研究就成了发展心理学的热门。研究者们认为，使用记忆策略的儿童会比不使用策略的儿童有更好的回忆成绩。美国心理学家米勒(Miller，1994)的策略获得阶段说认为，儿童记忆策略的发展可以分为四个阶段，即无策略阶段、部分使用或使用策略的某一变式阶段、完全使用但不受益阶段以及使用且受益阶段。我国学者左梦兰等(1992)对4～7岁儿童记忆策略的运用做了考察，发现幼儿会利用事物间的某些联系作为策略进行意义记忆，并表现出一定程度的对策略的评价能力。发展过程体现为，4岁儿童处于运用策略进行记忆的萌芽阶段，5岁儿童进入发展的加速期，不少6岁儿童可在简单的操作中有组织、有计划地选用标志画片进行记忆操作。儿童关于记忆策略知识的增长是一个逐步发展的过程，儿童5岁以前没有策略，5～7岁处于过渡期，10岁以后记忆策略逐步稳定发展起来。例如，7～9岁儿童能够认识到复述和分类比仅仅观察或只标记一次有效，但是他们不知道，组织或精加工是更为有效的策略。

(2) 元记忆的形成：元记忆就是关于记忆过程的知识或认知活动。学者们一致认为，陈述性元记忆知识(declarative metamemory knowledge)、记忆监控(memory monitoring)是元记忆的两大组成部分(桑标，缪小春，2000)

1) 儿童元记忆知识的发展：在4～12岁之间，儿童关于记忆的知识显著增长，如，学前儿童认识到记忆较多的项目比记忆较少的项目要困难，对材料学习的时间越长，保留的内容可能越多。

2) 儿童记忆监控能力的发展：监控在策略的执行中起着很大的作用，对自己记忆能力的预测与判断是记忆监控的一个重要方面。弗拉维尔(Flavell等，1970，1977)曾对儿童预测自己瞬时记忆广度能力的发展进行了研究。结果发现，学前儿童对自己的瞬时记忆广度的预测与真实的记忆能力之间具有较大的差距，他们对自己的记忆能力有明显高估的倾向；学龄儿童对自己记忆能力的估计已较为客观。

二、幼儿思维的发展

(一) 幼儿思维发展的基本特点

幼儿的思维以具体形象思维为主，开始像抽象逻辑思维转化。这种发展趋势在以下四个方面表现出来：

1. 幼儿以具体形象思维为主要的思维形式 从思维发展的方式看，一般认为，2～3岁以前儿童的思维是直观行动的，6～7岁以前是具体形象的，大约进入小学以后，儿童进入了抽象逻辑的思维阶段。直观行动思维是最低水平的思维，这种思维的概括水平低，更多依赖感知和动作的概括。这种思维方式在2～3岁儿童身上表现最为突出。在3～4岁儿童身上也常有表现。这些儿童离开了实物就不能解决问题，离开了玩具就不会游戏。年龄更大的一些儿童，在遇到困难的问题时，也要依靠这种思维方式。

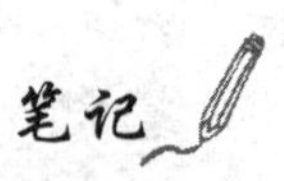

具体形象思维是依靠表象，即依靠事物的具体形象的联想进行的。幼儿思维的具体形象性还派生出幼儿思维的经验性、表面性、拟人化等特点。

2. **幼儿的抽象逻辑思维开始萌芽** 抽象逻辑思维是反映事物的本质属性和规律性联系的思维，是使用概括、通过判断和推理进行的。这是高级的思维方式。严格说来，学前期还没有这种思维方式，只有这种方式的萌芽。

前苏联的明斯卡娅(1954)曾研究了幼儿三种思维方式的关系和发展过程。她在实验中要求幼儿完成下述任务：把一套简单的杠杆连接起来，借以取得用手不能直接拿到的糖果，即找出物体之间简单的机械关系。上述任务用三种不同方式提出：第一种，是在实验桌上放有实物杠杆，使儿童能以直觉行动的方式解决问题；第二种，是在图画中画出有关物体的图形，使儿童没有利用实际行动解决问题的可能性，但可依靠具体形象进行思维；第三种，是既没有实物，也没有图片，只用口头言语布置任务，要求幼儿的思维在言语的抽象水平上进行。结果见表5-3。由结果可知，5～6岁开始，幼儿学会在词的水平上解决问题，即运用抽象逻辑思维。

表5-3 幼儿三种思维方式的比较

儿童的年龄	解决问题的能力(%)		
	直觉行动水平	具体形象水平	词的水平
3～4岁	55.0	17.5	0
4～5岁	85.0	53.8	0
5～6岁	87.5	56.4	15.0
6～7岁	96.3	72.0	22.0

3. **言语在幼儿思维中的作用增强** 言语在幼儿思维中的作用，最初只是行动总结，然后能伴随行动进行，最后才成为行动的计划。与此同时，思维活动起初主要依靠行动进行，后来才主要依靠言语来进行，并开始带有逻辑的性质。

幼儿中期，儿童往往是在解决问题过程中，一面做，一面说，语言和行动似乎总是不分离。幼儿在开始行动之后，通常只能很笼统地说出要拼什么东西。在行动过程中，用语言概括着每一个解决问题的动作，同时计划着下一步的行动，并且把每一次的零星结果去同他们面临的总任务对照一番。完成了动作以后的语言总是比动作开始以前要丰富些。

4. **幼儿思维活动的内化** 维果斯基提出，儿童思维起先是外部的、展开的，以后逐渐向内部的、压缩的方向发展。直观行动思维活动的典型方式是尝试错误，其活动过程依靠具体动作，是展开的，而且有许多无效的多余动作。这种外部的、展开的智力活动方式虽然能够初步揭露事物的一些隐蔽属性以及事物间的一些关系，但是这些隐蔽的属性和关系的展现，只是儿童行动的客观结果。在行动之前，儿童主观上并没有预定目的和行动计划，也不可能预见自己行动的后果。

(二)幼儿概念发展

1. **幼儿掌握概念的特点与方法** 儿童对概念的掌握并不是简单的、原封不动的接受，而是要把成人传授的概念纳入自己的经验系统中，按照自己的方式加以改造，这个过程是儿童按照自己的经验对客观世界的主动建构过程。

(1)幼儿掌握概念的特点：儿童对概念的掌握受其概括能力发展水平的制约。一般认为儿童概括能力的发展可以分为三种水平：动作水平概括、形象水平概括和本质抽象水平的概括，它们分别与三种思维方式相对应。幼儿期虽然能对一类事物的共同特征进行概括，但概括的水平是不高的，特别是小班儿童，他们所概括的特征大多是外部的、非本质的；逐

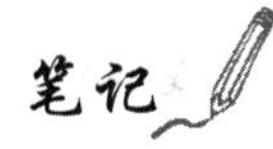

步过渡到，所概括的特征是外部的和内部的、非本质的和本质的混在一起；只有到了大班儿童，才开始能在知识经验所及的范围内根据事物的本质特征进行概括。

1）以掌握具体实物概念为主，向掌握抽象概念发展：并不是概念越具体，即概括的水平越低，儿童就越容易掌握。根据抽象水平，将儿童获得的概念分为上级概念、基本概念、下级概念三个层次。儿童最先掌握的是基本概念，由此出发，上行或下行到掌握上、下级概念。比如，“树”是基本概念，“植物”是上级概念，“松树”、“柳树”是下级概念。

2）掌握概念的名称容易，真正掌握概念困难：儿童掌握概念通常表现在掌握概念的内涵不精确，外延不恰当上。也就是说，儿童有时会说一些词，但不代表其能理解其中真正的含义。由于幼儿基本上是通过实例的方式来获得概念的，而成人又常常有意无意地从各种实例中选择一些儿童常见的并对某一概念具有代表意义的“典型实例”重点向儿童介绍，同时与概念的名称（词）相结合。这种做法固然有利于儿童较快地获得概念，但同时也可能起到一种消极的定势作用，使得概念的范围局限于“典型实例”，造成其内涵和外延的不准确。

（2）幼儿掌握概念的常用方法

1）分类法：在儿童面前随机摆好若干张画有他们熟悉的物品的画片（内含几个种类），让儿童把自己认为有共同之处的那几张放在一起，并说明理由。根据儿童图片分类的情况和说出的理由，了解其掌握概念的水平。

2）排除法：排除法实际是分类法的一种特殊形式。即在儿童面前放若干组图片，每组4～5张。其中有一张与其他几张是非同类关系，要求儿童将这一张找出来，并说明理由。用排除法调查的结果表明，幼儿往往是根据自己的日常生活经验和情感因素而非“类概念”去排除“不恰当”的一张。例如，在“老虎”、“人”、“马”、“车”的一组图片中，多数孩子拿掉的是“老虎”而不是“车”，因为他们认为“马可以拉车，人坐在车上，正好”，“老虎会吃人，咬伤马，不能放在一起”。

3）解释法（定义法）：即说出一个儿童熟悉的词（概念），请他加以解释。如请你说说“动物”这个词是什么意思。根据其解释的程度确定对该概念的掌握情况。

4）守恒法：这是由瑞士心理学家皮亚杰的守恒实验演绎过来的一种方法，目的在于了解儿童是否获得某些数学概念，或者所获得的概念是否具有稳定性。几种典型的守恒实验主要是数量守恒、长度守恒、液体质量守恒、面积守恒、体积守恒、重量守恒等。

2. 实物概念的发展 幼儿的实物概念更多地是从功能特征和形状特征上去认知。

幼儿掌握实物概念的一般发展过程是：

（1）小班儿童：实物概念的内容基本上代表儿童所熟悉的某一个或某一些事物。

（2）中班儿童：已能在概括水平上指出某一些实物的比较突出的特征，特别是功用上的特征。

（3）大班儿童：开始能指出某一实物若干特征的总和，但是还只限于所熟悉的事物的某些外部和内部的特征，而不能将本质和非本质特征很好地加以区分。

3. 数概念的发展 数概念和实物概念比较起来，是一种更加抽象的概念。掌握数概念，是指理解：①数的实际意义（“3”是指三个物体）；②数的顺序（如2在3之前，3在2之后，2比3小，3比2大）；③数的组成（如“3”是由1+1+1、1+2、2+1组成的）。

刘范（1979）的研究认为，幼儿数概念的发展需经历三个阶段：①对数量的动作感知阶段（3岁左右）；②数词和物体数量间建立联系的阶段（4～5岁）；③数的运算初期阶段（5～7岁）。林崇德（1980）的研究表明：儿童形成数概念，经历口头数数→给物说数→按数取物→掌握数概念四个发展阶段。2～3岁、5～6岁是儿童数概念形成和发展的关键年龄。

关于数概念发展的转折点，学界一般认为在5岁左右。到幼儿期末，儿童能学会20以内的加减运算，基数和序数概念都达到了一定的稳定性。对10以内的客体有了数量“守恒”。

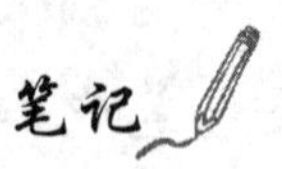

4. 类概念的发展 儿童的类概念有一个发展过程：从以物体的感知特点为依据进行分类，发展到以物体的功用为依据，进一步向以物体的本质属性为依据进行分类发展。从年龄特征上分析，4 岁以前基本不能分类，5 岁儿童主要按感知特点和具体情景分类，6、7 岁主要按物体的功用分类，并开始注意到物体的本质属性。例如，4 岁的孩子把茄子和葡萄放在一起“都是一样的颜色”，老虎和梨放在一起“都是黄色的，上面还有黑点点”(感知特点)。一些 5 岁的孩子把车和马放在一起“都是给人坐的”，把苹果和葡萄放在一起“因为它们都是生吃的”，把洋葱和茄子放在一起“它们做成菜才能吃”(功用)。6 岁的孩子已经知道前者是水果，后者是蔬菜。甚至少数近 7 岁的孩子把它们放在一起，“因为它们都是植物”。

维果斯基用一些大小、颜色、形状不同的“实验块”(几何体)，请儿童将它们分组。6 岁以上儿童只将单独的性质作为必需的、充分的依据，如颜色或形状。幼儿则不断改变标准，一会儿以形状，一会儿又以颜色或大小为分类基础。维果斯基称为“链概念”。

皮亚杰等人研究了儿童的实物分类，并提出幼儿不用分类学方法，而用主题分类。如把玩具猫和椅子放在一起，理由是猫喜欢坐在椅子上。

(三) 幼儿判断与推理的发展研究

1. 幼儿判断能力的发展 判断是概念和概念之间的联系，是事物之间或事物与它们的特征之间的联系的反映。

在幼儿期，判断能力已有初步的发展。表现出以下的特点：

(1) 以直接判断为主，间接判断开始出现：判断可以分为两大类，感知形式的直接判断和抽象形式的间接判断。一般认为直接判断并无复杂的思维活动参加，是一种感知形式的判断。而间接判断则需要一定的推理，因为它反映的是事物之间的因果、时空、条件等联系。幼儿以直接判断为主。他们进行判断时，常受知觉线索的左右，把直接观察到的事儿认为“汽车比飞机跑得快”，这是从直接判断来的结论，因为他说：“我坐在汽车里，看到天上的飞机飞得很慢”。7 岁前的儿童大部分进行的是直接判断，之后儿童大部分进行间接判断，6～7 岁判断发展显著，是两种判断变化的转折点。

(2) 判断内容的深入化：幼儿的判断往往只反映事物的表面联系，随着年龄的增长和经验的丰富，开始逐渐反映事物的内在、本质联系。幼儿初期往往把直接观察到的物体表面现象作为因果关系。例如，对斜坡上皮球滚落的原因，3～4 岁的儿童认为是“(球)站不稳，没有脚”。在发展的过程中，幼儿逐渐找出比较准确而有意义的原因。5～6 岁幼儿，开始能够按照事物的隐蔽的、比较本质的联系做出判断和推理。如前例中，这个年龄段的孩子会说：“球在斜面上滚下来，因为这儿有小山，球是圆的，它就没了。要是钩子，如果不是圆的，就不会滚动了。”

(3) 判断根据客观化：从判断的依据看，幼儿从以对待生活的态度为依据，开始向以客观逻辑为依据发展。幼儿初期常常不能按事物的客观逻辑进行判断，而是按照“游戏的逻辑”或“生活的逻辑”来进行。这种判断没有一般性原则，不符合客观规律，而是从自己对生活的态度出发，属于“前逻辑思维”。例如，3～4 岁的幼儿认为，球会滚下去、是因为“它不愿意待在椅子上”，或者是因为“猫会吃掉它”。

随着年龄的增长，幼儿逐渐从以生活逻辑为根据的判断，向以客观逻辑为根据的判断发展。

(4) 判断论据明确化：从判断论据看，幼儿起先没有意识到判断的根据，以后逐渐开始明确意识到自己的判断根据。幼儿初期的儿童虽然能够做出判断，但是他们没有或不能说出判断的根据，或以他人的根据为根据，如“妈妈说的”“老师说的”，他们甚至于并未意识到判断的论点应该有论据。随着幼儿年龄的发展，他们开始设法寻找论据，但最初的论据往往是游戏性的或猜测性的。

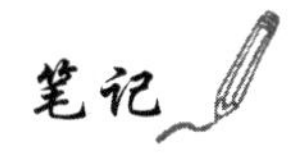

2. **幼儿推理能力的发展** 幼儿在其经验可及的范围内，已经能进行一些推理，但水平比较低，主要表现在以下几个方面：第一，抽象概括性差。儿童的推理往往建立在直接感知或经验所提供的前提上，其结论也往往与直接感知和经验的事物相联系。比如，幼儿看到红积木、黄木球、火柴棍漂浮在水上，不会概括出木头做的东西会浮的结论，而只会说："红的""小的"东西浮在水上。第二，逻辑性差。如对幼儿说："别哭了，再哭就不带你找妈妈了"，他会哭得更厉害，因为他不会推出"不哭就带你去找妈妈"的结论。幼儿常常不会按照事物本身的客观逻辑去推理判断，而是以自己的经验"逻辑"去思考。第三，自觉性差。幼儿的推理往往不能服从一定的目的和任务，以至于思维过程时常离开推论的前提和内容。例如，当研究者问："一切果实里都有种子，萝卜里面没有种子，所以萝卜……（怎么样？）"有的儿童立即回答说："萝卜是根""萝卜是长在地上的"。答案完全不受两个前提之间，甚至一个前提本身的内在联系所制约。

第三节 幼儿言语的发展

幼儿期是儿童言语不断丰富的时期，是熟练掌握口头言语的关键时期，也是从外部言语逐步向内部言语过渡并初步掌握书面言语的时期。

幼儿言语发展的主要表现是：

一、语音的发展

学龄前儿童的语音发展迅速，特别是3～4岁期间发展最为迅速。一般来说，这个时期儿童已能掌握本民族、本地区语言的全部语音，而且3、4岁后发音渐趋方言化。

（一）发音的正确率随年龄的增长而不断提高

幼儿的发音正确率随着年龄的增长而不断提高，错误率随着年龄的增长而不断降低。幼儿发音错误的音素大多是辅音中的翘舌音和齿音。

（二）3～4岁为语音发展的飞跃期

幼儿学习语音的过程先后有两种不同的趋势，3～4岁之间的幼儿处于语音的扩展阶段，易于学会各民族语音；在此之后，幼儿学习语音逐渐趋向收缩。儿童掌握母语（包括方言）的语音后，再学习新的语音时，出现困难，年龄越大，这种困难越大。4岁以后，幼儿的言语发音机制已经按本民族或当地语言习惯开始稳定，已局限于掌握本民族或本地语音，他们逐渐能掌握自己的发音器官，区别差异微小的语音。

（三）幼儿对韵母的发音较易掌握，正确率高于声母

大部分幼儿，特别是4岁以后，都能正确掌握韵母，而对声母的发音正确率稍低。

（四）逐渐出现对语音的意识

对语音的意识主要在幼儿4岁以后。表现在幼儿对成人的发音感兴趣，喜欢纠正、评价别人的发音。并且对自己的发音也很注意，会主动发出一些特别的语音，引出别人的注意，对他人批评或纠正自己的语音会生气。

二、词汇的发展

（一）词汇数量的增加

幼儿期是一生中词汇数量增加最快的时期。关于幼儿词汇量的发展有许多研究，不同国家研究的结果稍不一致，但个体词汇发展数量总趋势是相同的。一般来说，幼儿的词汇量呈直线上升的趋势（表5-4），3～4岁词汇量的年增长率最高。7岁幼儿的词汇量大约是3岁幼儿的词汇量的4倍。

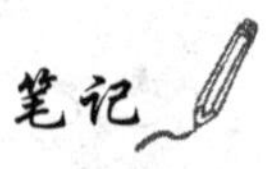

表 5-4 幼儿词汇量发展的比较

年龄（岁）	德国		美国		日本		中国	
	词量	年增长率（%）	词量	年增长率（%）	词量	年增长率（%）	词量	年增长率（%）
3	1000～1100		896		886		1000	
4	1600	52.4	1540	71.9	1675	89	1730	73
5	2200	37.5	2070	34.4	2050	22.4	2583	49.3
6	2500～3000	15.9	2562	23.8	2289	11.7	3562	37.9

（资料来源：林崇德. 发展心理学. 2 版. 北京：人民教育出版社，2009）

（二）词汇内容的丰富化和抽象化

国内外有关研究（朱曼殊等，1986；史慧中等，1989）表明，幼儿词汇的内容涉及其日常生活的各个方面。幼儿的常用名词包括人物称呼、身体、生活用品、交通工具、自然常识、社交、个性、时间、空间等概念。幼儿使用的形容词包括物体特征的描述，动作的描述，表情、情感的描述，个性品质的描述，事件、情境的描述等。

幼儿经常使用词汇是与他们日常生活关系最密切的，描述能够直接感受或观察到的事物、现象的词汇。从幼儿掌握词汇以后，如 3 岁后，幼儿的词汇抽象水平开始发生并形成，词的抽象性和概括性的增加使幼儿有了进行初步抽象思维的可能性。

（三）词类范围的扩大

词汇有实词与虚词之分，按词性可分为 11 类（表 5-5）。有关幼儿词类的研究表明，幼儿先掌握的是实词，其中最先掌握的是名词，其次是动词，再次是形容词；虚词如连词、介词、助词、语气词等，幼儿掌握得较晚，数量也较少，没有明显增加。

表 5-5 学龄儿童各类词汇量一览表

类别	3～4 岁		4～5 岁		5～6 岁	
	数量	百分比	数量	百分比	数量	百分比
名词	935	54.1	1446	56.0	2049	57.5
动词	431	24.96	579	22.4	725	20.4
形容词	204	11.8	308	11.92	382	10.7
代词	18	1.0	22	0.89	25	0.7
量词	28	1.7	46	1.78	70	1.96
数词	53	3.1	114	4.4	225	6.34
副词	24	1.3	28	1.1	40	1.1
助词	14	0.8	14	0.5	14	0.4
介词	10	0.5	12	0.47	16	0.45
连词	6	0.34	7	0.27	9	0.24
叹词	7	0.4	7	0.27	7	0.21
合计	1730	100.00	2583	100	3562	100.00

（资料来源：史慧中. 3～6 岁儿童语言发展与教育. 见：朱智贤. 中国儿童青少年心理发展与教育. 北京：中国卓越出版有限公司，1990）

幼儿的思维水平决定着幼儿语言的发展，同时语言水平的提高也促进了幼儿思维水平的提高。名词、动词、形容词反映事物及其属性，幼儿较易掌握。副词比较抽象，幼儿掌握较难。虚词反映事物之间的关系，因此，幼儿掌握起来就更困难。不过幼儿已经可以掌握各种最基本的词类。

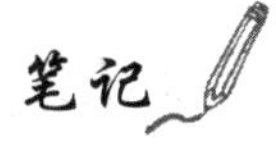

（四）积极词汇的增长

积极词汇指儿童既能理解又能正确使用的词汇；消极词汇指不能理解，或者有些理解却不能正确使用的词汇。

儿童对词义的理解水平有限，会出现很多错误语句。在幼儿阶段，当儿童词汇贫乏或词义掌握不确切时，还有一种“造词现象”。

幼儿对词义的理解有时失之过宽，比如将许多小动物都叫“小狗狗”；有时失之过窄，例如把“粗”说成“胖”，把“水果”与“桃子”当作同级概念等。随着幼儿年龄的增长，对词义的理解逐渐准确和加深，他们不仅能够掌握词的一种意义，而且能掌握词的多种意义，不仅能掌握词的表面意义，而且能掌握词的转义。幼儿运用词汇的错误就越来越少了。这是当儿童词汇贫乏，词义掌握不确切时出现的暂时现象。当幼儿确切地掌握了有关的词义时，这种现象就会逐渐消失。

三、语法的掌握

在婴幼儿期，个体通过内隐学习轻松地掌握本民族的语法。按乔姆斯基语言生成理论，则是遗传的结果。幼儿语法结构的发展有如下趋势：

（一）从简单句到复合句

幼儿主要使用简单句。随着年龄的增长，2 岁以后，单词句所占比例明显下降，幼儿使用复合句的比例逐渐增加。简单句中复杂谓语句比例也有上升；另外，句子明显加长，言语表达的内容也有发展。从数量上看，5 岁时复合句数量有显著的增长，而简单句变化不大。

（二）从陈述句到多种形式的句子

儿童最初掌握的是陈述句，到幼儿期，疑问句、祈使句、感叹句等也逐渐增加（表 5-6）。但对某些较复杂的句子尚不能完全理解，如双重否定句和被动句。

表 5-6　幼儿陈述句与非陈述句的比较

	陈述句		疑问句		祈使句		感叹句	
	抚顺资料	北京资料	抚顺资料	北京资料	抚顺资料	北京资料	抚顺资料	北京资料
3～3.5 岁	76.7	70.8	8.8	8.4	9.6	11.6	4.1	9.3
3.5～4 岁	65.3	72.2	12.4	10.4	10.3	9.7	11.8	7.7
4～5 岁	65.3	66.5	13.8	12.7	10.3	10.3	10.6	9.9
5～6 岁	66.3	65.1	15.8	13.4	8.6	13.9	9.3	7.6

（资料来源：张向葵，刘秀丽．发展心理学．沈阳：东北师范大学出版社，2002）

（三）从无修饰句到有修饰句

儿童最初的简单句话语中，是没有修饰语的，以后便出现了简单修饰语和复杂修饰语。朱曼殊等的研究（1979）表明，2 岁儿童句子中有修饰语的仅占 20% 左右，3.5 岁儿童已达 50% 以上，到 6 岁时上升到 91.3%。

四、口语表达能力的发展

幼儿是一个积极的谈话者。在幼儿期，口语发展迅速，从独白到对话言语形式，儿童都表现出有强烈的表达欲望。

（一）从对话言语逐渐过渡到独白言语

3 岁前，儿童与成人的言语交际往往仅限于回答成人提出的问题，有时也向成人提出一些问题或要求，所以主要是对话言语。到了幼儿期，随着儿童活动的发展，儿童的独立性大大增强，在与成人的交际中，他们渴望把自己经历过的各种体验、印象等告诉成人，这样就

促进了幼儿独白言语的发展。一般到幼儿晚期，儿童就能较清楚地、系统地、绘声绘色地讲述一件他曾看过或听过的事件或故事了。

在游戏过程中，2 岁至 3 岁半的幼儿之间的对话基本上是“双方独白”，有对话的形式，但是幼儿之间的对话内容没有关联，类似于俗语“鸡同鸭讲”。不关心对方说什么。在幼儿期，幼儿会试着校准对话信息，以配合听者和背景。幼儿会针对没有抓住对话重点的听者，提供较为详细的信息，说明幼儿已经敏感地意识到听者是否把握清晰的信息是非常重要的。

（二）从情境性言语过渡到连贯性言语

3 岁以前幼儿的言语表达具有情境性特点，往往想到什么说什么，缺乏条理性和连贯性，言语过程夹着丰富的表情和手势，听话人要边听边猜才能明白。随着年龄增长，情境言语的比重逐渐下降，连贯言语的比重逐渐上升。范存仁等（1962）的研究表明，4 岁儿童情境言语占 66.5%；6 岁儿童占 51%；4 岁儿童连贯言语占 33%；6 岁儿童占 49%。连贯言语的发展使幼儿能够独立、完整、清楚地表达自己的思想和感受，也为独白言语打下了基础。

连贯言语和独白言语的发展是儿童口语表达能力发展的重要标志。口语表达能力的发展既有利于内部言语的产生，也有助于儿童思维能力的提高。

因此，这一阶段家长和教师应创设良好环境，通过游戏、聚会等方式促进幼儿与其他人进行社会交往，以提高幼儿的口语表达水平。

第四节　幼儿游戏的发展

一、游戏理论

幼儿每天生活中的基本内容是游戏活动（play），俗称“玩儿”，即便在正常吃饭、学习过程中，也会玩儿。成人后，人们也需要游戏。

（一）传统的游戏理论

19 世纪发展出了许多有影响的儿童游戏理论。

1. **复演说**　美国心理学家霍尔（Hall）提出了“复演说”，他认为，游戏是远古时代人类祖先的生活特征在儿童身上的重演，也就是说儿童的游戏活动反映了从史前的人类祖先到现代人的整个进化过程。这在很大程度上受到了达尔文“进化论”思想的影响。他认为儿童通过游戏引起的快感的大小，往往和遗传的时代远近及力量强弱成正比，我们对某一种游戏感兴趣是因为它能接触、复活人类深切的、根本的情绪。比如儿童喜欢爬树、爬高，喜欢小动物，喜欢采集果实，喜欢攻击他人，过家家等。而读书则被认为是复制现代文明。儿童在游戏中要根除“史前状态的动物残余”，让个体摆脱原始的、不必要的本能动作，为当代复杂的活动做准备。这个理论假设似乎也能解释有些成年人喜欢较原始的生活方式的游戏。

2. **精力过剩说**　德国思想家席勒（Schiller）和英国哲学家斯宾塞（Spencer）提出，游戏是儿童借以发泄体内过剩精力的一种方式，以使身心达到平衡。当儿童剩余精力越多，则其游戏就越多。这个理论能解释儿童“睡前疯”这种现象，儿童需要将剩余精力发泄完后，才能安静入睡。但是不能解释为什么当人很疲劳的时候，人还会通过游戏来达到休息。

3. **生活准备说**　德国心理学家、生物学家格罗斯（Gross）认为游戏是对未来生活的一种本能的准备，即“预演说”。儿童具有学习适应后天社会生活的本能，儿童把游戏看成是一种对未来生活的准备，他们在游戏中练习着未来所需要的各种生活技能。如女孩玩过家家，玩娃娃，为做人母做准备；而男孩玩打仗、玩户外的游戏、为做人父、做男子汉做准备。

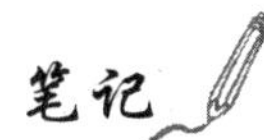

4. **成熟说**　荷兰生物学家、心理学家博伊千介克（Buytenclijk）则正好与格罗斯相反，认

为游戏不是本能，而是一般欲望的表现。认为游戏是获得自由、发展个体主动性、适应环境三种欲望所引发的。引起游戏的三种欲望是：排除环境障碍获得自由，发展个体主动性的欲望；适应环境与环境一致的欲望；重复练习的欲望。游戏的特点与童年的情绪性、模仿性、易变性、幼稚性相近。比如在童年时，个体都好幻想，喜欢童话故事，这是排除环境障碍的游戏欲望；而反复地玩一种游戏是为了更好地掌握这种游戏技能，更好地适应其他伙伴需要。游戏绝不是无目的的。

5. **娱乐 - 放松说** 德国拉扎鲁斯 - 帕特瑞克（Lazarus-Patric）的“娱乐 - 放松说”认为儿童游戏不是发泄过剩精力，而是源于机体的放松需要，是为了恢复精力的一种方式。体力劳动使人肌肉紧张，通过游戏能使人放松，达到休息的目的。如果游戏的基本作用是帮助人们从工作的压力中解放出来，是精力得到恢复，那么不工作的儿童为什么也要游戏？

6. **机能快乐说** 奥地利心理学家彪勒夫妇（K.BÜhle 和 C.BÜhle）强调儿童通过游戏获得机体的满足。比如，儿童是好动的，因为他想活动他的肢体。如果一个人长时间让手一动不动，就会感觉想活动活动。一个人耳朵听的只是上课的声音，就想听一听音乐来让听觉感官快乐一下。游戏不过是让个体的身体功能愉悦。

19 世纪形成的诸多的理论都有一个明显倾向，即坚持从先天的、本能的、生物的标准去看待游戏，而很少提到游戏的社会本质。经典游戏理论奠定了日后现代游戏理论发展的基础，但是只能对一小部分游戏行为作解释，不能解释儿童游戏的全部行为。

（二）现代游戏理论

1. **精神分析理论** 弗洛伊德认为个体在进行游戏时，体验着潜意识的作用，每一个人的游戏都是补偿现实生活中不能满足的愿望和克服创伤性事件的手段。在游戏过程中，能使儿童暂时逃脱现实的强制和约束，发泄在现实中不被接受的危险冲动，缓和心理紧张、发展自我力量，以实现生活中不能实现的愿望。

例如，儿童喜欢把堆高的积木推倒，就是克服自己在走路过程中跌倒的创伤；儿童过家家，是为了达到以父母角色自居；儿童很喜欢神话中的小人物突然变大，如孙悟空，因为那是他内心潜意识里也想让自己突然变大的缘故。

埃里克森则从新精神分析的角度解释游戏，认为游戏是情感和思想的一种健康的发泄方式。在游戏中，儿童可以“复活”他们的快乐经验，也能修复自己的精神创伤。这一理论已被应用于投射技术和箱庭心理治疗。

2. **认知动力说** 皮亚杰（Piaget）在认知发展的总体框架中考察儿童游戏，他认为游戏是儿童智力活动的一方面，是儿童智力发展的一种手段。儿童在游戏时并不发展新的认知结构，而是努力使自己的经验适合于先前存在的结构，即同化。在皮亚杰看来，儿童的所谓淘气行为，基本上是儿童的游戏行为，也就是认识行为。

幼儿智力的不同阶段决定了幼儿的游戏水平和内容。在感知运动阶段，儿童通过身体动作和摆弄、操作具体物体来进行游戏，称为练习游戏。在前运算阶段，儿童发展了象征性功能（语词和表象）就可以进行象征性游戏，他能把眼前不存在的东西假想为存在的。以后，可以进行简单的有规则的游戏。真正的有规则游戏出现在具体运算阶段。儿童的游戏是分阶段的，凡是过了这个年龄段的游戏，儿童都不喜欢玩了，因为他已经掌握了。

3. **学习理论** 美国心理学家桑代克（Thorndike）认为游戏也是一种学习行为，遵循效果律和练习律，受到文化和教育要求的影响。各种文化和亚文化对不同类型行为的重视和奖励，其差别将体现在不同文化的儿童的游戏中。班杜拉认为，在学习的过程中，人类不断地进行模仿，在儿童的游戏过程中，他们模仿成人的社会活动，在游戏中他们学会既坚持自己的权利，同时又服从游戏团体中的要求。儿童的许多行为都是通过对现实的或象征的榜样行为的模仿而获得的。

4. **维果斯基的游戏理论** 维果斯基(Vygotsky)认为游戏是一种高度的动机行为，当在儿童的发展过程中，出现了大量的超出其实际能力的、不能立即实现的愿望或问题时，就产生了游戏。为了解决愿望与现实之间的矛盾，儿童会借助于想象的、虚构的行为方式来满足自己的需要，游戏的实质是愿望的满足。他将儿童游戏看成是“自发型教学”，把学校教育看作是“反应型教学”。游戏中，儿童的表现总是超出他们的实际年龄，高于他们日常生活的表现，所以游戏创造了儿童的最近发展区。儿童的心理在游戏中达到最高水平。

5. **贝特森元交际游戏理论** 英国人类学家贝特森(G.Bateson)认为，人类的交际包含两种类型：一种是意义明确的言语交际，另一种是意义含蓄的交际，即元交际(meta-communication)，表现为不用言传只是意会的形式。儿童在游戏时往往通过动作、表情传递着一种隐含的信息：“这是游戏”。游戏中的交际是一种充满着隐含意义的元交际。游戏的元交际特征对儿童来说，意味着理解游戏与游戏情景之间的关系。例如，儿童玩“医生”的游戏，并不是在学习如何做医生，也不是在学习某个特定的角色或掌握特定的行为方式，而是在学习关于角色的概念，在区分一种角色与其他角色的不同，了解行为方式与行为背景(如角色与其相应的行为方式，游戏与游戏情景)之间的制约关系。

6. **伯莱因和埃利斯的激活游戏理论** 激活游戏理论(arousal-seeking theory of play)又称觉醒理论，是由英国心理学家伯莱因(D.E.Berlyne)提出，后经埃利斯(M.J.Allis)等人进一步发展。他们认为游戏是一种内在动机性行为，游戏能维持中枢神经系统的最佳激活水平。动物研究表明，老鼠为了探索具有新颖性的迷宫，宁肯离开安全而熟悉的巢穴，即使受到电刺激，也要实现这种探索。给刚出生不久的小婴儿看各种花样的图片，结果发现他们花更多的时间注视图案更复杂的图片。因此，人们认为，机体不仅有食物、睡眠、性等需要，还有探索、寻求刺激、理解等需要。这样就导致了活动内驱力、探索内驱力的说法。

觉醒理论有两个最基本的观点：①环境刺激是觉醒的重要源泉。新异刺激除了对学习提供不可缺少的线索作用之外，还可能激活机体，从而改变机体的驱动力状态。②机体具有维持体内平衡过程的自动调节机制。中枢神经系统能够通过一定的行为方式来自动调节觉醒水平，从而维持中枢神经系统最佳觉醒水平。

二、游戏种类

(一) 按游戏的主体性分为：主体性游戏和客体性游戏

儿童游戏从主客体角度，可分为主体性游戏和客体性游戏。主体性游戏是指儿童能改变游戏的规则、内容和结果的游戏。比如玩沙子、水、积木、泥、绘画，或者自己发明的游戏等。客体性游戏是指儿童对游戏的对象、内容不能加以影响或改变的，如玩汽车、枪、拍球等。在客体性游戏中，儿童也可以发挥自己的主体性，如主动把玩具汽车拆了，这就完成了主体性游戏。主体性游戏更能实现儿童的自我发展，更能促进智力开发。

(二) 按游戏目的分为：创造性游戏、教学游戏和活动性游戏

1. **创造性游戏** 这是由儿童自己想出来的游戏，目的是发展儿童的主动性和创造性。其中角色游戏是幼儿通过扮演角色，以模仿和想象创造性地反映周围的生活；建筑性游戏是利用积木、积塑、砂、石等材料建造各种建筑物，从而发展幼儿的设计创造才能。

2. **教学游戏** 教学游戏是结合一定的教育目的而编制的游戏。利用这类游戏，可以有计划地增长儿童的知识，发展儿童的言语能力，提高儿童的观察、记忆、注意和独立思考的能力。

3. **活动性游戏** 活动性游戏是发展儿童体力的一种游戏。这类游戏可使儿童掌握各种基本动作，如走、跑、跳、攀登、投掷等，从而提高儿童的身体素质并培养勇敢、坚毅、合作、关心集体等个性品质。

三、游戏对幼儿身心发展的意义

（一）发展幼儿的体能

儿童在游戏中经常运动着，这对于促进幼儿的血液循环、新陈代谢有好处，跑跳类的游戏还能促进运动功能的协调，增强他们的体力和免疫力。在游戏中，儿童与外界环境的互动，接受更多的新刺激，能促进他们反应迅速和敏锐。

（二）发展幼儿的智力

在游戏中，幼儿的注意力、观察力、判断力、想象力都会得到激发和促进，没有智力的参与，游戏就很难有趣。儿童通过游戏学会了许多概念和事物。如玩积木，能了解许多几何体的感性知识。而在同伴合作游戏中，特别是角色扮演类游戏，能促进儿童学会许多社会规则，促进其社交智力、语言能力等多方面的发展。

美国心理学家邓思克（J.L.Dansky）在自由游戏的时间里，对4岁孩子的游戏情况进行观察，把被观察的幼儿分为两组，一组为游戏者，指玩象征性游戏超过25%（在研究者观察的时间段内），一组为非游戏者，指玩象征性游戏的时间少于5%。10分钟后，对两组幼儿进行发散思维测验，结果表明游戏者组得分显著高于非游戏者组。

（三）发展幼儿的社会性

游戏使儿童能认识到人与人是不同的，从不同性格的同伴那里，能获得对自己的认识和评价，也学会理解和知觉他人的情绪和想法，学会分享、公正、自律、诚实、审美等道德行为和观点，促进他们的个性社会化。在扮演角色类游戏中，儿童通过游戏本身来理解社会角色的实际含义，进而来了解社会关系。儿童在游戏中的交往不仅表现在协同行为上，也体现在协同困难发生争吵的时候。这种争吵一般说来没有敌意，只是由于动作不协调或争夺玩具而引起的，往往是好朋友容易争吵。这种争吵实际上是一种心理接触时撞击出来的火花，通过争吵，儿童可以学会如何坚持自己的意愿和如何接纳别人的意见，最终达到掌握协调的能力。

（四）促进幼儿自律行为产生

皮亚杰从儿童认知发展的角度认为，7～12岁左右的儿童，游戏是在相互约定的规则下进行的，如打球、下棋、玩弹子、打扑克等。当儿童的思维发展达到能破除“自我中心化”后，即儿童能站在他人的立场来看问题时，就能学会用别人的观点来校正自己的观点，促进自律行为的产生。

第五节　幼儿感情的发展

个体的情绪情感在婴儿期已经获得很大的发展，但是到了幼儿期后，随着其生理成熟、语言交往能力提升以及生活范围的扩大，幼儿的情绪更加丰富和成熟；情绪的掩饰和调整策略更成熟，对自己和他人的情绪理解力提高了。幼儿已经能较好地表达其情绪。幼儿情绪的发展趋势主要有三个方面：社会化、丰富和深刻化、自我调节化。

一、幼儿情绪情感发展的特点

（一）情绪情感的社会化

1. **情绪中社会性交往的成分不断增加**　儿童最初出现的情绪是与生理需要相联系的，随着年龄的增长，情绪逐渐与社会性需要相联系。社会化成为儿童情绪情感发展的一个主要趋势。

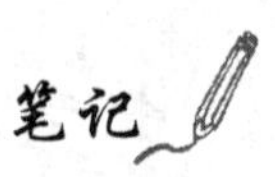

2. **引起情绪反应的社会性动因不断增加**　3～4岁幼儿，情绪的动因从主要为满足生理

需要向满足社会性需要过渡。在中大班幼儿中，社会性需要的作用越来越大。幼儿非常希望被人注意，为人重视、关爱，要求与别人交往。与人交往的社会性需要是否得到满足及人际关系状况如何，直接影响着幼儿情绪的产生和性质。

3. **表情的社会化** 儿童表情社会化的发展主要包括两个方面：一是理解（辨别）面部表情的能力；二是运用社会化表情手段的能力。

（1）理解（辨别）面部表情的能力：小班的幼儿已经能够辨认别人高兴的表情，对愤怒表情的识别，则大约在幼儿园中班开始。

（2）运用社会化表情的能力：随着年龄的增长，儿童解释面部表情和运用表情手段的能力都有所增长。一般而言，辨别表情的能力高于制造表情的能力。

（二）情绪情感的丰富和深刻化

1. 丰富

（1）情绪过程越来越分化：这一点在前面的情绪的分化中已经涉及，刚出生的婴儿只有少数的几种情绪，随着年龄的增长不断分化、增加。

（2）情感指向的事物不断增加：有些先前不能引起儿童体验的事物，随着年龄的增长，也引起了情感体验。例如，2～3 岁年幼的儿童，不太在意小朋友是否和他一起玩；而对 3～6 岁的幼儿来说，小朋友的孤立、排挤以及成人的不理，特别是误会、不公正对待、批评等，会使幼儿非常伤心。

2. **深刻化** 所谓情感的深刻化是指指向事物的性质的变化，从指向事物的表面到指向事物更内在的特点。幼儿情感的深刻化，与其认知发展水平有关。根据与认知过程的联系，情绪情感的发展可以分为以下几种水平：

（1）与感知觉相联系的情绪情感：与生理性刺激联系的情绪，多属此类。例如，婴儿听到刺耳的声音或身体突然失控，都会引起痛苦或恐惧。

（2）与记忆相联系的情绪情感：陌生人表示友好的面孔，可以引起 3～4 个月婴儿的微笑，但对于 7～8 个月的婴儿，则可能引起惊奇或恐惧。这是因为前者的情绪尚未和记忆相联系，而后者则已有记忆的作用。没有被火烧灼过的婴儿，对火不产生害怕情绪，而被火烧灼过的儿童，则会产生害怕情绪。儿童的许多情绪都是条件反射性质的，也就是和记忆相关联的情绪。

（3）与想象相联系的情绪情感：2、3 岁以后的儿童，常常由于被告知蛇会咬人、黑夜有鬼等，而产生怕蛇、怕黑等情绪，这些都是和想象相联系的情绪体验。

（4）与思维相联系的情绪情感：5～6 岁的幼儿理解到病菌能使人生病，从而害怕病菌；理解苍蝇能带来病菌，于是讨厌苍蝇。这些惧怕、厌恶的情绪，是与思维相联系的情绪。

幽默感是一种与思维发展相联系的情绪体验。3 岁儿童看到鼻子很长的人，眼睛在头后面的娃娃都报之以微笑。这是儿童理解到“滑稽”状态，即不正常状态而产生的情绪表现。幼儿会开玩笑，即出现幽默感的萌芽，是和他开始能够分辨真假相联系的。

（5）与自我意识相联系的情绪情：感受到别人的嘲笑会不愉快，对活动的成败感到自豪、焦虑，对别人的怀疑和妒忌等，都属于与自我意识相联系的情感体验。这种情感的发生，更多地决定于主观认知因素，而不取决于事物的客观性质。

（三）情绪情感的自我调节化

从情绪的进行过程看，其发展趋势是越来越受到自我意识的支配。随着年龄的增长，婴幼儿对情绪过程的自我调节越来越强。这种发展趋势主要表现在三个方面：

1. **情绪的冲动性逐渐减少** 随着幼儿大脑的发育及语言的发展，情绪的冲动性逐渐减少。幼儿对自己情绪的控制，起初是被动的，即在成人要求下，由于服从成人的指示而控制自己的情绪。到幼儿晚期，对情绪的自我调节能力才逐渐发展。成人经常不断的教育和要

笔记

求，以及幼儿所参加的集体活动和集体生活的要求，都有利于逐渐养成控制自己情绪的能力，减少冲动性。

2. **情绪的稳定性逐渐提高** 婴幼儿的情绪不稳定，与其情绪情感具有情境性有关。婴幼儿的情绪常常被外界情境所支配，某种情绪往往随着某种情境的出现而产生，又随着情境的变化而消失。例如，新入园的幼儿，看着妈妈离去时，会伤心地哭，但妈妈的身影消失后，经老师引导，很快就愉快地玩起来。如果妈妈从窗口再次出现，一旦被幼儿发现，又会因为找妈妈而哭闹，再次引起幼儿的不愉快情绪。

幼儿晚期情绪比较稳定，情境性和受感染性逐渐减少，这时期幼儿的情绪较少受一般人感染，但仍然容易受亲近的人，如家长和教师的感染。

3. **情绪情感从外显到内隐** 随着言语和幼儿心理活动有意性的发展，幼儿逐渐能够调节自己的情绪及其外部表现。儿童调节情绪外部表现的能力比调节情绪本身的能力发展得早。往往有这种情况，幼儿开始产生某种情绪体验时，自己还没有意识到，直到情绪过程已在进行时，才意识到它。这时幼儿才记起对情绪及其表现应有的要求，才去控制自己。幼儿晚期，能较多地调节自己情绪的外部表现，但其控制自己的情绪表现还常常受周围情境的左右。

二、幼儿情绪认知和情绪调节策略的发展

（一）幼儿情绪认知的发展

幼儿的情绪认知包括诸如对各种基本情绪的面部表达的识别、对情绪标签的使用、对情绪表达规则的认知以及对情绪产生的因果认知等。

在面部表情辨别任务中，对高兴这种最基本的原始情绪认知发展最早，即使是小班幼儿都能辨认，其次对生气的认知也很好，再次是对伤心的认知，对吃惊和害怕的认知则较差，对厌恶的认知最差。美国学者 Widen 和 Russel（2003）发现，绝大多数 3 岁儿童能对高兴、生气、难过等情绪的面部表达给出正确的情绪标签，他们对情绪标签的使用表现出一个系统的顺序：对高兴、愤怒以及生气等使用得较早，对害怕、惊奇以及恶心等的使用出现得要晚一些，4 岁幼儿的还在半数以下。美国心理学家 Saarni（1984）为了了解儿童情绪表达规则的知识，研究了 6、8、10 岁三个年龄层的儿童，研究方法为描述有关社会表达规则的简单故事，儿童收到不满意的礼物，要求儿童选择适宜的表情图片。研究结果发现，年龄的差异性很明显，10 岁比 6 岁或 8 岁儿童表现出更多诡异复杂的情绪。美国 Cassidy 等人（1992）让儿童谈论自己、父母和同伴的情绪，“为什么你 / 他会感到某种情绪？”，结果表明，5～6 岁的儿童已经能够对自己和他人的情绪体验给出合理的解释。美国 Fabes 等人（1991）的研究表明，相比积极情绪，儿童对消极情绪产生的原因更能够稳定识别。

（二）幼儿情绪调节策略的发展

幼儿的情绪调节策略表现在情绪的抑制、维持和掩饰等方面。幼儿期，儿童可以自如地谈论自己的感受，父母和其他人会帮助儿童应对消极的情绪，将他们的注意力从不愉快的情境中转移开。如给正打针的孩子一个玩具熊玩。2～6 岁期间，儿童会越来越好地应对自己不愉快的情绪冲动。通过想象来压制那些不高兴的事情，如妈妈走了，但是她很快会回来的。

有效的情绪调节也能维持和加强个体的感受而不抑制，如受到别人攻击时的愤怒情绪，就需要加强；还有对自己成就的自豪感等。3 岁以上的儿童，开始显示出掩饰真实感受的能力。但掩饰水平很低，父母很容易就能看出来，随着智力的提高，掩饰水平会越来越好。但是基本上还是不能欺骗大人。从幼儿能够演戏可以看出，他们能主动地掩饰自己的感情。

除了处理不愉快情绪的调节策略需要掌握外，幼儿要应付不同年龄阶段的不断变化的

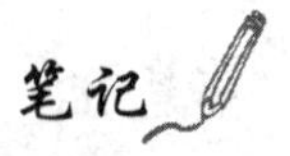

恐惧对象。例如2～6岁之间大部分孩子会害怕动物、黑暗、与父母分离，到6岁时更加害怕超自然物体、黑暗、无人陪伴地独自一个待着等。幼儿的恐惧主要来自于他们丰富的想象以及他们混淆外表与真实的倾向。恐惧当然也会来自于个人的经验或听到的故事。如经历过被车撞的孩子会害怕过街或者怕车。

三、幼儿社会性情感的发展

（一）幼儿道德发展理论

1. 皮亚杰的儿童道德判断研究 皮亚杰是首先有计划、系统地研究儿童道德判断问题的心理学家。皮亚杰为儿童道德发展的认知研究奠定了坚实的基础。皮亚杰与他的合作者创立了"临床法"(clinical method)，以此来研究儿童对规则的意识和道德判断的发展问题。采用"对偶故事法"，考察了儿童对游戏规则的认识和执行情况，对过失和说谎的道德判断以及儿童的公正观念等方面的问题。

根据研究结果，皮亚杰概括出儿童道德认识发展的3个阶段：

第一阶段：前道德阶段。此阶段大约出现在4～5岁以前。处于前运算阶段的儿童的思维是自我中心的，其行为直接受行为结果支配。因此，这个阶段的儿童还不能对行为做出一定的判断。

第二阶段：他律道德阶段或道德实在论阶段。此阶段大约出现在4、5岁到8、9岁之间，以学前儿童居多。儿童的道德认知呈现以下特点：①儿童认为规则是由权威给予的，是绝对的、固定不变的；②在评定是非时，总是抱极端态度，非此即彼；③判断行为的好坏完全根据行为的后果，而不是行为意图。

第三阶段：自律道德阶段或道德相对论阶段。自律道德始自9、10岁以后，大约相当于小学中年级。此阶段的儿童，不再盲目服从权威，他们认为规则不是绝对的，可以怀疑，可以改变；判断行为时，不只考虑行为的后果，还考虑行为动机。个体的道德发展达到自律水平，是与其认知能力发展齐头并进的。

2. 柯尔伯格的道德发展阶段 劳伦斯•柯尔伯格(L.Kohlberg)采用一系列道德两难故事来研究儿童道德的发展，其中最著名的是"海因茨偷药救妻"的故事。儿童对两难故事中的问题既可作肯定回答，又可作否定回答。柯尔伯格真正关心的不是儿童做出哪一种回答，而是儿童证明其回答时提出的理由。因为在柯尔伯格看来，儿童提出的理由是根据其清晰的内部逻辑结构而来的，所以据此就能确定出儿童的道德判断水平(表5-7)。

柯尔伯格采用纵向法，连续测量记录72个10～26岁男孩的道德判断，达10年之久。从而提出了他的三水平6阶段道德发展理论：

第一水平：前习俗水平。大约在学前至小学低中年级阶段。此水平又分两个阶段：

第1阶段：惩罚和服从取向。判断行为的好坏主要根据结果，凡不受到惩罚的和顺从权威的行动都被看作是对的。一个行为造成的伤害越大，或者受到的惩罚越严厉，这个行为就越坏。

第2阶段：天真的利己主义。遵从规则是为了获得奖赏，或者实现个人目的。他们开始在一定程度上考虑别人的观点，但是最终是希望能够获得回报。

第二水平：习俗水平。大约自小学高年级开始，此水平又分两个阶段：

第3阶段："好孩子"定向。道德行为是为了获得别人的认可、让他人喜欢或者对他人有帮助的好的行为。判断行为会考虑他人的意图，"良好的意图"是非常重要的。

第4阶段：法律和秩序取向。在这个阶段，个体开始考虑普通大众的观点，即反映在法律中的社会意志。个体认为，服从法律和社会规则的事情就是正确的。遵守规则不是害怕惩罚，而是基于应该服从法律和规则以维持社会秩序的信念。

笔记

第三水平：后习俗水平。大约自青年末期接近人格成熟时开始。此水平又分两个阶段：

第5阶段：社会契约定向。个体将法律看作是表达大多数人意愿的工具，人人都有义务遵守社会公认的法律。但是，以牺牲人类权利或尊严为代价的、强加于人的法律，其公正性是可以质疑的，法律作为社会契约是可以反对、可以修改的。

第6阶段：普遍的伦理原则。这是道德发展的最高阶段，个体根据符合良心的道德原则来判断对错。这些原则超越了可能与之冲突的任何法律或社会契约。这个阶段是科尔伯格心目中理想的道德推理阶段，但是，能够达到这一阶段的人很少，而且几乎没人能够始终处于这一水平，科尔伯格逐渐把它看作一种假设的结构。

表5-7　科尔伯格的儿童道德发展阶段

阶段顺序	命名	基本特征
第一级水平	前习俗水平（主要着眼于自身的具体结果）	由外在要求判断道德价值
第一阶段	服从与惩罚定向	服从规则以及避免惩罚
第二阶段	天真的利己主义	遵从规则以获得奖赏
第二级水平	习俗水平（主要满足社会期望）	以他人期待和维持传统秩序判断道德价值
第三阶段	“好孩子”的定向	遵从陈规，避免他人不赞成、不喜欢
第四阶段	维护权威和秩序的道德观	遵从权威，避免受到谴责
第三级水平	后习俗水平（主要履行自己选择的道德准则）	以自觉守约、行使权利、履行义务判断道德价值
第五阶段	社会契约定向	遵从社会契约，维护公共利益
第六阶段	普遍的伦理原则	遵从良心式原则，避免自我责备

3. **艾森伯格（Eisenberg）的亲社会道德发展阶段**　科尔伯格的道德判断理论是否概括了儿童道德判断这一领域的全貌，许多人对此提出异议，其中较有代表性的是美国亚利桑那州立大学的心理学家南希·艾森伯格。她认为，道德作为一个总的领域，包括许多不尽相同的具体方面，柯尔伯格只是研究了儿童道德判断推理的一个方面——禁令取向的推理（prohibition oriented reasoning）。艾森伯格则区分并设计出另一种道德两难情境——亲社会道德两难情境，来研究儿童的亲社会道德判断。她提出了关于儿童亲社会道德判断的5个阶段（Eisenberg，1989；王美芳，1996）：

阶段1：享乐主义的、自我关注的推理。助人或不助人的理由包括个人的直接得益、将来的互惠，或者是由于自己需要或喜欢某人才关心他（她）。

阶段2：需要取向的推理。他人的需要与自己的需要发生冲突时，儿童对他人身体的、物质的和心理的需要表示关注。儿童仅仅是对他人的需要表示简单的关注，并没有表现出自我投射性的角色选择、同情的言语表述等。

阶段3：赞许和人际取向、定型取向的推理。儿童在证明其助人或不助人的行为时所提出的理由是好人或坏人、善行或恶行的定型形象，他人的赞扬和许可等。

阶段4：分为两个阶段：

阶段4a：自我投射性的移情推理。儿童的判断中出现了自我投射性的同情反应或角色选择，他们关注他人的人权，注意到与一个人的行为后果相联的内疚或情感。

阶段4b：过渡阶段。儿童选择助人或不助人的理由涉及内化了的价值观、规范、责任和义务，对社会状况的关心，或者提到保护他人权利和尊严的必要性等。但是，儿童并没有清晰而强烈地表述出这些思想来。

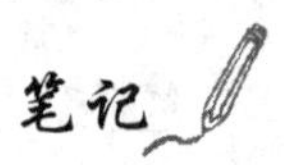

阶段5：深度内化推理。儿童决定是否助人的主要依据是他们内化了的价值观、规范或

责任，尽个人和社会契约性的义务、改善社会状况的愿望等。此外，儿童还提到与实践自己价值观相联系的否定或肯定情感。

程学超、王美芳（1992）参照艾森伯格设计的亲社会两难故事，对儿童亲社会道德推理的发展进行了研究。结果表明幼儿园大班儿童亲社会推理主要处在水平 2，有相当一部分处于水平 1；小学二年级儿童主要处在水平 2，有相当一部分处于水平 3。

专栏 5-1

道德研究中经典题材

1. **皮亚杰的道德对偶故事**　皮亚杰与他的合作者创立了“临床法”，研究儿童对规则的意识和道德判断的发展问题。他们设计了许多包含道德价值内容的对偶故事。其中有一个故事是：

一个叫约翰的小男孩，听到有人叫他吃饭，就去开餐厅的门。他不知道门外有一张椅子，椅子上放着一只盘子，盘内有 15 只茶杯，结果撞倒了盘子，打碎了 15 只杯子。

有个男孩名叫亨利，一天，他妈妈外出，他想拿碗橱里的果酱吃，一只杯子掉在地上碎了。

问哪个男孩犯了较重的过失？

皮亚杰发现，6 岁以下的儿童大多认为第一个男孩的过失较重，因为他打破了较多的杯子；年龄较大的儿童则认为第一个男孩的过失较轻，因为他的过失是在无意间发生的。

2. **柯尔伯格的道德两难故事——海因茨偷药救妻的故事**　经典的两难故事为：一个生活不富裕的名叫海因茨的人，需要一种昂贵的特效药来挽救生命垂危的妻子。他向发明并控制这种药的药剂师提出先付一半的钱，另一半以后再付，却遭到药剂师的拒绝。海因茨为挽救妻子，若偷取药品就违背了社会“不许偷盗”的规则；若遵守社会规则，就使妻子等死。请问海因茨是否应当偷药？是否应受到惩罚？

3. **艾森伯格的亲社会道德两难故事**　一天，一个叫玛丽的女孩要去参加朋友的生日晚会。在路上，她看到一个女孩摔倒在地上，把腿摔伤了。这个女孩要玛丽去她家叫她的父母，以便他们能来带她看医生。但是，玛丽如果帮她叫父母的话，她就来不及参加朋友的生日晚会了，就会错过吃冰淇淋、蛋糕以及玩各种游戏的机会。玛丽应该怎样办？

（二）幼儿道德感的发展

1. **道德感**　道德感是由自己或别人的举止行为是否符合社会道德标准而引起的情感。形成道德感是比较复杂的过程。3 岁前只有某些道德感的萌芽，3 岁后，特别是在幼儿园的集体生活中，随着幼儿对各种行为规范的掌握，道德感也发展起来

小班幼儿的道德感主要是指向个别行为的，往往是由成人的评价而引起。中班幼儿比较明显地掌握了一些概括化的道德标准，他们可以因为自己在行动中遵守了老师的要求而产生快感。中班幼儿不但关心自己的行为是否符合道德标准，而且开始关心别人的行为是否符合道德标准，由此产生相应的情感。例如，他们看见小朋友违反规则，会产生极大的不满。中班幼儿常常“告状”，就是由道德感激发起来的一种行为。大班幼儿的道德感进一步发展和复杂化。他们对好与坏，好人和坏人，有鲜明的不同感情。随着自我意识和人际关系意识的发展，幼儿的自豪感、羞愧感和委屈感、友谊感和同情感以及妒忌的情绪等，也都发展起来。

例如，前苏联心理学家库尔奇茨卡娅（1986）用实验对幼儿的羞愧感进行了研究，结果表明，3 岁前幼儿具有接近于羞愧感的比较原始的情绪反应，出现于和陌生成人接近的场合。这种情感主要是窘迫和难为情，是接近于害怕的反应。8 岁前幼儿只是在成人直接指出他们的行为可羞时，才出现羞愧。幼儿期则能对自己的行为感到羞愧。这时的羞愧已经

不包含恐惧的成分。随着年龄的增长，羞愧感的表现越来越多地依赖于和别人的交往。

2. **美感** 对于美的符号化、形式化具有感知力，是幼儿美感发展中具有里程碑意义的一步。3 岁后，幼儿能够感受线条、形状、色彩等符号所表达的情感、意蕴。这个阶段的幼儿更加专注于艺术作品外在的、普遍的形式化特征，对作品中所表达的情感和意蕴产生移情式体验，这就使他们初步具备了作为一个欣赏者所需要的条件。幼儿能够感受音乐中的旋律美，能够根据自己对音乐的理解，自发地舞蹈，或者用图形等方式表现音乐的特点。此外，儿童在音乐方面所具有的节奏感、旋律感也会表现在他们绘画的色彩搭配与构图等方面。在艺术创作方面，也表现出了形式化的特征。

幼儿美的体验，也有一个社会化过程。幼儿初期仍然主要是对颜色鲜明的东西，新的衣服鞋袜等产生美感。他们自发地喜欢外貌漂亮的小朋友，而不喜欢形状丑恶的任何事物。在环境和教育的影响下，婴幼儿逐渐形成了审美的标准。他们能够从音乐、舞蹈等艺术活动和美术作品中体验到美，而且对美的评价标准也日渐提高，从而促进了美感的发展。

3. **理智感** 幼儿理智感的发生，在很大程度上决定于环境的影响和成人的培养。适时地给婴幼儿提供恰当的知识，注意发展他们的智力，鼓励和引导他们提问等教育手段，有利于促进幼儿理智感的发展。对一般幼儿来说，3 岁左右，这种情感已明显地发展起来，突出表现在幼儿很喜欢提问题，并由于提问和得到满意的回答而感到愉快。2～3 岁阶段的儿童主要提出“这是什么？”的问题，4～5 岁后提出“这是为什么？”“由什么做的？”等问题。

6 岁幼儿喜爱进行各种智力游戏，或所谓“动脑筋”活动，如下棋、猜谜语等，这些活动能满足他们的求知欲和好奇心，促进理智感的发展。

第六节　幼儿社会性发展和人格的初步形成

幼儿期，儿童人格只能是形成的开始，或是人格初具雏形。儿童的人格形成和社会性发展是在社会化中实现的。社会化就是个体在与社会环境相互作用中获得他所处的社会的各种行为规范、价值观念和知识技能，成为独立的社会成员并逐步适应社会的过程。幼儿社会化过程中重要的因素是家庭、学前教育机构、社会地位、社区环境等因素。

一、幼儿自我意识的发展

自我意识的发展即自我认识（狭义的自我意识）、自我评价、自我情绪体验和自我控制的发展。

（一）自我概念的发展

儿童从 3 岁左右开始，出现对自己内心活动的意识。比如，儿童开始意识到“愿意”和“应该”的区别。开始懂得什么是“应该的”，“愿意”要服从“应该”。4 岁以后，开始比较清楚意识到自己的认识活动、语言、情感和行为。他们开始知道怎样去注意、观察、记忆和思维。但是，幼儿往往只停留在意识心理活动的结果，而意识不到心理活动的过程。如他能做出判断，却不知道判断是如何做出的。7 岁之前，儿童的自我概念是外部的，对自己的描绘仅限于身体特征、年龄、性别和喜爱的活动等，还不会描述内部心理特征。在一项研究（Keller，Ford，Meachum，1978）中请 3～5 岁幼儿用“我是个…”和“我是个…的男孩（女孩）”的句型，说出关于自己的 10 项特征。有 50% 左右的儿童都描述了自己的日常活动，而心理特征的描述几乎没有。

（二）自我评价的发展

自我评价的能力在 3 岁儿童中还不明显，自我评价开始发生的转折年龄在 3 岁半左右至 4 岁，5 岁儿童绝大多数已能进行自我评价。幼儿自我评价的特点是：①轻信成人的评

价;②以对外部行为的评价为主;③比较笼统的评价;④带有极大主观情绪性的评价。

与成人相比,幼儿的自我评价能力总体还很差,成人对幼儿的评价在幼儿个性发展中起着重要作用。

(三)自我情绪体验的发展

韩进之等(1986)认为自我情绪体验在3岁儿童中还不明显,自我情绪体验发生的转折年龄在4岁,5、6岁儿童大多数已表现有自我情绪体验。

幼儿自我情绪体验由与生理需要相联系的情绪体验(愉快、愤怒)向社会性情感体验(委屈、自尊、羞愧感)发展,同时又表现出易受暗示性。

在幼儿自我情绪体验中最值得重视的是自尊感。儿童在3岁左右产生自尊感的萌芽;如犯了错误感到羞愧,怕别人讥笑,不愿被人当众训斥等。随着儿童身体、智力、社会技能和自我评价能力的发展,儿童的自尊感也得到发展。如在韩进之等人的研究中,儿童体验到自尊感的分别为3~5岁10%,4岁至4岁半63.33%,5岁至5岁半83.33%,6~6岁5个月93.33%,自尊感稳定于学龄初期。

(四)自我控制的发展

韩进之等人(1986)研究认为自我控制能力在3~4岁儿童中还不明显。从缺乏自我控制到能自我控制的转折年龄在4岁左右。5~6岁儿童绝大多数都有一定的控制能力。总的来说,幼儿的自控能力还是软弱的。

麦克拜(Maccoby,1980)区分了四种自我控制活动。①运动抑制:儿童在自我控制发展中面临的第一个问题就是学会停止、抑制某些行动。②情绪抑制:幼儿开始能够控制自己的情绪。③认知活动抑制:凯根(Kagan)将人的认知方式区分为冲动型和熟虑型。研究发现,6岁之前的儿童倾向于对难题很快做出反应,而不考虑问题的难度。他们反应快,错误率也高。随着年龄增长,儿童放慢了做出反应的速度,改进了操作。④延迟满足:为得到更大利益而学习等待,放弃眼前报酬。Mischel所做的研究表明,幼儿往往选择的是报酬而不是等待。

专栏5-2

延迟满足实验

20世纪60年代,由美国斯坦福大学心理学教授沃尔特•米歇尔(Walter Mischel)设计。

研究者让儿童单独呆在只有一张桌子和椅子的小房间里,桌子上有儿童爱吃的东西——棉花糖、曲奇或是饼干棒。研究者告诉他们可以马上吃掉棉花糖,如果研究者回来时(15分钟)再吃,可以再得到一颗棉花糖作为奖励。他们可以按响桌子上的铃,研究者听到铃声会马上返回。

结果,大多数的孩子坚持不到三分钟就放弃了。“一些孩子甚至没有按铃就直接把糖吃掉了,另一些则盯着桌上的棉花糖,半分钟后按了铃”。大约三分之一的孩子成功了。

二、幼儿社会认知的发展

社会认知

1. 社会认知的含义 社会认知(social cognition)是指人对社会性客体及其之间关系的认知。如对自我、他人、人际关系、社会群体、社会角色、社会规范、社会生活事件的认知。一般认为,儿童社会认知的研究起源于皮亚杰的道德判断发展研究,以及社会心理学对自我的研究。

儿童社会认知的研究内容包括:观点采择能力、移情、心理理论、对权威和社会规则的认知等。相关内容在其他章节均有论述,本章只介绍儿童的心理理论。

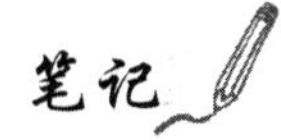

2. **心理理论**

(1) 心理理论的含义：心理理论(theory of mind)最早是由美国研究者Premack和Woodruff于1978年提出的，他们认为如果个体能把心理状态加于自己和他人，那么这个个体就具有心理理论，这种推理系统之所以被叫做一个理论，是因为这种状态无法直接观察到，而且这个系统可以被用来预测他人的行为。后来这个观点就被许多心理学家所采纳，并使这一研究得以延续和蓬勃发展。他们之所以把个体关于心理的知识称之为心理理论，是因为他们认为常人的心理知识是由相互联系的一系列因果关系而组成的一贯的知识体系，可以根据这个知识体系对人的行为进行解释和预测，而这个知识体系就像科学理论一样，有其产生、发展和成熟的过程。心理学家们认为心理理论并非一个科学的理论，而是一个非正式的日常理论，是一个框架性的或基本的理论，常常称之为常识心理学或朴素心理理论。心理理论研究的一个重要贡献是推翻了过去认为年幼儿童对心理一无所知的论断，过去的观点错误地认为只有到了6～7岁，儿童才会把内部心理状态看作是内部的、心理的内容而非外部的、物理的东西。

(2) 幼儿心理理论的发展：一般认为，儿童在4岁时就获得了“心理理论”能力，即4岁儿童就可以根据一个人的愿望、信念等来理解他人的行为，其标志是成功地完成“错误信念任务”(false-belief task)，但是，这并不意味着在此之前儿童的心理理论完全处于空白状态。从2岁左右开始，儿童对他人的心理状态认知的一些基本能力逐步发展起来，这些能力的出现与发展为儿童心理理论的形成准备了必要的前提条件。

专栏5-3

经典的错误信念任务——意外地点任务

由美国心理学家Wellman和Perner(1983)设计。男孩Maxi将一块巧克力放在厨房的橱柜(位置A)里，然后离开，他的妈妈把巧克力转移到了另外一个地方(位置B)。问，Maxi回来后，会到哪儿去找巧克力？4岁儿童能认识到Maxi有一个错误的信念，他认为巧克力还在橱柜里(A处)，并且会到橱柜里去找。

三、幼儿亲社会和攻击行为的发展

(一) 幼儿亲社会行为的发展

亲社会行为通常指对他人有益或对社会有积极影响的行为，包括分享、合作、助人、安慰、捐赠等。王美芳等(1998)研究发现，学前儿童的亲社会行为随着年龄的增长而增多；学前女童的合作行为比学前男童多；学前儿童的亲社会行为不受父母受教育水平、职业、经济收入等家庭背景变量的影响。具体而言：

1. **分享与助人行为**　3岁以下的儿童能够表现出某种形式的亲社会行为，尤其是20个月以上的孩子，已经能理解简单的因果关系，也能够认识到自己和他人是有区别的。在此年龄以前，儿童经常和其他人一样为自己寻求更多的安慰，但是20个月以后，他们逐渐意识到痛苦是别人的痛苦，并且他们会做出更多适当的行为。

当儿童看到另一个人痛苦时就表现出很明显的亲社会倾向，关心他人，包括对他人痛苦的情感反应(移情)和试图帮助别人的利他行为，在儿童出生的第二年开始出现了，儿童在很小的时候就感觉到自己对他人是有责任的。

2. **合作**　合作行为是指两个或两个以上的个体为达到共同的目标而协调活动，以促进某种既利于自己又利于他人的结果得以实现。在出生后第二年，合作行为开始发生并迅速发展，合作行为是随年龄增长而不断增加的。在儿童的亲社会行为中，合作行为最为常见，同伴对儿童的合作行为多做出积极反应。

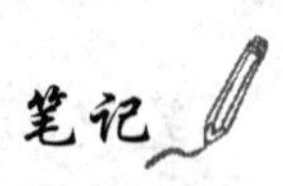

3. 安慰与保护 年幼儿童不仅能够区分他人的需要和利益进而对他人做出分享和帮助行为，而且还可以对周围其他人的情感悲伤做出亲社会性的反应，儿童早期对他人悲伤情感所做出的反应形式主要包括注视悲伤者、哭泣、呜咽、大笑和微笑。这些反应随年龄而增加，并逐渐被其他一些反应所代替，如寻找看护人、模仿和明显的具有利他性或亲社会性的干预的意图。这些亲社会性干预也随着儿童年龄的增长而变得越来越复杂。

（二）幼儿攻击行为的发展

攻击行为，是针对他人的敌视、伤害或破坏性行为。可以是对身体的攻击、言语的攻击，也可以是对别人权利的攻击。

1. 攻击行为的理论 精神分析理论认为人生来具有的死亡本能，追求生命的终止，从事各种暴力和破坏性活动，是敌意的、攻击性冲动产生的根源。有时也指向内部，如自我惩罚、自残，至自杀。

生态学理论也认为，人有基本的攻击本能。按照洛伦兹（Lorenz）的观点，所有本能都是进化的产物，它保证了物种的生存和繁衍。攻击本能是进化的结果。动物靠支配等级制的形成减少同类的攻击行为，在动物本种族内大多是“仪式化的搏斗”，殊死搏斗只是在维护社会等级地位，保护领地和争夺资源中才会出现。而人与动物不同，出生不久，个体的攻击倾向就会受到人的社会经验的影响。除了成人的监控之外，儿童也开始内化成人的社会规范，控制自己的攻击。

美国耶鲁大学心理学家 Dollard 及其同事于 1939 年提出了“挫折 - 攻击”假说，他们认为挫折总是导致攻击行为，因为攻击可以减轻挫折的痛苦。

社会学习理论的代表班杜拉把攻击行为看作是通过直接强化或观察学习习得的。攻击得以保持是因为它具有工具性价值，是达到其他目的的有效手段；得到了社会强化；是自我保护的手段。

社会信息加工理论强调了认知在攻击行为中的作用，认为一个人对挫折，生气或明显的挑衅的反应并不过多依赖于实际呈现的社会线索，而是取决于他怎样加工和解释这一信息。由于儿童过去的经验和信息加工技能不同，因而在攻击行为上有很大的个体差异。实验支持了这一假设（Dodgy，1980；Dodgy 等，1984）。如高攻击性儿童经常挑起大量战斗，同时也是被攻击目标，他的社会信息加工偏见是“同伴对我带有敌意”。当他体验到模棱两可的伤害时，往往高估对方的敌意，而可能采取报复行为。

2. 幼儿攻击行为的发展

（1）幼儿攻击行为的早期发展：20 世纪 30 年代以来，发展心理学家们研究发现，幼儿与同伴之间的社会性冲突至少在幼儿出生后的第二年就开始了。美国心理学家霍姆伯格（M.S.Holmberg，1977）发现，他所观察的 12～16 个月的婴儿，其相互之间的行为大约有一半可被看作是破坏性的或冲突性的。而且，随着幼儿年龄的增长，幼儿之间的冲突行为呈下降趋势，到 2 岁 5 个月，幼儿与同伴之间的冲突性交往只有最初的 20%。

国内张文新等（2003）对 163 名幼儿园小班儿童进行了追踪观察，考察 3～4 岁期间儿童攻击行为的特点、发展模式及稳定性。结果发现，儿童最普遍的攻击形式是身体攻击，言语攻击和间接攻击的发生率较低；大多数攻击行为属于主动性攻击和工具性攻击；儿童的攻击性在 3～4 岁之间无显著变化，但敌意性攻击存在随年龄增长而增加的趋势；3～4 岁儿童攻击性的个别差异已具有明显的稳定性。

（2）幼儿攻击行为的起因：张文新等（1996）采用自然观察法对幼儿园小、中、大班 242 名幼儿攻击行为的起因、类型及其年龄差异进行了考察。结果显示，幼儿攻击行为的起因次数间存在显著差异，各类起因次数由高到低排列依次为：还击报复、保护自己的物品、无故挑衅欺负他人、游戏活动产生纷争、违反纪律和行为规则、获取他人物品、空间争夺和帮

笔记

助朋友和受人指使。

(3) 攻击类型的发展变化：美国心理学家哈吐普(W.Hartup)把攻击行为分为敌意性攻击和工具性攻击(又称操作性攻击)两种。根据这一分类，他对4～6岁和6～7岁两个年龄段幼儿攻击形式的发展进行了观察研究，发现年龄较小的幼儿的攻击性要高于年龄大一些的幼儿。哈吐普认为，这种现象产生的主要原因在于前者的工具性攻击的比率高于后者。相反，年龄大些的幼儿与年龄较小的幼儿相比，他们更多地使用敌意性攻击或以人为指向的攻击。另一个与此相联系的原因是，随着幼儿年龄的增长，诱发其攻击行为的刺激类型也发生了变化。

(4) 攻击行为的性别差异：已有的研究表明，男孩不仅比女孩有更多的身体攻击，还有更多的言语攻击(Maccoby，Jacklin，1974；1980；Tieger，1980)。2岁至2岁半左右的儿童已表现出性别差异，男孩对攻击行为进行反击是女孩的两倍。张文新等(2003)对3～4岁儿童的研究也发现，男孩的攻击行为总体上多于女孩，但女孩的间接攻击多于男孩。

有研究认为(Maccoby&Jacklin，1974；1980)，从生物学观点出发，认为至少有4种原因可以解释生物因素在攻击行为的两性差异上的作用：①几乎所有社会男性都比女性富有攻击性；②性别差异出现早(约2岁)，很难归于社会学习或育儿经验；③在与人类相近的物种中也存在这种性差；④有证据表明雄性激素与攻击行为相关。社会学观点强调了父母与其他社会动因在攻击行为的性别差异形成中的重要作用。相互作用论认为性别差异反映了生物因素与社会因素的交互影响。

四、幼儿性别化的发展

(一) 性别化理论

1. **认知发展理论** 科尔伯格(1966)提出了性别定型的认知理论。科尔伯格认为，儿童的性别认知在其性别角色发展中起着重要作用，儿童必须对性别特征的形成有一定了解之后，才能被社会经验所影响；儿童积极地参与自身的社会化过程，他们并不只是社会影响的被动承受者。儿童首先确立稳定的性别同一性，然后积极寻求同性别的榜样或信息，从而学会让自己像一个男孩或女孩。

2. **性别图式理论** “性别图式”是指人们关于男性特点和女性特点的朴素理论观。美国心理学家Martin和Halverson(1981，1987)提出了性别角色的信息加工理论。其假设是，儿童和成人都有关于性别的图式，这些图式直接影响儿童对各种信息的注意、加工和记忆。他们认为儿童的自我社会化在儿童2.5～3岁时形成了基本的性别认同时就开始发展，到6～7岁时已经发展得很好了。

3. **精神分析学派的性别角色理论** 弗洛伊德认为人对某一性别角色的偏好是通过对同性别父母的竞争和认同建立起来的。3～5岁的男孩为了压抑自己对母亲的渴望，开始逐渐地内化男性化的特质和行为。这种认同能够降低焦虑，解决男孩的恋母情结。而女孩子面对的情况更加复杂，她们憎恨男性的阴茎，自卑和害怕其母亲的报复，这种害怕迫使女孩去认同母亲。女孩对女性化的性别角色的偏好是为了取悦父亲而建立起来的。女孩开始内化母亲的女性化的特质和行为，并最终形成性别定型。

4. **社会学习理论** 根据班杜拉等社会学习理论家的观点，儿童获得性别认同和性别角色偏好有两种形式：直接教导(或有区别的强化)和观察学习。父母积极地参与对儿童的性别培养，并且这种培养从很早就开始了。有研究(Fagot & Leinbach，1989)发现，在儿童出生后的第二年，父母就会鼓励儿童与其性别相适宜的行为，并阻止与其性别不一致的行为。在直接教导之外，儿童也会通过观察和模仿多个同性别榜样获得性别的典型特征。包括同性别父母、教师、同伴、哥哥姐姐和传媒人物等。

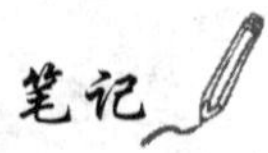

5. **生物社会理论** 生物社会理论认为，生理和社会因素交互地决定着个体的行为和角色偏好（Money & Ehrhardt，1972）。个体的性别偏好在出生前主要是由遗传决定的，出生后就受到遗传和环境的双重作用，但是遗传和生物的因素被认为是更有力的影响因素。

6. **群体社会化理论** 群体社会化理论认为家庭对儿童的性别角色影响并不大，角色发展中起重要作用的是同伴群体。根据群体社会化理论，在儿童中期，由于儿童的自我分类，把自己划分到某一性别群体中，导致了这种性别差异的加大，男孩、女孩发展着对比鲜明的性别定型和同伴文化。

（二）幼儿性别化发展

1. **性别概念的发展** 性别概念的发展要经历三个阶段：性别认同（2～3岁）；性别稳定性（4～5岁）和性别恒常性（6～7岁）。大多数2.5～3岁儿童能正确说出自己是男孩或是女孩；但是不能认识到性别是不变的属性。3～5岁儿童还不能理解性别是不能改变的，例如，3～5岁的孩子认为，如果他们愿意，男孩可以成为妈妈，女孩可以成为爸爸。达到性别恒常性的儿童能够知道性别不依赖于衣服、发型等。5～7岁的儿童才开始理解性别是一种不可改变的特征。

2. **性别角色标准的获得** 一项研究（Kuhn，Nash & Brucken，1978）给2.5岁至3.5岁的儿童两个性别不同的娃娃，问他们这两个娃娃分别从事什么活动，如做饭、缝衣服、玩娃娃、开火车或卡车、打架、爬树等。几乎所有2.5岁的儿童都有些关于性别角色标准的知识，而3.5岁的儿童知道得更多。

戴蒙（Damon，1977）与4～9岁儿童交谈，以确定他们怎样用性别角色标准评价其他儿童的行为。如一个叫乔治的男孩喜欢玩娃娃，为什么人们告诉他不能玩，乔治玩娃娃是否对，如果继续玩下去会怎样？结果6岁之前大多数儿童都认为男孩玩女孩的玩具是不对的，他们关于性别角色标准的观念是很刻板、严厉的。

（三）性别化行为的发展

进入幼儿园后，儿童一般都喜欢从事与性别相符合的活动或中性活动，他们经常分为男、女不同的游戏小组。

在性别化过程中，男孩比女孩面临更大的社会压力。父母往往更注意培养男孩不要有“娘娘腔”，而不太在意女孩的“假小子气”。因而，男孩的行为稍微偏离性别角色标准就会受到严厉的批评，他们很快就知道了社会对男孩期望的是什么。

（四）心理的双性化

长久以来心理学家把男性化和女性化作为一个单维度的两极，如果一个人是很男性化的，那么他必然不是女性化的。贝姆对这个分类提出了质疑。她认为性别角色分为四种类型：男性化类型、女性化类型、双性化类型和未分化类型。双性化的人是同时拥有男性化和女性化特质的人，贝姆认为这样的人适应能力最强。

专栏5-4

性别认知发展小故事

有一天，爸爸带丹丹去商场，丹丹要上厕所，要求爸爸陪她进去。爸爸对丹丹说，他是男生所以不能进女生厕所。从此丹丹每次上厕所，都要问大人：“我是什么？”“你是女生啊！”丹丹对自己的这个“新身份”感觉非常有趣，她开始关心家里其他成员的性别，往往要把每个人都问一遍，她才会满意。

儿子大宝三岁多了，妈妈最近发现，他对化妆品特别感兴趣，同时也很喜欢妈妈的长筒袜和连衣裙，并且试图要穿上。每当这时，妈妈都会制止他：“你是男孩子，这个你不可以抹，那个你不可以戴。”但是大宝依然很困惑：为什么男孩子就不可以穿连衣裙，到底男孩

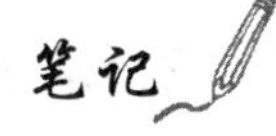

子和女孩子有什么区别呢？为什么我是男的，但是脸上没有像爸爸一样的胡子？公交车上那个长头发、身穿花衣服的人，我为什么不能叫他阿姨，非得叫叔叔呢？最后他得出一个结论：男生和女生真是一个复杂的话题呀！

五、幼儿同伴关系的发展

（一）幼儿同伴关系

幼儿的同伴关系有利于幼儿社会价值的获得、社会能力的培养以及认知和健康人格的发展。同伴指儿童与之相处的具有相同社会认知能力的人，也指“社会上平等的”、“共同操作时，在行为的复杂程度上处于同一水平的个体”。同伴关系指年龄相同或相近的儿童之间的一种共同活动并相互协作的关系，或者主要指同龄人之间或心理发展水平相当的个体间在交往过程中建立和发展起来的一种人际关系。幼儿实际上生活在两个世界，一个是包括父母和其他成人在内的成人世界，另一个就是同伴世界。同伴关系在幼儿生活中，尤其是在幼儿人格和社会性发展中起着成人无法取代的独特作用，是不容忽视的环境因素之一。

（二）同伴关系的发展

儿童的同伴关系是通过相互作用的过程表现出来的。在整个儿童时期，同伴相互作用的基本趋势是：从最初的简单的、零零散散的相互动作逐步发展到各种复杂的、互惠的相互作用。这是一个从简单到复杂、从低级到高级、从不熟练到熟练的过程。而且，在不同的年龄阶段，儿童同伴关系表现出不同的发展特征。在婴儿期，同伴关系只是在最松散的意义上存在着，他们的社会交往非常有限。

幼儿期同伴关系的发展趋势为：进入幼儿园，幼儿与同伴的接触次数增加，他们不再把成人作为唯一的依靠对象。他们开始主动寻求同伴，喜欢和同伴共同参与一些活动，与同伴的交往比以前密切、频繁和持久。从 3 岁起，幼儿偏爱同性同伴，经常与同性同伴一起游戏、活动。在 3～4 岁之间，依恋同伴的强度和与同伴建立起友谊的数量有显著增长。语言的发展也使同伴间的交往更加有效。

幼儿早期的友谊一般是脆弱、易变的，很快形成又很快破裂。幼儿同伴关系的形成多半是因为地理位置接近（邻居）、有共同的兴趣和喜爱的活动以及拥有有趣的玩具。因此，在幼儿阶段还没有发展起友谊关系。

（三）混龄交往对幼儿同伴关系的作用

儿童交往中提倡混龄交往十分重要。不同年龄儿童之间的交往对发展来说也是一个重要的背景。尽管跨年龄的交往可能会有点儿不平衡，因为一个儿童（往往是年龄大的儿童）拥有更多的权利。然而，这些不均衡可能有助于儿童获得某种社会能力，可以使每个儿童容易获得两套社会能力。从这个角度看，混龄的交往其实是重要的经验。年龄小的同伴的存在可以培养年龄大的儿童的同情心、关心、亲社会倾向、自信和领导技能。同时，年龄小的儿童也能从混龄交往中获益，他们能从年龄大的玩伴那里学到许多新的技能，并学会如何从更有权利的伙伴那里寻求帮助，如何温和地顺从他们。年龄大的儿童常常负责混龄交往，并常常调节自己的行为以适应年龄小的同伴的能力。即便是 2 岁的儿童也显示出这种领导的权利和适应性调节，因为当他们与 18 个月的儿童玩时比与同龄儿童一起玩时表现出更多的主动性，表现出更多的更简单的和重复性的游戏程序。

（四）幼儿同伴交往的类型

“同伴现场提名法”，也就是通过同伴对儿童的提名情况，了解某一儿童在同伴社交中的地位。在儿童集体活动的现场，挑选一处既能使幼儿看到班上其他所有同伴，又不至于使儿童为别人所干扰、分心的地方，逐个向每一幼儿提问：“你最喜欢班上哪三个小朋友？”（正提名）和“你最不喜欢班上哪三个小朋友”（负提名），详细记录幼儿的提名情况。如果某一幼

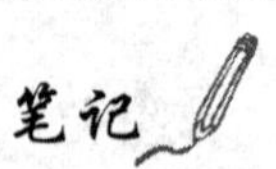

儿被提名为“最喜欢的小朋友”，他就被在正提名上记 1 分；相反，如果被提名为“最不喜欢的小朋友”，则就在负提名上记 1 分。综合全班幼儿的回答，便可以得出每个幼儿的正、负提名总分。据此便可以判断某个幼儿被同伴接纳的程度，从而判断其同伴社交地位的类型。

幼儿的社交地位已经分化，主要有受欢迎型、被拒绝型、被忽视型和一般型。从发展的角度看，在 4～6 岁范围内，随幼儿年龄增长，受欢迎幼儿人数呈增多趋势，而被拒绝幼儿、被忽视幼儿呈减少趋势。在性别维度上，女孩受欢迎人数明显多于男孩；在被拒绝幼儿中，男孩显著地多于女孩；而在被忽视幼儿中，女孩多于男孩，但男孩也有一定的比例。

第七节　幼儿期常见心理问题与干预

幼儿在成长的过程中，可能出现的心理问题主要包括情绪不稳、爱发脾气、任性、多动、冲动、以自我为中心、破坏性行为、敏感、多疑、胆怯、退缩、依赖性强等。一些幼儿会出现相对较严重的心理问题，如神经性厌食、口吃、多动症、攻击性行为、咬指甲、自闭症等。有些问题在其他章节介绍，本章只介绍注意缺陷多动障碍和儿童选择性缄默症这两种。

一、注意缺陷多动障碍

（一）注意缺陷多动障碍的概述

多动症，又称注意缺陷多动障碍（attention-deficit hyperactivity disorder，ADHD），是最常见的儿童时期神经和精神发育障碍性疾病，以注意力不集中、容易分心；多动、冲动行为为主要特征。

根据世界卫生组织《国际疾病分类手册》第 10 版（ICD-10，1992），称此症为过度活跃症（hyperkinetic disorder），分类编号为 F90，是儿童期最为常见的心理与行为障碍之一。ADHD 的病因至今未明，尚未取得一致的看法。

早在 1845 年，德国医生霍夫曼第一次把儿童活动过多看成是一种病态。1902 年，一位对儿童疾病感兴趣的乔治•史提尔（George Still）医生在伦敦发表了相关文章。

病程起于 7 岁前，且多在 3 岁左右起病，学龄期症状明显，随年龄增大逐渐好转，部分病例可延续到成年期。男孩数倍于女孩。在学龄儿童中总患病率为 3%～10%。患者中男孩为女孩的 3～4 倍。30%～50% 的患者持续到青春期和成年期。2011 年，粗略估计中国约有 1461 万到 1979 万的多动症患儿。

（二）注意缺陷多动障碍的诊断

在判断儿童是否患有 ADHD 时，必须十分谨慎，特别注意不可只依据其外在表现而轻率地给儿童贴上多动症这一负面标签。还有就是儿童精神病、癫痫、器质性脑综合征、儿童焦虑也会有相类似的症状。有趣的是，一些有创造天赋的儿童同样具有 ADHD 的各种特征，而这些人常常被误诊为多动症。

下面是 1989 年由美国精神医学会制定的 ADHD 临床诊断标准。

当与大多数同龄儿童相比下列行为更为频繁，且符合下列 14 条中的 8 项，并持续 6 个月时间，则诊断具有注意缺陷多动障碍。

1. 手或脚不停地动，或在座位上扭动（少年为坐立不安的主观感受）。
2. 即使必须坐好，也很难静坐在座位上。
3. 易受外界因素影响而分散注意力。
4. 在集体活动或游戏时，不能耐心地等待轮转。
5. 别人问话尚未结束，便立即抢着回答。
6. 不按他人指示做事情（并非故意违抗或不理解）。

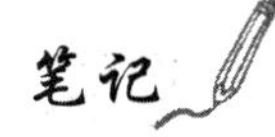

7. 在做功课或玩耍时不能持久地集中注意力。

8. 一件事尚未做完，又做其他事情。有始无终。

9. 不能安安静静地玩耍。

10. 说话太多。

11. 常常打断他人的活动或干扰他人学习、工作。

12. 别人对他说话，他往往没有听进去。

13. 学习时的必需物品，如书本、作业本、铅笔等常常丢失在学校或家中。

14. 往往不顾可能发生的后果参加危险活动，如不加观察便跑到马路当中。

（三）注意缺陷多动障碍的干预

1. **药物治疗**　临床上采用药物治疗ADHD，精神兴奋剂（如哌甲酯），是治疗儿童ADHD的首选药物。但研究发现，药物治疗的短期效果显著，表现在患者的核心症状减少，作业成绩提高。但是，长期服用药物疗效有限，且会带来不良的副作用，因此谨慎用药治疗。

2. **行为矫正法**　对于ADHD儿童而言，除具有注意力不集中、多动等症状外，往往不同程度地伴有其他问题行为，如违反纪律、品行障碍等，对这些问题药物治疗是没有效果的。行为矫正法是采用条件反射的原理进行治疗。可以采用的方法包括正强化、隔离、消退和反应代价。这种方法比中枢神经系统兴奋性药物的效果更好，但是这种效果缺乏长久性，一旦停止对儿童的强化，这种多动的症状又有很大程度的恢复。

3. **认知行为干预**　认知行为主义认为，儿童出现问题是由于其缺乏自我认知管理的技巧，行为改变的前提是个体必须意识到自己是如何思考、如何行为的。为了使行为改变，个体必须能评价自己在各种情境中的行为。认知行为干预是将认知策略技术与行为矫正技术相结合，旨在提高行为矫正技术的持久性。主要包括自我指导训练、自我监控训练等。下面着重介绍自我指导训练：

给儿童布置一项具体的作业，然后通过两种方式帮助儿童控制自己的行为。一是公开的言语指导，即让儿童边说指导语，边做作业，如“我现在要做作业了，必须集中注意力，认真细心地做，第一题是……”开始由老师或家长做示范，然后让儿童自己去做。这样有助于儿童集中注意力，较快完成作业，然后由出声的自言自语逐渐过渡到内心独白。在儿童未形成自我控制之前，必须由成人在旁指导和督促。第二种方式是视觉意象法，让患儿通过视觉意象来缓行。如让他想象自己成为一个动作缓慢，正在泥沼里打滚的笨重的河马，或让自己像电视镜头里慢镜头一样去行动，这种方法可有效控制过度活动，并可增强患儿自信心。

此外，在治疗的过程中，应改善家庭的人际关系，在融洽、和谐的氛围内有助于患儿症状的缓解。家长和教师要对这些孩子多一些关怀和耐心，干预效果会更好。

4. **家庭与学校联合**　对ADHD儿童进行治疗，需要家长和学校的共同努力，家长和老师在孩子的教育中起着各自不同的作用，所以应该在家庭和学校间建立一种积极的联系，让家长和教师进行充分的沟通，相互配合。如开展家长和教师的座谈会等形式来增强双方的信任。每日学校行为报告卡就是一种有效的课堂行为管理干预方法。这种方法要求教师将儿童在学校中的表现记录在一张卡片上，每天向家长汇报，使家长及时了解孩子在校的表现，并给予一定奖励和惩罚。

5. **感觉统合训练**　感觉统合就是将人体器官的感觉信息输入，经过整合做出的反应。感觉统合训练的目的不只是增强运动技能，而是改善大脑处理感觉信息的方法。刘金同等人（2002）研究发现，感觉统合训练对于缓解ADHD儿童的各种症状的效果，与药物治疗的效果基本一致。感觉统合训练不仅能改善ADHD儿童的注意力、多动和运动协调能力，还能提高其言语能力、记忆能力和学习成绩。这种方法不但有良好的短期效果，而且长期效果也比较好。

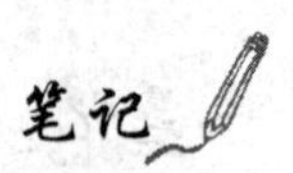

二、儿童选择性缄默症

（一）儿童选择性缄默症的概述

选择性缄默症（selective mutism，SM）是一种童年障碍，始发于儿童期。该类儿童具有正常的语言理解能力和言语表达能力，却会有选择性地在某些特定的、需要言语交流的场合保持缄默不语。

有研究表明（Brown & Lloyd，1975），选择性缄默症在 5 岁儿童中的患病率为 0.72%；这些儿童在刚入学的 8 周内完全缄默，但在 1 年后只有 0.03%～0.06% 的儿童仍然保持缄默。有人按已有记录的个案统计，发病率为 0.1%。但在《美国儿童及青年精神病学院杂志》一份 2002 年的研究中，这一比例提高至 0.7%。

（二）选择性缄默症的原因

一般认为，选择性缄默症的原因不明，可能会导致的原因有以下几点：

1. **生物基础** 有研究表明，选择性缄默症的诱发具有生物基础，大部分选择性缄默症孩子具有焦虑的基因倾向。换句话说，他们有来自不同家庭成员的焦虑的遗传倾向，很容易患有焦虑失调，这些孩子经常表现出焦虑的症状，如很难与父母亲分离，喜怒无常，闷闷不乐，呆板，睡眠问题，经常发脾气和哭泣，从婴儿期开始就极度羞怯。但这些观点还有待进一步科学验证。

2. **心理动力冲突** 精神分析学派认为，未解决的心理动力冲突是选择性缄默症的主要形成原因，在他们看来，这类儿童的人格发展固着在弗洛伊德心理发展理论中的肛门期阶段。对创伤性经验的反应、性虐待、长期住院、父母离婚、亲人死亡、经常性搬家也被认为是可能的形成原因，在此类情景下，压抑的情绪使儿童把怒气转移到父母身上，或把自己退回到以前不会说话的阶段。

3. **人格因素** 通常这类儿童害羞、回避、情绪敏感、焦虑、退缩、依赖心重、有强迫特质。由此衍发的症状有学业失败、拒绝上学、受嘲笑而抑郁、代人受过、社会孤立、发脾气、反抗行为、社交与学习受到严重影响。

4. **家庭环境因素** 有研究表明（Meyers，1984），父母过度保护、支配的母亲、疏离的父亲都是可能导致选择性缄默症的原因。这类父母在儿童成长过程中剥夺儿童学习人际技巧的经验，从而造成儿童的人际技巧缺陷。

除此以外，特殊的生活环境也可能造成社会性技巧缺陷。如从小生活在与世隔绝的环境中，无同伴玩游戏，无法学习同伴间的各种互动技巧，造成人际技巧缺陷，从而害怕与陌生人互动，因此导致选择性缄默症。

5. **言语或语言障碍** 选择性缄默症儿童通常有正常的语言技巧，没有接受性语言障碍的问题，只有部分选择性缄默症儿童存在神经生理发展落后、说话障碍及语言发展迟缓等问题。如果语言变异情形过于严重，将会让孩子在说话时处于极为焦虑状态，而选择以缄默藏拙，移民儿童中选择性缄默症发生率高，也印证了语言障碍与选择性缄默症有关。

6. **行为主义理论的解释** 行为学家认为选择性缄默症是一系列被强化的消极学习模式所造成的行为问题，是一种“以拒绝说话这种方式作为应对外界环境的惯常反应”。也就是说，缄默状态是患儿处理与其所处环境之间相互关系的一种行为表现。行为学家认为患儿的沉默行为是功能性的，主张不良的外界环境是这种状态持续存在的因素。

目前学者普遍赞同的观点是选择性缄默症是儿童内在人格特质、外在情境因素交互作用的结果。

（三）选择性缄默症的诊断

对于选择性缄默症的准确诊断相当困难，需要一个全面的检查评估，包括神经系统检

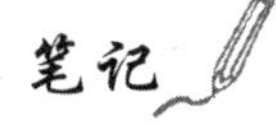

查、精神心理检查、听力检查、社会交流能力检查、学习能力检查、语言和言语检查以及各种相关的客观检查。

1. 选择性缄默症的诊断标准 美国精神疾病诊断标准(DSM-Ⅳ)对选择性缄默症的症状诊断有以下四个标准:

(1) 在某种或多种特定的社交场合(如学校、有陌生人或人多的场合、被他人注意或被他人要求说话时)长时间拒绝说话,但在另一些场合说话正常或接近正常,语言理解能力和表达能力正常。

(2) 已经对学习、工作和社会交往产生了严重影响。

(3) 这种症状至少持续1个月(不包括入学的第一个月)。

(4) 排除言语技能发育障碍(如口吃)、广泛性发展障碍、精神分裂症及其他精神病性障碍。

除了上述这四条标准外,有人还提出了第五条标准:

(5) 是由于入学或改变学校、搬迁或社会交往等影响到患儿的生活。

2. 选择性缄默症儿童的行为表现特点 选择性缄默症儿童会有以下一些负面的行为特征,会令周围人误会:

(1) 觉得难以保持眼神接触。

(2) 常常不笑,表情空白。

(3) 举止僵硬不自然。

(4) 对通常有需要说话的场合,感到特别难以应付。例如学校点名,打招呼,多谢,道别。

(5) 比别人更易忧虑。

(6) 对噪声和人群更敏感。

(7) 感到难以谈论自己和表达感受。

选择性缄默症儿童还会有一些正面的行为出现,例如:

(1) 智力和认知高于常人,好奇。

(2) 对他人的想法和感受敏感。

(3) 有很好的集中力。

(4) 善于辨别是非,有正义感。

(四) 儿童选择性缄默症的干预

1. 药物治疗 选择性缄默症的治疗药物主要有5-羟色胺再摄取抑制剂等。但由于这些药物的副作用和长期疗效还不确定,所以一般不把药物治疗作为首选的治疗方法。

2. 心理治疗 选择性缄默症是以心理咨询与治疗为主。

(1) 个别心理治疗:个别心理治疗的方法包括游戏治疗、精神分析、行为疗法和认知疗法等治疗方法。多种方法综合运用,并有一个长期治疗时间效果为佳。

(2) 家庭治疗:早期的致病因素和家庭有关,例如遗弃、母婴关系紧张和过度保护等,对此类因素引起的选择性缄默症,一般采用家庭治疗。

家庭治疗包括家庭教育和家庭游戏。家庭教育目的是改善不健康的家庭环境和家庭关系,加强家长对选择性缄默症的认识,给患儿创造一个适宜的家庭环境。改善家庭关系,减少粗暴的呵斥,增加善意的鼓励,如患儿主动与客人交流时给以适度的鼓励,但不强迫患儿说话。可以采用家庭游戏,邀请患儿的朋友、同学和老师来家中做客,同患儿一起做游戏,让患儿在熟悉的环境中,同他们进行交流。

(3) 学校中的干预:大多数选择性缄默症的儿童都是在入学的早期阶段被确诊的,因此,在学校中对该类儿童进行有效干预是非常必要的。治疗师需要学校工作人员的主动配合,这点对治疗的成功是必须的。学校和社会环境的参与和支持能给患儿创造一个良好的环境,多鼓励患儿讲话,不取笑其言语障碍,不恐吓捉弄等。

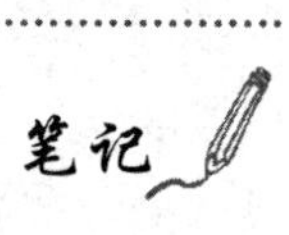

思考与练习

1. 简述幼儿思维的主要特点。
2. 简述幼儿几种常用的记忆策略。
3. 游戏对幼儿的心理发展有什么作用？
4. 概述儿童的性别化理论。
5. 文化和家庭教育是对儿童性别角色教育的影响。
6. 皮亚杰和科尔伯格关于儿童道德认知的理论。
7. 暴力电视节目对儿童攻击行为的影响。
8. 运用幼儿社会性发展的有关理论分析同伴的作用。

推荐阅读

1. 塞尔玛•弗雷伯格. 魔法岁月：0～6岁孩子的精神世界. 江兰，译. 浙江：浙江人民出版社，2015
2. William Damon，RichardM. Lerner 等. 儿童心理学手册. 6 版. 第四卷：应用儿童发展心理学. 林崇德，李其维，董奇，译. 上海：华东师范大学出版社，2015
3. 雷雳. 幼儿心理学. 浙江：浙江教育出版社，2016
4. 卡夫拉. 儿童心理百科. 梁雪樱，吴秀如，译. 北京：化学工业出版社，2013
5. 孟昭兰. 婴儿心理学. 北京：北京大学出版社，1997
6. 董奇，陶沙. 动作与心理发展. 北京：北京师范大学出版社，2004
7. 庞丽娟，李辉. 婴儿心理学. 杭州：浙江教育出版社，1993
8. 王争艳，武萌，赵婧. 婴儿心理学. 杭州：浙江教育出版社，2015
9. Bernfeld S. The Psychology of the Infant. Nabu Press，2011

（徐　伟）

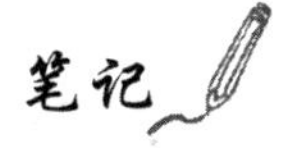

第六章　儿童期身心发展规律与特点

本章要点

儿童期的身体发育处于平稳增长期，运动技能的发展存在性别差异，男孩的身体力量和协调性优于女孩，而女孩的精细运动和平衡能力优于男孩。儿童思维以形象逻辑思维为主，在发展过程中完成从形象思维向抽象逻辑思维的过渡。在入学后词汇量迅速扩充，发展出各种语用技能。童年期儿童言语发展的主要任务就是语用能力的发展和读写能力的发展。自我控制能力也有显著飞跃。儿童对承认权威的认知发生转变，从盲目的服从转向批判性的思考。亲子关系从家长控制阶段转移到家长与孩子共同控制阶段。同伴关系经历了三个转折，即低年级小学生处于依从性集合关系期；中年级小学生处于平行性集合关系期；高年级小学生处于整合性集合关系期。小学阶段的学习从直接经验的学习变为间接经验的学习；学生的学习有一定的被动性和强制性。学习环境的变化对小学生的学习动机和学习能力都有重要影响。儿童期常见的心理卫生问题包括学校恐惧症、多动症、学习障碍等，及早发现和及早处理会取得较大的改善。

关键词

身体协调　语用技能亲子关系　间接经验　学校恐惧症　学习障碍

案例

月月今年8岁了，已经是小学三年级的学生了，她已经完全适应了小学的学习生活。相比两年前刚入学时，她的学习兴趣更高，聪明善学，但成绩一直不稳定。有时由于上课不注意听讲、过于贪玩和骄傲自满，学习成绩就会下降，在老师和家长的督促下，她的成绩又会迅速提高。在家里，父母对她的要求非常严格，她是父母眼中的乖孩子，听话懂事，很少调皮。在学校，她特别爱听老师的表扬，如果遭到批评，她会难过和羞怯。但在同学的眼中，她比较内向，不爱说话，不喜欢和别人一起做游戏，有时还会受到个别同学的欺侮，她会因此而感到害怕和无奈。但她有自己的快乐时光，那就是坐在家里搭积木，玩玩具，那是属于她自己的世界，在那里她憧憬着自己的梦想。

月月的例子能够代表一大批这个年龄段儿童的特点，在听话、贪玩的同时，少了几分儿童的阳光表现。小学儿童的心理发展究竟应该是怎样的呢？下面我们一起进入儿童期的心理世界。

第一节　儿童期的生理发展

儿童期大约在6～12岁期间，在幼儿期生长发育的基础上，身体继续生长发育，身体各项功能也在不断分化、增强。其生长发育特点主要表现为以下几个方面。

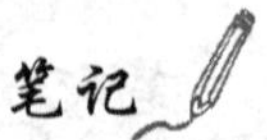

一、身体发育

（一）身高和体重变化

儿童期的身高随着年龄的增长而稳步增高，同时男女生在身体外形的发育上差异很小，这一点可以从他们的平均身高上看出。由于不同类型的骨骼快速生长的时间不同，学龄期儿童的身体比例也不断发生变化。儿童的头部生长速度逐渐减慢，而四肢的增长速度依旧，头部与全身、躯干及下肢的比例随之逐年变小。儿童进入青春期体格快速增长时期，手、脚及上下肢的生长速度加快。

大约到9～10岁时，人们就能根据儿童的身高通过一些测试（如骨龄测试）来估计他们长大成人后的身高了。儿童期的体重与他们身高的发展有密切关系。在整个小学阶段，儿童的体重也是随年龄的增长而稳步增加的，同时，男女生之间的差异也不明显。

需要指出的是，衡量儿童期身体发育是否正常，需要将身高和体重两项指标结合起来考虑，否则可能出现偏差。例如，从身高来看，某个学生很接近平均值，但他（或她）的体重却没有达到平均值或者超过平均值很多，这也说明该学生的身体发育不正常。

（二）生理机能变化

由于儿童期正处于长身体时期，新陈代谢快，血液循环需要量较大，因此生理机能的发育首先表现在循环系统和呼吸系统的变化上。学龄儿童的心脏和血管都在不断地增大或增长，到小学毕业时，心脏的体积已经接近成人水平了。在整个儿童期，肺的发育经过了两次“飞跃”，第一次是出生后第3个月，第二次在12岁前后，12岁时的肺是出生时肺的9倍。肺活量是肺功能的一个重要指标，儿童期的肺活量随年龄增长而增大。经常参加体育锻炼可以大大提高肺活量，增强肺的功能。在骨骼和肌肉方面，儿童期的骨骼比较柔软，要到身体发育完全成熟时骨骼才完成硬化，儿童期的肌肉也逐步发达起来。

（三）脂肪组织变化

贯穿整个儿童期的身体发育的另一趋向是，脂肪组织（称之为脂肪体）发育逐渐放慢；同时，随之而来的是骨骼和肌肉的发育（称之为脱脂肪体）。主要是由白色脂肪组织组成的脂肪体，最易受到饮食和身体锻炼的影响。

在童年初期，脂肪体在男孩和女孩身上所占的比例几乎相等，均占大约25%。但随着年龄的增长，一般男孩的脂肪体减少，而女孩身上的脂肪体稍稍有所增加。在8岁左右时，女孩的脚、手臂和躯干在发育中增加了更多的脂肪。在儿童期，脂肪组织比肌肉组织发育得更快，尽管在整个儿童期，脂肪组织的生长实际上是下降的，而肌肉生长是增加的。女孩脂肪组织的保持时间相对更长，而男孩形成肌肉组织则相对要快。从身体外表看，女孩比男孩更圆、更软、更滑，因为她们的脂肪含量较高。

从儿童的脱脂肪体发育来看，这个时期儿童的各种骨骼正在骨化，但骨化尚未完全，骨骼比较柔软。骨骼硬化（钙化）是一个逐渐完成的过程，要到身体发育完全成熟时骨骼才完成硬化。这个时期的骨骼有机物和水分多，钙、磷等无机成分少，所以儿童骨骼的弹性大而硬度小。儿童不易发生骨折，但容易发生变形，不正确的坐、立、行走姿势可引起脊柱侧弯（表现为一肩高一肩低）、后凸（驼背）等变形。此时儿童的乳牙脱落，恒牙萌出。儿童一般在6岁左右开始有恒牙萌出。最先萌出的恒牙，俗称六龄齿；接着乳牙按一定的顺序脱落，逐一由恒牙替代。到12～13岁时乳牙即可全部被恒牙替代，进入恒牙期。恒牙期是龋齿病的高发期，尤其是乳牙和六龄齿，很容易患龋齿，应该注意口腔卫生。

这时的儿童肌肉虽然在逐渐发育，但在整个儿童期发展非常慢，主要是纵向生长，肌肉纤维比较细，肌肉的力量和耐力都比成人差，容易出现疲劳。因此，在劳动或锻炼时，不应

该让他们承担与成人相同的负荷，以免造成肌肉或骨骼损伤。写字、画画的时间也不宜过长。到14岁以后，肌肉变化加剧，且性别差距也越来越明显。

二、大脑发育

（一）大脑结构的变化

心理活动是脑的功能，所以大脑的组织结构和机能的发展同心理的发展紧密相连。据生理学的研究：6～7岁的儿童脑重在1280克左右，已达到成人脑重的90%；以后增长就比较缓慢，9岁儿童脑重约为1350克，12岁儿童为1400克，达到了成人的平均脑重量，此时，脑形态的发育已基本完成。脑重的增加表明脑神经细胞体积的增大和神经纤维的增长。

从大脑的组织结构来看，儿童期的脑各部分都在增长，但额叶特别显著。额叶是大脑结构中发展最晚的脑区，与人的高级心理机能相联系。

（二）大脑功能的变化

儿童期所有皮层传导通路的神经纤维，在6岁末时几乎都已髓鞘化。这时的神经纤维具有良好的“绝缘性”，可以按一定的道路迅速传导神经兴奋，极大地提高了神经传导的准确性。在小学阶段，神经纤维还从不同方向越来越多地深入到皮层各处，在长度上也有较大的增长。除了神经纤维的发展，小学儿童脑皮层神经细胞的体积也在增大，突触的数量日益增多，它们的发展共同决定了学龄期儿童大脑机能的完善。

1. **兴奋和抑制机能的发展** 兴奋过程和抑制过程是高级神经活动的基本机能，小学儿童的这两种机能都有进一步增强。大脑兴奋机能的增强，可以从儿童醒着的时间较多这一事实看出来。新生儿每日需要的睡眠时间平均为22个小时，3岁儿童每日平均为14小时，7岁儿童降为每日平均11个小时，到12岁时，每日只需9～10个小时就足够了。在皮层抑制方面，儿童约从4岁开始，内抑制就发展起来。儿童在其生活条件的要求下，特别是言语的不断发展，促进了内抑制机能的进一步发展，从而能更细致地分析综合外界事物，并且更善于调节和控制自己的行为。

当然，与青少年或成人相比，小学儿童大脑兴奋与抑制的平衡性较差，兴奋强于抑制，要求儿童过分的兴奋或抑制都会产生不良后果。过分的兴奋容易诱发疲劳，例如学习负担过重，作业量太大。儿童连续长时间地用脑，致使大脑超负荷地兴奋，长此以往，会使兴奋与抑制过程、第一信号系统与第二信号系统间的正常关系遭到破坏。同样，过分的抑制会引发不必要的兴奋，也让儿童难以忍受。例如，要求小学低年级儿童学习他们既不能理解又毫无兴趣的内容，坚持不了多久，儿童必然会变得烦躁不安。

2. **条件反射的发展** 小学儿童入学后，随着学校生活的要求，如上课要遵守纪律，不能与同学乱说话等，再加之随着年龄的增长，大脑神经纤维髓鞘化的不断完善，大脑皮质对皮质下的控制能力增强，使得他们能够更快地形成各种抑制性条件反射，从而确保了小学儿童能够更好地对刺激物加以精确分析，更好地支配自己的行为。

随着年龄的增长，儿童期的兴奋性反射比以前（婴幼儿期）更容易形成，且不易泛化，形成后比较巩固。兴奋性条件反射的发展，从生理机能上保证了小学生能和外界事物建立更多的联系，即能学习更多的东西。例如，听到铃声后，要快速进入教室；教师进入教室后要起立并说“老师好！”教师上课时要注意听讲，学习新知识，掌握新的行为方式和技能。

三、动作发展

随着儿童身体形态和体内功能等内外部特征的变化和发展，儿童的运动能力也出现了显著的发展。《心理学大辞典》中把运动技能也叫动作技能，是指表现在外部的、以完善合理的方式组织起来并能顺利完成某种活动任务的复杂的肢体动作系统。运动技能是一种自

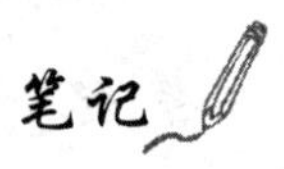

动的、迅速的、正确的、柔和的动作，它不是一个单一的动作，而是一连串的上百个肌肉与神经的协调的动作。儿童期儿童运动技能的发展有其规律可循，而且运动技能发展水平对其心理发展具有重要意义。

（一）儿童运动技能类别

美国“国家教育目标委员会”（Nation Education Group Panel，NEGP）将儿童运动技能分为五类，即大运动技能（gross motor skills）、精细运动技能（fine motor skills）、口语运动技能（oral motor。skills）、感觉运动技能（sensorimotor skills）和功能水平（functional performance）。

大运动技能是指全身或身体大部分的大肌肉运动技能，包括走、跑、跳和爬的能力；精细运动技能是指手部小肌肉的灵活性和精确性，如用剪刀剪切或扣扣子等能力；口语运动技能是指儿童口语交流时，必须产生讲话声音的舌、唇、上下颚等发音器官活动的呼吸协调性技能；感觉运动技能是指儿童协调运动时，要求运用感觉信息指导动作的能力。视觉听觉、触觉和肌肉运动知觉是运动协调的决定性因素。例如，儿童踢球的活动中就要求有视觉、感知觉的参与。儿童必须能从其他刺激中分辨出球，注意集中在它的身上，来判断球与儿童本身的距离，并要评判球的运行的速度。所有这信息一定要协调，才能指导儿童运动协调能力发展，在运动的过程中，一定要持续协调即将到来的感知觉的信息。

（二）总体运动技能的变化

肌肉运动控制能力在整个儿童期继续发展，但在该阶段早期，对大肌肉运动的控制要远好于对小肌肉运动的控制；到了该阶段晚期，对大肌肉运动的控制近乎完美，对肌肉运动的控制能力有很大提高。一般来说，儿童到6岁时，都能够正确抄写，且结构正确。

儿童期儿童的基本运动技能仍稳步地继续改善，大多数达到6岁或7岁的儿童，都已经掌握基本的运动技能。绝大多数儿童能以十分协调的手臂和大腿运动进行跳跃、跳绳、弹跳和爬绳。随着儿童年龄的增长，运动继续发展，儿童的反应变得更加协调而且敏捷。在儿童协调、敏捷、流畅的运动中，大肌肉和小肌肉组织都发生了变化。上小学的儿童迷恋许多体育活动，如攀爬、扔球和接球、游泳以及溜冰。在这一年龄阶段，涉及总体运动技能的活动成了重点。到7～8岁时，儿童对坐着玩的游戏产生了更浓厚的兴趣，因为他们的注意力范围以及认知能力都有增长了。到8～10岁时，儿童参与了耗时更长、更需聚精会神的活动，如足球或其他体育技能。当儿童到了儿童期的尾声时，他们对同辈相关的身体活动更加感兴趣了。

在学校这段时间，得到加强的平衡性、体力、敏捷程度以及灵活性使得他们在跑步跨越、单足跳以及各种球技上的动作更加到位。但男孩的总体运动发展要超过女孩，而女孩在精细运动技能上更高一筹。

（三）运动技能的性别差异

在运动技能、敏捷性、协调性以及身体力量方面的变化，反映了年龄的影响，它们也证明了性别之间的稳定差别。

在整个儿童期，即使是女孩的身高和体重都比一般男孩高，男孩的身体力量（对紧握力量的测量）还是要优于女孩。与女孩相比，男孩有更大的腿部力量以及在跳跃时胳膊和腿的协调性较好。女孩在运动技能的肌肉灵活性方面、平衡能力或运动节律方面超过男孩。例如，那些在“跳房子”游戏、跳绳以及一些体操形式中表现出来的技能，以及单足平衡能力方面，女孩优于男孩。但是，男孩和女孩的差异并非显著，而且一般来说有重叠，在男性比女性更擅长的活动方面，有一些女孩比一些男孩要好；相反，在女孩比男孩更好的运动能力方面，有一些男孩要比一些女孩表现得好。然而，在青春期以后，这些差异的大部分会迅速扩大，通常对男性更为有利。

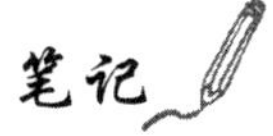

第二节 儿童期的学习

儿童进入学校以后，学习活动逐步取代游戏活动成为儿童主要的活动形式，并对儿童的心理产生重大的影响。

一、儿童期学习行为特点

进入小学后，儿童的主导活动由游戏转变为学习。儿童在学校里所进行的学习，是一种有目的、有计划、有系统地掌握知识、技能和行为规范的活动，而且是一种社会义务，是狭义的学习，主要具有下列特点。

（一）儿童期的学习以间接经验为主

入学之后，儿童对于间接经验的学习开始占据主导地位。学生学习的内容变为直接的前人总结好的经验、理论和结论。

（二）儿童期的学习需要教师指导

间接经验的学习必须在教师的系统指导下才能顺利进行。儿童的学习必须在有限的时间内完成，并达到社会的要求，因此，学校里的学习是有计划，有目的，有组织的。

（三）儿童期的学习有一定的被动性和强制性

儿童的学习是被动的、强制的。一是因为学生的学习内容是国家统一课程标准规定的；二是因为学生的学习不是为了适应眼前的环境，而是为了适应将来的环境。

二、儿童期学习动机发展

（一）学习动机

儿童学习动机发展的共同趋势是由近景性动机向远景性动机、由实用性动机向社会性动机过渡。具有如下趋势：第一，从比较短近的、狭隘的学习动机逐步向比较远大的、自觉的学习动机发展；第二，从具体的学习动机逐步向比较抽象的学习动机发展；第三，从不稳定的学习动机逐步向比较稳定的学习动机发展。

林崇德（1984）的研究表明，小学儿童的主导学习动机大致可以分为四种：①为了得到好分数，得到家长、教师的表扬和鼓励，或者不想落后于其他同学；②为履行学校群体交给自己的任务，或者为学校群体增光；③为个人前途、理想，为升学，为自己的出路和未来的幸福而奋发读书；④为国家、社会的发展而勤奋学习。其中，一、二年级的小学生还没有显露出社会责任的动机，在三年级中，有这种动机的学生占15%，在四年级中占31%，在五年级里占48%～50%。

（二）学习兴趣

学习兴趣是指在学习活动中产生的，是学习动机中最活跃的因素，能够使学习活动富有成效。儿童的学习兴趣不断地发生变化，主要表现出以下几个特点。

第一，低年级的儿童首先是对学习的过程和学习的外部活动感兴趣，逐渐发展到对学习的内容和需要独立思考的内容感兴趣。

第二，儿童的学习兴趣表现出不稳定性，很容易变化。在三年级以前，儿童学习兴趣没有表现出学科的分化；在三年级以后，开始产生了初步的学科分化的兴趣。

第三，儿童在小学低年级阶段，对有关具体事实和经验较感兴趣，而到了小学高年级阶段，开始初步发展为对抽象的因果关系感兴趣。

第四，在小学阶段，随着年龄的增长，儿童对以游戏方式进行的学习活动的兴趣逐渐下降。

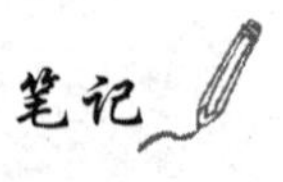

第五，儿童的阅读兴趣也是一个逐渐发展的过程。例如，从对课内阅读感兴趣开始对课外阅读感兴趣；从对阅读童话感兴趣到对科普类读物感兴趣；从对读物的事实、情节感兴趣到对读物中人物、思想感兴趣。

三、儿童期的学习态度

学习态度是指儿童对学习做出的评价和学习行为倾向。学习态度可以是肯定的或者是否定的，积极的或者消极的，正确的或者错误的。儿童对学习的态度是不断发展和变化的。儿童的学习态度主要从以下几个方面来具体体现。

（一）儿童对待教师的态度

初入学的儿童首先接触的是教师。小学低年级儿童对自己的教师怀有一种特殊的尊敬和依恋的心情，他们无条件地信任和服从老师，从不怀疑教师的话。例如，儿童回家后常说“我们老师说……”在这个时候，儿童一般还不理解学习的社会意义，因此教师对待儿童的态度会影响到儿童对待学习的态度。到了中高年级，儿童对待教师的态度开始发生一定的变化，对教师不再是无条件地信任、崇拜，而是带有选择性地评价教师。那些授课有吸引力、和蔼、耐心、公正的教师更能赢得小学生的尊敬和信赖。

（二）儿童对待作业的态度

儿童对待作业的态度也是一个发展的过程。首先，从认识上看，刚入小学的儿童没有把作业当成是学习活动的一个组成部分，有时会因为贪玩而忘却作业，等到老师检查作业时才想起来。在教师的教育引导下，儿童逐渐认识到作业是学习的一个重要组成部分，开始以负责任的态度对待作业。到了小学高年级后，大多数儿童都能够认真、按时、有序地完成作业，并且会为了完成作业而自觉地停止无关的活动。

（三）儿童对待评分的态度

进入小学后，儿童要经常接触各种评分，评分开始在儿童心理上发挥作用和影响。儿童对待评分的态度也是不断发展的。低年级的儿童，已经能了解分数的客观意义，但还不是很确切。他们认为只有得高分才是好学生，才能得到老师和父母的表扬、奖励。到中、高年级，儿童对分数意义的理解更为深入。他们认识到，分数是对他们学习结果的客观反馈，是完成学习任务的重要指标。

儿童得了不同的分数后，对他们的学习行为会产生明显的影响。得到好的分数，会提高他们学习的积极性；得到了低分数，会挫伤他们学习的积极性。因此，教师应充分发挥评分的积极作用，同时避免对儿童的心理和学习动机产生不良影响。

四、儿童期的学习能力发展

（一）语文能力的发展

语文能力的发展主要表现在听、说、读、写四个方面。

1. 听的能力的发展包括对听话时的注意力，对语言的辨识能力，对语义的理解能力，对讲话内容的分析综合、抓住要点的能力，记忆话语的能力，对话时联想和想象力等。

2. 说的能力的发展包括准确运用语言、说好普通话的能力，当众说话、有中心有条理的表达能力，答问有迅速灵活的应变能力，创造性复述有联想、发现的创造力等。

3. 阅读能力的发展包括认读的能力，准确理解词句段篇的能力，对文章的评价与鉴赏能力，诵读能力等。

4. 写作能力的发展包括认识生字的能力，选词用语的能力，布局谋篇的能力，运用标点符号的能力，加工修改的能力等。

听、说、读、写四种能力互为前提，共同促进儿童语文能力的发展。

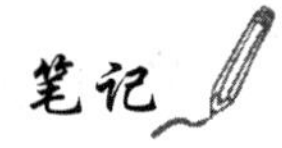

(二)数学能力的发展

数学能力包括数感、符号感、空间观念、统计观念、应用意识和推理能力等。

小学1～3年级，儿童要认识万以内的数，小数，简单分数和常见的量，掌握必要的运算和估算技能，对简单几何体和平面图形有直观的认识，获得初步的测量、试图、作图技能。小学4～6年级，儿童要认识亿以内的数，了解分数、百分数和负数的意义，了解简单的方程，了解简单几何体和平面图形的基本特征，提高测量、识图和作图能力，初步认识概率问题，掌握简单的数据处理能力。

小学低年级儿童的思维以具体形象为主，所以他们学习数概念时，需要借助感性形象材料，此时儿童对语言材料的演绎推理能力尚未形成。小学中年级儿童的具体形象思维开始向抽象逻辑思维过渡，在此阶段学习数学时，他们能对数概念进行简单的归纳、演绎等，并从能解一步应用题发展到能解多步应用题，开始掌握推理规则。小学高年级儿童对数学概念的逻辑判断能力、推理能力和运用法则的能力已有较好的发展。在几何命题运算和代数运算方面，已经明显地表现出个体的差异。

(三)第二语言的发展

儿童第二语言的获得方式大致有三种。一是第二语言与第一语言二者同时掌握；二是先掌握第一语言，然后通过自然的方式掌握第二语言；三是先获得第一语言，然后通过学校教学过程中的学习掌握第二语言。

研究表明，儿童两岁起就能分别掌握两种语言系统。在年幼的时候，第一语言对第二语言的学习干扰较少，随着年龄的增长，第一语言对第二语言的影响增大。

第三节　儿童期认知的发展

一、儿童注意的发展

(一)儿童注意发展的一般特点

注意不是认识过程，而是认识过程的一种属性，这种属性是指人在认识事物过程中意识的指向和集中。儿童的有意注意有较大的发展，无意注意仍在起作用。小学低年级儿童的注意，经常带有情绪色彩。任何新异刺激都会引起他们的兴奋，分散他们的注意，但到了中高年级，情绪就比较稳定，注意的情绪特点也没有低年级那样显著了。儿童对抽象材料的注意正在逐步发展，但更多的还是注意具体直观的事物。

(二)儿童注意品质的发展

注意本身可以表现为各种不同的品质，如注意的集中性、稳定性、分配范围和转移等。这些品质之间是相互联系的。

1. 注意稳定性的发展　注意的稳定性是指集中并持久注意在所做的工作或事物上。低年级儿童对于一些具体的、活动的事物以及操作性的工作，注意容易集中和稳定；对于一些抽象的公式、定义以及单调的科学对象，注意就容易分散。随着年龄的增长，学生对一些抽象的词和能够引起智力思考的作业，比年幼儿童的注意容易集中，容易稳定。

2. 注意范围的发展　注意范围大小和年龄有一定关系，儿童由于经验不多，注意范围一般比成人小。以速示器做的试验证明：儿童平均只能看2～3个客体，成人能看4～6个客体。注意范围大小与思维发展相联系，儿童思维富于具体性，在一些复杂事物面前不能找出相互之间的联系和关系，只能找出一些个别的特点，因此他们的注意范围比较狭窄。

3. 注意的分配　儿童不善于分配自己的注意，他们不能一边听老师讲课一边记笔记。注意的分配，必须将其中的一件活动达到自动化程度才能进行。儿童不善于分配注意是因

为他们对要注意的事物不熟悉。要到小学高年级甚至初中，学生才能慢慢学会注意的分配，注意的分配可以通过练习来获得。

4. **注意的转移** 注意转移因人而异。有些儿童注意转移比较容易，有些则比较困难，有些情况下注意转移比较容易，有些条件下注意不易转移。随着年龄增长，儿童注意的分配和转移也逐渐发展起来。

二、儿童记忆的发展

（一）儿童记忆的特点

儿童记忆是在幼儿期记忆的基础之上发展起来的，在教学条件下，随着年龄的增长而提高。儿童期的记忆主要有以下几个特点。

1. **有意识记成为记忆的主要方式** 有意识记和无意识记都随儿童的发展而发展，在小学阶段有意识记开始超过无意识记，占据优势。有意识记的出现标志着儿童记忆发展上的一个质变，有意识记超过无意识记又是记忆发展中的一个突出的变化。

2. **意义记忆占主导地位** 意义记忆是一种理解识记，当儿童对所要识记的材料有了理解并有了进行意义加工的能力，他们就能更好地进行意义记忆。小学儿童随着理解能力的增加、知识的增多、组织和表达能力的提高以及言语和思维水平的提高，在学习中越来越多地进行意义记忆。如果一些儿童此时长期停留在机械记忆的方法上，将会影响他们记忆的发展和以后学习的提高。

3. **抽象记忆的发展迅速** 儿童的抽象记忆能力得以不断发展，发展速度超过形象记忆，乃至逐渐上升，占据优势地位。当然，形象记忆与抽象记忆是相辅相成的，在小学阶段这两种记忆都具有重要作用。

（二）儿童短时记忆的发展

小学生短时记忆能力的发展主要表现在记忆容量的变化上。心理学研究已经表明：成人短时记忆容量是(7 ± 2)个信息单位，而儿童的短时记忆容量迅速发展，随着年龄的增长而增加。小学儿童的数字记忆广度已经与成人水平接近。

（三）儿童记忆策略的发展

儿童使用记忆策略的能力是随年龄增长而不断发展的，幼儿基本上不会自发地使用某种策略来帮助记忆，8 岁左右的儿童处于过渡期，10 岁以上的儿童基本上能自发地运用一定的记忆策略来帮助记忆。儿童相对于学前儿童，在使用记忆策略时，表现出更多的灵活性、主动性、创造性。儿童记忆策略之间的发展不平衡，可能很大程度上是依赖儿童自身的知识经验。

1. **复述策略的发展** 复述（rehearsal）是记忆材料的一种简单而有效的方法，也是不断重复记忆材料直至记住的过程。儿童采用复述策略的能力是逐渐发展的。

儿童进入小学后，才逐渐使用复述策略，7 岁左右是儿童由不进行复述向自发地进行复述的过渡期。实验发现，5 岁儿童只有 10% 的显示出复述表现，而 60% 的 7 岁儿童和 85% 的 10 岁儿童都有复述表现。研究发现，能进行复述的儿童的记忆效果要好于不进行复述的记忆效果。儿童使用复述策略的灵活性随着年龄的增长而不断发展。在整个小学时期，这种灵活性水平还很低。儿童期的复述策略在一定年龄阶段也是可以训练的。有研究证实，训练对儿童的分类复述有很大的促进作用。

2. **组织策略的发展** 记忆的组织策略是指识记者在识记过程中，根据记忆材料不同的意义，将其组成各种类别，编入各种主题或改组成其他形式，并根据记忆材料间的联系进行记忆的过程。儿童进入小学后，组织策略才开始明显发展起来。儿童在提取有关信息时可采用组织归类策略。美国学者卡巴西格瓦（A.Kobasigawa，1974）在一项实验中，以 6 岁、8 岁、

11岁的儿童为被试，刺激物为24张图片，每3张为一类，共8类。研究者向被试呈现图片。同一类图片如（猴子、骆驼、熊）与一张相关的大图片（如动物园中有3个空笼子）一起呈现。在呈现图片过程中，主试强调小图片是伴随着大图片的，但被试只需要记住小图片。最后给儿童呈现出一些大图片，要求他们回忆小图片，研究结果发现，随年龄增长，自发地使用大图片进行回忆的人数逐渐增加，到8岁时儿童基本上能运用类别搜寻策略。

（四）儿童期元记忆的发展

元记忆是关于记忆过程的知识或认知活动，即对什么因素影响人的记忆过程与记忆效果，这些因素是如何影响人的记忆的以及各因素之间又是怎样相互作用等问题的认识。美国学者弗拉维尔（J.H.Flavell）把记忆的元认知知识分为三个方面：

1. 有关自我的知识 关于记忆的自我知识是指主体对自我记忆的认知与了解。这种知识随年龄而变化，弗拉维尔的实验是要求被试预言自己能够回忆出研究任务所给出的图画的数量，然后测出被试实际上的记忆结果。研究结果表明，儿童关于记忆的自我知识是随年龄增长而发展的，幼儿的估计远高于真实结果，学龄初期儿童对自己记忆的预言逐渐接近实际，4年级之后的认知基本上达到了成人水平。

2. 关于记忆任务的知识 关于记忆任务的知识是指个体对记忆材料的难度和不同记忆反应（如再认、回忆）难度差异的认识。研究结果表明，幼儿已经认识到记忆材料的熟悉性和数量是影响记忆的因素。但他们的认识具有明显的直观性，小学中年级儿童（9岁以后）就能够进一步认识到记忆材料之间的关系、材料与时间之间的关系也会影响记忆的效果。关于再认和回忆两种记忆反应的难易程度的认识也随年龄增长而提高。有一半以上幼儿认为再认和回忆难易程度一样，小学一年级儿童就有一半以上认识到再认比回忆容易，而且能证明其答案的合理性。

3. 关于记忆策略的知识 小学儿童逐渐掌握了一些改善记忆的方法。有研究表明二年级儿童已经认识到复述和分类都是记忆的有效策略，五六年级儿童已经能够经常主动地运用分类策略进行记忆。

三、儿童思维的发展

（一）儿童思维的特点

1. 经历一个思维发展的质变过程 幼儿期以具体形象思维为主要形式，进入儿童期，由于学校教学以及各种日益复杂的实践活动向儿童提出了新要求，这就促使儿童逐渐运用抽象概念进行思维，促使其思维水平开始从以具体形象思维为主要形式逐步向以抽象思维为主要形式过渡。小学儿童思维的这种过渡，是思维发展过程中的质变。

2. 不能摆脱形象性的逻辑思维 儿童期的逻辑思维在很大程度上受思维具体形象性的束缚，尤其是小学低年级或三年级以下，他们的逻辑推理需要依靠具体形象的支持，甚至要借助直观来理解抽象概念。在解决问题的思维活动中，往往是抽象逻辑思维与具体形象思维同时起作用，在两者的相互作用中抽象逻辑思维逐渐发展起来。

3. 10岁左右是形象思维向抽象逻辑思维过渡的转折期 儿童思维发展存在着关键性的转折年龄。一般认为，这个转折年龄在10岁左右，即小学四年级，也有研究指出这个重要阶段的出现具有伸缩性。根据教学条件，可以提前到三年级或者延缓到五年级。

（二）儿童思维过程的发展

1. 概括能力的发展 小学生相对来说，知识经验还不够丰富、深刻，他们对事物进行概括时，只能利用某些已经了解的事物特征，而不能充分利用包括在某一概念中的所有特性。在小学阶段，学生概括水平大体经历了如下三个阶段。

阶段1：直观形象概括水平（7～8岁）。这个阶段儿童的概括水平和幼儿的概括水平相

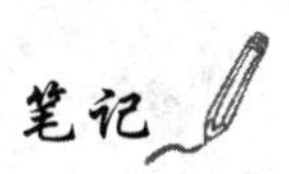

近，主要是属于直观形象概括水平。此时，小学生所能概括的事物属性，常是事物的直观的、形象的和外部的属性。

阶段 2：形象抽象概括水平（8～10 岁）。这个阶段学生的概括水平是从形象水平向抽象水平的过渡状态。在小学生的概括中，事物直观的、外部的属性逐渐减少，本质属性的成分逐渐增多。

阶段 3：初步的本质抽象概括水平（10～12 岁）。这个阶段学生的概括水平主要是以本质抽象的概括为主。虽然小学生能够对事物的本质属性以及事物的内部联系进行抽象概括，但是，这种抽象概括还只能是初步接近科学的概括。由于知识经验的局限，小学生对那些与他们的生活领域距离太远的科学规律进行抽象概括是很困难的，有待于进一步发展、提高。

2. **分类能力的发展**　小学儿童的分类能力表现为：6 岁以后儿童能进行一级独立分类的人数超过一半；小学二年级学生，可以完成对自己熟悉的事物的字词概念的分类，但很难说清分类的依据，随着年龄的增长，说明分类根据的人数有所增长；到 9 岁时，基本上已经掌握一级概念。不同年级的小学生，表现出不同的分类水平，三、四年级是字词概念分类能力发展的一个转折点。分类材料的难易程度对分类水平存在影响。同一年级的小学生在解决难度不同的任务时表现出不同的分类水平。一、二年级的小学生，在完成分类任务时仅做一次分类，没有二次组合分类。到了小学四年级和五年级，组合分类能力有较明显的发展。这一发展趋势说明小学生思维的基本过程在逐渐发展，并且日益完善。

（三）儿童思维形式的发展

1. **概念的发展**　小学儿童的概念是逐渐地丰富并向抽象水平发展的，随着儿童知识经验的发展，对已掌握的概念要不断充实和改造。小学儿童对概念的掌握表现在以下三个方面：第一，小学儿童概念的逐步深刻化。小学儿童逐渐从事物的直观属性中解放出来，而以本质的、一般的因素为基础，逐步形成深刻而精确的概念；第二，小学儿童概念的逐步丰富化。儿童进入小学后，随着年龄的递增，其各类概念（如数概念、空间方位概念、自然概念、社会概念、时间概念、科学概念、自我概念、美学概念、幽默概念等）都在不断丰富。尤其字词概念和数学概念的发展尤为突出。第三，小学儿童概念的逐步系统化。在学校教学的影响下，儿童所掌握的概念总在不断变化，不断充实，不断地加深本质特征并舍弃非本质特征，同时，儿童所掌握的概念不是各自孤立、互不相关的。任何一个概念总是与其他有关概念既有一定区别，又有一定联系。掌握有关概念之间的区别和联系，也就是使掌握的概念系统化。

2. **判断的发展**　小学一年级儿童的判断大都是反映事物的单一联系的判断，这种判断以事物的外部特征为依据。小学二年级儿童开始出现或然性判断，这种判断是一种可能性的推测，这个年龄段儿童说话时可能提到“也许”、“可能”等词。到了中高年级后，小学生能比较独立地论证一些复杂的判断，已经具有初步的逻辑能力，但是，他们的逻辑判断能力仍然不十分完备，还不能对现实的复杂关系进行完备的反映。

3. **推理能力的发展**　推理可以分为直接推理和间接推理，小学低年级儿童掌握的是比较简单的直接推理。而推理主要包括演绎推理、归纳推理和类比推理三种形式。李丹（1987）对儿童演绎推理的研究发现，完全非逻辑的自由联想只有在 7～8 岁儿童中有一定的表现。具体表现在小学生在回答问题时，不受所提供的前提制约。随着年龄的增长，儿童逐渐能根据已知前提进行演绎从而得出正确的结论。儿童在 7～8 岁时初步表现出命题演绎的可能性；在 9～10 岁时还不十分稳定，直到 11～12 岁时基本具有命题演绎思维的特点。王骧业（1980）关于儿童归纳推理的研究表明：小学生归纳推理从不会归纳推理到合乎归纳推理分为多级水平。小学生的归纳推理有时候被一些非本质的东西所吸引，以致得出不正确的

笔记

结论。小学生类比推理能力也存在着年龄阶段性，即低、中、高年级有显著的水平上的差异。中年级以具体形象性质居多，高年级的推理抽象性质增加。可以看出类比推理的发展在小学高年级开始转化。

总之，小学生的思维发展过程都是通过分析、综合、概括来实现的，而且这些发展过程都是从具体向抽象发展的。

四、儿童认知发展的个体差异

儿童认知发展的个体差异是20世纪90年代以来心理学家非常关心的问题。认知发展的研究已经发现在年龄群体间和年龄群体内都在显著差异，这说明仅注意儿童认知发展阶段性特点，而忽略发展中的个体差异是不全面的。因此，如何根据儿童的个体差异，进行有差别的教育，以最佳促进儿童认知发展，是非常重要的。

（一）超常儿童的心理发展与教育

1. 超常儿童的定义 智力超常儿童是指智力水平远远超出其年龄阶段的儿童。具体是指智力水平处于同龄人群中前3%且智商达到130～140以上的儿童。

2. 超常儿童的心理特点 我国学者经过多年追踪研究，归纳出超常儿童有以下几方面的优良心理特点或品质：

（1）浓厚的认知兴趣，旺盛的求知欲：超常儿童从小就表现出对事物的好奇倾向，喜欢追根究底地问个不停。在幼小时就有浓厚的学习兴趣，他们不仅对文化知识感兴趣，对自然物理现象也很感兴趣。

（2）思维敏捷，理解力强，有独创性：超常儿童在解决类比推理问题上，不论是回答的正确数量，还是回答水平的评分，都超过了比他们大两岁以上正常儿童的解答成绩。他们解决类比推理的时间要比正常儿童少很多，能摆脱已有知识经验的习惯势力的束缚，思路较灵活、广泛、有创见，他们善于分析条件，能抓住要领解答问题。

（3）注意力集中，记忆力强：超常儿童注意范围广，而且能高度集中。特别在对他们感兴趣的事情上，能专心致志，甚至能集中注意两三个小时之久，即使有精彩的电影也不能使他们分心。他们的记忆力也很强，不但能记得快，而且能记得牢。

（4）敏锐的感知觉，良好的观察力：超常儿童的视觉、听觉辨别能力发展突出，主要反映在对汉字的形音细微差异的区别上。如一个3岁半的超常儿童能分辨许多形近字，对同音字也能辨别形和义的差别，如蓝-篮等。

（5）进取心强，有勤奋学习的意志力：超常儿童好胜心强，不甘示弱，爱与人比。他们有一股倔劲，要干的事，非干好不可，并坚持到底，而且比较勤奋。遇到困难，不随便放弃，坚持到做出来为止。

3. 超常儿童的教育

（1）人际关系的指导：超常儿童由于智力较高，独立性、批判性强，常常有鹤立鸡群的离群倾向，再加上在班级中容易受到老师的特殊照顾，享有的特权又使一般同学难以接受，所以他们常常会固执己见，并伴有孤独感。教师要了解超常儿童的人际交往情况，并做出具体的交往技能指导，使之在智力高速发展的同时，也能学会理解、学会宽容、学会合作，以获得良好的社会性发展。

（2）教学内容的调整：普通学校教育中统一的课程和标准，使超常儿童的学习缺乏挑战性，这不仅会引起他们兴趣的下降，情绪的波动，还会导致智力潜能的浪费。因此，教师应采取充实课程内容、提供高难度作业等方法，鼓励他们创造性地学习。这样不仅能保证超常儿童保持在班级中的水平，还能使他们有机会接触超出平常范围的知识经验，进行具有挑战性的知识学习和问题解决。对于这一问题国外开展了多方面的探索，实践证明其中的

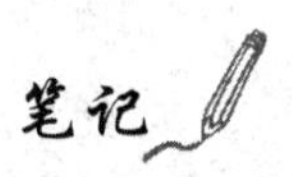

一些方案具有很好的效果，以下几种方案值得我们借鉴：

第一，区别式课程方案。虽然智力超常儿童被安排在普通班级，但教师从学习内容、学习进度和任务要求上都要为智力超常儿童提供特别的设计，让每种智力水平的儿童都感受到课程的挑战性，都有机会最大限度地发展自己的潜能。

第二，抽离式教育方案。每周利用部分时间让智力超常儿童离开自己的班级，与那些具有同样智力水平的同伴一起活动。活动内容既可以是在资源教室中开展自主学习，也可以是在某些方面接受深入地培养，例如参加领导才能训练、科学探索活动、艺术活动等。

第三，导师制教育方案。从校内（教师）或校外社区的资源（大学生或专家）中为智力超常儿童选择一位能够帮助他特别兴趣的指导者，二者通过一对一的深入交流，充分满足智力超常儿童的兴趣发展需要。

（二）低常儿童的心理发展与教育

1. 智力低常的定义 智力低常的人一般是指那些不能适应环境甚至连生活也不能自理的人，这些人的智商一般在70以下。根据智力低下的程度和社会适应能力的水平可将智力低常儿童分为四级，即轻度、中度、重度和极重度，他们有不同的特征表现。

（1）轻度：智商分数在55～70之间，占低常儿童的75%～80%。由于是轻度智力低常，所以除早年发育较正常儿童略迟缓外，不易发现其他异常，部分儿童进入小学后才被发现智力缺陷。

（2）中度：智商分数在35～55，占智力低常儿童的12%左右。早年各方面发育均迟缓，词汇贫乏，不能建立抽象性思维。对周围环境辨别能力差，只能认识事物的表面和片段现象，略具学习能力。经过长期教育和训练，能学会简单的书写和计算，但不超过小学二年级水平。在监护下，他们可从事简单的体力劳动。

（3）重度：智商分数在20～35，占智力低常儿童的8%左右。儿童早年各方面的发育均推迟，运动功能发育落后，大多数有表达障碍。他们能学会自己吃饭及基本卫生习惯，对明显的危险能够躲避，生活需人照管。长大后，如果使用正确的训练方法，可在他人监护下从事简单的劳动。

（4）极重度：智商分数在20以下，占智力低常儿童的1%～5%左右。常伴有明显的躯体畸形和神经系统功能障碍，几乎没有语言功能，不能辨别亲疏。情感反应原始，只能发出一些表达情绪和要求的喊叫。感知觉明显减退，不知躲避危险，生活全部需人照顾。

2. 智力低常儿童的特点

（1）感知觉的特点：①知觉速度缓慢，范围狭窄；②感知觉区分物体的能力薄弱。很多实验证明，低智力儿童不易区分相似的物体。他们不会区分图片上人的面部表情，看不清风景画中的情节。③知觉过程的积极性低。低智力儿童在看某张画或物体时，缺乏积极性，他们不会仔细地有兴趣地去注意物体的各个部分，只是大致地看一下。

（2）言语发展的特点：低智力儿童的听觉、词的发音和句子的发展都要比正常儿童晚得多，在2～3岁时只会说一些单词，5～6岁时才能说一些简短而贫乏的句子。他们在讲话时很少用形容词、连接词和动词，甚至在入学时仍不能讲完整的句子。书面语言的学习十分困难。

（3）思维方面的特点：①思维带有具体性，概括能力薄弱。在比较事物时，经常依据偶然的外部特征，而不能区分本质特征。②缺乏逻辑推理能力。在回答问题时，常会离开问答题的思路说一些与题无关的话，这和注意力时而集中，时而分散，心理活动不稳定有关。他们在一件事尚未思考完毕时就跳向另一件事，产生思维的不连贯性，缺乏逻辑推理的特点。③思维调节作用薄弱，缺乏批判性。不会反省自己思维的内容是否正确，很少发现自己的错误。

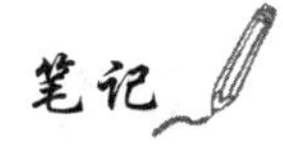

(4) 记忆方面的特点：在识记新事物时，联系范围和速度缓慢，保持不牢固，回忆不正确，并且很易遗忘。

(5) 注意方面的特点：注意力容易分散，不易集中，易受外部新鲜事物吸引，不会注意事物的重要部分。

3. **智力低常儿童的教育**　由于低常儿童的学习能力与需要随其障碍程度的轻重而有差异，因而对其的教育训练也应有所区别，要根据不同的情况安排适当的教育形式。其原则有两个：一是根据智力缺陷的情况安排，二是回归主流原则。

(1) 正常学校学习：适合智力低下程度较轻的儿童和一些学习迟缓的儿童。他们学习成绩一般在班级的后几名，常常有不及格的情况，在教师的努力帮助下可以勉强跟着班级学下去。有一些智力低下儿童在弱智学校经过教育训练，智能有所提高，达到能在正常学校学习的心智发育水平，被送到正常学校去学习，叫做“随班就读”。

(2) 特殊班级：这种形式比较适合我国国情，在普通学校设特殊班是很好地解决智力发育迟滞儿童就读的方式。

(3) 服务中心或特殊班级：在大中城市出现的公办和私办的特殊班级或中心都配有特殊教育的师资和必要的特殊教育设备。虽然收费较高，但可被特殊儿童家庭所接受。

第四节　儿童期言语的发展

儿童在入学前就已经基本掌握了本民族的口头言语，并已初步具有学习书面言语的能力。入学之后，儿童继续逐渐完善自己的语言系统和语言运用能力，掌握一些较难的语言发音形式和一些特殊的语法现象，迅速扩充词汇量，发展出各种语用技能。在一般教育条件下，书面言语也有较为可观的发展，并对口头言语发生重大影响，使之渐趋规范化。所以，儿童期儿童言语发展的主要任务就是口头言语中语用能力的发展和书面言语中读写能力的发展。

一、口头言语的发展

语言能力应包括语言系统能力和语言运用能力。语言系统能力包括对语音、词汇、语法等语言规则体系的掌握，它的发展是比较迅速的。一般来说，学前儿童的语言系统能力已经发展到一个相当高的水平，而且在没有大的语言学习障碍的情况下，一般人都可以较好地获得本民族的语言系统能力。语用能力是指在交际环境中按照语用规则去得体、有效地使用语言的能力，它的发展则是艰难的、长期的，甚至是无止境的。学前儿童的语言运用能力相对较低，说话不得体的情况随处可见；入学之后，儿童的语用能力就有了很大的提高，主要表现在对自己见解的表达、会话策略的运用、会话含义的理解和对会话活动的维持上。

（一）会话中有见解

向3～10岁儿童呈现八件相似的物品，要他们各自说出他最喜欢的是哪一件物品，以便把它用作送给朋友的生日礼物。学前儿童通常对自己选中的物品做出一种含糊和不明确的描述，如说“我要那个红色的”，而年纪最小的小学生的描述也已经变得更为详细和明确，如说“我要那个红的、圆的、上面带有条纹的”。

（二）会话中有策略

当儿童面对拒绝时，能够用更委婉更礼貌的方式提出自己的请求，而不会像学前期那样，要求未能得到满足就大哭大闹；或者当儿童知道自己的某些要求是不能被满足的时候，就用渐进的方式委婉地表达，使他人逐步接受自己的请求。例如，在回家的路上儿童想去麦当劳，怕妈妈拒绝，就说“我们走这条路回家吧”(经过麦当劳)，看见麦当劳时又说“妈妈，

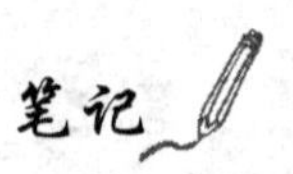

那是什么啊？我们进去坐一会儿吧！”没有特殊原因妈妈是不会拒绝这个要求的；进去坐下之后他将他的要求进一步趋近目标“妈妈，我渴了，想喝水。”此时大多数的妈妈都会直接去买可乐，儿童也因此达到了自己的目的。

（三）会话中理解言外之意能力提高

言外之意包括习语、暗示、间接指令、间接请求、隐喻、夸张、反语等。

学前期的儿童尚不具备理解会话中的隐喻能力，而6～10岁期间，儿童逐渐从对静态的知觉相似性的隐喻理解过渡到对抽象概念相似性的隐喻理解，11岁儿童已经能够精确地理解一般的隐喻关系。但是，对于某些采用隐喻形式的复杂的格言，11岁儿童只能对其中的10%做出恰当解释，13岁儿童的理解成绩也低于50%。也就是说，6岁以前的儿童不能把反语、玩笑与谎言区分开，无法理解反语和玩笑的真正含义；6岁可能是儿童理解会话含义的重要的转折时期；6岁以后儿童的这种能力处于持续发展之中。

反语也是一种间接言语行为，但儿童对反语理解远远落后于对间接指令、间接请求、隐喻等其他类型的间接言语行为的理解。6～8岁儿童开始表现出初步的不稳定的反语理解能力，但直到13岁仍处于持续的发展之中。儿童反语理解能力的发展表现为从低水平掌握向高水平掌握过渡的连续发展过程，到10岁时达到对反语现象能成熟理解的被试还不到一半。

（四）能维持会话过程

虽然儿童已经掌握了足够的词汇和语法知识，但仍然不能成为熟练的会话者，儿童维持对话的能力发展较慢，年龄较大的儿童仍然难以维持长时间的会话。这主要是由于他们一般知识的缺乏和认知能力的局限造成的，这些限制使他们难以通过相关话语发展会话主题。

为了维持谈话的进行，会话双方必须使自己的话语与当前话题相关。问答式对话是维持话题相关的主要手段，表示同意、提问和回答的话语比例都随年龄的增长而增长。儿童维持相关会话的发展趋势是：从不相关到形式相关（重复或模仿），再到事实相关，最后到观点相关。

二、书面言语的发展

儿童的书面言语经历了从无到有、从简单到复杂的发展过程。真正的书面言语在小学阶段出现，小学初期书面言语落后于口头言语。在正确的教育下，到二年级下半学期，书面言语发展已接近口头言语发展水平；到四年级下学期，儿童书面言语水平发展有所提高，逐渐超过口头言语的发展水平。小学儿童要掌握识字、阅读与写作三种技能，才能达到较好的书面语言水平。

（一）识字量的发展

识字是儿童掌握书面言语的感知阶段，是儿童运用口头语言过渡到学习书面语言的最初的基本环节，也是阅读和写作的基础。识字量的多少是成功阅读的重要基础。

小学低年级儿童开始面临识字和阅读的任务。根据国家2011年课程标准的规定，小学毕业生需要认识3000个左右常用汉字。初入学儿童在经历了两年比较集中的识字教学之后，已经可以具备基本的阅读能力。

儿童对汉字的感知经历三个发展阶段：一是图形化加工阶段，学龄前儿童把每一个字当作是一个整体图形来记忆，像照相机一样记住汉字的整体特征。二是分析性加工阶段，小学低年级儿童通过对汉字笔画的分析来认识汉字。而对于使用字母文字的儿童，则表现为开始利用拼读规则来识记单词。三是自动化加工阶段，由于大量经验积累，小学中高年级儿童对汉字的加工变得越来越容易，激活速度像成人一样快，达到自动化水平，不需要精细的分析就可以识别汉字，这时儿童的阅读速度会大大提高。

笔记

（二）阅读能力的发展

阅读是一种从书面材料（文字、符号、图表）获得意义的心理过程，是在具有一定词汇量的基础上发展起来的更高一级的语言能力；它把感知到的材料进行加工编码，变成自己的东西，储存在记忆库里。

1. **阅读的基本方式** 朗读和默读是阅读的两种基本方式。朗读是一个字一个字读出声来，速度比较慢；默读是以“视读广度”进行，速度较快。低年级小学生一般不会默读，只会朗读。这是因为低年级小学生掌握的词汇量少，对句子结构又不熟悉；再者，他们内部言语还未很好地发展起来，不善于进行无声的默读。随着年级增高，年龄增长，语文水平的提高，掌握的词汇量增多，理解力加强，以及内部言语的发展，儿童能从朗读过渡到默读。

2. **阅读能力的标志**

（1）阅读速度：儿童开始是一个字一个字地读，眼停的次数较多，阅读速度较慢，主要表现为朗读。随着词汇量的增加，对字、词、句含义的理解和结构的掌握，儿童知觉广度的扩大，儿童开始以词组和句子为单位阅读，眼停的次数减少了，阅读的速度也逐渐提高，逐渐过渡到默读。

（2）阅读理解：阅读理解包括理解课文的字、词、句，理解课文的段落和中心思想，理解修辞结构和逻辑关系。

1）对词语的理解：儿童对理解词语有以下几个特点：①依靠词语所代表的具体事物的表象帮助理解；②透过想象来体会和理解词语所表达的意境；③在老师的正确教育下，逐步加深对词的抽象概括、本质意义的理解，从而也就训练了思维的分析综合、抽象概括能力。

2）对句子的理解：①小学生能够理解句子意义，而对于句子的语法和修辞结构的分析，感到比较困难；②小学高年级学生区别单复句的成绩很低，分析多重复句的成绩几乎为零。

3）对逻辑关系的理解：①小学生理解句子中的逻辑关系的水平较低；②对概念的理解能力优于对判断推理的理解能力；③理解逻辑关系的能力与学生对材料的熟悉程度成正比。

4）对课文内容的理解：①在复述课文方面，低年级学生往往依靠机械记忆完成，中、高年级学生可以达到扼要复述的水平。而创造性复述一般是对高年级学生的要求，如果教学得法，对低年级学生也可以培养。②在分段和概括段落大意方面，小学生概括能力较低，段落的划分和段落大意的归纳都需在老师的直接指导下进行。即使到高年级，学生对那些情节较复杂、自然段落较多的课文划分段落和归纳段落大意也感到十分困难。③小学生由于受思维能力发展的局限，概括课文的中心思想的任务很难独立完成，也需由老师帮助与培养。

（三）写作能力发展

写作是人们把自己看到的、听到的、想到的和感觉有意义的内容用文字加以表述的心理过程，它是学生文字表达能力和逻辑能力的具体体现，是遣词造句、篇章结构、标点符号的综合训练，是衡量儿童书面言语发展能力的重要标志。

写作的心理过程分为三个阶段：①观念产生阶段：也称为预写阶段。在此阶段，儿童决定想要表述什么。②作文阶段：儿童把心里的提纲转化为初稿。③编辑阶段：儿童重新处理文句以求更有效地表达自己的思想。在写作过程中，儿童的阅读背景、生活经验、计划能力、文法知识等方面的差异都会影响写作的质量。

小学儿童写作能力的发展一般要经过以下三个阶段：

1. **口述阶段** 初入学的儿童还没有学会按语言的规则说话，当然也就谈不上写作。低年级儿童写作能力的培养是从口头造句、看图说话开始的。

2. **过渡阶段** 可从两方面过渡：一是将看图说话的内容用文字照样写下来；二是从阅读向写作过渡，即选择一些范文来阅读，然后模仿范文来写模仿作文，或改写缩写范文。

3. **独立写作阶段** 要求儿童独立地考虑主题、选材、布局、选词等，从而独立写出文章的阶段。它是书面言语的最高阶段，也是最困难的阶段。它不仅要求学生要有较强的思维能力，而且还要有一定的写作基本功。这需要不断地锻炼和培养，才能逐渐提高。

三、内部言语的发展

学龄儿童进入学校后，开始了以学习为主要活动的一种新的生活。这时，无论在课堂上复述课文、回答问题或是在课外完成书面作业，都需要仔细地想想然后再说或做，这些都促使儿童的内部言语迅速发展起来。儿童内部言语的发展，主要经历了三个阶段：

（一）出声思维阶段

刚入学的儿童还不善于考虑问题，这时的儿童主要是通过出声思考和回答教师的问题来培养内部言语能力。

（二）过渡阶段

刚开始，通过比较容易而且简单的问题，在培养儿童出声思维的同时，学会短时间的无声思维，教师常常提醒他们“想一想”。然后，通过提出比较困难而复杂的问题，进一步要求他们进行比较长时间的思考。同时，内部言语具有了更加复杂的性质。

（三）无声思维阶段

在教师教学的影响下，随着儿童学习内容的复杂化，随着抽象思维和独立思考的要求日益提高，内部言语从一个年级到另一个年级逐渐复杂起来，并在儿童的有意活动中占据着越来越重要的地位。

总之，内部言语的发展不是在小学时期就全部完善的，在人以后的各个时期，以至终身，都在不断地发展和完善。

第五节　儿童期感情和社会性发展

一、儿童情绪情感的发展

（一）儿童情绪的发展

1. **情绪的稳定性增强** 在小学阶段，儿童的情绪带有很大的情境性，特别容易受到具体事物、具体情景的支配。在与同伴交往的过程中，低年级儿童常常会因为一些小事情而造成友谊的破裂，但这种破裂的友谊又会很快恢复。这反映出小学生的情绪，特别是低年级儿童的情绪稳定性比较差。但随着知识经验的丰富，自我意识水平的提高，情绪的稳定性会逐渐增强。到了中、高年级以后，同伴之间不会因为一些小的事情就使友谊破裂，也不会因学习上的失败，表现出很强烈并持久的负性情绪反应。

2. **情绪的可控性增强** 小学生的情绪表现极其明显，喜、怒、哀、乐的情绪很容易从表情上反映出来，并且一二年级的小学生情绪容易激动，不太善于控制自己的情绪。但是到了中、高年级后，儿童控制与调节自己情绪的能力逐渐发展起来，一般能够抑制自己眼前的一些欲望去完成老师布置的任务，能够暂时放弃自己的一些近时利益去维护团体的大利益。

3. **情绪体验内容扩大** 随着年级的升高和年龄的增长，小学生情绪体验的内容不断扩大、加深。首先，学习活动打开了他们的眼界，比如一些课文中的优秀人物会使他们产生敬佩、喜欢等情感。其次，小学生在与同伴的互动和群体活动过程中，产生了群体的荣誉感和友谊感。

同时，随着社会生活经验的积累，小学生情感的分化也日益精细和深刻。比如笑的时候，除了微笑、大笑外，还会冷笑、苦笑等；在深刻性上表现为能够理解父母的情感，尊重父

母的辛勤劳动，能够运用社会道德标准来解释自己情感产生的原因；社会因素对他们情感的制约性也显著地增加。

（二）儿童情感的发展

1. 情感发展特点 皮亚杰认为，儿童的认知发展是分阶段的，而且认知与情感也是平行发展的，情感发展在各个发展阶段也有不同特征。在小学阶段，儿童情感有如下几个基本特点。

（1）情感的动力特征明显：学龄儿童在智力发展上属于具体的操作期。到了这时候，以前凌乱分散的智力活动和情感相互影响。小学生经常是凭情绪用事。当时情绪如何，决定了他们活动的积极性。例如，被一些小事惹恼了，会逃学，什么也不干。到了中高年级，儿童的智力水平发展了，他们能运用初步的形式逻辑而不局限于特定的具体内容，因而就能理解眼前看不见的种种关系了，这时候一些较高级的情感开始产生，但仍然常常为小事而有情绪波动，影响自己的活动积极性。

（2）情感多变而不稳定：小学儿童很容易动情，他们听了英雄人物事迹会非常感动，甚至是那些后进生，也常常会为老师和同学的关心帮助而激动不已。然而这些情绪和情感又具有情境性特点，时过境迁，他们的原有情感会很快消失，马上又变成了另一个样子，从一个极端走向另一个极端。尤其是低年级小学生刚才还在哭，不大一会儿就可能破涕为笑了。小学生情绪的多变和不稳定是和他们的心理发展水平相关的。随着年龄的增长，这样状况不断发生变化，逐步走向成熟。

（3）友谊感逐渐发展：婴幼儿关系最亲密的他们的父母或照料者，虽然有一些同伴关系的发展，但仅限于游戏时间。进入小学后，儿童社会交往范围扩大了，朋友变得越来越重要。他们的最重要情感需要就是发展良好的同伴关系，建立友谊。友谊感是高级情感的一种，也是一种重要的社会情感。研究表明，此时期影响儿童友谊的重要因素是社会的比较和同伴的声誉。社会比较是指描述、评估同伴。低年级儿童进行社会比较时，重视的是具体的行为特征，如生理上的特征：高大、有力等。中高年级儿童则强调抽象的行为特征，如同伴的喜好，思想和感情等（Diaz & Berndt）。儿童的社会比较影响了他们与同伴交往的方式。儿童常常通过讨论社会比较的标准而赢得彼此的信任。当他们通过"闲聊"获得共同的观点时，他们彼此成为好朋友。而这种"闲聊"又影响了同伴声誉，从而使同伴的声誉成为影响儿童友谊的另一个重要因素。同成人一样，声誉可以在社交团体中起促进或阻碍的作用，影响到儿童在团体中被接纳的程度。随着年龄增长，他们保持友谊的时间延长，关系较稳固。他们开始控制自己被冲动的情感并学会怎样对同伴的情绪情感作出恰当的反应。当小学生受到挫折时（包括生理疾病、家长训斥等），来自同伴的情感支持是很重要的。总之，友谊感的正常发展促进了儿童认知和个性的发展，如果不能正常发展，则会产生情绪情感障碍，使儿童学习、个性发展都因其受到消极影响。

2. 情感发展的趋势

（1）情感的内容不断丰富：儿童入学后，活动范围扩大了，内容多样化，知识面也广泛了，他们产生了多种体验。班集体生活使学生形成集体主义情感和同窗友谊感。由低年级到高年级，小学生会逐步形成集体行动的准则，形成一定的校风、班风。所以，从小学低年级到高年级，孩子们的情感逐渐起着变化，由简单到复杂，内容不断丰富。

（2）情感的深刻性不断增加：小学生的情感体验逐渐与一定的人生观、世界观、行为规范的道德标准等联系起来。例如对儿童恐惧的研究发现，小学生虽然也像幼儿那样害怕黑暗、怪物、生病、怕被车撞倒，怕被狗咬伤等等，但更多的是对学校的恐惧，如怕学业不佳、考试成绩不好等等，小学低年级学生的情感仍免不了带有直观性，情感比较肤浅。但他们的认识能力在提高，随着年龄增长到高年级时，就能对一些事情形成个人的看法，对事物的

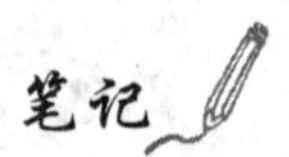

原因的认识深刻程度高于低年级，由此而形成的情感体验也比较深刻了。

(3) 情感的稳定性日益增强：小学儿童的情绪、情感不稳定，容易发生变化，但随着年龄增长，情感上的稳定性也在增强。儿童进入小学后，经过教育和集体生活的锻炼，需要不断调节自己的情感，在一定程度上能抑制自己的一些愿望去完成教师交给的任务或遵守校规。低年级小学情感脆弱、变化多端、爱向老师诉苦告状；中、高年级后，这样脆弱的情感状态逐渐减少了，并且由好冲动向稳定性发展。小学生尚未面临升学、求职等重大压力，因而其基本情绪状态是平静而愉快的。

二、自我意识的发展

自我意识是指个体对其自身特点的意识，是个性结构的重要组成部分。自我意识不是先天具有的，而是在后天的社会生活中通过主体与环境的相互作用发展起来的，自我意识的发展过程是个体不断社会化的过程，也是人格形成的过程。自我意识的成熟往往标志着人格的基本形成。小学生自我意识的总体发展趋势是随年龄增加而向高水平发展，但发展速度不是匀速直线式的，其发展过程有快速上升的时期，也有平稳发展的时期。

自我意识包含了自我概念、自我评价和自我体验等方面，因此小学生自我意识的发展也具体体现在以下几个方面。

（一）自我概念的发展

所谓自我概念是指个体心目中对自己的印象，包括对自己身体、能力、性格、态度、思想等方面的认识。通常，对自我概念的研究是借助自我描述来进行。而小学生的自我描述具有以下两个特点。

1. 儿童的自我描述是从比较具体的外部特征描述向比较抽象的内部特征发展。如当回答“你是谁?”这样的问题时，小学一、二年级学生经常会提到姓名、家庭住址、身体特征、年龄等外部特征，而到高年级小学生则开始试图根据社会关系、内在品质、兴趣爱好以及需要动机等内部特点来描述自己。

2. 虽然小学高年级学生开始能用心理词汇来描述自己，但也是以具体形式来看待自己，并把自己的特征视为绝对的和固定的。例如，他们可能认为自己是“诚实的”，但并不能理解诚实的人在某些场合也会对真相有所隐藏。

（二）自我评价的发展

自我评价能力是自我意识发展的重要标志。儿童进入小学以后，自我评价的内容、对象和范围都进一步扩大，自我评价能力进一步发展，主要体现以下几个方面。

1. 自我评价的独立性不断增强从早期依从成人和同伴的评价过渡到依从自主的评价。

2. 自我评价的批判性不断提高从对自身的盲目肯定发展到能用批判性的态度分析自己。

3. 自我评价的广泛性不断扩展从对身体自我、运动自我的评价扩展到对社会自我、心理自我的评价。

4. 自我评价稳定性逐渐增长低年级小学生的自我评价容易受他人或事件影响而发生变化，而高年级小学生的自我评价则相对稳定，不容易受到偶然因素影响。

（三）自我控制的发展

小学生在进入学校后，在学习活动和其他活动的纪律要求下，自我控制的能力发展进步。有研究发现，小学生在集体生活的影响下，逐步学会了有意识控制自己的行为，尤其是到四年级后，初步形成的责任感开始对行为起支配作用，促使自制能力有了较快的发展，小学高年级的儿童已经能够迫使自己去做一些有意义但是自己不太感兴趣的任务。延迟满足实验是了解儿童自我控制能力的重要研究手段。在典型的延迟满足实验中，研究者让儿童在一个立即可以得到的小奖励和一个需要等待一定时间才可以得到的大奖励之间作出选

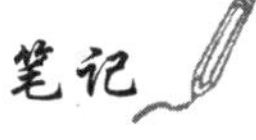

择，以儿童能够等待的时间长度作为他自我控制能力的指标。例如，在一项研究中，研究人员告诉儿童，如果他们能够等待15分钟，就可以得到精美的奖品，否则只能得到普通的奖品。结果发现学龄前的幼儿只能等待平均1～2分钟，就举手要求得到普通奖品并终止活动。而6～8岁的儿童已经开始意识到用别的活动来转移注意以使自己更有耐心。11～12岁的儿童甚至意识到在思想上转移注意也可以帮助自己延长等待时间，因而可以轻而易举地完成任务。这个实验说明小学期间儿童的自我控制能力有了很大提高。

三、儿童品德的发展

（一）小学儿童逐步形成自觉地运用道德认识来评价和调节道德行为的能力

从小学开始，儿童逐步形成系统的道德认识及相应的道德行为习惯，但这种系统的道德认识带有很大的依附性，还缺乏原则性。李怀美（1986）研究发现，小学儿童道德认识表现出从具体形象性向抽象逻辑性发展的趋势。在道德认识的理解上，小学儿童从比较肤浅的、表面的理解逐步过渡到比较精确的、本质的理解，但具体性较大，概括性较差。

（二）小学儿童的道德言行从比较协调到逐步分化

在整个小学时期，儿童在品德发展上，认识与行为、言与行基本上是协调的、相称的。年龄越小，言行越一致，随着年龄增长逐步出现言行一致和不一致的分化。

年龄较小的儿童，行为比较简单，品德的组织形式也比较简单、外露。就品德定向系统而言，他们还不能意识到一定道德情境的作用，往往按教师和家长的指令来定向；就品德操作系统而言，他们缺乏道德经验，动机比较简单，缺乏道德活动的策略，还不善于掩蔽自己的行为，自我调节技能较低，较难按原先制订的计划去行动；就品德反馈调节系统而言，他们的行为主要受教师和家长的“强化”，还难以进行自我反馈。因此，在小学低年级，儿童的道德认识、言论往往直接反映教师的教育内容，他们的行动也制约于这些内容，于是在表面上看来，他们的言行是一致的，而这种一致性的水平是比较低的。

年龄较大儿童的行为比较复杂。在品德定向系统中，有了一定的原则性；在品德操作系统中，产生了一定的策略和自我设想，于是儿童日益学会掩蔽自己的行为；在品德反馈系统中，出现对他人评价的一定的分析，儿童的行为与成人的指令产生一定的差异性。这样，言行一致与不一致的分化也必然会越来越大。

当然，一般而言，小学儿童言行的分化只是初步的，即使高年级儿童，还是以协调性占优势。他们所存在的言行脱节不是来自内部的道德动机，而是限于品德的组织形式及发展水平。

（三）自觉纪律的形成和发展在小学儿童品德发展中占有相当显著的地位

自觉纪律的形成和发展是小学儿童的道德知识系统化及相应的行为习惯形成的表现形式，也是小学儿童出现协调的外部和内部动机的标志。

所谓自觉纪律，就是一种出自内心要求的纪律，是在儿童对于纪律认识和自觉要求的基础上形成的，而不是依靠外力强制的纪律，因此，自觉纪律的形成过程是一个纪律行为从外部的教育要求转为儿童内心需要的过程。

总之，小学儿童的品德是从习俗水平向原则水平过渡，从依附性向自觉性过渡，从外部监督向自我监督过渡，从服从型向习惯型过渡。从这个意义上说，小学阶段的品德是过渡性的品德，这个时期品德的发展比较平稳，显示出协调性的基本特点，冲突性和动荡性较少。

四、儿童的社会性认知

所谓社会性认知，是指对自己和他人的观点、情绪、思想、动机的认知，以及对社会关系和对集体组织间关系的认知，与认知能力发展相适应。儿童对物质世界的理解是随年龄增长而不断发展的，儿童对社会的认识也表现出同样的趋势。

（一）观点采择能力的发展

观点采择（Perspective-taking）是指在人际交往过程中，逐渐了解他人的观点，并且将他人的观点与自己的观点相协调。观点采择能力的发展对儿童同伴交往水平有重要的影响。在日常生活中，人与人之间出现各种矛盾、冲突或误解，往往是由于某一方不能站在对方的立场上观察和思考问题，自我中心地想当然所致。

美国心理学家塞尔曼（Selman，1980，1990）曾对儿童观点采择能力的发展进行了深入研究。他用个别访谈法向儿童提供一个两难故事，在故事中，主人公获得不同的故事信息，从而对事件可能产生不同的看法。以下是著名的《霍莉的故事》。

霍莉是一个 8 岁的小姑娘，她喜欢爬树，在邻里中她最会爬树。有一天，她爬上了一棵很高的树，当她下来的时候，一不小心从最上面的枝丫上掉了下来，幸亏没伤着她。她父亲知道了很心疼女儿，要她保证从今以后再也不爬树了，她答应了。

这天晚些时候，霍莉遇见了她的朋友肖恩，肖恩最心爱的小猫不幸卡在一棵树的树丫上下不来了，得想办法去救救小猫，只有霍莉能够爬上树将小猫救下来，但她想起自己刚刚向父亲做过的保证。

主试把故事讲完后，向儿童提出各种问题，以考察儿童的观点采择能力。例如：肖恩知不知道为什么霍莉感到为难？如果霍莉这次又爬树了，她父亲知道后会怎么想呢？他能理解霍莉吗？霍莉会不会认为这次爬树将受惩罚？如果她又爬树了，她应该受惩罚吗？等等。

塞尔曼通过对儿童的回答进行深入分析，将儿童观点采择能力的发展分为五个不同的水平。

水平 0（3～6 岁）：未分化的观点采择。这一水平的儿童虽然认识到自己和别人有不同的思想和情感，但他们经常将自己和别人的思想、情感相混淆。例如，儿童预测霍莉的父亲会对霍莉爬树感到高兴，因为“他也喜欢小猫”。

水平 1（4～9 岁）：社会信息的观点采择。这一水平的儿童认识到由于人们获得的社会信息不同因此对同一事件可能有不同的看法。例如，儿童可能说：“霍莉的父亲不知道小猫的事，会感到十分生气。但如果霍莉把小猫的事告诉他，他就不生气了。”

水平 2（7～12 岁）：自我反省的观点采择。这一水平的儿童能站在别人的立场上观察他们自己的思想、情感和行为，他们也认识到别人也同样能这样做。例如儿童回答：“霍莉知道父亲会理解她这次的爬树行为。”

水平 3（10～15 岁）：第三方的观点采择。这一水平的儿童能超脱当事双方的情境，站在第三方的公正立场上观察自我和他人或双方当事人。例如儿童回答：“只要霍莉能让父亲理解她爬树的原因，就不会受到惩罚了。”

水平 4（14 岁以后）：社会观点采择。这一水平的个体认识到第三方的观点采择能受一种或多种更大的社会价值观的影响。例如儿童回答：“人们应该爱护小动物。霍莉的父亲一定也赞同这个观点。所以不会惩罚她。”

观点采择能力的发展存在着较大的个体差异。大多数小学生发展了反省思维能力，处于水平 2，但也有少数处于水平 1 或水平 3。

观点采择能力的发展对于社会交往技能和同伴关系都有很大的影响，所以教育者应该加强对儿童观点采择能力的训练，这样可以有效地减少他们的攻击行为，增加他们的亲社会行为，提高交往能力和同伴关系。

（二）对社会关系的认知

儿童对他人的认识首先是了解其外部的、具体的特征，如姓名、身体特征、财产及公开的行为。7 岁以下的儿童通常处于这个水平。他们也通常使用普通的评价词，如好、坏、一般等。从 8 岁开始，儿童逐渐增加使用描述行为特征、心理品质、信仰、价值和态度的抽象

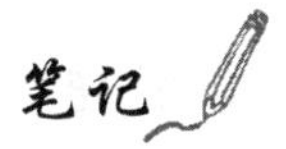

形容词。儿童开始较少局限在人们的外表方面，越来越能抽取不同时间和场合下的行动规律，推论他人行为的动机。在12～14岁，儿童的描述较少考虑自己与他人的关系，更多地使用限定词，如有时、常常等，表明他们开始理解到人的特质不是绝对的、不变的。

儿童对他人行为的归因往往受情境因素和人格品质的影响。在小学时期，儿童开始根据他人的行动来了解其观点，并进行评判。随着儿童自我意识的加强，儿童更加关心他人对自己的看法。儿童的友谊概念表现了儿童对社会关系的认识特点，主要反映了儿童对同伴关系的认识，这在儿童的同伴关系的发展中可以看到。李淑湘、陈会昌（1997）研究发现6～8岁的儿童只能认识到友谊特性中一些外在的、行为的特征，以后才能逐渐认识到那些内在的、情感的特征。儿童对权威关系的认识则更多反映了儿童对成人——儿童关系的认识特点。张卫（1996）研究显示儿童对父母的服从随着年龄的增长有所变化，在不同的生活领域，儿童对父母权威的评价及服从有所不同。如在道德方面，儿童认为父母规定具有至高的合理性，但在生活习惯和个人交友方面，赞同父母是权威的儿童人数明显下降。在每个领域儿童对父母规定的听从率都高于对其合理性的评价，这反映了父母权威的强制性。

五、儿童的人际关系

小学儿童的交往对象主要是父母、教师和同伴，但其交往关系、性质与幼儿有完全不同的特点。随着小学儿童的独立性与批判性的不断增长，小学儿童与父母、教师的关系从依赖开始走向自主，从对成人权威的完全信服到开始表现富有批判性的怀疑和思考，与此同时，具有更加平等关系的同伴交往日益在儿童生活中占据重要地位，并对儿童的发展产生重大影响。周宗奎、林崇德（1998）研究表明，随着儿童社会交往的发展和范围的扩大，小学儿童对维持交往的情境能够提出最有效而恰当的策略，言语沟通、提供利益和分享物品是小学儿童特别是低年级儿童维持交往的最主要策略。

（一）亲子关系

1. 儿童期亲子关系的特点 进入小学以后，亲子的关系发生了变化。于海琴、周宗奎（2004）研究显示随着年级的升高，儿童母-子依恋安全性得分和对父母的信赖有显著下降，但仍然高于父-子依恋；与双亲建立双重安全依恋型的儿童在社会交往、友谊质量等方面获益最大。

亲子关系的变化主要表现在以下几个方面。

首先，父母与儿童的交往时间发生变化。一方面，儿童和父母待在一起的时间明显减少；另一方面，父母关注儿童的时间也有所减少。

其次，在小学时期，父母在儿童教养方面所处理的日常问题的类型也发生了变化。在学前期，父母主要处理的是诸如儿童发脾气、打架等问题。当然，有些问题在小学时期依然存在（如打架），但也出现了许多新的更为复杂的问题，如儿童的学习成绩如何，学习方法是否正确，是否应该要求儿童做家务父母是否应该监督儿童的友谊模式，是否鼓励儿童与特殊个体交往，父母应如何监控儿童在家庭之外的活动，父母和儿童如何处理情感关系的变化等。

再次，在小学期间，儿童与父母的冲突数量也减少了。当冲突产生时，父母与儿童开始具有解决冲突的选择性模式。

除此之外，父母对儿童的控制力量也在变化。研究表明，随着儿童年龄增长，儿童越来越多地自己做出决策。父母对儿童控制力量减弱的过程经历三个阶段：

阶段一：父母控制阶段。在儿童6岁以前，大部分重要决定由父母做出，父母起决定作用。

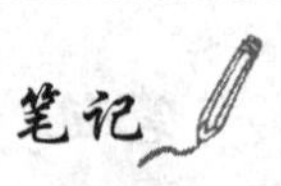

阶段二：共同控制阶段。儿童在6～12岁时，父母起监督作用。父母主要有三个主要的

职责：在一定距离里监督和引导儿童的行为；有效地利用与儿童直接交流的时间；加强儿童的自我监督行为（如解释行为标准，说明如何减少危害）和教儿童知道何时寻求父母的指导。

阶段三：儿童控制阶段。12岁以后，儿童自己做出更多的重要决定，父母起支持作用。

2. 儿童对父母权威的认知 儿童对父母权威的认知是儿童社会认知的一部分。权威认知发展的著名研究是由达蒙（Damon）进行的。他的研究采用两难故事设计，考察儿童对父母权威和同伴权威的理解。下面是一个典型的例子。

我们讲的是皮特和他的妈妈约翰逊夫人的事情。约翰逊夫人要求皮特每天清扫他自己的房间，在打扫完房间、收拾好玩具之后才能出去玩。但是，有一天，皮特的朋友米歇尔过来告诉他所有的伙伴正要去野餐。皮特想去，但房间仍然非常乱。他对妈妈说，他现在没有时间清扫房间，以后会打扫好的。妈妈不同意，因而他只好待在家里，没有参加野餐。

给儿童讲完故事后，要求他们回答一系列问题，如皮特应该做什么？为什么？他妈妈这样做公平吗？如果他偷偷溜出去被发现会怎样？根据儿童的回答，达蒙将权威认知发展分成三个水平：

水平0（4～7岁）：不能区分自己的愿望与权威的要求，但到阶段后期开始注重服从权威。

水平1（7～9岁）：开始重视服从权威的道德定向。认识到不顺从将导致不好的后果，认为自由服从权威才是对权威的帮助和爱护的回报。

水平2（9岁以上）：认识到对权威服从可以有两种表现——自觉自愿服从与被迫服从。

因此，小学低年级儿童主要处于水平1，比较容易盲目服从父母权威。而小学中高年级则过渡到水平2，这时即使父母强令儿童服从，儿童心中也会有反抗情绪。因此，小学生家长应改变教养方式，重视建立自己在孩子心目中的威信。

（二）同伴关系

同伴交往是儿童形成和发展个性特点、社会行为、价值观和态度的一个独特而主要的方式。同伴交往及其影响早在学前期就已经存在。进入小学以后，同伴交往的形式及特点都产生了新的变化。小学儿童相互交往频率更多，共同参加的社会活动也进一步增加，其社会交往也逐渐富有组织性。小学儿童的行为特征和社会认知是影响同伴交往的主要因素。在整个小学时期，小学儿童的社会认知能力得到发展，他们能更好地理解他人的动机和目的，能更好地对他人进行反馈，因而其同伴间的交流更加有效。

儿童对同伴交往的需要是逐渐建立的。儿童与同伴的交往随年龄的增长而增加。从婴儿期到青少年前期，儿童与其他儿童的交往稳步增加，而与成人的接触则相对减少。儿童更多与同性别伙伴玩耍的趋势随年龄增长而加强。

小学儿童的同伴交往有几个基本特点：①与同伴交往的时间更多，交往形式更复杂；②儿童在同伴交往中传递信息的技能增强；③儿童更善于利用各种信息来决定自己对他人所采取的行动；④儿童更善于协调与其他儿童的活动；⑤儿童开始形成同伴团体。

1. 小学儿童的友谊 小学儿童的同伴交往的一个重要特点是开始建立友谊，并对友谊这种特殊的人际关系有了进一步的认识。友谊是和亲近的同伴、同学等建立起来的特殊亲密关系，对儿童的发展有重要影响，它提供了儿童相互学习社会技能、交往、合作和自我控制的机会，提供了儿童体验情绪和进行认识活动的源泉，为以后的人际关系提供了基础。小学儿童已经很重视与同伴建立友谊。

儿童对友谊的认识经历四个发展阶段：

3～5岁：短期游戏伙伴关系。儿童之间只是临时的玩伴，游戏结束之后伙伴关系也随之消失。

6～9岁：单向帮助关系。儿童对友谊的认识只集中于别人对“我”好不好，只在乎“我”的感受与满意。

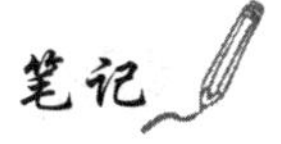

9～12岁：双向帮助关系。儿童能认识到好朋友之间应该互相帮助，而不只是强调他人对自己的帮助。

12岁以后：亲密共享关系。在这一时期，个体认识到好朋友是感情亲密、可以互相袒露心事、共享秘密的对象。

低年级小学生对友谊的认知主要处于单向帮助关系阶段，高年级则开始转移到双向帮助关系阶段。

2. 小学儿童的同伴团体 小学儿童已经有了明显的群体认同。小学时期是开始建立同伴团体的时期，因而也被称为"帮团时期"。同伴团体之所以会产生，是由人的社会性决定的。人是社会性动物，是社会群体的一分子，具有交往与归属的需要。儿童的同伴团体能满足儿童交往与归属的需要，在促进儿童社会化过程中有重要作用。

(1) 同伴团体有这样几个特点：①在一定规则基础上进行相互交往；②限制其成员的归属感；③具有明确或暗含的行为标准；④发展了使成员朝向完成共同目标而一起工作的组织。

(2) 同伴团体对儿童的影响表现在两个方面：①提供了学习与同龄伙伴交往的机会。在团体活动中，相互交往技能进一步扩展和提高，儿童学习处理各种关系中的社会问题，学会按照同伴团体的标准建立适宜的反应模式来组织自己的反应；②提供了形成和评价自我概念的机会。同伴的反应和同伴的拒绝与接受使儿童对自己有了更清楚的认识。

同伴接纳是同伴关系的一种形式，反映了群体对个体的态度。同伴接纳水平是影响同伴团体形成的重要因素。在与同伴的交往过程中，儿童的社会行为、学业成绩、社交策略以及教师接纳是影响其同伴接纳的主要因素。

（三）师生关系

1. 小学师生关系的特点 小学儿童与教师的关系是一种重要的人际关系。与幼儿园的教师相比，小学教师更为严格，既引导儿童学习、掌握各种科学知识与社会技能，又监督和评价学生的学业、品行。与中学教师相比，小学教师的关心帮助更加具体而细致，小学教师在学生心目中更具有权威性。由于小学师生关系的特殊性，小学教师对儿童的影响是重大而深远的。

随着儿童年龄的增长，儿童的交往观念、交往行为、建立关系的特点都在发生变化。对三至六年级小学生师生关系特点的研究发现：小学生的师生关系具有亲密性、反应性和冲突性三个方面的特点，在不同年级，师生关系在这三个方面有不同的表现，五年级学生表现出高亲密、高反应和高冲突的特点，而六年级学生则表现出低亲密、低反应、低冲突的特点。

人际交往通常都是双向的，师生交往也同样如此。教师的教学水平、个性等影响学生，而学生的学业成绩、活动表现、外貌等也影响教师对学生的评价。小学生的年级、性别、学业表现对师生关系均有重要的影响，女生的师生关系比男生更为积极，学业表现好的学生有更积极的师生关系。研究表明，教师的支持将使学生的学业成绩得到提高。

2. 小学儿童对教师的态度 几乎每个学生在刚进小学校门时都对教师充满了崇拜和敬畏。教师的要求比家长的话更有威力。有关调查发现，84%的小学儿童（低年级小学儿童为100%）认为要听教师的话。这和皮亚杰所认为的6～8岁儿童的道德认知发展为权威阶段相符。对小学儿童而言，教师的话是无可置疑的。低年级儿童的这种绝对服从心理有助于他们很快学习并掌握学校生活的基本要求。然而，随着年龄增长，儿童的独立性和评价能力也随之增长起来。从三年级开始，儿童的道德判断进入可逆阶段，他们不再无条件地服从、信任教师了。"不一定都听教师的话"的要求随年级升高而逐步增加。他们对教师的态度开始变化，开始对教师做出评价，对不同的教师也表现出不同的喜好。调查还发现，小学生最喜欢的教师往往是讲课有趣、喜欢体育运动、严格、耐心、公正、知识丰富、能为学生着想的教师。

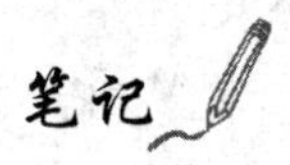

对教师的评价影响小学儿童对教师的反应，他们对自己喜欢的教师报以积极反应，极为重视所喜欢教师的评价，而对自己所不喜欢的教师往往予以消极的反应，对其做出的评价也可能做出相反的反应。由此可见，小学儿童对教师的态度中的情感成分比较重，教师努力保持与学生的良好关系有助于其教育思想的有效实施。

六、儿童期的校园欺凌

校园欺凌（campus bullying）是儿童之间在学校的学习和生活中经常发生的一种特殊的攻击性行为。这种行为在校园当中（尤其是小学）非常普遍，不利于儿童的身心成长。张文新等（2000）的调查发现，小学男生中欺负者的人数极其显著地多于女生，但受欺负者的人数不存在显著的性别差异。杨英伟等（2012）对农村中小学生的调查发现，小学生校园欺凌的报告率为34.5%，其中，性别、玩暴力游戏、学习成绩是小学生欺凌发生的主要影响因素。

（一）校园欺凌的特点

1. 校园欺凌与年龄的关系　校园欺凌在小学阶段尤其严重，中学阶段有所减弱。很多欺凌行为是由年龄和身材较大的儿童对年龄和身材较小的儿童实施的，随着年龄的增长，受欺凌的机会逐渐减少。张文新等（2001）调查发现，三年级儿童受直接身体欺凌的比例极显著地高于四、五年级儿童。

2. 校园欺凌与性别的关系　对于欺凌者来说，由于男性的攻击性较强，男生中的欺凌他人者比女生要多，并且男生更多地使用身体欺凌，女生则更多地使用言语欺凌。对于受欺凌者来说，男生受欺凌者多数只受到来自同性的欺凌，而女生受欺凌者不但受到来自同性的欺凌，还受到来自异性的欺凌。

3. 校园欺凌与学校的关系　一般来说，管理水平高的学校校园欺凌现象比较少见，而管理水平低的学校校园欺凌现象则比较多见。另外，生源质量较好的学校校园欺凌频率相对较低；反之则较高。

4. 校园欺凌的形式多样　欺凌行为主要包括身体欺凌、言语欺凌和关系欺凌三种形式。身体欺凌是指对被欺凌者的身体攻击和财产勒索；言语欺凌是利用语言对被欺凌者进行人格的侮辱等；关系欺凌是指通过恶意造谣和社会拒斥等方式使被欺凌者处于同伴关系中处境不利的地位。一般来说，身体欺凌事件比较容易受到重视，但其他形式的欺凌事件往往容易遭到忽视。

5. 校园欺凌的严重后果　校园欺凌对于欺凌者和被欺凌者的身心发展都是不利的。对于欺凌者来说，童年期的攻击性行为如果得不到及时矫正，成年后容易因为攻击行为而走上犯罪道路。对于受欺凌者来说，短时期内会表现出恐慌、抑郁和不愿上学等后果。更严重的是，被欺凌者的自尊心将受到严重影响，这种影响将会持续终生，长期受欺凌的儿童甚至会出现自杀倾向。李海垒等（2012）对青少年受欺凌与抑郁关系的调查发现，受到言语欺凌、关系欺凌以及身体欺凌的被试，其抑郁得分均显著高于未受欺凌的被试，说明受欺凌者的心理状况令人担忧。尽管这是一项对青少年的调查研究，但对于小学生同样具有警示作用。

（二）校园欺凌的原因分析

1. 个人原因　经常欺凌别人的儿童通常具有较好的身体素质和过高的自我认同感，但对他人感受的理解能力则较差；而受欺凌者的特点通常是内向、胆小和依赖性强，他们经常被群体孤立，不受老师、同学的喜爱，或者因为自身的一些缺点容易引起别人的嘲笑和反感。谷传华等（2003）研究发现，儿童的自尊越低，情绪越不稳定，受欺负的可能性越大。

2. 家庭原因　家庭破裂、缺乏父母的监督和关爱是导致儿童产生欺凌行为的一个重要因素。儿童的模仿能力极强，父母的不良言行都会被他们模仿。因此，长期生活在缺乏温暖、

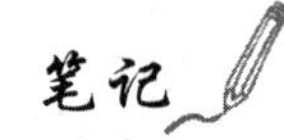

充满虐待和暴力的家庭中的儿童要么性格孤僻、怯懦，成为被欺凌的对象；要么性格暴躁、极具攻击性，成为欺凌者。

3. **学校原因** 校园欺凌在很多时候是比较隐蔽的。教师和学校管理人员有时会疏于监管，即便了解到相关信息，也可能会认为儿童之间的小摩擦是无伤大碍的，从而导致处罚的方法不当或力度不够。受欺凌的学生由于害怕受到报复，不敢向校方或家长反映，旁观者也因为畏惧成为被攻击的对象而不敢报告，这些都是校园欺凌现象的促进因素。

4. **社会原因** 大众媒体中的暴力和色情内容对儿童的校园欺凌行为起到了一定程度的促进作用。童年期是求知欲旺盛而世界观尚未形成的时期，在他们对人类行为的善恶、是非、美丑缺乏基本判断的时候，极易简单地模仿，这促进了儿童在学校中对他人的攻击行为。

（三）对校园欺凌现象的干预

对于校园欺凌现象，需要全社会（尤其是教育部门）积极行动起来，采取多种措施，从宏观层面到微观层面建立一个系统的保障工程。例如，政府健全法规政策，学校加强监管力度并建立校园欺凌援助机构，加强教育宣传以及对教师进行反欺凌工作专项培训，这些都是反欺凌的有效措施。但更重要的是在学生层面进行有效的干预。张文新等（2008）采用行动研究法在某小学进行欺负问题的干预研究，研究发现通过召开班会、家长会、内省、自信训练、角色扮演等一系列的行动干预，实验组学生在学校情境中受欺负的程度显著下降，在学校里的安全感显著增强，可见通过一系列的学生层面的干预能够有效遏制欺凌行为。对于被欺凌者，要教给他们一些能够避开或者缓解欺凌情境的言语技能和自我防卫技能，鼓励他们报告欺凌事件。另外，缓解被欺凌者的心理压力也是非常重要的，对有严重焦虑、抑郁或退缩反应的受欺凌者应进行心理辅导。同时，对于性格孤僻、懦弱的学生，要鼓励他们多参与集体活动。对于欺凌者来说，他们往往是自控能力和同情心发展较差的儿童。可以告诉他们欺凌行为可能带来的严重后果，或者通过角色扮演活动、讨论会、自控能力训练以及移情能力训练来降低他们的攻击性。对于家长，要鼓励他们多和孩子沟通，提高他们对欺凌事件的敏感性，并且积极参与到解决欺凌问题的行动中来。

第六节　儿童期常见心理问题与干预

一、学校恐惧症

（一）定义

儿童恐惧症是指儿童不同发育阶段特定的异常恐惧情绪。表现为对日常生活中的一般客观事物和情境产生过分的恐惧情绪，出现回避、退缩行为。患儿的日常生活和社会功能受损。

学校恐惧症（school phobia）是儿童恐惧症的一种亚型，是指儿童对学校有强烈的恐惧感，回避老师和同学，患儿上学前诉说自己有头痛、腹痛等不适，并伴有焦虑或抑郁情绪。学校恐惧症的发生率大约为儿童总体的1.5%～2%，发病于任何年龄和任何智商水平。其多发年龄为5～7岁、11岁、14岁，这一年龄段恰恰是儿童入学、升学的关键年龄。

（二）临床表现

最初的表现是儿童上学感到很勉强，很痛苦，该去上学的时候不去或提出苛刻的条件。有的儿童在上学当日清晨诉说头痛、头晕、腹痛、腹泻、呕吐等不适，有的在上学的头一天晚上就表现腹痛。当强制他们去上学时会出现强烈的情感反应，焦虑不安，痛苦、喊叫、吵闹等，任何保证、安抚和物质上的好处均不能吸引他们同意去上学，有的儿童甚至宁愿在家受皮肉之苦也不愿去学校。当他们在家看书或和伙伴们游戏时，一切都正常。

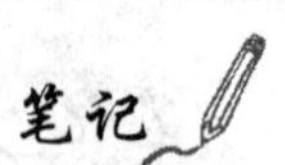

（三）诊断

关于学校恐惧症的诊断，美国学者柏礼嘉（Bery）、尼克尔斯（Nichols）和普里查德（Pritchard）提出 4 条诊断标准：①去学校产生严重困难；②严重的情绪焦虑；③父母知道他们在家；④缺乏明显的反社会行为。典型病例诊断不难，而是对早期辨别存在一定困难，尤其开始以腹痛、呕吐、头晕、头痛为主诉者往往不易想到与情绪恐惧有关，而反复以躯体病进行诊治。若能详细询问其症状发作的时间与特点，与情绪、学习等的关系，想到本病的可能，即不易误诊。

（四）干预

在正确诊断校园恐惧症的基础上，应该对其进行治疗，减轻患儿焦虑恐惧情绪，让他们尽早返回学校。

1. 支持性心理治疗需要医师、家庭和学校三方面充分合作。首先医师要详细了解发病经过、发病诱因等，并依据以上情况，为他们设计可行的返校措施。其次医师要对患儿表示关心，耐心倾听他们诉说痛苦和困难，与患儿建立良好的关系，对患儿进行反复的保证和疏导，鼓励他们重新返校。第三，调整学校环境。在详细了解患儿在校困难后，若是负担过重，与校方联系，暂时减轻其学习和工作负担，使其回校后有较好的适应条件，能较快建立自信心，依据具体情况和可能性，考虑换班、转学，使患儿比较容易接受返校。

2. 家庭心理治疗儿童的心理健康状况除生物学影响外，与家庭尤其父母的个性心理特征、心理健康水平、教育抚养方式有密切关系。

为此应详细了解父母的心理健康状况，分析他们的行为方式、情绪反应及其可能对患儿产生的影响，并对其进行指导。

3. 药物治疗作为辅助手段，一般只对有精神病性的重症患儿，适当地给予抗抑郁药和抗焦虑药，但切忌贴标签并轻易使用药物治疗。

二、学习障碍

（一）定义

学习障碍在《中国精神障碍分类与诊断标准》（CCMI-3）中被称作特定学校技能发育障碍，是指儿童在学龄早期，同等教育条件下，出现学校技能的获得与发展障碍。这类障碍不是由于智力发育迟滞、中枢神经系统疾病、视觉、听觉障碍或情绪障碍所致，多起源于认知功能缺陷，并以神经发育过程中的生物学因素为基础。可继发或伴发行为或情绪障碍，但这不是其直接后果。国外报道，学习障碍的患病率为 2%～5%。一般估计，学龄儿童中学习障碍患病率为 5%～10%；且有性别差异，男孩多于女孩。国内小学生学习障碍的发生率为 13.2%～17.4%。

（二）基本特征

1. 差异性许多儿童的实际行为与所期望的行为之间有显著的差异，如尽管智力正常或接近正常，但实际学习成绩远低于其实足年龄和智力水平应该达到的成绩。

2. 缺陷性学习障碍儿童有特殊的行动障碍，这种儿童在很多学科方面能学得很好，但不能做其他儿童很容易做的事。

3. 集中性学习障碍儿童的缺陷往往集中在包括了语言或算术的基本心理过程中，因此，他们常常在学习、思考、说话、阅读、写作、拼写或算术方面出现障碍。

4. 排除性学习障碍的问题不是由听力、视力或普通的心理发育迟缓问题引起的，也不是由情绪问题或缺乏学习机会引起的。

5. 可逆性学习障碍是可逆的，依靠合适的教育训练可以加以改变，这与因为智力落后、感官损伤造成的学习问题根本不同。

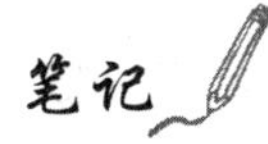

6. 贯穿性学习障碍可以贯穿于毕生发展过程中，不仅儿童存在学习障碍，成人也可能具有学习障碍，并且开始成为研究关注的一个热点。

（三）临床表现

1. 阅读障碍指阅读能力大大低于其年龄和智商水平，表现为不能正确辨认字母、单词或按逆方向阅读，不能将字母的发音联系起来加以朗读。其理解能力差，语言能力差。

2. 计算障碍指儿童加减乘除的运算能力差，心算能力差。平时完成数学作业困难。

3. 拼音障碍表现为不能正确地拼出音节，对某些字母或音节发音特别困难，伴有视觉空间障碍。

4. 书写障碍指儿童难以把事物形象地画出来或把看到的词写下来，这种现象是运动功能协调不佳的结果。

5. 交往障碍指儿童由于学习技能方面的障碍，而经常遭到同学的嘲笑和捉弄。因此，这类儿童是很难主动与人交往的，社交能力很差。

（四）诊断

诊断标准有 5 条：①特定的学习技能损害必须达到临床显著的程度，如阅读、拼音、计算等有一种以上的学习技能障碍；②没有明显的智力问题，智商在 70 以上；③学习困难是在上学最初几年已经存在，而不是学习后期学业失败引起的；④没有任何外在因素可充分说明其学习障碍；⑤不是任何视听损害或神经系统损害的直接结果。

（五）干预

1. **行为干预** 这是针对学习障碍问题较早形成的，也是较为完善的一种模式。行为干预认为，个体的行为可以通过操纵环境或行为后果而加以改变。其中操纵环境的意义在于为特定行为的产生提供机会，而操纵行为后果则旨在改变某种行为在未来增加或减少的可能性。常见的手段有赞扬、代币法、惩罚、反应代价、暂停、行为合同等。

2. **认知行为干预** 大量研究表明，学习障碍儿童在认知过程的各个方面都比正常儿童落后，突出表现为他们在思维过程中所使用的认知和元认知策略不同。认知行为干预模式强调阅读障碍儿童形成主动的、自我调控型的学习风格。学习障碍者在学习过程中是消极被动的，不会使用有效的学习策略。美国学者约瑟夫•托格森（Joseph•Torgesen，）和王（Wong）对学习障碍学生的研究表明，如果提高其策略使用的水平，他们的学习状况就会得到改善。从这种“策略缺陷”的病理机制观点出发，认知行为干预模式主张对学习障碍学生进行认知策略、自我控制训练或自我指导训练。

3. **同伴指导** 这是 20 世纪 80 年代中期以来兴起的新型训练模式，即让一个学习障碍儿童帮助另一个学习障碍儿童，或让正常儿童帮助学习障碍儿童。美国的一些研究表明，集体活动有助于儿童学业能力的提高。美国学者林恩•富克思和道格拉斯（Lynn.S.Fuchs，Douglas，1998）等人对阅读障碍儿童的一项研究中发现，同伴指导策略有助于提高阅读障碍儿童的阅读流畅性和理解力。美国学者格里伍德（Greewood）及其同事发展了经典性同伴指导矫治模式。

4. **神经系统功能训练** 即心理过程训练，该模式的创立者认为学习依赖神经系统的高级功能，而这些高级功能实现是以基本的感知等心理过程为基础的。因此，对基本心理过程进行训练就可以改善脑功能，进而提高学业成绩。在许多干预方案中美国学者巴奇（Barsch，1978）创造的视觉运动 - 视觉训练法及美国学者科克（Kirk，1986）创造的心理语言训练法是两种广泛使用的训练方案。近年来，在中国台湾和日本等地，一种名为“感觉统合训练”（sensory integration treatment）的神经系统功能训练法得到一定范围的使用。

5. **药物治疗** 一般作为辅助手段，只对出现焦虑或抑郁症状者，可以适当给予抗焦虑药、抗抑郁药物治疗。

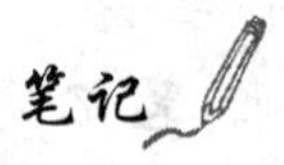

思考与练习

1. 儿童思维的基本特点有哪些?
2. 具体运算阶段的思维结构有什么特点?
3. 儿童口头言语的发展有哪些表现?
4. 儿童自我认识能力有什么特点?
5. 儿童的亲子关系发展经历了哪几个时期?分别有什么特点?
6. 同伴关系对儿童发展有哪些作用?
7. 儿童观点采择能力的发展分哪几个水平?
8. 儿童学习策略的发展有哪些特点?
9. 小学生常见的心理卫生问题有哪些?

推荐阅读

1. 罗伯特•费尔德曼. 发展心理学——人的毕生发展. 6 版. 苏彦捷，邹丹等，译. 北京：世界图书出版公司北京公司，2013
2. 劳拉•E•伯克. 伯克毕生发展心理学——从 0 岁到青少年. 4 版. 陈会昌，译. 北京：中国人民大学出版社，2014
3. 林崇德. 发展心理学. 第 2 版. 北京：人民教育出版社，2009

(赵　岩)

第七章　少年期身心发展规律与特点

本章要点

少年期是生理上的青春期阶段，一般指11、12岁到15、16岁的时期。该时期生理发育迅猛，出现了第二性征，但心理发展比较滞后，使得个体心理发展呈现矛盾性特点。少年期的学习内容逐步深化、学科知识逐步系统化，抽象记忆显著提高，抽象思维开始占主导地位，元认知也得到了发展。少年期的情感丰富，但不够稳定，具有半外露、半隐蔽性，性意识方面进入了异性的共同接近期。少年期的自我意识高涨，具有强烈的成人感，并进入了第二反抗期。人际交往方面主要体现在同伴、师生和亲子方面，而朋友在少年的生活中非常重要。少年时期是从半幼稚、半成熟状态走向独立的过渡，容易产生一系列心理行为问题，主要表现在情绪问题、品行障碍、网络成瘾问题等方面。

关键词

少年期　青春期　认知发展　情绪情感发展　自我同一性　心理行为问题

案例

小明，男，13岁，初二学生。父亲在外地工作，每月回家一次，母亲在外企工作，很晚回家，小明经常一个人在家吃泡面或者到外面的餐馆吃饭。可是到了初二，班级更换了班主任，班主任是一位近50岁的女老师，经常批评同学，只看重学习成绩，按成绩给予学生区别的对待。开学一个月左右，小明开始出现上课注意力不集中、睡觉，作业不能及时完成，在学校感受不到上学的乐趣，回到家里也是冷冷清清。因为父母担心电脑影响学习，所以家里并没有安装电脑和网络，小明开始走进了网吧，在网络的虚拟世界里建造家园，找到自我的价值，得到了认可和尊重。因为缺少温暖，缺少爱，他越来越多的时间在网络世界。逐渐开始偷家里的钱，背着父母逃学。后来被父母发现，小明的爸爸采取了暴打的方式，小明的妈妈虽然也进行了说服教育但是仍然无法改变，小明与父母之间的冲突越来越多，但是问题仍然无法解决。

青春期的个体进入了一个怎样的世界，他们是如何看待自己的，想成为什么样的人，跟成人的相处模式有了怎样的变化？相信通过这一章的学习，你能够全面了解少年期的身心发展变化，认识到青春期行为背后的心理动因。

第一节　少年期的生理发展

少年期是童年期结束后的一段过渡时期，一般指11、12岁到15、16岁的时期，是个体身体发展的一个加速期，是走向性成熟或获得生育能力的过程。是个体生长发育的第二高峰期，身体在形态、功能、性发育等各方面都发生了巨大变化。这一阶段发生着重大的、相互关联的生理、认知和社会性的变化。

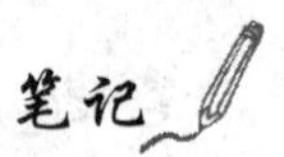

一、青春期发育

（一）身体快速发育

1. **身体形态的变化** 人类个体发育中，在胎儿期及出生后的第一年内形态发育是最快的，以后发育速度逐渐降低，到青春期前是最低点。进入青春期，出现第二次加速生长，并迅速达到增长高峰，以后增长速度逐渐缓慢。男孩的身高平均每年可增长7～9cm，最多可达10～12cm；女孩的身高平均每年可增长5～7cm，最多可达9～10cm。随着身高的增长，体重也在增长。少年期儿童体重平均每年可增加5～6kg，有的甚至可达8～10kg。

虽然这一时期男女少年生长都很迅速，但仍有他们各自的特点，主要表现在身高和体重开始突增、达到发育高峰和停止增加的时间上，女孩生长发育的高峰一般要比男孩提前一两年。一般女生在10～12岁，男生在12～14岁进入高峰期。少年期身体外形的变化除上述身高、体重外，其胸围、肩宽、骨盆等同样处于急速增长阶段。

2. **心肺功能的增强**

（1）心脏机能的增强：青春期心脏迅速生长，重量可达出生时的12～14倍。同时心脏的密度增加，心肌纤维更有弹性。与婴儿期相比，心率和脉搏开始变慢。由于心脏收缩力增强及神经系统的发育健全，心脏每搏输出的血量增多。

（2）肺的发育：青春期肺的重量显著增加，12岁时肺的重量是出生时的9倍，肺泡容量增大。肺活量的增长是肺发育的重要标志，肺活量在14岁时急速上升，到19岁左右可达成人水平，但肺活量存在明显的性别差异。在青春期，男生的肺活量可增长2000～3000ml，年增长200～500ml，女生可增长1000～2000ml，年增长100～300ml。

（二）性发育

1. **性器官的发育** 男女区别的根本点在于生殖器官的不同。生殖器官构成了第一性征。男性的生殖器官包括睾丸、阴茎、阴囊、精囊和前列腺，女性的生殖器官包括卵巢、输卵管、子宫和阴道。睾丸和卵巢功能决定着个体的发育状态及生殖功能。进入青春期这些生殖器官发育并逐渐成熟。

2. **性功能的发育** 生殖系统发育成熟标志着人体生理发育的完成，性腺的发育成熟使得女孩出现月经，男孩发生遗精。月经初潮是女孩身体发育即将成熟的标志。初潮年龄约在10～16岁，平均年龄为13岁左右，但一般到18岁卵巢发育方能达到成熟水平。男孩性成熟要晚于女孩，首次遗精约在12～18岁之间，平均年龄约为14～15岁，但约4～5年之后生殖系统才能真正发育成熟。第二性征是性成熟的标志，包括肌肉的发达、乳房的发育、声音和肤质的变化、面部毛发、体毛和腋毛的出现等。青春期的主要变化见表7-1。

表7-1 青春期的主要变化

男孩的变化	大致年龄（岁）	女孩的变化	大致年龄（岁）
睾丸增大	12	子宫和阴道长大	10
阴毛生长	12～13	乳房发育	11
阴茎长大	13	阴毛生长，体重快速增长	12
遗精	14	身高快速增长	12
身高快速增长	14	肌肉和器官发育高峰	12～13
腋毛生长，长出胡须	14	月经初潮	12～13
肌肉和器官发育高峰	15	腋毛生长	14
嗓音变化	15	阴毛成型	16
阴毛成型	18	乳房成型	18

笔记

二、脑发育与发展

青春期大脑结构的剧烈变化，涉及情绪、判断和自我控制等方面，了解青春期大脑的变化，有助于解释青春期个体的情绪爆发、产生冒险行为甚至暴力行为等心理变化。

进入青春期，大脑灰质如神经元、轴突和树突的生长有了第二次突进发育，主要表现在大脑的额叶，额叶主要负责计划、推理和判断、情绪管理和控制冲动。同时经过突触修剪，大脑变得更加高效。大脑白质的生长模式不同于灰质，白质是由联结不同脑区的神经纤维组成，这些联结在童年早期增多并髓鞘化，由前到后的生长过程，即由额叶逐步向脑的后部移动。在6～13岁期间，颞叶和顶叶的联结生长速度惊人，而其主要负责感觉功能、言语和空间理解。灰质的生长模式是由脑的后部逐渐向前部，因此额叶逐渐到成年早期才能发育成熟。

青春期个体大脑发育，促进了其认知加工的成熟。有研究显示（Baired et al，1999；Yurgelon-Todd，2002），青春期个体对于情绪信息的加工不同于成年人，研究者采用面部表情识别图片，并对个体脑部活动进行扫描，结果显示在青春期早期阶段，个体倾向于使用杏仁核，青春期后期会像成年人一样更多地使用额叶，进行理智的判断。因此，在青春期早期阶段，由于大脑发育的不成熟，与动机、冲动和成瘾有关的额叶不发达，使得青春期个体更容易冲动、冒险甚至产生暴力行为。

三、早熟与晚熟

青春期开始时间的早晚对于青少年存在一定的影响，但是这种影响因人而异。

（一）早熟

青春期开始较早的男孩比成熟较晚的男孩具有一些社会优势。早熟的男孩由于身材高大，在运动能力方面更为出色，有助于获得成人和同伴的认可，在同伴中居于一定的领导地位。同时由于外表像成人，可能使得其他人高估他的能力，并给予成人的权利和义务，使得他们更受欢迎并且获得积极的自我概念，更富有责任心和合作性，也更加顺从。然而早熟对于男孩也有一些不利影响，可能出现不当行为和物质滥用等。但是早熟对于男孩是利大于弊的。

对于女孩而言，早熟可能使其处于不利地位。早熟使得女孩的身体变化，如乳房的较早发育使得她们感到不舒服，与同伴相比与众不同。早熟女孩容易引起同伴的嘲笑，可能不大喜欢与人交往，也不太受人欢迎，并可能出现抑郁和焦虑症状。由于女孩发育比男孩早，早熟的女孩可能比同龄的男孩体重还重，看起来年龄更大一些，因此早熟女孩可能与年龄较大的同伴接触，尤其是男孩，可能会沾染一些不良的行为习惯如吸烟、酗酒等。

（二）晚熟

与早熟一样，晚熟的后果也有利有弊。在一般情况下，晚熟的男孩更易产生焦虑，更加渴望成熟，希望获得别人的注意。晚熟男孩身材矮小，不擅长体育运动，易导致消极的自我概念，而这种不利影响一直会持续到成年期。但亦有研究显示（Kaltiala，Heino，et al，2003），晚熟男孩也有很多优点，如果断、有洞察力，更具创造性等。

晚熟的女孩状况更为积极，短期看，晚熟的女孩比早熟的女孩身材更苗条些，因此对自己身体的满意度会更高些。同时，晚熟女孩更易被同伴接受，尤其在混合性别活动中容易被忽视。

总之，男孩因早熟带来的优势和晚熟带来的劣势都比女孩大，虽然晚熟男孩和早熟女孩更容易体验到焦虑，但是随着年龄的增长，这种差异会越来越小，越来越模糊。

第二节　少年期认知的发展

少年期虽然在思维的某些方面不太成熟，但是已经能够进行抽象的推理和判断，认知功能在不断的成熟。

一、少年期学习活动的特点

与小学阶段的学习相比，少年期儿童的学习具有以下特点：

（一）学习内容逐步深化并系统化

小学的学习内容比较简单，学科相对较少。进入初中之后，学习的内容发生明显的变化。学习的课程门类逐渐增加，内容也逐渐加深，知识更完整、系统，并突出能力要求。教师的教学也越来越注重传授知识的严密性和注重学生思维方法、思维能力的培养，除要求学生识记大量的定义、原理等知识点外，更重要的是培养学生掌握运用知识的能力。

（二）学业成绩开始分化

小学阶段的学习成绩和初中成绩相关不大。在小学时学习拔尖的学生，进入初中后继续保持领先的情况大大减小；相反，有些小学时被认为成绩一般的学生，进入初中阶段后可能成为学习冒尖者。造成这种现象的原因可能是因为初中阶段的学习和小学阶段相比，学习内容、学习形式等发生了变化，再加上初中学生心理的波动和生理的变化比较大等。

初中学生学习成绩的分化，也反映出这个时期是智力因素和非智力因素迅速发展的阶段。从智力因素看，学习成绩的分化反映出智力发展水平和智力发展速度的差异。从非智力因素看，此时是他们形成学习风格的时期，可能形成冲动型和沉思型、内控和外控、高坚持性和低坚持性等差异。因此，此时的学习活动具有较大的可塑性。

（三）学习的主动性和被动性并存

小学生的学习缺乏明确的目标和自制能力，带有明显的依赖性和被动性，一旦离开教师和家长，学生很难自觉安排学习。进入初中阶段后，学生的学习目的越来越明确，已经开始理解学习的意义和责任，学习中能主动克服一些困难，完成作业。但是初中生学习的自我控制能力还是比较薄弱，学习的自觉性和主动性还不能保持，经常被一些诱惑左右，如网络游戏等。因此，初中生的学习还需要老师和家长的监督、指导和帮助。

二、少年期思维发展的特点

按照皮亚杰（J.Piaget）关于个体思维发展年龄阶段的划分，少年期处于形式运算阶段。这个阶段思维的主要特点是：在头脑中可以把事物的形式和内容分开，可以离开具体事物，根据假设来进行逻辑推理，能运用形式运算来解决问题。他们思考事情可能是什么样的，而不是单单考虑事情事实是什么样的，想象各种可能，形成假设并检验。朱智贤也认为少年期思维活动的基本特点是抽象逻辑思维已占主导地位，但有时思维中的具体形象成分还起作用。

（一）假设-演绎推理能力

处于少年期，抽象逻辑思维发展的特点在其运用假设的能力上有所体现。事实和实验均证明，少年期在面临智力问题时，并不是直接去抓结论，而总是通过首先挖掘出隐含在问题材料情景中的各种可能性，再用逻辑分析和实验证明的方法对每一种可能性予以验证，最后确定哪一种可能性是事实。皮亚杰的钟摆实验表明了少年期的假设-演绎推理能力（图 7-1）。实验者向被试呈现一个类似钟摆的装置，不同长度的绳子固定在一个横梁上，绳子的末端可拴上不同重量的砝码，实验者向被试者演示如何使钟摆摆动（将拴有重物的摆

绳拉紧并提至一定的高度，再放下即可）。被试的任务是，确定哪一种因素决定钟摆摆动速度。青少年很快可以形成四个假设，也就是可能影响钟摆速度的四个因素：砝码的重量，绳子的长度、钟摆下落点的起始高度和推动摆绳拴着的砝码的力量。然后，他们采用只改变一个特定因素，保证其他因素不变的情况下，逐一检验这些假设，最后得出结论：钟摆的长度决定钟摆摆动的速度，摆绳越短，其摆动的速度越快。这一实验表明，少年期个体可以像科学家一样地检验假设，最终获得关于问题的、唯一可能的、具严格的逻辑意义的解释。他们一般能按照提出问题、明确问题、提出假设、制定解决问题的方案，并实施方案、检验假设的完整过程去解决思维的课题。

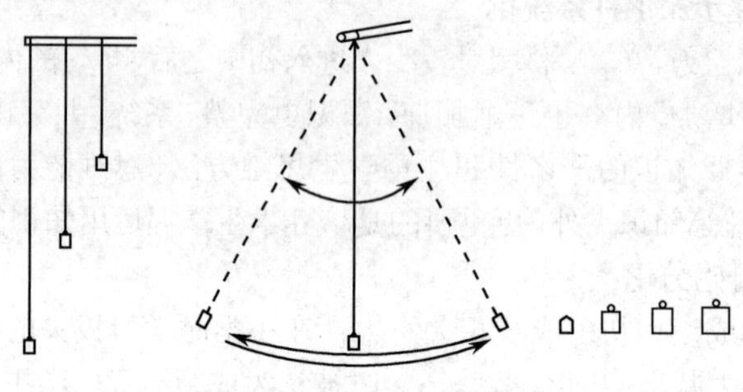

图 7-1　皮亚杰的钟摆实验

皮亚杰认为，由于大脑成熟和环境的共同作用，促进了思维从儿童期具体运算阶段到少年期形式运算阶段的发展。但是对于抽象思维能力出现的确切时间仍存在争论。皮亚杰的研究似乎高估了较大儿童的能力，很多少年期晚期甚至成人似乎并不具备皮亚杰所说的抽象思维。皮亚杰在晚年认识到形式运算理论存在一定的缺陷，认为该理论模型没有抓住情境在影响和制约少年期思维发展过程中所起的作用。新皮亚杰学派认为，儿童的认知过程与认知的具体内容、问题情境、所处的文化等均密切相关。

（二）抽象逻辑思维从经验型向理论型过渡

少年期逻辑思维已经在一定程度上占有相对的优势，抽象成分日益占有重要地位，由于抽象思维的发展，具体思维也不断得到充实和改造，少年期的具体思维是在抽象思维密切联系中进行的。少年思维的抽象概括性有了很大的发展，但是由于需要具体形象的支持，因此，其思维主要属于经验型，理论思维还不很成熟。例如，对于哲学中“物质”概念，少年期不能正确理解，常与生活或物理学中看得着、摸得着的“物质”混为一谈。

初中二年级是逻辑思维发展的关键期，从经验型水平向理论型水平转化。林崇德等人的研究分别测定从初一至高二学生的数学概括能力，空间想象能力，确定正命题、否命题、逆命题和逆反命题的能力，以及逻辑推理能力。从这四项指标看，初中二年级是抽象逻辑思维新的起点，是中学阶段形式运算思维的质变时期，是这个阶段思维发展的关键时期。也正是由于这个思维发展的转折点，它既可能成为学生学习成绩分化的认知基础，又可能成为引起学生思想道德变化的认知机制，因此，重视初中二年级的教育教学工作是非常关键的。

（三）思维发展的自我中心性

许多少年期个体都关心一些很奇怪的问题，如被他们感知的这个世界是不是真实的存在？他们自己是真实的实体还是意识的产物？美国儿童心理学家大卫·艾尔金德（David Elkind）引用了青春期少年这样一句话来表示他们过分的思想内省性，即“在我发现了自己对未来的想法之后，便开始思考我为什么会这样思考我的未来，接着我又思考我为什么这样思考我的未来”。正是这种对自己思想过分的关心与沉溺，导致了青春期自我中心的再度出现，主要表现为“假想观众”和“个人神话”。

假想观众（imaginary audience）即一个概念化的“观察者”，“观察者”会像少年期自己一样关注他们的思想和行为。假想观众使得少年期个体非常看重别人对自己的评价，在公众场合，他们感觉自己像在舞台上表演，周围的人们都是自己的观众，关注着自己的一言一行。在公众场合，他们常常感到手足无措；也常常将自己的是非观、审美观与别人的混淆起来，认为自己以为美的，别人自然喜欢；认为自己正确的，别人也应该接受。所以少年期常常不理解父母为什么总是与他们的想法格格不入，而导致与父母的冲突危机。假想观众的幻想在少年期尤为强烈，而且会一直持续到成年期，但是程度会逐渐减轻。

个人神话（personal fable）是少年期的一种信念，即认为自己是特别的，自己的经历是独特的，规则是用来约束除自己以外的其他人的。如个人神话使得少年期常常关注自己的情感，夸大自己的情绪感受，认为他们自己的情绪体验是独一无二的，只有他们自己才能感受到那种极度的痛苦与极度的狂喜。这种过分夸大自己感受的倾向，使得他们在分析、评价事物时带有了强烈的主观性色彩，他们会依据个人的意愿，创造出一套独立的推理体系，并试图按照自己的推理模式对现实中的一切进行分析，最后常得出不正确的结论。同假想观众一样，个人神话也会持续到成年期。正是个人神话使得他们会在日常生活中选择冒险，如“别人会网络成瘾，但是我不会”。

三、少年期信息加工的变化

从信息加工论的观点看，少年期的心理能力的发展是持续增长的。不同于皮亚杰的发展阶段的观点，信息加工论则认为认知能力的改变是由于获取、保存和处理信息能力上的逐渐变化带来的，人们组织自己对于世界的思考，处理新情境的策略，对事实进行分类，在实现记忆能力和知觉能力过程中，逐渐出现累积的变化。少年期信息加工的变化体现在结构性和功能性的变化上。

（一）结构性变化

少年期认知的结构性变化包括长时记忆系统储存知识数量的增加和信息加工能力的变化。储存在长时记忆系统的信息包括陈述性知识、程序性知识和概念性知识。陈述性知识是个体获得的所有事实性知识，例如 1 加 1 等于 2。程序性知识是个体所获得的技能，如骑车、弹琴等。概念性知识是对于概念、规则、原理的理解，如等式的性质等。少年期不仅在长时记忆系统中存储的上述知识数量在逐渐增加，并且工作记忆容量仍在继续增加，使得其面对复杂问题进行假设推理和对问题做出决策的能力得到提升。

（二）功能性变化

少年期认知的功能性变化方面是指其获取、保存、处理信息的过程，包括学习、记忆、推理判断和决策等方面的变化。少年期言语能力、数学能力、空间能力的增长，使得少年期个体对于世界的了解越来越多，随着接触信息的增加，记忆能力的增强，知识不断的增强，注意能力的增强，少年期个体反应更加敏捷，理解问题的能力、进行假设思维的能力，以及对于情境内在可能性的理解能力的发展越来越精细。

信息加工论理论对于少年期认知发展的解释，认为认知能力发展的主要原因在于元认知的发展。元认知反应了个体对于自己思维过程的认识，以及对于自己认知的监控能力，如个体可以更好地估计出完成某项作业任务需要的时间。元认知的发展，使得少年期能够更好地进行内省和自我觉知。

专栏 7-1

少年期元认知的发展

人类的认知活动具有不同的层次，元认知是主体对自己认知活动及过程的认识、调节

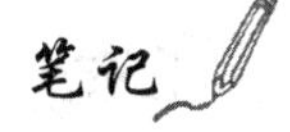
笔记

和监控，是更高一级的认知活动，也是保证主体学会如何学习、如何思维、如何更主动地发展自己的重要能力。元认知由三部分组成，即元认知知识、元认知体验和元认知监控。元认知知识是个体关于自己和他人的认知活动、认知能力、认知策略、过程、结果及其相关信息的知识，以及在何种情况下应该运用何种策略、如何最佳地发挥自己能力的知识。元认知体验是指伴随认知活动而产生的认知体验或情感体验。元认知监控是指主体在进行认知活动的整个过程中，根据元认知知识和元认知体验对认知活动进行的积极监控与调节，包括对目前认知任务的认识、认知计划的制订、计划执行的监视以及对认识过程的调整和修改。

（一）元记忆的发展

元记忆是个体所具有的与自己的记忆活动有关的信息及监控系统，是指人对自己记忆系统的认知，包括对记忆系统的内容、功能的认识和评价，以及对记忆过程的监控，它是由元记忆知识、元记忆监控和元记忆控制三个有机成分构成。杜晓新（1992）对元记忆组织策略发展中年龄和教育的影响进行比较研究，认为从初中到高中，学生在策略知识方面的发展是明显的。李景杰（1989）的研究发现中小学生的监测性判断呈现出波浪式发展；12 和 15 岁出现两个高峰点，每个高峰点的出现又都有一个准备期；10～12 没有明显增长，10～12 与 13 岁之间有明显差异，14 与 15 岁之间有明显差异，总趋势是增长的。总体来说，少年期的元记忆随着年龄的增长而提高。

（二）元理解的发展

元理解是认知主体对自身理解活动过程中涉及的各个因素的认识和对理解活动的监控、调节。个体的元理解知识和元监控都会随着年龄的增长而发展。但是相比之下，个体在儿童和青少年的元理解知识发展速度快，而元理解监控的发展与个体实际理解行为的发展密切相关。

董奇（1992）通过关于 10～17 岁青少年的元理解的研究发现：①在 10～17 岁期间，元理解知识和元理解监控都得到发展，尤其是元理解知识发展非常迅速；②元理解知识和元理解监控存在显著相关；③阅读能力各品质（敏捷性、灵活性、深刻性、批判性和独创性）与阅读元认知知识、元认知监控能力的发展都存在着十分密切的联系。

（三）元学习的发展

元学习是指个体对自己所从事的学习活动的认识和监控。董奇、周勇（1994）通过研究发现，青少年的自控监控学习分为三个方面八个环节，具体表现为学习者对于学习活动的不同过程、阶段的反馈和控制，包括学习活动之前的所做的计划和准备，学习活动中的意识、执行和控制，学习活动后的反馈、修正以及更高层次的反省和总结。少年期儿童的元学习能力在 10～13 岁期间变化较小，在 13～16 岁期间变化则较大，呈现出先慢后快的发展趋势，元学习的不同方面也表现出不平衡，在有的方面（如补救性）一直发展很快，在有的方面（仪式性、执行性、总结性）一直发展较慢，在有的方面（如计划性、准备性、方法性、反馈性）的发展是先慢后快。

傅金芝、符明弘等人（2002）在董奇、周勇研究的基础上，以不同地区、不同民族、不同年龄的中小学生为被试，进一步验证中小学生自我监控学习能力的发展趋势，他们的研究结果和董奇等人的结果类似：随着年级的升高，学生的自我监控学习能力逐渐增加，但是发展速度有所不同，从初中到高中总体上增加幅度较大，具体到各维度上，增加速度也不同。

第三节　少年期情绪情感的发展

少年期是人生道路上一个重要的转折期，是从不成熟到成熟的过渡时期，少年期情绪情感的发展体现以下的特点：

笔记

一、少年期情绪发展的特点

情绪发展的一般特点

1. **情绪内容的丰富性** 少年期由于生理的发展成熟化、自我意识的不断发展，不断产生新的需要，为情绪活动提供了丰富的来源。少年期情绪活动在类型、强度具有不同的体验形式。如对自我认识的态度体验，可以表现为自尊、自信、自负等。在情绪体验的内容上，千头万绪，以恐惧的情绪体验为例，其内容涉及社会的、文化的、想象的、抽象复杂的事物，可以害怕考试、怕陌生人、怕惩罚、怕寂寞等，而不再是童年时期对动物、实物的恐惧。在情绪体验的强度上，可以表现为遗憾、失望、难过、悲伤、哀痛、绝望等不同强度的悲伤体验。

2. **情绪体验的冲动性** 少年期情绪激荡，易产生冲动性，这种冲动性与他们的生理发育，尤其是神经系统的平衡过程有一定的关系。对于符合自己信念、理想和期望的刺激，容易迅速地表现出强烈的积极情绪，欢呼雀跃，甚至忘乎所以；遇到阻碍时又会迅速表现出否定的情绪，波动中有时会产生盲目的冲动和狂热，甚至导致一些过激的行为，做出不计后果的事情，如与人争吵、打架斗殴等。情绪的冲动性使得少年期情绪起伏不定，反应强烈而迅速。

3. **情绪表达的隐蔽性** 儿童期情绪具有明显的外露特征，喜形于色，心口如一。少年期的外部表情与内心体验有时并不一致，表现出文饰、内隐的性质。他们常常把自己真实的情绪隐藏起来，是否表达取决于时间、场合、对象。例如，对于异性，内心喜欢，但是由于自尊心或情境的控制，他们有时会有意无意地表现出无动于衷，或者故意做出回避的姿态；对于不喜欢的人，加以控制、封闭、不予表达。但是由于少年期自我的调节和控制能力有限，符合期望时依然表现出袒露、率直，失控时的锋芒毕露。因此，这种隐蔽性是相对的，微妙的。

4. **情绪变化的两极性** 少年期情绪体现出半成熟、半幼稚的矛盾性特点，情绪的体验和表达形式不再单一，表现出两极性：

(1) 强与弱共存：少年期的情绪表现有时十分强烈，如同“疾风骤雨”，同样的刺激，可以表现出暴跳如雷，或欢呼雀跃。他们有时也会表现出温和细腻的一面，与他人相处时的和颜悦色、温文尔雅，遭遇挫折时的冷静和理智，与情绪的文饰作用有关。

(2) 波动与稳定共存：少年期情绪体验不稳定，可以从一种情绪状态转变为另一种情绪状态，尽管情绪的变化程度上强烈，但是情绪的体验程度不够深刻，因此一种情绪状态容易被另一种情绪状态取代。同时，情绪体验也存在一定的稳定性，甚至表现出偏执性的特点，如多次受挫而导致的无助、绝望等，不易改变。

(3) 内向性和表现性共存：少年期情绪的表达具有一定的隐蔽性，可以将喜、怒、哀、思等隐藏于内心而不予以表达。但是有时在表达中，又会带有表演的色彩，为了赢得他人的认可、或者为了从众，在情绪的表达中有些做作、夸张的痕迹。

二、少年期情感发展的特点

少年期的社会性情感有了较大的发展，主要体现在道德感、理智感和美感。

1. **道德感** 道德感是人们运用一定的道德标准评价自己和他人的行为、思想、意图时产生的一种情感体验。丰富的道德情感是产生道德行为的动力，缺乏道德感是青少年知行脱节、言行不一的主要原因。道德感的提升，是青少年品德发展的内在保证，有助于高尚人格的形成。少年期的道德感进一步发展，他们开始以内化、抽象的道德观念作为自己道德感体验的依据，并且能够以自己理解的道德来管理自己的行动，使之符合社会规则，但由于其自控力不强，有时会出现自相矛盾的行为。

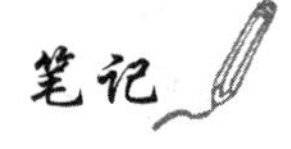

2. **理智感** 理智感是人们对认识活动及其成就进行评价时产生的情感体验。解决难题后产生的兴奋感，遭受失败时的挫折感，以及取得成功时的成就感都是理智感的表现。少年期，随着认知的发展，抽象思维逐渐占主导地位，求知欲加强，追求真理的兴趣更浓，理智感更加深刻。

3. **美感** 美感是人们根据自己的审美标准，对客观事物、人的行为以及艺术作品进行评价时产生的情感体验。由于教学、教育的影响，在音乐、体育、舞蹈、绘画、雕塑等方面逐渐体验美、感受美，并学会以美感的眼光看待事物和世界，逐渐成为美的传递者和创造者。少年期的美感逐渐深刻，并具有一定的内涵，但是容易受到社会文化环境的影响，正确的教育和引导尤为重要。

三、少年期的反抗心理

少年期反抗心理普遍存在，反抗心理主要特征是情绪焦躁不安、和家人的冲突、疏远成人社会、做出鲁莽行为和排斥成人的价值观，被称为青春期叛逆（adolescent rebellion）的阶段。

（一）反抗心理产生的原因

少年期反抗心理产生的原因有内部和外部因素。

1. 内部因素

（1）自我意识的高涨：随着年龄的增长，少年期自我意识高涨，他们更倾向于维护良好的自我形象，追求独立和自尊，但他们的有些想法及行为不能被现实所接受，屡遭挫折，于是就产生一种过于偏激的想法，认为其行动的障碍来自于成人，便产生了反抗心理。

（2）中枢神经系统的兴奋过强：生理学家指出，只有当中枢神经系统的功能与身体外周相应部位的活动达到协调时，个体的身心方能处于和谐状态。青春期早期阶段，个体有关性的中枢神经系统活动明显增强，但是性腺的功能尚未成熟，两者尚不协调，使得他们对于周围的各种刺激特别敏感，反应过于强烈。

（3）独立意识的增强：前苏联心理学家赞可夫认为"逆反心理在一定程度上是青春期个体思维活跃，自主意识增强的表现"。初中生迫切地要求享有独立的权利，将父母曾给予的生活上的关照、情感上的爱抚视为获得独立的障碍，将教师及社会其他成员的指导和教诲也看成是对自身发展的束缚。为了获得心理上独立的感觉，他们对于任何一种外在的力量都有不同程度的排斥倾向。因此，青春期个体的反抗心理，在很大程度上是满足成人感的需求，希望父母及他人按照成人的方式理解和尊重他们。

2. 外部因素

（1）家庭因素：家庭是个体成长的"第一课堂"，父母是子女的"第一任老师"，父母对子女的心理和行为产生重要的影响。家庭不和谐的程度主要受青春期个体的个性特点和父母对待子女的方式的影响。研究发现（Rueter & Conger，1995），在温暖的、支持性的家庭中，亲子冲突在青春期早期到中期之间会比较少，而在敌意的、强制性的或批评的家庭氛围中，亲子冲突会进一步恶化。父母的教养方式不当亦是造成反抗心理的原因。如有的家长只关注子女物质方面的满足，忽略了孩子情感的需要，以居高临下，简单粗暴的命令方式，甚至以打骂的方式教育子女，不给孩子丝毫自由的空间，这样会直接引起他们的逆反心理。有的家长对子女的生活、学习等期望值过高，将子女看成是自我理想的"再现"，将自己的愿望强加到孩子身上，无形中给他们造成太大的压力，抑制了孩子自身兴趣的发展，在重压之下，心理压力不断积蓄、沉淀，又无法排解，久而久之自然会产生不满和抵触情绪，进而产生逆反心理。

（2）学校因素：教师和同伴对初中生心理和行为产生一定的影响。教师在教育过程中不正确的做法会造成学生的逆反心理，如教师提出高于学生年龄特征的要求；强制或触犯

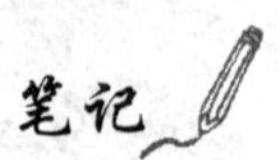

学生个性，不尊重学生、与学生之间缺乏平等沟通和交流的教育方式；教师言行不一、处理问题方法不公正、对学生的评价不客观等。教师的这些行为令学生产生逆反心理。同伴群体中不良的价值观念和行为倾向很容易对团体内其他人产生不良影响，如初中生中的不良英雄观、出风头、唱反调等，这些观念和行为潜移默化影响着少年个体，加上自身发展的不成熟性，容易形成逆反心理。

(3) 社会因素：随着社会的不断发展，以及科学技术进步的发展，信息化的高度发展，使得人们的思想观念、价值取向、生活方式和思维方式发生了很大的变化。初中生更加注重自我的存在，追求个性化，与教师和父母传统的思想观念产生诸多碰撞和冲突，如果教育者仍然采用原先静态化、程序化的教育方法，很容易导致他们产生对抗心理。

（二）反抗心理的表现

个体成长过程中，存在两个反抗期，第一反抗期是在 2～4 岁，是个体自我意识发展的第一个飞跃，第一反抗期的儿童反抗主要指向身体方面的自主性，反对父母对其身体活动的约束。第二反抗期是在青春期，而此时的反抗主要是针对心理层面的，是对独立性、自主性限制的反抗。青春期个体具有强烈的独立要求，在生活中很多方面表现出独立愿望，如功课、零用钱、穿着、和同伴的约会等，但是父母没有这种思想准备或者尚未来得及适应这种情况，仍以以往的关怀备至的态度对待他们，结果导致家庭冲突，产生反抗行为。当自主性被忽视或受到妨碍时，例如父母不听从少年个体的意见，将其置于支配、从属的地位，或强迫接受某种观点，同样会导致反抗心理。

青春期个体的反抗方式也是多样化的，常有以下几种具体的表现：

1. **硬抵抗**　一部分青春期的少年以一种态度强硬、举止粗暴的方式来对抗外在力量，这种反抗行为发生得十分迅速，常使对方措手不及。当时任何的劝导都无济于事，但是当事态平息之后，这种强烈的反抗情绪也将较快地随之消失。

2. **软抵抗**　青春期的另一种反抗不表现在外显的行为上，只存在于内隐的意识中，这种情况常出现在性格内向的少年个体。他们不直接顶撞反抗的对象，但却采取一种漠不关心、冷淡相对的态度，对对方的意见置若罔闻。这种反抗态度和情绪不易随着具体情境的变化而转移，具有固执性。

3. **反抗迁移**　青春期少年的反抗迁移是指当某一人物某一方面的言行引起了他们的反感时，就倾向于将这种反感及排斥迁移到这一人物的方方面面，甚至将这个人全部否定；同样，当某一成人团体中的一个成员不能令他们满意时，他们就倾向于对该团体中的所有成员均予以排斥。这种反抗的迁移性，常常使得初中生在是非面前产生困惑，在情绪因素的左右下，他们常常会将一些正确的东西排斥，这给他们成长带来不利影响。

青春期的反抗普遍存在吗？青春期的叛逆源于美国心理学家霍尔（G.Stanley Hall）的青春期理论。霍尔认为，青春期身体的发育和成人感的各种迫切要求使得个体不得不去适应，而这些努力迎来了一个“疾风骤雨”的时期，产生代际冲突。奥地利精神分析学家弗洛伊德（Freud，1935/1953）和女儿安娜•弗洛伊德（Anna Freud，1946）认为，随着对父母的早期性驱力的觉醒，青春期的“疾风骤雨”不可避免地发生。

但是国内外研究显示，“疾风骤雨”并不是青春期所特有的，青春期的个体也可以从童年到成年平静的过渡。研究显示（Offer，et al，1989），多数青少年亲近自己的父母，并对父母持积极态度，与父母的观点相似，并看重父母对自己的看法。那些在完整的双亲家庭，且家庭氛围积极向上的少年能够安然度过青春期，并且成年后生活适应良好。

但是，青春期仍然是一个艰难的时期，消极的情绪和情绪波动在青春期早期更为严重，进入青春期后期，会相对稳定。了解青春期的混乱是正常且必要的，有助于家庭、学校和社会更好的引导和教育。

笔记

第四节　少年期人格与社会性发展

随着生理功能的逐渐成熟，特别是大脑高级神经活动水平的提高，为少年期人格和社会性发展奠定了物质基础和前提条件。

一、少年期自我意识及同一性的发展

自我意识是作为主体的我对自己及自己周围事物关系的认识。自我意识包括自我认识、自我体验和自我控制。少年期是自我意识和自我同一性发展的关键期。

(一) 自我意识的基本特点

1. **自我意识发展的飞跃期**　青春期是自我意识发展的第二个飞跃期。进入青春期后，生理上的迅速变化，使得少年对自己产生了前有未有的关注。他们不断关注自己，希望了解自己，好像从现在起才发现了自己的存在一样。更为重要的是，少年期的认识能力有了迅速的发展，这必然引起他们对自己行动的原因、结果及自己存在的价值、意义进行思考，使少年再一次关注自我，从而产生自我意识的第二次飞跃，进入自我意识发展的关键期。其突出的表现是少年的内心世界开始丰富起来，内心体验越来越深刻。少年期经常反省的问题时“我是谁？”、“我有什么特征？”、“别人是如何看待我的？”、“我的性格怎样？”等一系列关于“我”的问题开始反复萦绕在他们心中。他们不仅关注自己的行为举止和外表，更关注自己的能力、兴趣、性格、理想等发展，力图完善自己。

2. **自我意识的分化**　童年期的笼统的“我”被打破性，出现了理想的自我和现实的自我。理想的自我是根据主观的我和主观感受的社会现实，所希望自己未来成为什么样的人。现实的自我是指当前实际所能达到的自我状态，简单地说，即我现在已经是什么样的人。自我的分化使得少年主动地、迅速地对自己的内心世界和行为具有新的意识，开始意识到那些以前自己不曾注意到的“我”的许多方面和细节。也正是由于自我意识的分化，能够更好的认识自我，客观地对待自己和他人，控制自己的言行。自我意识的分化也可能产生矛盾，当理想的自我与现实的自我发生矛盾时，少年往往会体验一种的强烈的挫折感，有时甚至是威胁。

(二) 自我意识的结构

1. **自我认识**　童年期，由于心理依赖占优势，儿童基本上按成人的要求行事，按照成人的评价来评价自己。到了少年期，他们有了摆脱对成人依赖的要求，进行自我观察、自我了解，开始关心自己的成长，虽然对自己的认识还不十分清晰、全面，正确评价自己的能力也有所欠缺，但是他们却表现出了了解自己的极大兴趣，对自己身体层面、心理层面、社会层面等有了一些认识和评价。

如写“我”为题，初一学生对自我的描述留有儿童期的特点，如“我身材不高不大，圆圆的脸扁扁的鼻子，一双不大不小的眼睛，我想搞好成绩，但是贪玩”。而初三的学生这样写道“我性子很躁，喜欢发脾气，但是事后从不计较；我最恨挑拨是非的小人，最爱讲实话的人。我不喜欢跟别人出去，只喜欢孤雁独行；我喜欢运动、看书、练字、也爱好烹饪等”。自我认识中可以看出少年在探索自己的内心世界，能从性格、爱好来评价自己，从外部活动的评价到内心世界的评价，实际上是对事物的由表及里、由浅入深、由现象到本质的认识过程逐步深化的表现。但是自我认识尚不成熟，有些肤浅，自我评价还有些言过其实，喜欢用“我最”、“我很”等评价自己。因此，引导少年期个体正确地认识自己，从内心活动及言行作深入客观的分析，不断地发现自己的优点，正视自己的缺点，更好地调节自我。

2. **自我体验**　随着少年自我认识的发展，自我体验也变得丰富而敏感，一些小事常常

引起强烈的情感，凡涉及与“我”相关的事情，如名誉、理想、学习、同伴关系等方面的问题，极易引起强烈而丰富的情绪体验，如自满、自豪、自负、自怨、害羞等丰富的情感体验。

强烈的自尊感也是少年期自我体验的体现。自尊感是个体对自己有价值感、重要感的体验。少年期自尊感强烈，让他们产生强烈的表现欲，他们会在各种场合、各种竞争活动中设法表现自己，并战胜他人。他们喜欢在成人和同伴面前发表意见、以表现自己的才能，而得到他人的重视、肯定和认可，赢得他人的尊重。当自尊感与其他情感发生抵触、冲突时，个体就会毫不犹豫地把维护自尊放在首位，如同伴间的友谊，一旦发生彼此间有损自尊感的行为，就会从根本上动摇友谊。当自尊受损时，常表现出极大的愤怒、懊恼或羞惭。为了维护自尊，少年期个体就会采用心理防御机制来获得补偿，如自负，通过放大自我，进而补偿自卑。但若过度地采用心理防御机制，影响对自我真实的认识，甚至会影响少年的心理健康。

3. **自我控制** 自我控制是控制自己的情绪、动机，支配自己行为，调整个性、爱好等。小学生能坚持认真听课、按时完成作业，表现出较高的自我控制能力，但是这种自我控制主要来自权威人物的外在控制，如教师、家长的劝说、告诫甚至命令，具有明显的被动性。进入少年期，个体主动自我控制能力明显增强，而不再依赖外部的暗示。但是自我控制能力的发展不稳定，呈现一定的波动，有时甚至出现下降的现象，如易被外界诱惑而失去理智，产生莽撞冒失的行动。

总体来说，少年期自我意识水平是由低到高、由不自觉到自觉、由依靠到独立自主逐步发展的。

（三）自我同一性的发展

1. **自我同一性的内涵** 埃里克森的理论认为，青少年面临的主要发展障碍是获得自我同一性（自我认同感），即一种对于自己是什么样的人，将要去何方以及在社会中处于何处的稳固且连贯的知觉。自我同一性是个体在过去、现在和未来这一时空中对自己内在的一致性和连续性的主观感受和体验，以及为他人所知觉到的个体自身的一致性和连续性，是个体在特定环境中的自我整合。

美国心理学家詹姆斯•玛西亚（James Marcia，1980）沿用埃里克森的自我同一性的观点，将自我同一性的概念操作化，玛西亚设计了一套针对青少年的结构式访谈，获得他们对于职业、宗教意识形态、性取向以及政治价值的探究和确定程度，根据埃里克森理论中两个主要维度——危机（crisis）和承诺（commitment）区分了同一性的四种状态。危机是个体努力寻找适合自己的目标、价值观和理想等，这时个体需要从多种选择中做出抉择，以便做出有意义的投入；承诺是指个体为认识自己、实现自我、对于目标、价值观和理想做出精力、毅力和时间等方面的个人投资、自我牺牲以及对特定兴趣的维持。同一性的四种状态为：

（1）同一性获得（identity achievement）：青少年已经体验了探索，仔细考虑过各种同一性问题，并选择了自我投入的目标和方向，对特定的目标、信仰和价值观做出了坚定的、积极的自我投入。即实现了自我认同，最终做出了选择，并形成了承诺。

（2）同一性早闭（identity foreclosure）：青少年并没有体验过明确的探索，却过早做出了投入，这种投入是非自觉的、基于父母或权威人物的期望或建议。虽然获得了同一性，但是并未经历寻求最适合自己选择的危机体验。

（3）同一性延缓（identity moratorium）：青少年积极地探索各种选择，但还没有对特定的目标、价值观和意识形态做出较高投入。同一性尚未建立，还在探索中，没有做出选择和承诺。

（4）同一性扩散（identity diffusion）：青少年既没有仔细思考或探索各种同一性问题，也没有确定意识形态、价值观或社会角色的清晰投入。同一性尚未建立，对于同一性问题不做思考或无法解决，对将来的生活方向未能澄清（表 7-2）。

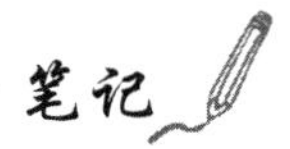

表 7-2　同一性状态访谈举例

同一性四种状态	问题样例及典型回答： 问题：关于职业承诺：如果有其他更好的工作，你认为自己在多大程度上愿意放弃现在的工作，并选择新工作？
同一性获得	“嗯，我可能会放弃，但不确定。对我来说，我不觉得有更好的选择。”
同一性早闭	“不太愿意，这是我一直以来就想做的工作。大家都说好，我也愿意”
同一性延缓	“如果能够确切了解的话，我可以更好地回答这个问题。它可能包含一些东西——与……有关的。”
同一性扩散	“嗯，当然。如果有更好的工作，我想我会换”

资料：詹姆斯•玛西亚（James Marcia，1966. 美国）

2. 少年期自我同一性的发展　根据埃里克森的理论，青少年的发展任务是建立自我同一性，防止同一性混乱。少年期作为初期阶段，他们开始解决自我同一性与角色混乱的矛盾。玛西亚认为，个体的自我同一性状态有一条发展路径，即由同一性扩散状态发展到早闭或延缓状态，最后达到同一性获得状态。少年期面临许多新的身心变化，这些变化使得少年期对于同一性问题进行思考，开始重新考虑童年期的价值观和身份。玛西亚认为青少年早期的个体大部分处于同一性扩散、早闭和延缓状态，很少有人达到同一性获得状态；个体在 18 岁之前一般不能建立前后的一致感，18～21 之间最能体现出同一性状态的个体差异。也就是说，尽管整个青少年期都存在自我的探索，但自我同一性最重要的变化发生在青少年中期或晚期，尤其是 20 岁左右这一时间段是建立稳固的自我同一性的关键时期。俞瑞康（2004）对 720 名中学生的自我同一性地位与学习成效自评有交互影响。安秋玲（2008）对上海 336 名初二学生进行了同伴群体交往与自我同一性发展研究，发现初中生所属的群体类型不影响自我同一性的发展，而群体内的个体地位影响自我同一性的发展。

3. 影响自我同一性发展的因素　对自我同一性发展的影响因素包括认知因素、教养方式和社会文化因素等。认知发展对自我同一性的获得有重要的影响。初中生思维发展达到形式运算水平，能进行假设和逻辑推理，对于自我同一性有更深入的思考和设计。思维发展成熟者相对于不成熟的同龄人，他们更容易产生自我同一性问题，但是也更容易解决问题。

父母的教养方式对同一性的获得亦会产生影响，放任的、拒绝的、忽视的教养方式容易导致同一性扩散；父母操纵意识过强，过度卷入孩子的生活或家庭成员之间避免表达不同的观点，容易导致同一性早闭；面对权威型的父母，孩子常常陷入与父母的权威矛盾斗争中，易引起同一性延缓；民主的、相互信任、相互尊敬的家庭氛围有利于同一性的获得。

埃里克森提到，社会文化因素对自我同一性的发展有影响。在非工业化社会，个体无法去尝试和探索，只能按照被期望的方式获得成年角色，如渔民的儿子当渔民。自我同一性是 20 世纪工业化社会的特有现象，青少年追求特定的生活目标必然受到他们所处的社会和时代的制约。现代社会，越来越多的媒体信息对少年进行包围，青少年在网络活动中探索自我认同感，网络中谈论自己，变换自己的身份，网络游戏中获得角色认同等。因此，了解少年期的自我同一性，需要关注在线认同感和现实认同感。

二、少年期的道德发展

道德是一个社会化的过程，少年期随着自我意识的发展、知识的增长，视野的拓宽、认知能力的提升等，其道德也得到了发展和提高，少年期是道德发展的重要时期，初二年级是少年品德发展的关键期。

（一）道德认知的发展

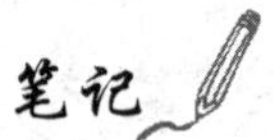

道德认知发展理论的代表人物是瑞士心理学家皮亚杰（Jean Piaget）和美国儿童心理学

家科尔伯格（Lawrence Kohlberg），我国研究者在他们研究的基础上，做了大量研究，揭示了少年道德认知发展的特点。李怀美（1986）研究发现，中小学生道德概念理解和道德判断的发展是随着年级的升高而升高的。但是高中学生不仅道德概念理解水平的发展趋势不甚显著，在道德判断和道德评价两方面出现了比初二学生下降的趋势。

李伯黍教授（1987）和全国各地的同行协作，沿着皮亚杰和科尔伯格理论模式，对我国4～11岁（有的扩展到13岁、16岁）儿童和青少年道德判断发展作了相关研究。研究发现，儿童道德判断符合皮亚杰的道德认知理论，依据外在结果判断到依据行为的动机意向的道德判断，7岁儿童有了明显的发展，9岁基本上采用动机判断。李伯黍教授（1987）等人对国内9个不同少数民族地区儿童的道德判断做过跨文化研究，结果表明，各族儿童道德认知发展的总体趋势是一致的，但在公正观念、惩罚观念、公有观念和行为责任判断的发展任务上各族儿童又存在显著的差异，这种差异随着年龄的增长而逐步缩小。

（二）道德情感的发展

道德情感是基于一定的道德认识、对现实道德关系和道德行为的一种爱憎、好恶的情绪体验，它是一个人根据一定的道德标准，在处理相互道德关系和评价自己或他人的行为时所体验到的心理活动。道德情感影响道德认知和道德行为。

道德情感的社会性发展主要表现在集体荣誉感、义务感、责任感、良心、爱国主义情感方面。有心理学家对中学生道德情感的社会性水平进行追踪研究，发现中学生道德情感社会性发展趋势存在三个水平：第一级水平是利己，表现为只顾自己，不顾别人，对集体无情感，与同学不团结；第二级水平表现为重感情，讲义气，能与同学和睦相处，但常与几个小团体亲密无间，这个时候，他们尚未认识到情感的社会意义；第三级水平表现为自觉热爱集体，具有集体荣誉感、义务感和责任感。随着年龄的增长，越来越多的青少年达到第三级水平，第一级水平的人数随着年龄的增长而减少。

（三）道德行为的发展

道德行为是人在一定的道德认识的支配下表现出来的对他人和社会有道德意义的行为。初中阶段是道德行为习惯形成的关键期，初中生形成道德行为习惯的人数随着年龄的增长而上升，并日趋稳定。到初三时，有60%的学生形成了道德行为习惯。在此之前，初中生的道德行为习惯常有很大的不稳定性和可塑性，他们在学校的表现往往比家里好。在正确的教育条件下，在良好的集体中，中学生的道德言论和道德行为可以在初三之后逐步趋于一致，且动机和效果也可以得到统一。

1. 亲社会行为 亲社会行为通常是指对他人或事物的友好态度，表现出与人为善、乐于助人、分享、合作、利他、谦让等符合社会期望的行为。研究者认为（Eisenberg & Fabes，1998；Hoffman，2000），亲社会行为起源于婴幼儿期。随着年龄的变化，亲社会行为也表现出不同的发展特点。美国艾森伯格（Nancy Eisenberg）设计了亲社会性两难情境来研究儿童、青少年的亲社会性推理，发现儿童的亲社会性道德判断推理呈现五种水平。

阶段1：享乐主义、自我关注。助人与不助人的理由包括个人的直接获益，将来的互惠，或者是由于自己需要或喜欢某人才关心他/她。这种水平大概出现于学前期和小学低年级。

阶段2：他人需要取向。当他人的需要与自己的需要发生冲突时，儿童对他人的身体、物质的和心理的需要表示关注。儿童仅仅是对他人的需要表示简单的关注，并没有表现出自我投射性的角色采择、同情的言语等。此水平出现于学前期和小学期间。

阶段3：对他人的刻板印象和他人赞成与否定取向。儿童在证明其助人行为与不助人行为时的理由是好人或坏人、善行或恶行定型形象、他人的赞许和认可等，出现于小学和中学。

阶段4：包括两个阶段。

阶段4a：移情定向。儿童的判断中出现自我投射性的同情反应或角色采择，他们关注

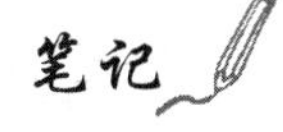

他人的人权，注意到与一个人的行为后果相联系的内疚感或肯定情感。出现于小学高年级和中学。

阶段4b：过渡阶段。儿童选择助人与不助人的理由涉及内化了的价值观、规范、责任和义务、对社会状况的关系或者是提到保护他人权利的尊严的必要性等。但是，儿童并没有清晰而强烈的表述出这些思想来。大多数出现在中学。

阶段5：深度内化阶段。儿童决定是否助人的主要依据是他们内化了的价值观、责任以及个人和社会契约性的义务、改善社会状况的愿望等。只在少数中学生中出现。

余宏波等人的研究发现（2006），在儿童后期或青年早期有较高水平的推理模式，女孩的推理水平总的来说比男孩的推理水平要高，15～16岁年龄组儿童亲社会性道德判断的综合分数与移情、观点采择存在正相关。

2. **攻击行为** 攻击行为是有意伤害他人、损坏或抢夺他人物品的行为，以及违反社会行为规范和准则而有意伤害其他动物的行为。攻击行为一般分为身体攻击、言语攻击和间接攻击。身体攻击是直接以身体动作实施的攻击行为，如打、踢、推、撞，以及抢夺、毁坏物品等；言语攻击是通过言语方式所实施的攻击行为，如骂人、叫取外号等；间接攻击是通过第三方实施的攻击，主要包括社会排斥和造谣离间。

攻击行为表现以下的发展趋势：幼儿期表现出更多的攻击性，他们的争吵和打架更多是为了玩具和其他物品，此时更多的是身体攻击；小学生的身体侵犯和其他形式的反社会行为都明显减少，但他们对直接的挑衅都采取攻击行为，仇视性攻击逐渐增多；在青春期，打架和仇视性攻击迅速上升，大约在13～15岁处于高峰，此后迅速下降，虽然攻击行为的绝对数在下降，但是反社会行为的程度却在增加，从而导致青春期的犯罪现象随着年龄的增加而增多。

少年时期的攻击行为还有一种特殊表现即欺侮行为。欺侮行为通常指力量占优势的一方（一人或多人）对力量相对弱小的一方实施的重复攻击行为，其根本特征是行为双方力量的不均衡性和重复发生性。欺侮行为可表现为身体、语言和关系欺侮。

欺侮行为是普遍的，国内外的研究具有一致性。在意大利，梅尼辛（E.Menesin，1997）等发现40%的小学生和28%的中学生报告有时或经常被欺侮，小学和中学的欺侮者分别为20%和15%。我国张文新（1999）的研究发现，小学阶段，受欺侮者和欺侮者所占比例分别为22.2%和6.2%，初中阶段受欺侮者和欺侮者的比例分别为12.4%和2.6%。无论欺侮者还是受欺侮者，男生人数均高于女生；男生主要采取直接的身体欺侮方式，女生多采用间接的关系欺侮方式；女生对待欺侮问题的态度比男生更为积极，她们更为同情和更愿意帮助被欺侮者。欺侮行为可发生在学校的各种场合下，如操场、教室、走廊、宿舍、校门口或学生上学放学必经的路段等。欺侮者和被欺侮者生理和心理健康均有着严重的消极影响，有时甚至造成校园的暴力事件，常常欺侮他人的少年会遭到同伴的排斥，同伴中地位下降，影响到人际交往；而经常受到欺侮的少年易导致抑郁、注意力分散、成绩下滑等。

三、少年期社会关系的发展

（一）同伴关系

同伴关系是指年龄相同或相近的儿童之间的一种共同的活动并相互协作的关系，或者主要指同龄人之间或心理发展水平相当的个体间在交往过程中建立和发展起来的一种人际关系。同伴关系在人生发展的各个时期都存在，而处于青春期少年的同伴关系对其以后社会能力和社会适应性发展具有重要的影响。初中生的同伴关系的内容和特点：

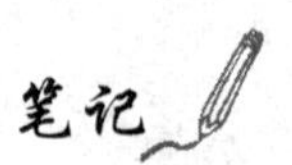

1. **同伴关系的作用** 林崇德（1999）认为，同伴关系在少年期儿童生活中，尤其是在儿童个性和社会化发展中起着成人无法取代的作用。同伴关系有利于儿童社会价值的获得、

社会能力的培养以及认知和健康人格的发展。主要作用有四个方面：一是同伴关系可以满足儿童归属和爱的需要以及尊重的需要；二是同伴关系交往为儿童提供了学习他人反应的机会；三是同伴关系是儿童特殊的信息渠道和参照框架；四是同伴关系是儿童获得情感支持的一个来源。

2. **同伴关系的类型** 少年期的同伴关系是一个多层次、多侧面、多水平的网络结构，其中主要包括了两种关系，分别为同伴群体关系和友谊关系。

同伴群体关系表明了少年期在同伴群体中彼此喜欢或接纳的程度。研究者一般采用观察法和社会测量法得到个体的同伴接纳水平，并按照一定的标准将少年分为以下四种类型：①受欢迎的：同伴群体中大多数成员喜欢而极少数成员不喜欢的少年。②有争议的：同伴群体成员提名为喜欢或不喜欢的数量都很多的少年，即被一些人喜欢，另一些所讨厌。③受拒绝的：不被大多数同伴群体成员喜欢的少年。④被忽视的：被同伴群体成员提名为喜欢或不喜欢的数量都很少的少年，他们既不被人所喜欢，也不为人讨厌，常常是被遗忘的对象。和年幼儿童相比，少年期的友谊亲密水平更高，他们自我表露持续的时间更长，所包含的情感因素也更多。少年和朋友在一起更多的是交流内心、倾诉情感，个体也能够表现出理解、忠诚、敏感、可靠以及愿意为对方保守秘密等。

3. **同伴关系的特点**

（1）交往的结构：少年同伴交往的数量在两个或两个以上，或是一对一的友伴关系，或是一种小群体的三两成伙的同伴小团体的往来关系。他们选择同伴的主要标准包括以下几个方面：共同的兴趣爱好的追求、有共同的苦闷和烦恼、性格相近、相互支持和理解。

（2）同伴关系在少年生活中日益重要：青春期一个重要的心理需要是拥有关系密切的朋友，一同分享内心的情感，一起分担成长的烦恼。青春期之前，儿童较多地向家庭寻求支持，更愿意向父母袒露自己的情感。在青春期，他们转向同辈群体寻求支持，对朋友的自我袒露增加。他们需要有密切的朋友来陪伴、支持、理解和关心自己。有研究发现（Csikszentmihalyi & Larson，1984），一周的时间内以固定的时间间隔记录自己的活动、情绪，发现中学生课下与同伴在一起的时间（29%）大约是与其他成人共度时间（13%）的两倍多。成人在青少年社会网络中的占有率不及25%；青少年指称“重要他人”近半数是同伴。

（3）异性关系：随着青春期生理的发育，个体的性心理也发生了明显的变化。他们力图从小学时那种不分性别的友伴群体中挣脱出来，去寻求一种持久的、深厚的友谊，并逐渐产生了一种渴望了解和接近异性的愿望。他们希望取得异性的认同、爱慕和敬佩，希望引起异性对自己的注意，也要求通过交往不断相互了解。这时男生喜欢表现出男子气概，勇于承担责任；女生喜欢吸引和取悦于人，以获得适当的关注。双方在异性交往中往往努力表现人格优点，尽量隐藏性格中的弱点，以获得对方的欣赏。与异性交往频繁，注重建立与异性间的友谊，成为青春期区别于以往各阶段的典型特征。

在少年期的早期阶段，他们对于异性的兴趣却是以一种相反的方式表达，在异性同学面前表露出一种漠不关心的态度；在言行中表现出对异性同学的轻视；以一种不友好的方式攻击对方。总之，从表面上看，他们并不相互接近而是相互排斥。到了初中阶段后期，男女间逐渐开始融洽相处，在一些男女生心中，会有一位自己喜爱的异性朋友。但是，随着时间流逝和各方面的发展成熟、价值观念的不断变化和调整，这种情感很可能就渐渐地淡化下去，甚至完全消失。

（二）与成人的关系

1. **与父母的关系** 少年期对自我独立的愿望不断增强，亲子关系由原来单向依赖的关系转变为双向互动的关系，少年与父母之间的关系发生了微妙的变化。由于情感上有了新的依恋对象，与父母的感情便不如以前亲密了，对父母的依靠性相对减少，独立意识明显增

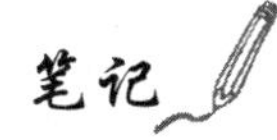

强，在行为上反对他们的干涉和控制。青少年在观点上也开始脱离父母，他们对任何事情都喜欢自己进行分析和判断，不再喜欢接受现成的观念和规范。此时，他们对以前一贯信奉的父母的许多观点都要重新审视，而审视的结果往往与父母的意见不一致。随着青少年生活范围的扩大，会有其他人通过各种途径进入到他们心目中，这些人物又差不多是近乎理想水平的形象，相比之下，父母就显得黯然失色，随着他们能力的提高，父母身上的缺点会渐渐被他们发现，父母的榜样作用也因此而削弱。

上述的变化给家庭成员和家庭系统带来了很多变化，对亲子关系造成了分裂性的影响，使得青少年期成为亲子冲突的高发期。初中阶段，亲子冲突大量增加，高中阶段，亲子冲突逐渐降低。不同的文化背景下，这种趋势可能略有所不同，比如在荷兰，青少年早期的亲子冲突要少于青少年晚期；青少年亲子冲突在印度的发生率很低；我国青少年的亲子冲突符合一般的发展规律，呈现抛物线趋势。性别差异上，女生与父母比男生与父母更为亲近，也有更多的沟通，并且无论男生、女生，与母亲的关系比与父亲的关系都更亲近。

2. **与教师的关系**　随着年龄的增长，儿童进入了学校，师生关系成为学校中影响儿童发展的重要外部因素，特别是对小学生和初中生，他们需要的许多支持性帮助和指导是同伴所不能提供的，教师成为除父母外对学生影响的重要人物。由小学升入中学之后，学生和教师之间的关系也发生了一些变化，小学生大多数依赖甚至崇拜老师。到了中学之后，随着身心功能的发展，自我意识和独立性的增强，再加上青春期的一些心理情绪变化，他们与教师之间的关系往往与小学时有所不同，开始品评老师，甚至有些学生对新接触的教师的说教存在逆反心理。袁晓琳等人的研究发现(2005)中学生心目中理想的教师形象特征主要是：关爱学生、友善认真，学识广博、热爱教学，相貌好、有气质，严谨持重，其中关爱学生、友善认真尤为重要。

第五节　少年期常见心理问题与干预

少年期是人的一生之中最为宝贵的黄金时代，是一个人充满生机、蒸蒸日上的发展时期，同时也是一个变化巨大、面临多种困扰和危机的时期。处于这个时期的少年带有成人感和幼稚性、独立性和依赖性、闭锁性与开放性的矛盾，容易产生一些心理行为问题。少年期的心理问题是指在少年时期出现的、在严重程度和持续时间上都超过相应所允许的正常范围的异常心理行为。少年期常见的心理问题主要表现为情绪问题、品行障碍、网络成瘾等。

一、少年期的情绪问题

青春期的发育对心理的冲击，导致青春期个体对外界环境的敏感而表现为情绪不稳，在学业压力、同伴交往、师生关系、父母冲突等因素的促发下，易引起焦虑和抑郁。

(一) 焦虑(Anxiety)

焦虑是指人们在社会生活环境中对于可能造成心理冲突或挫折的事物和情境进行反应时的一种过分担忧和恐惧不安的情绪体验。少年期是一个非常敏感的群体，对外部的压力和变化心理承受能力弱，因而这些因素常会使他们陷入焦虑。从生理发育水平看，少年期脑神经细胞的分化功能基本上达到成人的水平，但是由于性成熟对脑垂体的影响使得神经活动的兴奋性较强，而抑制性较弱，致使其情绪表现比较强烈并具有较高的易感性，容易产生焦虑，并伴有一些生理反应，如头痛、心悸、胸闷、窒息感、多汗、尿频、恶心呕吐、食欲缺乏、手足麻木、乏力、睡眠障碍等自主神经功能失调的症状。少年期体验到的焦虑，大多数是对新环境和少年期经历的诸多变化而致的短暂性反应。初中生的焦虑障碍可以发生在公众演讲、发言、考试、人际交往等情境中。

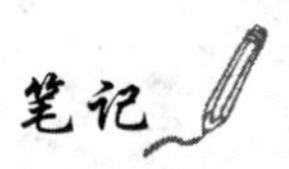

曹立人、翁柏泉等（1999）采用心理评定量表评价浙江初中二年级学生的焦虑状况，结果发现初中生焦虑水平以学期为周期进行变化，期中考试前达到高峰，之后逐渐下降，在期末考试后降低到最低的趋势；女生的焦虑水平高于男生。可见，焦虑情绪与考试密切相关。

考试焦虑是在一定的应试情境激发下，受个体评价能力、人格特征及其身心因素所制约，以担心、恐惧不安为基本特征，表现出来的情绪行为反应。在我国，考试焦虑问题尤为重要和普遍。郑希付等人（2003）的研究表明，34%～41% 的学生具有明显的考试焦虑。考试焦虑不是个体与生俱来的，而是在长期学习生活中逐渐形成的对待考试情境的情绪反应，是外源性因素和内源性因素交互作用的结果。外源性因素主要是家庭教育、考试情境等；内源性因素是指来自学生自身的因素，包括人格特征、遗传素质、认知评价、经验等。

考试焦虑的表现体现在认识、行为和生理方面。认知上主要表现为：将成绩与同伴比较；担忧、害怕考试失败、对成绩低自信；担心他人的评价；对应试准备不足，产生应对担忧、知识遗忘及与考试无关的想法；丧失自我价值感，担心未来前途。初中生考试焦虑中，对于未来前途的忧虑、担心他人的评价及对自我形象的影响显著多于对应试准备不足的担忧。行为上主要表现为延迟行为、回避和逃避考试、回避考试结果等。生理上主要表现为心神不安、失眠、心慌出汗、腹部胀痛、尿频尿急、头昏头痛、恶心呕吐等。考试焦虑可发生在考试的不同阶段，如考试前焦虑、考试中焦虑、考试后焦虑，可以表现为程度上的不同，如轻度、中度和重度；

郑日昌等（2007）认为过度的考试焦虑会对学生心理健康产生消极影响：①学生的意识范围变得狭窄，认知能力无法正常发挥，对他人的评价缺乏客观标准，对自己的评价偏低；②学生的情绪难以稳定，终日焦躁不安、遇事易冲动，自制力减弱；③学生的心理反应过于敏感，经常猜疑、挑剔，不能与同学、老师友好相处，人际关系紧张；④学生的人格结构遭到损害，易退缩、过分胆怯、具有一定的攻击性人格等特点；⑤学生社会适应力大大减弱，缺乏社会责任感，学习缺少主动性；对于考试焦虑可采用心理干预的方法，如放松训练、系统脱敏疗法、认知行为疗法等进行干预。

（二）抑郁（Depression）

抑郁是一种持久的心境低落的状态，可伴有焦虑、躯体不适感和睡眠障碍等心理异常的表现。抑郁在中学生中具有较高的发生率，严重者发展为抑郁症，抑郁症具有高复发、高自杀率、高致残率等特点。丁新华、王极盛等人（2002）采用抑郁量表调查北京和河北省初中生，中学生抑郁症状的检出率为 32.9%，轻度 26.3%，中度 5.5%，重度 1.1%。少年期的抑郁症状不一定表现为悲伤，但会表现为易怒、无聊或无法体验到生活的乐趣，严重的抑郁症存在自杀倾向，所以应非常关注抑郁问题。

女性相比男性抑郁症的发病率高，青春期早熟的女孩更容易患有抑郁症。这可能与青春期的生物变化有关，除此之外导致抑郁症的危险因素还有焦虑、社交恐惧、生活压力事件、慢性病、亲子冲突、被虐待或被忽视、父母一方有抑郁史等。身体意向问题和饮食障碍问题如神经性厌食症等会加剧抑郁的症状。

国内外对中学生抑郁研究发现，任何一个单一的病因框架（如生物、人际关系、认知、情感、人格等）似乎不可能对解释抑郁的发展提供必要和足够的因果关系。比如性格内向，神经质者面对问题时多采用消极被动的态度，这就决定了他们出现不良生活事件时，不能及时排解不良的情绪，不能积极的应对，从而使不良的情绪、压抑的状态长期存在，逐渐导致抑郁症的发生。

童年期或青春期患有抑郁症的人，成年后 20% 可能患有双相障碍风险，即情绪的“低落”和“兴奋”交替出现。一项对 1265 名新西兰儿童长达 25 年的追踪研究发现，即使某些

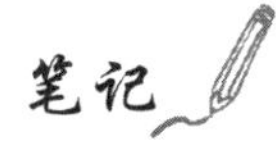

青少年的抑郁症状不足以诊断为抑郁症，但到25岁时，他们患有抑郁症和出现自杀行为的风险较高（Fergusson，et al，2005）。

早期的抑郁症状可采用心理干预，如短程的认知行为疗法，改变其导致抑郁的思维方式；严重抑郁障碍者需要采用药物治疗，有自杀倾向的需要采用住院治疗，采用抗抑郁药物和心理治疗结合的治疗方式。

二、少年期的品行障碍

品行障碍（conduct disorder，CD）是少年期儿童常见的一种行为障碍。品行障碍是指儿童少年期出现的持久性反社会行为、攻击性行为和对立违抗性行为，这些异常行为严重违反了相应年龄的社会规范，较正常儿童的调皮或少年的逆反行为更为严重。具有品行障碍的儿童，轻则影响其学习和社交功能，重则损害他人或公共利益，走上违法犯罪的道路，给家庭、学校、社会造成严重的困扰。

罗学荣等人对6911名7岁～16岁儿童品行障碍的流行病学调查发现，品行障碍的患病率为1.45%～7.35%，男性高于女性，男女之比为9∶1，患病高峰年龄13岁。品行障碍是生物学因素、家庭因素和社会文化因素相互作用所致。遗传、雄激素水平高、智商低、围生期并发症等生物学因素与品行障碍有关。父母关系不和睦、分居或离异、父母与子女缺少亲密感，对待孩子冷漠或忽视等不良的家庭因素是品行障碍的重要原因。社会环境中不良的因素，如各种媒体中的暴力宣传，不良同伴关系如同伴经常打架斗殴、偷窃、敲诈等都与品行障碍有关。

品行障碍的主要表现为：

1. **反社会型行为**　行为不符合道德规范及社会准则，表现为在家中或外面偷窃贵重物品或大量钱财；勒索他人钱财、入室抢劫；对他人进行身体虐待（如针刺、刀割、烫伤等）、持凶器故意伤害他人；纵火、逃学、擅自离家出走参加反社会团伙等行为。

2. **攻击性行为**　表现为对他人的人身或财产进行攻击，采用打骂、骚扰等各种手段欺侮他人；虐待弱小、残疾人和动物；故意破坏他人或公共财物等。男性多表现为身体性攻击，女性多表现为言语性攻击。

3. **对立违抗行为**　是指对成人、特别是对家长所采取的明显不服从、违抗或挑衅行为。表现为不是为了逃避责任而经常说谎，暴怒或好发脾气，怨恨他人、怀恨在心或心存报复，不服从、不理睬或拒绝成人的要求或规定，与父母或老师对抗，故意干扰别人，违反校规或集体纪律，不接受批评等。

品行障碍必要时可采用短暂的药物治疗，以心理治疗为主，可采用家庭治疗和认知行为治疗，消除不良行为，建立正常的行为模式，促进适应性行为的发展。

三、少年期的网络成瘾

随着互联网的普及和应用，它给我们的生活带来便利的同时，也产生了一些负面影响。互联网成瘾综合症（Internet Addiction Disorder，IAD）即网络成瘾，最初是由美国精神病学家Ivan Goldberg于1995年提出并命名。美国心理学会（APA）于1997年正式承认“网络成瘾”研究的学术价值，将其正式宣布为一种心理障碍。世界卫生组织将“网络成瘾”定义为由于过度的使用网络后而导致的一种慢性或周期性的着迷状态，并产生难以抗拒的再度使用的欲望。同时会出现增加使用时间、耐受性提高和戒断反应等现象，对于上网所带来的快感一直有心理与生理上的依赖。由于沉迷于网络世界，会导致个体明显生理的、心理的和社会功能的严重损害。具体来说，网络成瘾是成瘾者无节制地花费大量时间和精力在网上冲浪、聊天或进行网络游戏等，并且这种对网络的过度使用影响学习和生活，降低学习和

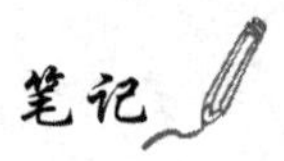

工作效率，导致各种行为异常、心境障碍、人格障碍和神经功能紊乱等消极后果。

中国互联网信息中心（CNNIC）针对中国青少年上网行为的调查报告（2014）显示，2013年中国25岁以下的青少年网民规模为2.26亿，占网民总体的36.7%，占青少年总体的63.5%。这其中成瘾者约占青少年群体的8%～13.7%。钱铭怡教授（2006）指出，处在13～18岁年龄阶段的中学生是网络成瘾的重灾区。

少年期网络成瘾的主要原因有：①个性因素：网络成瘾者人格多缄默、孤独、抑郁、情绪不稳，家庭中不良的氛围或教养方式不当，现实中某种需要未得到满足或现实中追求某种需要受阻，少年期自制性、自律性差，一旦上网便难以抵制网络的诱惑，往往被网上层出不穷的新游戏、新技术和新信息迷惑。研究发现（Munnoa，et al，2017），网络成瘾风险往往与不快乐的童年有关，回避行为和焦虑可能是导致青春期出现病理性互联网使用的成因。②环境的影响：在现代的信息社会，网络成为青少年不可或缺的学习途径，电脑、手机等工具的便利性，上网成为学习和生活的组成部分，如果缺乏教师和家长的有效引导，迷恋于网络游戏、聊天、冲浪等，导致网络成瘾。③网络本身特征：网络具有平等性、匿名性、范围广、自由度高等特点，使人际交流具有很大的吸引性，且不受现实生活交流方式的限制。

少年期网络成瘾的干预可采用认知行为疗法、家庭治疗、药物疗法等综合治疗的方法。需要社会、家庭和学校的共同努力，预防和控制网络成瘾。

思考与练习

1. 少年期早熟与晚熟对个体心理发展的影响？
2. 少年期思维发展的主要特点？
3. 少年期自我同一性的发展及其影响因素？
4. 如何理解少年期的反抗心理？
5. 少年期面临的心理行为问题有哪些？如何防治这些问题？

推荐阅读

1. 罗伯特•费尔德曼. 发展心理学——人的毕生发展. 6版. 苏彦捷，邹丹等，译. 北京：兴界国出版社公司，2016
2. 苏彦捷. 发展心理学. 北京：高等教育出版社，2012

（周　莉）

第八章　青年期身心发展规律与特点

本章要点

青年期大约处于16～18岁，属于青春发育末期。该阶段个体的生理发育正逐步达到成熟的水平，属于身体发展的定型期。青年期的认知发展进入了一个新的阶段，是人生记忆的最佳时期，其学习以掌握系统的间接经验为主。逻辑思维发展非常迅速，想象的创造性水平逐步提高。情绪情感方面，青年处于典型的烦恼困扰期。青年期已经初步形成了概括和内化的道德情感。青年性意识已觉醒，对恋爱有一定的理解，但青年期爱情发展很不平衡。青年期的社会性和个性发展发面出现了一些新特点，青年自我意识高涨，自我评价能力日益成熟；青年渴望交往，是人际交往需要的猛增期；青年期是价值观确立、稳定的重要时期。青年期亦是心理发展的重大转折期。多种因素相互作用，导致他们面临着一系列的心理问题，具体表现在学习、恋爱、人际交往、挫折应对等几个方面。关爱、理解、尊重、信赖等正面引导有助于培养青年的健康心理。

关键词

青年期身心发展　认知发展　社会性及个性发展

案例

小兰是一名高中女生，却因为心中喜欢一个男生而烦恼和忧愁。她是通过上网认识这个男生的，他调皮、仗义，是学校里的“大哥”，可能因为与自己性格中的“叛逆”相吻合，才想接近他。其实，她并不是他的女朋友，却莫名其妙地欣赏他，小兰担心自己会陷进去无法控制。可上课遇到难题时，就忍不住想他。小兰真觉得自己无可救药了，因为道理都懂，就是不由自主，她不知道该怎么办？

处于青春期的个体总会遇到这样或那样的心理问题，他们不知道该如何去排解，如何去处理他们所面临的问题和困扰，这就需要我们去了解青年期的身心发展规律与特点，才能更好地应用心理学的知识解决发展中遇到的困惑。

第一节　青年期的生理发展

一、青年期身体外形的变化

青年期个体的生理发展正处于青春发育末期，从14、15岁到17、18岁也可称为青年早期，这个阶段的个体正处于高中阶段，个体身体的各器官及其功能正逐步达到成熟的水平，是身体发展的定型期，在智力发展上也已接近成人水平，在个性和其他心理品质上表现出更加丰富和稳定的特性。此时，相对少年期而言，由于性激素对脑垂体活动的抑制作用，使

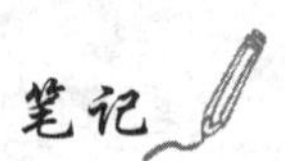

他们的身高、体重和各器官的增长发育速度逐渐缓慢下来。从16～18岁的三年里，男性的身高平均增长1.10cm，体重年平均增长1.69kg，女性身高年平均增长0.33cm，体重年平均增长0.71kg。青年的身高、体重、胸围已接近成人水平。女性在18岁前，骨盆扩大，骨骼闭合，停止长高，体态变得苗条，皮肤变得细腻。男性18岁时骨骼已变硬，骨化接近完成，呈现出身材高大，肩宽背阔，皮肤粗糙等特征。

相对于身高体重的缓慢增长，青年期肌肉、脂肪的增长速度却在加快。青年期肌肉组织的增长主要表现在纤维的增粗上，使肌肉组织变得更加结实，韧带和肌肉力量的加强，提高了身体活动能力。但女性与男性相比，肌肉的增长明显低于男性。随着年龄的增长，青年女性的脂肪增加速度明显高于男性，男女性体脂含量差异较大，女性的体脂率会显著高于男性。男性的身体脂肪主要蓄积在躯干，而女性的脂肪较为均匀地分布在躯干和四肢上。男女性在腹部、臀部脂肪积累方面性别差异显著：男性腹部体脂率高于臀部，女性则是臀部体脂率高于腹部。

由于男女性激素的作用，青年期个体的性别特征已充分显露出来。青年期男子喉结突起，逐渐完成变声，声调变得粗而低沉；四肢、肩部骨骼和肌肉特别发达，形成肩宽，体高、胸肌发达（注重锻炼者尤明显）体型，给人以强健的阳刚之感。青年期女子声调变得尖细高亢；女性的脂肪集中分布在肩、乳房、臀部、因而出现胸部隆起、腰细、臀宽，典型的女性体形，给人以丰满的柔美之感。

二、青年期体内功能的变化

一方面心脏的大小和重量已接近成人水平，血压、脉搏与成年后相仿。据统计，男性18岁时平均血压为113/70mmHg，平均脉搏为79次/分；女性18岁时平均血压为105/66mmHg，平均脉搏为81次/分。另一方面，肺活量增大，18岁时男孩平均肺活量达到3521ml，女孩达到2283ml。

青年期个体的神经系统发育基本完成。大脑的发展主要体现在质量上的突破与脑功能的完善方面。这时，大脑的发育主要是神经纤维变粗、增长、分支，脑神经分化功能达到成人水平，第二信号系统的作用显著提高。同时，脑细胞的内部结构不断健全，脑的沟回增多、加深，大脑的功能迅速发展，他们的兴奋和抑制过程逐渐平衡，但是神经系统的复杂化和大脑活动的功能仍在日趋完善。

青年期个体的内分泌机制逐渐完善。青少年期人体功能和形体上的巨大变化，是在体内激素的作用下发生的。青年期，下丘脑和垂体分泌的激素在体内不断增多，最终与成人接近；生长素、促肾上腺皮质激素、促甲状腺素、促性腺激素等的分泌也达到了新的水平，并与青年期生理上的变化相匹配。

青年期个体身体的发育基本达到稳定状态。身高、体重增长速度减慢，18岁以后个体的身高增加得很少，其他生理结构和机能也在此阶段发展减缓，并在不同的时间段进入成熟状态。心肺、肌肉、骨骼等的生理机能大概19岁达到成人水平，大脑和神经系统处于缓慢持续的发展过程中，到20～25岁之后才达到完全成熟。

三、青年期性的发育与成熟

青年期的到来，标志着性成熟的开始。由于性激素促成了第二性征的发育，青年期的男女在样貌体征上已经有了比较明显的性别差异。在身高剧增的同时，生殖器官及第二性征发育逐渐成熟，由于内分泌功能活跃使个体产生性骚动。男子第二性征的出现，包括长出体毛（胡须、腋毛、阴毛）、开始变声、阴茎和睾丸的发育、精液分泌（射精、遗精）、出现男性特有气味等。女子的第二性征的出现，包括长出体毛（腋毛、阴毛）、子宫及卵巢发育、月

经初潮、乳房发育、皮下脂肪增加、出现女性特有气味等。青年期女性的性器官已发育成熟，而男性则处于性萌动到性成熟的过渡阶段。这是此年龄阶段个体生理变化的突出特点。青年期个体性功能发育已经成熟，性激素的分泌使他们产生了性的生理冲动，明显地打破了原来的心理平衡。

四、青年期生理发育的心理适应

青年期，个体的身体素质，运动能力迅速发展。此时，他们活泼好动，精力旺盛，但也容易冲动、闯祸甚至出事故。青年的心脏功能加强，肺活量增大，脑的发育和神经细胞的分化均已接近成人的水平。青年期的感觉、知觉灵敏度、记忆力、思维能力不断增强，抽象逻辑思维能力逐步占主导地位，他们开始以批判的眼光来看待周围的事物，有独到见解，喜欢质疑和争论。这个时期青年价值观和人生观逐渐形成，提出诸多有关"人生目的"、"人生意义"、"生活理想"之类的问题。由于这些问题的解决是一个充满矛盾与不断突破的过程，所以他们常常会为此感到苦恼、迷茫、沮丧与不安。随着生理的日趋成熟，青年期个体的心理也在悄悄发生着变化。

（一）情绪多变，情感内隐性增强

情绪的产生以脑的活动、自主神经活动为基础，并伴随着内分泌系统、内脏腺体的一系列生理变化，青年期个体由于性腺激素分泌的影响，神经系统表现出亢奋，调节能力相对较低。因此，对外界刺激表现出高度的敏感性、冲动性和爆发性，波动性很大。表现在取得好成绩时，欣喜若狂，沾沾自喜；一旦失败迅速陷入苦恼悲观的情绪状态。青年期个体正处于身心各方面迅速发展的时期，需要层次的提升和自我意识的觉醒，心理矛盾错综复杂，神经过程的兴奋和抑制发展不平衡，导致情绪表现的两极性十分明显，情绪容易从一个极端走向另一个极端。因而青年情绪忽高忽低、忽冷忽热，常陷入主观愿望和客观现实的矛盾冲突中。

青年期情感的内隐性增强，与外显性并存。青年充满热情，富有朝气，活泼而坦率，情感表现出开放性的特点，但由于自控能力的提高，情感的外显性逐渐减少，内敛、文饰性增强。青年对外界刺激反应迅速敏感，喜怒哀乐常可从面部表情进行判断，但是在特定的场合下，会考虑到自身的形象和价值观，从而支配和控制自我的情感，出现外部表情与内心体验的不一致现象。

（二）独立意识迅速发展，处于心理发展的转折期

1. **青年期独立性的发展** 在自我意识日益成熟的催化下，他们独立自主的要求相当强烈。在学习上表现为喜欢独立思考，不再满足书本上现成的结论和教师的讲解，喜欢进行新的探索和尝试。这有利于他们增长知识、发挥才干、广泛地涉猎周围新鲜事物。他们开始按照自己的意愿行事，对许多问题开始有了与成年人不一致的看法。他们常常高估自己的独立生活能力，想挣脱父母和教师的管束而独闯天下，干出一番轰轰烈烈的事业。

2. **青年期社会性的发展** 虽然个体社会化早在儿童时期就已开始出现了，但是更大规模的深刻的社会化，则是在青年期完成的，标志着他们正在走向成熟。青年期对社会现实生活中的很多现象都很感兴趣，喜欢探听新鲜事，很想像成人一样对周围的事物做出评价，对社会活动的参与日益活跃。他们在考虑未来的志愿及抉择时，比少年期更具现实性和严肃性。而这种对未来生活道路的选择，对成年期心理发展的社会性具有极其重要的影响。

3. **青年期心理水平的发展** 在很多方面青年期的心理水平发展已接近成人。这一时期是个体心理发展非常重要的一个转折期。有些心理学家把这一时期称为"心理断乳期"，人生的"多事之秋"，也有些心理学家认为，这一时期是感情发展最困难、最令人操心的年龄阶段，又称为情感发展的"疾风怒涛"期。在这一时期，青年身心发展出现了许多新的特点和

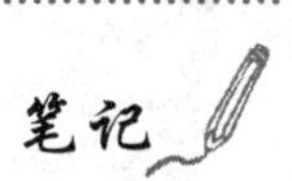

错综复杂的矛盾冲突。如果不能及时给予青年心理健康方面的指导，使青年比较全面、正确地认识自己，及时掌握自我心理调适的技巧，一旦青年的心理冲突没有得到良好的解决，就会加重其内心的紧张，陷入痛苦之中而不能自拔，若任其发展下去，就可能使事态进一步恶化，导致青年产生心理困扰和心理疾病，甚至发生悲剧。

（三）性意识发展，性道德基本形成

性生理的成熟给个体造成了巨大震荡。由于男女机体差异的客观存在，性意识的产生随着年龄的增长而发展，异性间的吸引、接触、交往就成为必然。青年期性心理活动的突出表现为对异性的向往和性幻想。对异性的向往是由于性觉醒而导致的情感体验；性幻想是随着年龄的增长出现的性梦幻体验。性意识发展是一个持续发展的过程，这个过程大致分为三个阶段：两性疏远期、两性接近期和两性恋爱期。青年期的男女处于两性接近期。对异性的关注上升，在公开场合转向文饰、内敛，但又有表现欲，希望引起异性好感。在一定条件下，少数青年出现对异性较为稳定的感情，进而发展成恋爱关系。进入恋爱期的青年不仅表现为对异性比较稳定的爱恋，还表现出一定的性欲望和性冲动，在性冲动的刺激下为了满足性的欲望，但又受家庭、学校和社会等因素的制约，青年常常会采取一些自慰行为，如通过手淫来发泄性欲。性欲望和性冲动是随着青年性生理发育的成熟和性意识的发展而产生的，这是青年发育的正常生理和心理现象。随着社会的转型，在网络信息和传媒的影响下，青年性道德观念已经基本形成，青年性道德普遍更加开放、更具有容忍度，对传统的道德观念是一个挑战。

第二节　青年期认知的发展

青年期个体的认知发展进入了一个新的阶段，也形成了一系列新的特点。

一、青年期记忆的发展

记忆是过去感知过、思考过、体验过和做过的动作在人脑中留下的痕迹。人靠记忆积累丰富的经验，为思维的发展奠定基础。记忆是智慧的重要内容，是决定学习和工作效率的重要心理条件。青年期记忆力发展到了一个新的成熟时期，机械记忆仍起作用，但理解记忆的运用越来越强，能按照一定的学习目的支配记忆，能更多地用理解识记的方法记忆材料，找出内在关系，并自觉地安排复习，进行自我检查。

青年期是人生记忆的最佳时期。郑和均（1993）的研究报告指出，在同样长的时间里，高中一二年级学生（约 16～17 岁）记住学习材料的数量，比小学一二年级学生（约 7～8 岁）多四倍，比初中生（约 14～15 岁）多一倍多，达到了记忆的“高峰”，青年期处于记忆的“全盛”时期。青年期的记忆具有以下特点：

（一）有意识记占主导地位

有意识记是有目的有计划、需要集中注意力的识记。人要获得完整的知识和技能，主要靠有意识记。郑和均（1993）的研究中还指出：识记前提出要求的有意识记，正确回忆的百分比为 52.5%，无意识记的正确回忆的百分比为 47%。青年能自觉地、独立地提出较长远的识记任务，选择相应的识记方法，自我检查识记效果，总结经验教训，提高记忆水平。尽管青年期的有意识记占据主导地位，但无意识记仍必不可少，也有些东西是通过无意识记、在轻松愉快中获得的。能自觉地利用无意识记的规律来增强记忆效果是有意识记发展的重要指标之一。

（二）理解识记成为主要的记忆方法

理解识记是借助思维的力量，运用多种方法，在理解事物的意义和本质的基础上进行

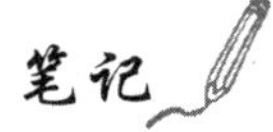

的识记。理解识记是人类记忆的基础，是人的记忆与动物记忆的根本区别所在。儿童以机械识记为主，随着思维的成熟和语言的发展，青年期的理解识记成为主要的记忆方法，记忆效率大大提高。青年期的理解识记达到中学阶段的最高水平，而机械识记力呈下降趋势，但是机械识记仍是不可缺少的，现实生活中有许多东西，如电话号码、门牌号、年代等是没有意义的，只能靠机械识记。

（三）抽象记忆占优势

按照记忆材料的抽象程度不同，记忆分为形象记忆和抽象记忆。形象记忆是对具体事物的记忆。抽象记忆是对词语或抽象概念、公式、原理的记忆。儿童开始只有形象记忆，随着语言和抽象思维的发展，学习内容的加深，学生要掌握大量科学概念，抽象记忆也随之发展起来。并在青年期居于优势地位。抽象记忆以抽象逻辑思维为基础，它本质上也是一种理解记忆，它使青年期的记忆效率大大提高，但是抽象记忆仍然需要形象记忆的支持。

二、青年期思维的发展

思维是智力的核心，青年的智力发展主要体现在其思维能力的发展上。青年期个体的形象思维已完全发展成熟，抽象逻辑思维的发展也进入了发展成熟期。是青年思维发展和成熟的重要标志。

（一）青年期抽象逻辑思维的发展

抽象逻辑思维是一种假设的、形式的、反省的思维。这种思维具有以下特征：一是通过假设进行思维；二是思维具有预计性；三是思维形式化；四是思维活动中自我意识和监控能力的明显化。在整个中学阶段，青少年的抽象逻辑思维得到迅速的发展，这种发展有一个过程。少年期和青年期的思维是不同的。在少年期的思维中，逻辑思维虽然开始占优势，但是在很大程度上还属于经验型，需要感性经验的直接支持。而青年期的抽象逻辑思维则属于理论型，能在头脑中进行完全属于抽象符号的推导，能应用理论作指导来分析综合各种事实材料，从而不断扩大自己的知识领域或解决一系列问题。在青年期的思维过程中，既包括从特殊到一般的归纳过程，也包括从一般到特殊的演绎过程，也就是从具体提升到理论，又用理论指导去获得知识的过程，在这个过程中，抽象逻辑思维获得了高度的发展。

青年期的抽象逻辑思维已具有充分的假设性、预计性和内省性。从高中阶段开始，学生在思维中运用假设的能力不断增强，抽象逻辑思维就是要求人们撇开具体事物，运用概念和假设进行思维活动，因此，它要求思维者按照提出问题、明确问题、提出假设、检验假设的途径，经过一系列抽象逻辑的过程，达到解决问题的目的。思维假设性的发展，又使得青年期的个体思维更加具有预计性，也就是说，在解决问题之前，他们能够事先形成打算、计划、方案以及策略等。

（二）青年期形式逻辑思维的发展

形式逻辑思维是个体抽象逻辑思维发展的初级形式。青年形式逻辑思维的发展在其思维活动中占据主导地位。形式逻辑思维的发展，主要表现在概念、推理、逻辑法则的运用能力等方面。

1. 青年期概念的发展　青年期概念的掌握是借助语言把前人已形成的概念，经过思考转变为自己脑海中概念的过程。青年期可以通过概念的定义和上下文获得新概念，还可以获得由语言表达的精确、清晰和抽象的一般概念。

在学习活动中，青年期个体能够对他们所理解的概念做出比较全面的、反映事物本质特征属性的，并且合乎逻辑的定义。青年掌握字词概念的数量多，能比较正确地对社会科学概念，自然科学概念等做出相对准确的定义，所掌握的概念逐步摆脱了零散、片面的现象，日益成为系统、完善的概念体系。如许多青年期个体能够通过分析和比较某一几何概

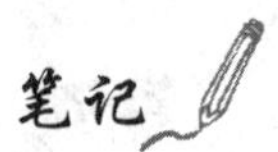

念的正例和反例，给这一概念下定义。

2. **青年期推理的发展** 推理是指个体在头脑中根据已有的判断，通过分析和综合引出新判断的过程。青年期推理能力趋于成熟。朱智贤（1993 年）通过自编试题对青年的推理进行研究，发现青年人归纳推理的正确率达到 80%，演绎推理的正确率超过 60%，其中，直言推理的正确率达到 81.5%，假言推理的正确率达到 61.5%，选言推理和复合推理的正确率达到 62.5%，连锁推理的正确率为 48%。高一学生（约 16 岁）的推理能力有很明显的进步，各种推理能力都得到了较好的发展。到高二年级（约 17～18 岁），学生的推理能力已基本达到成熟状态，各种推理能力都比较完善。

青年期归纳推理和演绎推理的发展有一致性，大多数青年归纳推理成绩很好，演绎推理的成绩也好。两种推理的相关系数为 0.56，但在青年期这两种推理的发展水平存在着差异。一般来说，归纳推理优于演绎推理，前者的正确率为 79.49%，后者的正确率则为 63.2%。这是因为，认识都是由特殊到一般，再由一般到特殊，即先归纳后演绎，演绎推理是建立在归纳推理的基础上进行的。

3. **青年期逻辑法则的运用能力** 青年期掌握和运用各种逻辑法则的能力基本成熟：青年期掌握矛盾律、同一律和排中律的水平有明显提高。朱智贤（1993）的研究显示：他们运用三类逻辑法则判断的正确率为 85.09%，多重选择的正确率为 75.66%，回答问题的正确率为 57.5%。这说明青年期掌握和运用各种逻辑法则的能力在稳定地发展。但是青年在掌握和运用不同逻辑法则的能力上存在明显的不平衡性。如对三类逻辑法则（同一律、矛盾律和排中律）的掌握，对矛盾掌握最好，同一律次之，排中律最次。再如在三种类型问题（正误判断、多重选择和回答问题）中对逻辑法则的应用水平也不同，正误判断的总成绩最高，多重选择性次之，回答问题最差。

（三）青年期辩证逻辑思维的发展

在实践与学习的过程中，青年逐步认识到特殊与一般、现象与本质、肯定与否定的对立统一关系，逐步用运动的、变化的、发展的眼光认识问题、分析问题和解决问题，辩证逻辑思维也就得到了发展。

1. **青年期辩证思维发展的一般特点** 青年期辩证逻辑思维发展特别迅速。在高中生的思维过程中，抽象与具体获得了一定程度的统一。其理论型的抽象逻辑思维迅速发展，在这种思维过程中，既包括从特殊到一般的归纳过程，也包括从一般到特殊的演绎过程，也就是从具体上升到理论、又用理论指导去获得具体知识的过程，这是辩证逻辑思维发展的重要表现。十七八岁的青年能基本正确地进行辩证逻辑思维。高中生在实践与学习中，逐渐认识到一般和特殊、归纳和演绎、理论与实践的对立统一的关系，并逐步发展以全面的、运动变化的、统一的观点认识、分析和解决问题的能力，这都是青年期辩证逻辑思维发展的标志。我国对青年的教育中普遍渗透了辩证唯物主义观点，这些对他们辩证思维的发展起到了很大的促进作用。随着年龄的增长，生活的丰富，人际交往的频繁，他们在学习生活中可能会遇到不少难题，这就要求青年要学会积极思考，学会用辩证唯物主义的观点去发现问题、分析问题、解决问题，青年期掌握辩证概念较容易，掌握辩证推理困难较大。

2. **青年期辩证思维能力的发展** 青年期辩证思维能力的发展，可以通过透视现象看本质、全面思考问题、分析主次问题和具体问题具体分析等几个方面进行。一是从青年期道德评价能力的发展状况能看出他们透过现象看本质能力的发展水平；二是青年对道德事件的评价看他们全面思考问题的能力；三是青年期分清主次问题能力的发展也存在着三级水平；四是青年期个体对具体问题具体分析能力的发展。青年期个体辩证思维能力发展很快，他们开始走上独立的生活道路，未来的理想成为他们新需要的组成因素，整个社会、学校、家庭要求他们自觉从事学习和劳动，学会正确处理好各种关系及各种问题，这不仅要求

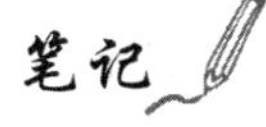

他们能够独立进行思维活动，而且还要求他们要有正确的思想方法，这些客观因素使青年期的个体对事物及世界的认识更趋于深刻、完善，不仅能认识事物的本质属性，而且还要能够揭示事物运动发展变化的原因及其对立统一的关系，因此，他们的辩证逻辑思维必然随之发展，并逐步占据优势。但是这种思维能力尚未达到成熟阶段，各种辩证思维能力的发展也不是很均衡的。随着年龄的增长，青年在学习、生活、人际关系等方面，都需要有新的思维形式和思想方法，需要用对立统一的观点去分析。

（四）青年期创造性思维的发展

创造性思维是重新组织已有的知识经验，提出新的方案或程序，并创造出新的思维成果的思维活动。青年期创造性思维总的发展趋势是随着年龄的增长而发展，但发展速度并不均匀，在高二创造性思维发展较快。创造性思维既有一般思维的特点，又具有其独创性的特点。

1. **青年创造性思维结构的发展**　创造性思维的构成有求异思维成分和求同思维成分。青年期个体的创造性思维结构的发展已进入了一个新的阶段，以求异思维为主要成分，以求同思维为次要成分，在创造性解决问题的过程中，两者密切配合，协调发展。

2. **青年期发散思维的发展**　发散思维，是指个体在解决问题的过程中，沿着不同的方向去思考，对条件加以重新组合找出几种可能答案的思维活动。发散思维有三个特征，即流畅性、变通性和独创性。青年期的这三个特性的发展速度是不同的，流畅性发展速度较快，变通性发展速度较慢，独创性发展速度最慢。

3. **青年期发散思维发展的个体差异**　在青年期，发散思维能力的发展，存在着较大的差异性。独创性的个体差异最大，变通性的个体差异较小，流畅性的个体差异最小。青年期个体创造性思维水平的高低对其创造力的表现有重要影响。

三、青年期想象力发展

想象是人脑对原有表象加工改造、创造新形象的心理过程。想象是思维的一种特殊形式。思维以概念为细胞，而想象以形象为细胞。两者基本过程都是分析与综合。自然科学、社会科学和艺术创造都离不开想象。培养青年的想象力是发展创造力的重要任务。

青年想象力发展具有以下的特点：

（一）有意想象迅速发展

青年期有意想象发展迅速，表现为能自主地确立想象的目的任务，并能围绕目的去展开想象。例如，青年期创造性作文，能进行完整的构思，突出主题，成文速度快，郑和均（1993）的研究指出经过有目的的训练，当场命题作文，高一学生最快的能在 17 分钟内写出 800 字左右的好文章。青年期能根据生活的需要，进行具有社会意义的小制作、小发明。他们的生活理想、职业理想、道德理想、社会理想进一步发展，并能有计划地安排自己的学习、生活和工作，去实现自己的理想。

（二）想象的创造性水平逐步提高，创造性想象日益占优势

想象力是创造力的基础和主要构成部分，要使得思维有质的飞跃，就必须摆脱惯性思维的束缚，多做一些超常规的、无边无际的思考，才能跳出已有之物的框架，有所创新和发现。德国学者伊曼努尔·康德（Immanuel Kant）认为：想象力是一股强大的创造力量，它能够从实际自然所提供的材料中创造出第二自然。随着实验操作技能和实践能力的提高，特别是通过课外活动的锻炼，青年期成功地进行发明创造的人数明显地增多，不少青年在文艺创造方面显露才华。

（三）想象的现实性增强

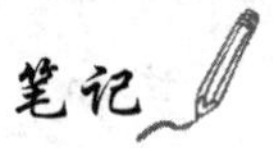

青年期想象内容很丰富，随着抽象逻辑思维的深刻性、批判性和辩证性的发展，想象逐

步摆脱虚构性，日益变得抽象、概括、现实。但是，不切实际的想象还时有发生，个别学生胡思乱想，意志薄弱，在错误思想干扰下，甚至走上歧途。

四、青年期的学习活动

学习是青年期的主要任务，也是主导活动。青年期是学习与发展的黄金时期，对不少青年来讲，顺利通过高考是其人生的一项重大事件。如何做好时间管理，努力学习，全面提高自身综合素质，更好地适应社会需求，是每个青年需要认真对待的问题。

（一）学习以掌握系统的间接经验为主

间接经验是指别人或前人所积累的经验，它是人类在长期的社会实践活动中所创造的宝贵精神财富，是人类认识世界和改造世界的有力武器。掌握了间接经验，青年就能少走弯路，尽快地适应社会生活。青年所掌握的间接经验比儿童、少年更系统、更复杂、更理性化、更加接近科学文化知识的完整体系，但是又不同于成年的专业化的间接经验。青年期的主要任务是掌握基本的科学文化知识和技能，为将来的工作和劳动打下坚实的基础。青年掌握理性的间接经验，其主要途径是课堂学习。然而，间接经验并不是青年亲自实践得来的，有可能理解得不深刻，间接知识可以转化为能力，但缺乏自己的探索。因此，青年在学习书本知识的同时，还应适当地参加一些社会实践活动，积极参加丰富多彩的课外活动，亲自获得一些直接的经验，以加深对间接经验下的知识理解，培养自己综合运用知识，主动探索新知识和创造性地解决问题的能力。为此，青年应主动构建一个以课堂学习为主的课内与一个以社会适应为主的课外学习相结合的学习系统。

（二）学习策略和技巧更完善

学习策略是指学习者在学习活动中有效学习的程序、方法、技巧及调控方式，它既可是内隐的规则系统，也可是外显的操作程序与步骤。学习策略是调动学生学习的积极性和发挥学习有利因素的有效手段，包括更好地获取和选择信息，如何记住学过的各种知识，如何在信息加工的基础上更好地解决问题，如何有效地与人沟通、交流，如何调节自我的学习，如何运用周围的智力资源，如何最大限度地减少学习过程中的资源消耗等。根据不同分类标准，学习策略有不同的分类。根据学习策略的成分，学习策略分为认知策略、元认知策略和资源管理策略。众多心理学家都赞同认知策略是处理内部世界的能力，包括记忆策略、理解策略、信息编码策略、思维策略等。青年的记忆策略重在及时复习，有重点地复习。青年的信息加工策略是对于较简单的无意义学习材料，人为地赋予意义，或采用各种记忆方法，而对于复杂的有意义学习材料，通常使用分段、归纳、类比、扩展、评价、自问自答、列提纲、分类、列图表等方法。青年的元认知能力逐步发展起来，他们经常思考如何提高学习效果，他们常给自己确立学习目标，制订达标的措施。在学习过程中不断评价自己达标的情况，并根据反馈信息来修正学习策略。他们能够主动地调控自己的学习过程，学习活动的自组织水平有较大提高。他们常能自觉地反省自己的学习过程，不断地总结学习的经验和教训。这说明青年已能够运用元认知策略指导、安排自己的学习活动。资源管理策略包括时间管理、学习环境管理、努力管理和他人的支持，能够帮助学习者管理、利用环境和资源，体现了学习者识别、选择、控制资源的能力，青年已能简单运用资源管理策略。

（三）学习的途径、方式和方法多样化

青年不但注意向书本学习，也注意向社会学习，他们积极参加各种课外活动和社会公益活动，广泛地吸取信息。他们不只是增加知识的数量，而且开始意识到掌握基本知识结构的重要性，重视学习知识的系统化和综合化。他们开始重视把书本知识和实践活动结合起来，形成知识、能力和个性的协调发展。他们既注意勤奋学习，又注意改进学习方法和策略，对不同学科能采取不同的学习方法。他们既讲学习质量，又讲学习速度，快速阅读、快

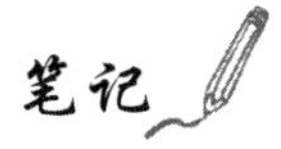

速作文、快速解题的能力迅速发展。他们既重视知识的吸收、理解、巩固，又重视知识的实际应用。现代社会高科技的迅速发展，使得网络化普及，青年人可以有效利用互联网新技术，提高学习效率，改良学习方法，增加知识覆盖面。

（四）自学能力有待提高

青年期完整的自学能力结构还没有很好形成。究其原因，主要是受片面追求升学率的影响，只重死记硬背，严重忽视学习能力的培养，特别是自学能力和创造能力的培养。高考固然重要，但赢得高考并不是未来成长、成才的唯一保证，高考落榜不等于人生失败。对于高考要持有一种辨证的态度，有利于高考的成功，也有利于人生的发展。可见，高中教育改革是一项十分迫切的任务，培养青年有一个完整的自学能力结构，是教改的重要任务。

（五）全面提高身心素质，为升学就业打好基础

青年期大部分个体正处于高中教育或职业教育阶段。根据时代的要求，此时应以德、智、体、美、劳全面发展，知、情、意、行协同发展，身心素质的全面和谐发展作为学习的目标，形成知识、能力、个性和特长协同发展的高效能的学习系统，把自身素质的整体性发展与国家的需要统一起来，以适应升学和就业两方面的需要。青年要把自己从片面追求升学率的桎梏中解放出来，自觉克服只为升学、只学应试知识的片面发展倾向。青年的学习活动是一个统一的过程，上述特点也是相互的统一体。

第三节　青年期感情的发展

在情绪情感方面，青年期处于典型的烦恼困扰期，青年消极情绪出现的频率和强度均高于积极的情绪。青年表达情感方式由外露逐渐转变为内敛，虽然他们越来越敏感，但对于情绪情感的自我控制能力不断增强，而且其情感的产生与发展更具有社会性。

一、青年期情绪的发展

（一）青年通过表情动作了解他人情绪状态的能力趋于稳定

人的情绪或情感发生时，机体外部发生明显变化，称为表情动作。人的表情动作大致分为三种：

1. **面部表情动作**　即人们通过眼、眉、嘴和颜面肌肉的变化来表现情绪或情感。例如，人高兴时两眼闪光，双眉展开，颧肌紧缩提起两侧嘴角。

2. **体态表情动作**　即人们通过身体的各个部位的变化来表现情绪或情感。例如，人悔恨时顿足捶胸，恐惧时手足失措等。

3. **言语表情动作**　即人们通过言语的声调、速度和节奏等来表达情绪或情感。例如，人喜悦时表现为语调高昂、语速较快和语音高低差别增大；愤怒时则语音高尖颤抖，有时声音沙哑。

青年期可以根据上述表情动作判断他人的情绪状态。青年期通过人的面部表情分辨其情绪状态的能力已趋于稳定。

（二）情绪发展的特点

青春期的情绪模式可分为积极情绪和消极情绪。积极情绪主要有好奇、高兴、亲热和乐趣等，消极情绪主要有焦虑、愤怒、恐惧和嫉妒等。一般来说，青年期消极情绪出现的频率及强度均高于积极情绪，烦恼困扰较多。

青年期情绪发展的特点可以表现在情绪表现和情绪体验方面：

1. **青年期情绪表现的特点**

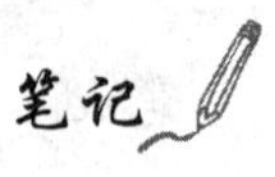

（1）青年的情绪表现具有内隐文饰性：随着社会化的不断完善，青年能根据一定的目的

来表达情绪，有时会出现内心体验与外部的表情动作不相符合的情况。如有的个体和同伴发生了矛盾心里很生气，表现上却表现出满不在乎的样子。

(2) 青年期的情绪表现带有很大的波动性：据了解，约70%青年的情绪经常会处于波动的状态，他们顺利时得意忘形，受挫折时垂头丧气。在一些具体情境中，青年的情绪仍会出现大起大落的状况。

2. 青年期情绪体验发展的特点

(1) 青年期的情绪体验具有丰富性：青年期已步入了纷繁多变的情绪世界，他们的内心体验是丰富多彩的。从情绪的种类上看，青年几乎具备了人类所有的情绪体验：如哀伤的情绪体验，在青年身上就有遗憾、失望、难过、悲伤、哀痛和绝望之分。从情绪体验的内容上看，青年的情绪体验更带有社会色彩：如惧怕的情绪体验在青年身上可表现为惧怕寂寞、惧怕惩罚和惧怕考试等。

(2) 青年期的情绪体验有延续性：在青年期，情绪唤醒的频率有所降低，心境的保持状态有所延长，情绪体验的时间延长并且更加稳定。

(3) 青年期的情绪体验存在着个体差异：青年期的情绪体验每个人都有着不同的特点。例如：同时平静的心境，内向型的个体可能表现出抑郁或悲伤，外向型的个体则可能表现出兴奋或愉快；同是消极的情绪体验，男性常常表现出愤怒，女性则常常表现为悲哀。

二、青年期情感的发展

青年的情感，是指他们的高级需要，即主要与社会需要相联系的内心体验。青年的社会性情感主要包括理智感、道德感、美感和幸福感。

（一）理智感

青年期的理智感是指青年对认识活动的结果进行评价时产生的情感体验，如坚信感、求知感、愉悦感和疑惑感等。郑和钧（1993）在著作中指出，青年期的求知感水平最高，高一占70%，高二占75.6%，高三则占87.5%。青年期的愉悦感次之，高一占64.4%，高二占74.4%，高三则占79.2%。青年期的坚信感较差，高一占58.9%，高二占74.4%，高三则占62.5%。青年期的疑惑感最差，高一占47.8%，高二占60%，高三则占50%。从总体上看，青年求知感发展水平较高，坚信感水平较低，表现为有的个体在学习活动中惧怕挫折与失败；疑惑感水平低，表现为不少青年在学习过程中缺乏主动发现问题的积极性。

（二）道德感

青年期的道德感是指他们依据一定的道德标准评价自己或他人行为时产生的情感体验，如崇高、赞赏、讨厌和羞耻。青年期已初步形成了概括和内化的道德情感。调查表明，在爱国主义感、集体主义感、荣誉感、责任感和友谊感的发展水平上，高一学生把集体主义感放到第一位，高二学生把荣誉感放到第一位，高三学生则把友谊感放到第一位。另外，青年期责任感的发展水平较低，高一占38.3%，高二占40%，高三占60.4%。这反映出很多人对自己应尽的义务和责任抱持无所谓的态度，但随着年龄的增长，青年期责任感的水平也呈递增趋势。

（三）美感

青年期的美感是指青年对客观事物美的特征的情感体验。青年期的美感体验的发展水平受到对客观事物外部特征的领会和理解的制约，也受一定社会生活条件的制约。如青年喜欢鲜明、活泼的流行歌曲，这说明他们的美感带有社会性和时代性特点。青年对美的体验不仅与具体事物形象相联系，而且能欣赏一定的概括的、抽象的艺术美，能够理解、评价和鉴赏艺术美。

（四）幸福感

青年期的幸福感大部分水平较高或达到中等水平，但也有少数青年的幸福感水平比较低。青年学生幸福感随着年级升高出现逐渐下降的趋势。男女生总体幸福感不存在显著的性别差异，但在具体方面存在明显的性别差异：女生在个人成长、环境把握、利他行为、健康关注层面上高于男生，并存在显著的差异；在自我接受、独立自主方面男生的平均得分情况高于女生，但不存在明显的差异。周淑慧（2009）的研究表明，从整体平均水平来看，按五级分法，65.6% 的青年幸福感水平在稍高程度以上（4 分以上），97.6% 的高中生在中等程度以上（3 分以上），这说明大部分青年能努力追求自我价值的实现，向自己理想的状态发展以实现自己的潜能。

三、青年期恋爱与性

进入青春期后，随着性激素的分泌，青年个体的性器官快速奔向成熟，开始产生性冲动。第二性征的发育使青年有了前所未有的成人感和对异性的兴趣。青年期是性心理发展期，表现为比较注意自己形象，特别关注异性对自己的评价，也尝试与异性交往，但是在交往过程中心理变得很复杂，一方面渴望接近对方，另一方面又很害怕别人发现，结果交往过程神神秘秘，羞羞答答，反而显得别扭。

（一）性意识的觉醒

随着青年性器官的成熟，青年性意识也在觉醒。青年期个体进入性成熟后期，生理上的剧变强有力地冲击着原有的心理结构，不仅使他们更强烈地产生了性别角色的认同，意识到两性之间的巨大差别，有了特殊的生理体验，而且敏锐感受到异性的身心变化，对异性产生高度好奇心与神秘感。异性同学间相互欣赏、相互吸引，这是他们走向成熟的表现。异性间健康的交往或友谊，是一种合理的需要，有助于个性的全面发展，可使青年个体性格开朗、情感丰富、自制力增强，有利于培养青年期个体健康的性心理。然而，由于青年期个体的过于敏感和富于想象，使他们中不少人在异性交往过程中，把握不好友谊与爱情的界限，常将两者混淆，导致心理困扰。

青年期经过少年期短暂的异性疏远和相斥之后必然是渐浓的关注与接近。个体开始注意异性对自己的态度，往往喜欢在异性面前表现自己，以博得异性的好感。但由于正确的道德观和恋爱观一般尚未形成，如果他们之间的正当交往受到压抑，又受到不良影响，对异性的神秘感和好奇心可能导致他们的越轨行为和不正当的交往关系。随着发育的日渐成熟，巨大的生理冲击力和青年相对薄弱的伦理道德观念之间的矛盾在这一时期表现得较为突出。此时，开展青年性健康教育是十分必要的。

（二）恋爱动机分析

青年期恋爱的驱动力之一就是对异性的好奇心与神秘感。不同青年恋爱的原因也不相同，按其不成熟的动机来分，包括以下类型：①攀比式，就是跟风，“你有我也有”。好像有一位异性朋友陪在自己身边很威风很了不起。班里出现一对恋人，很快就会冒出好几对来。②逆反式，本来仅属友情，但被老师、同学误认为谈恋爱，既然背上了“黑锅”，干脆就做给他们看，真的谈起恋爱来；③怂恿式，原本对某异性没有意思，但经好友一说：“你跟她很般配”便斗胆追求对方；④游戏式，从“拍拖”开始就知道这是一场没有结果的游戏，但机会来了还是要试一下；⑤好奇式，对性生理构造和情感世界充满好奇心和神秘感，试图通过谈恋爱来了解，还有些人受淫秽书刊或黄色影像的刺激，产生了找个性伙伴发泄欲望的邪念；⑥解闷式，因功课紧张或父母不和产生烦恼、压力，急需找个异性朋友倾诉苦闷、放松自己。对不同的恋爱动机，在对青年进行男女交往的辅导时，教育者一定要把握好他们的恋爱原因和心态，若光讲“影响学习”、“危害健康”等大道理，效果是不佳的。青年期恋爱现象中攀比

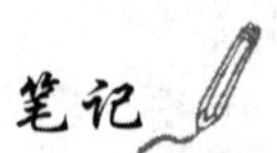

式、怂恿式和解闷式占绝大多数。

近几年来，由于社会舆论导向，特别是网络的影响，很多挑战传统的观念被青年接受。在学校中，一些青年学生处理不好异性交往度的问题，较早地加入恋爱群体的行列。青年期学生的恋爱隐蔽性较强，部分青年喜欢模仿言情电影、录像和小说中的情节，经常结对出入，注重衣着打扮，追求感官刺激和“浪漫”生活。张景焕，李慎力等(1996)的研究表明，高一这种异性群体较少，到高二就逐渐增多，到高三有上升的趋势，在高考的压力下，部分学生身心非常紧张，就希望找到一份感情寄托，还有一部分高考无望的考生，在紧张的复习阶段，感觉到力不从心，就把注意力转移到这上面来，其中文科班的异性群体多于理科班。某高三女生(17 岁)曾说：“我是一个文科生，学习也算可以，高三的气氛很压抑，我都有点喘不过气来，为了缓解自己的压力，很希望有一个人关心你，体贴你，找一个感情的寄托，当真正出现了这种情况也很担心会影响学习”。在这种情况下，如果不及时对他们进行生理卫生和青春期心理教育，指导男女学生之间正常交往，就会使一些学生因单相思而影响正常的学习和生活，甚至个别的学生会因为遭到异性的拒绝而做出傻事。总之，青年期男女之间的爱慕之情是很稚嫩的，缺乏牢固的基础，很少有保持下来最终发展为爱情和婚姻的。但是，只要处理得当，控制在一定程度之内，这种感情也有一定的意义。

（三）恋爱特点

爱情是男女相互爱慕的强烈情感现象，是世界上最复杂的情感现象。美国耶鲁大学教授罗伯特•斯滕伯格(Robert Jeffrey Sternberg)提出了“爱情的三因素论”，认为人类的爱情虽然复杂多变，但基本上是由三种因素组成，即亲密、激情和承诺。亲密是爱情的情感成分，包括渴望在一起、彼此尊重、相互理解、分享交流、珍爱互惠等特征；激情是爱情的动机成分，是欲望和需要的表达方式，如对照顾、归属、支配、服从和性满足的渴望和需要；承诺是爱情的认知成分，包括做出爱某一个人的决定和做出维护这一爱情关系并负责到底的承诺。承诺是亲密和激情起控制作用，是爱情中的理智层面。在爱情关系中，亲密、激情和承诺是相互联系的，真正的完美爱情是亲密、激情和承诺的结合，缺少任何一种因素都不是完美的爱情。

1. **青年能够理解或体验到真正的爱情** 青年的爱情与成人相比，虽然还处于尝试发展阶段，还不成熟，但是同样包含亲密、激情和承诺三要素。邢锋(2006)调查表明，在亲密期望、亲密实际、激情期望、激情实际、承诺期望、承诺实际等指标上青年爱情的平均水平虽然低于成人常模平均水平，但是却高于成人的常模低水平平均分，这说明青年能够理解或体验到真正的爱情。

2. **青年爱情发展很不平衡** 青年恋爱与成人相比，交往相对不够自由，对欲望和本能需要更加克制以及对未来的不确定性导致青年爱情发展很不平衡。一方面，个体发展水平不平衡。有些青年的爱情发展水平很高，无论是爱情期望值，还是实际感受值都高于成人的平均值，甚至少部分人达到了成人的高水平平均值。但也有大约 1/3 的正在恋爱的青年自评分低于成人低水平的平均值。另一方面，青年个体之间恋爱的价值观，道德感的发展水平差距显著。少部分青年认为“恋爱是以婚姻为目的”的；男女青年对于“婚前贞洁主体”的看法差异非常显著，女性比男性更倾向于保持婚前贞洁，总体来看，超过半数的青年认为男女应该保持婚前贞洁。在婚前贞洁的公平性上，女性比男性更加强调公平。

3. **青年恋爱存在同性恋现象** 同性恋是指一个人在性爱、心理、情感上的兴趣主要对象均为同性别的人。历史上对同性恋的认识经历了由“犯罪”到“宽容”的发展历程，现代科学认为：和异性恋一样，同性恋属于人类正常恋爱的类型之一。青年认为自己是同性恋，有几种可能：①不知同性恋的确切定义，误把同性间的心理依赖当成是同性恋；②出于对传统的挑战与反叛，发生同性间的性关系，但时过境迁，也会有异性性关系，即所谓的“假性同

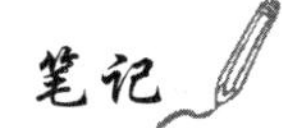

性恋”或“境遇性同性恋”；③性倾向明确的同性恋。对于青年中的同性恋现象，有的个体是欣然接受，认为是时髦的一种表现；也有的个体出现自我认同的困惑，并因性取向而自我贬斥、自我边缘化，影响了自尊自信。对青年期所谓的“同性恋”，一定要慎重判断，不能轻易地下结论，同时，要科学的引导青年面对。

从心理学的角度看，青年恋爱是一种正常的生理和心理现象。然而，当今社会不少青年不能很好地处理爱情与性之间的关系，出现困扰。对于青年恋爱“谈虎色变”的环境也可能使得青年恋爱变得扭曲。因此，促进青年性生理、性心理、性道德的积极健康发展，减少青年恋爱带来的对学生身心成长和学业发展的危害，改善家庭、学校、社会的性教育环境是非常重要的。

第四节　青年期社会性与个性的发展

一、青年期自我意识的发展

在自我意识方面，由于性意识的发展，青年特别注重自己的体貌，他们爱照镜子，爱打扮，总希望自己的外貌漂亮得体，能够吸引异性同学。他们自我评价的独立性有所发展，开始自觉审视自己的内心世界和人格特征。但是，他们的自我评价有时不太客观，要么过高地估计自己，目空一切，妄自尊大；要么过低地估计自己，自卑自贱，妄自菲薄。

（一）自我知觉的发展

青年期的自我知觉，首先表现在关注自己身体形象方面。他们普遍关心自己的外貌，如身高、体形、五官等。男生希望自己的身材高大魁梧、五官轮廓清晰；女生则希望自己的身材苗条、五官清秀。

外表是青年期自我知觉的重要成分，青年往往注意自己的体貌，比以往更注重服饰，希望选择更适合自己体态的服装来增加自身的魅力。有些同学喜欢穿名牌衣服多半是出于这种目的。所以他们经常照镜子，反复欣赏和调整自己的衣着，以便吸引同伴的注意。但也有不少青年在镜子前花费更多的时间不是为了自我满足，而是担心同伴不满意，甚至产生焦虑不安等情绪状态。

（二）自我评价能力的发展

由于抽象逻辑思维的发展、知识经验的丰富，青年逐渐学会了较为全面、客观、辩证地看待自己、分析自己，青年期自我评价能力日益成熟，自我评价能力逐渐变得全面、主动、深刻。青年期的自我评价，由注重对自己身体、衣着和别人对自己态度的评价逐渐过渡到对自己的社会活动、社会关系和社会名誉的评价。青年期自我评价的独立性有所发展，他们能够对自己的内心世界与人格特征进行比较客观的评价。

在青年期，青年自我评价能力的不良发展出现以下两种倾向：

第一，过低或过高评价自我的倾向。有的青年过低地评价自己，认为自己能力低，事事不如人，因此做事缺乏信心，前怕狼后怕虎。还有的青年过高地评价自己，盲目地认为自己什么都比同伴强，目空一切，眼高手低，易导致一事无成。

第二，有利化倾向，即他们总是趋向于对自己有利的评价。例如，在评价自己的成绩时，爱夸大自己的能力或主观努力等因素的作用，在评价自己的失误时，往往过分强调客观因素的作用；但在评价他人时，却出现了相反的倾向。

（三）自我意识在矛盾中发展

在青年期自我意识发展过程中，常常会出现这样或那样的矛盾，随着这些矛盾的解决，他们的自我意识会发展到新的水平。

1. 主观自我和社会自我的矛盾 青年期的主观自我，是指他们对自己的评价；社会自我是指他人对自己的认识和评价。这两种“自我”间往往存在着一定的矛盾。在青年期的自我意识中存在的最普遍的问题，就是自我评价和他人评价之间的矛盾。二者之间的矛盾因评价的内容不同而不同。对于智力水平或学习方面的评价，青年期的自我评价和他人评价趋于一致，对体貌方面的评价，青年期的自我评价低于他人的评价；对于品德方面的评价，青年期的自我评价则高于他人的评价。当两种评价不一致时，要通过反省和分析，找出原因。如果问题在自己方面，应勇于修正自己的错误观念，向符合社会要求方向发展。如果问题在于他人，那就要以平常心态看待，保留可以促进自己的观念，提高自身修养。

2. 现实自我和理想自我的矛盾 青年期的现实自我，是指他们现在的真实自我的形象；理想自我则是自己所期望的未来自我形象。青年对未来充满了憧憬和向往，这种面对未来的前瞻性使得青年特别富有梦想，他们比以往任何时候都更多考虑自己的未来。理想自我发展较快，一般都超过了现实自我发展的水平。在青年期里对自己严格要求的青年抱负水平越高，他们现实自我和理想自我的矛盾也越突出。正确处理这一矛盾的做法是认真思考自己的理想自我能否实现。如果能实现，理想自我可以成为改善现实自我的动力。否则，应调整理想自我，使之成为现实自我的奋斗目标。这样，才能在青年期不断进步。

（四）自我意识发展的途径

1. 通过同伴来认识自己 青年期在与同伴交往的过程中，一方面看到同伴的某些特点，参照这些特点，从而认识到自己与同伴的一些共同特征。另一方面通过同伴对自己的评价和态度认识自己，以此来改变或完善自己。青年期常常以同伴对自己的评价和态度认识自己。

2. 通过活动的结果来认识自己 一般说来，青年期在改造客观世界的过程中，在一定程度上也反映自己的智力水平和人格特征等。因此，青年期通过对活动结果做出分析，也是他们形成自我意识的重要途径。

3. 通过内省来认识自己 青年期既是心理活动的主体，又是心理活动的对象。青年期通过内省可以了解到自己的智力、情绪、意志、能力、气质、性格和身体结构等特点。因此，内省也是青年期自我意识形成途径之一。

二、青年期人际关系的发展

青年期是个体社会化的重要阶段，社会化的顺利完成离不开人与人之间的交往。青年期是个体人际交往需要的速增期，青年渴望交往，男生的朋友圈要大于女生。随着年级的增高，青年期的朋友圈呈扩大的趋势。青年期的人际交往对象主要有朋友、同学、老师及父母。

（一）青年期同伴关系的发展

青年期是个体社会化的重要时期。同伴关系是影响个体社会化的一个重要因素，在青少年心理发展中具有其他人际关系无法替代的独特作用。同伴关系是满足社会需要、获得社会支持和安全感的重要源泉。良好的同伴关系能使青年产生安全感和归属感，有利于情绪健康。没有亲密伙伴，青年则可能表现出很多的适应不良。

青年期同伴关系包括同伴群体关系和友谊关系。同伴群体关系反映的是同伴群体中彼此喜欢或接纳的程度，即同伴在交往中所获得的同伴社交地位。友谊关系是指青年与朋友间的相互的、一对一的关系。同伴关系与师生关系、亲子关系相比而言，其特征是交往更为自由、平等、主动。

1. 青年期友谊的发展 青年期朋友之间的友谊是人一生中最直率、最易被观察到的。青年男子的友谊强度较大，青年女子的友情则显得比较温和、细腻。在青年期，学习是主要活动，青年的友谊大都是在学习的过程中发展起来的，并对学习有促进作用。青年大都处于情绪不稳定阶段，有时会出现不安烦恼寂寞以及孤独感，而朋友关系的建立，会给青年带

来稳定感和安全感。青年是个性发展的重要时期，是个体探索自我、发现自我、表现自我、塑造自我、完善自我的重要时期，朋友间年龄相仿，阅历相当，感受相似，能够满足青年自我认识的需要，促进其新的自我概念的形成，有利于其自我同一性的发展。相反，一个没有朋友的人往往对自己缺乏正确的认识，或自卑，或自傲，出现所谓的"同一性混乱"，友谊对青年个性的形成和发展有重要意义。对个体品德发展而言，"乐其友而信其道"，榜样的力量是无穷的，以自己了解、熟悉和信赖的朋友为榜样，是青年品德发展的重要条件。青年在与朋友的交往中，通过"尝试错误"或"正向强化"，了解了哪些行为是受人欢迎的，哪些是不受人喜欢的，怎样体谅他人的难处，怎样开导他人等，从而学到了必要的社交经验和社交技巧，提高了宽容和理解能力，为将来走入社会，建立良好的人际关系打下了基础。青年期的友谊比以后各个年龄段的友谊更加直率，更容易被观察到。良好的朋友关系对于其心理发展水平是非常重要的，有了朋友，他们会表现得更热情、积极、富有信心和勇气，各种社会能力发展得也会更好。

2. 青年期同伴的交往特点

（1）交往愿望比较强烈：青年的生理和心理日趋稳定与成熟，社会交往大大扩展，他们很重视同伴的友谊，渴望与同伴交往。从年级层面来看，高一学生（16 岁左右）刚刚结束中考，到了新环境以后，特别重视同伴交往，注重培养与同伴的友谊，到了高二（17 岁左右），同伴关系比较稳定，友谊进一步发展。到了高三（18 岁左右），随着高考的临近，动机主要定向于成就领域，除了学业，其他的事都可以搁置一边，所以，虽然认为同伴关系很重要，但交友的渴望略有下降。不过，青年期整体愿望普遍强烈。

（2）注重同伴的内在品质：与少年期的玩伴相比，青年期更关注同伴的内在品质，性格相似、情趣相投成为同伴交往的重要因素。青年最讨厌同伴的自私、心胸狭隘、瞧不起人、表里不一，年级、性别差异不大。其次是讨厌同伴的嫉妒心、支配欲强和好争辩，女生比男生更不喜欢支配欲强和嫉妒心强的同伴。

（3）同伴交往方式以同学交往为主：青年同伴交往方式中，90% 以上主要通过同学之间交往，其次是儿时的玩伴或通过朋友介绍。有儿时玩伴的男生是女生的两倍。高三男生儿时玩伴的比例比高一、高二下降，通过朋友介绍结交的同伴比例上升。大多数同学的同伴为同学。女同学以本班同学作为玩伴的比例高于男生，以外班同学做同伴的比例高二明显高于高一，男生以儿时玩伴以及网友作为同伴的比例高于女生，女生在聊天、吃东西、逛街方面明显高于男生。女性比男性更注重同伴关系的质量。

（4）青年同伴交往的性别取向：高中生在同伴交往中有明显的性别取向。随着年级的升高，喜欢与异性交往的呈上升趋势，这一点在男生中表现得尤为明显。多数女生认为与异性交往不易产生矛盾，也有一部分是对异性有好感，有恋爱倾向。有一部分高中生正在恋爱或曾经恋爱，多数同学在高中阶段不想恋爱。想恋爱的男生明显多于女生。女生一般对那些举止自然、友好、绅士、有活力的男生更容易产生好感；男生一般对那些仪表好、文雅、活泼的女生易产生好感。但男女生一般都不将这种情感公开，在许多情况下这是一个永久的秘密。不同年级、不同性别、不同地域的青年同伴交往也存在一定的差异。以性别为例：男性注重交往对象在态度、兴趣、价值观等方面的相似性和同伴的思想、性格、能力、成绩、威信等，以及外貌、风度、仪表等方面的吸引力；而女性则更看中交往中的互惠，如有福同享、有难同当。总的看来，大部分青年把忠诚、理解、信任、尊重、宽容看作同伴交往的重要行为准则。

（二）青年期与教师关系的变化

随着青年自我意识的发展，青年不再像少年那样盲目地接受任何教师，青年开始品评教师。教师具有渊博知识，教学能力强，尊重、理解和信任学生，和蔼可亲、平易近人、有朝

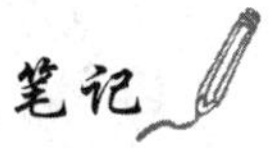

气，对学生一视同仁，教育学生有耐心等特点成为青年喜爱的对象。郑和钧等人(1993)的调查表明，有80.9%的青年喜欢办事公正、关心、尊重和理解学生的老师；男生比较重视教师以身作则的榜样作用，女生则比较重视教师的勇于自我批评和衣着大方。青年对于所喜爱的教师，会在心理或行动上做出最好的反应。当然，在青年心目中也会有他们不喜欢老师，在心理和行动上会表现出拒绝的态度甚至抗拒的行为。

要建立良好的师生关系，需要师生双方共同的努力，但主要从教师方面着手。教师要得到学生的尊重和爱戴，首先自身应有良好的素养，德才兼备；其次对学生要有正确的态度，要尊重、理解、关心学生。当然，要建立良好的师生关系，光有教师的努力是不够的，还必须对学生提出一定的要求，如尊重老师，克服逆反心理的不良影响等。

(三) 青年期与父母关系的变化

家庭是社会的基本结构，父母对个体早期发展有着重要影响，进入青年期，青年与父母之间的关系发生了明显的变化。这些变化表现在很多方面，主要表现在：

1. **父母榜样作用弱化** 在儿童心目中，父母的形象至高无上，是模仿的主要来源。到了青年期，随着青年认知能力的发展，会逐渐发现父母的某些缺点，弱化父母的榜样作用；另一方面，随着青年眼界开阔，认识了偶像、先进人物，这些典型人物容易使父母的形象黯然失色。

2. **认知上的分离** 随着青年记忆、思维、想象等认知能力的发展，青年逐渐形成了自己的价值观、世界观，开始重新审视现成的观念，遇到任何事情他们更愿意自己进行分析和判断，不愿意墨守成规，原封不动的接受父母的观点。

3. **情感上的分离** 青年期，同伴逐渐成为青年感情的倾诉依赖对象，少年期对父母的依赖和依恋关系逐渐被同伴弱化。

4. **行为上的分离** 青年期独立自主的需要迅速发展，他们希望自己能够作为一个独立平等的个体与父母对话，希望挣脱父母的束缚，在行为上反对父母的干涉与控制。

青年期正处于世界观、人生观、价值观形成的重要时期，思想观念急剧变化，在这个阶段，加强对青年与父母双方的指导，促使他们更加理性地看待和处理亲子关系，是能否建立良好亲子关系的关键。母亲对子女关怀体贴，态度和蔼可亲，青年对母亲持肯定态度；母亲对子女唠叨、啰嗦、甚至发脾气，青年则持反对态度。父亲事业心强，帮助爱护子女，青年对父亲持肯定态度；父亲对子女过分严厉和粗暴，青年则持否定态度。总之，能够理解、尊重子女，作风民主，父母感情融洽，彼此尊重，关心而不溺爱，严而有度的父母与青年之间沟通障碍较少，亲子关系融洽。唐芹，方晓义(2013)的研究亦指出，父母自主支持显著正向预测高中生的发展。

三、青年期个性倾向性的发展

个性倾向性是人在一定的社会历史条件下形成的个体意识倾向，它表现了人对认识和活动对象的趋向性和选择性，主要包括需要、动机、兴趣、理想、价值观、人生观、世界观等。这些内部系统使人以不同的态度和不同的积极性来组织自己的行动，有目的、有选择地对客观现实进行反映。它构成人活动的动力系统，制约着人的所有心理活动，是个性结构中最活跃的因素。

(一) 青年期需要的发展

青年期已具有马斯洛所提出的人的五种基本需求：生理需要、安全需要、归属和爱的需要、尊重的需要、自我实现的需要。青年的需要是多维度、多层次的统一整体。在个体的需要结构中存在着优势需要。关于青年的优势需要，虽然不同的研究结论各有侧重，但普遍认为友谊的需要、独立自主的需要、理解尊重的需要、发展自我的需要是青年期的优势需要。

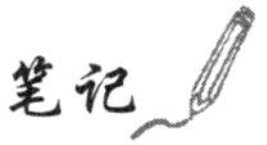

1. **友谊的需要** 青年期是结交朋友需要的上升时期。青年期的友谊需要强烈，寻找友谊和志同道合者，是青年人际交往的重要内容。青年期建立起来的友谊往往是终生难忘的。健康而真挚的友谊是青年之间相互促进、相互帮助的动力，但是，如果引导不好，就会发展为狭隘的哥们义气，导致拉帮结派、品德不良，甚至违法犯罪。因此，青年期应努力建立和发展具有高尚情操的友谊。

2. **独立自主的需要** 独立自主的需要往往与“自我”的形成相辅相成。随着自我意识的增强，“成人感”的出现，青年在潜意识中希望与父母、长辈、教师平等交往，希望能自己当家做主，自己处理自己的事务，希望自我的观念、主张、兴趣等能得到赞同，以实现存在的价值。在这一时期，如果家长和老师居高临下，唠叨，过多限制，粗暴指责会激起他们的反抗。优秀的老师和家长总是采用“商量”的方式，对于他们的行为给予理解，给青年自主的机会，使其在自主的实践中认识自我，完善自我。

独立自主的需要在青年的需要结构中居重要地位，适当、合理的满足，将带动青年个性的健康、和谐发展。但需要指出的是，如果此需要的发展超过其他方面的发展，如知识，辨别力，意志、自我意识等，就容易变成助长越轨行为的主观因素。因此，对青年独立自主的需要既要尊重，但又不能放任自流。要在尊重的基础上，严格要求他们。

3. **理解尊重的需要** 青年强烈地希望作为一个自主的人得到他人的理解、认可、尊重和信任。理解尊重的需要在青年的需要结构中居优势地位，对青年的成长有着重要的作用。青年期身心的迅速发展，给青年带来了一系列的不适应，导致了一系列的心理矛盾和冲突，因此，他们迫切需要别人理解，并给予恰当的心理指导。如果这种需要得到满足，会使他们产生温暖感和对人的信赖感，使他们从矛盾和冲突、烦恼与不安的情绪中逐渐解脱出来，顺利地度过这一时期，消除心理上的不适应。

4. **发展自我的需要** 青年期是人的自我意识高涨的时期，自我意识的发展促使求知欲望和个性品质迅速发展。自我同一性，是指个体在特定环境中的自我整合与适应，是个体寻求内在一致性和连续性的能力，是对“我是谁”、“我将来的发展方向”、“我如何适应社会”等问题的意识。具有自我同一性的青年能够客观分析自我，科学的定位自我，他们既能积极的适应环境以达到自己的目标，又能主动地改变环境来完成预期目的，从而在与世界的能动关系中实现自我价值的飞跃。发展自我的需要对形成一个人积极向上的心理，促使个性健康全面的发展，使自己成为对社会有用的人才，有着十分重要的作用。

（二）青年期兴趣的发展

兴趣是个体积极探究某种事物或从事某种活动的认识倾向，是获取知识、成就事业的源头。

1. **青年兴趣发展进入志趣阶段** 从兴趣的发展阶段上来看，兴趣一般经历有趣、乐趣和志趣三个阶段。有趣是兴趣发展的低级水平，此阶段个体易于被外在的某些新颖的对象所吸引，产生短暂的直接兴趣。乐趣是兴趣发展的中级水平，处于此阶段的个体会对某一事物或活动产生特殊的兴趣或爱好，具有基本稳定的特点。志趣是兴趣发展的高级水平。积极自觉地将兴趣与理想、目标相结合，具有稳定性。青年期是个体理想迅速发展的时期，是个体的人生观、世界观的初步形成期。因此，从青年期开始，青年的兴趣开始进入志趣阶段，表现出定向明确、稳定持久的兴趣特点。

2. **青年兴趣相对稳定** 青年的兴趣，由少年期容易受外在情境变化的影响，过渡到主要受内在的主观意识倾向的调节支配。青年的兴趣更多指向事物发展的内部规律，对活动的兴趣，不仅在于这一活动本身的趣味性，更在于活动的结果，其兴趣的持久性、稳定性增强。

3. **青年中心兴趣逐步形成** 少年的兴趣是广泛的，好奇心促使他们对一切生动活泼的事物都感兴趣。但少年的兴趣极不稳定又趋于分散，缺乏指向并保持对其强烈意向的中心

笔记

兴趣。随着知识范围、活动范围的扩大，求知欲的增强，青年的兴趣一方面变得更加广泛，另一方面各种兴趣又不是均衡的发展。在广泛兴趣的基础上，中心兴趣逐步形成。

（三）青年期价值观的发展

1. **青年价值观的确立与其自我意识的高度发展密切相关**　价值观是个体对周围世界中的人、事、物的基本看法，它的形成是由人的知识水平、生活环境等方面决定的，同时受人的情感意志、理想动机、立场态度等个性因素所制约。青年期价值观的特点

青年在确立和调整自己价值观的过程中，表现出许多特点。第一，青年期的价值观具有主观性，对理论问题产生了越来越浓厚的兴趣，热衷于哲学探讨；第二，青年期价值观的核心是人生意义问题，青年逐渐学会将个人的生活目标与社会发展的总体方向相联系；第三，在青年的价值观中反映其个性色彩，具有不同价值观的青年对于事物的兴趣点、意志品质及归因方式均不一样；第四，青年期的价值观具有发展性，青年的价值评价标准不是固定不变的，容易受外界环境影响而改变对社会及人生的看法，改变自己的价值取向。因此，青年期个体的价值观仍有向不同方向发展的可能。

2. **价值观的确立在青年期学习、生活中的作用**　价值观是一个多维度、多层次的观念系统，是人们用来区分好坏标准并指导行为的心理倾向系统，是浸透在个性之中支配着个体行为、态度、观点、信念、理想的内心尺度。正确价值观的确立，具有延缓直接满足的功能，是青年期逐渐地学会将自身努力作为实现目标的桥梁，使其在学习和生活中更加努力、勤奋。对于青年来说，初步确立正确的价值观，对于明确人生意义具有重要作用。

第五节　青年期常见心理问题与干预

一、青年期基本心理特点

青年期是生长发育的逐渐成熟期，也是心理发展的重大转折期，因为身体发育接近成人而强烈要求独立，又因为心理发展的相对缓慢而保持少年的依赖性。青年期就是在这种相互矛盾的心理状态中挣扎，难免会出现一些心理问题。

（一）不平衡性

这一时期内，青年期的生理与心理、心理与社会性的发展是不同的，具有较大的不平衡性。表现为生理发育日渐成熟，心理发展相对滞后。从生长发育上看，他们像个大人，其实内心世界的不完全成熟使他们的行为活动仍像个少年。例如，在性意识方面，生理的发育，是他们基本上具备了成年人的形态体貌和生殖能力，但心理还不够成熟，包括自己对异性的认识、异性的交往、友情与爱情等，都还是朦胧的。这个时期的青年模仿能力很强，自身的自制力不够，这也是由不平衡性引起的，他们的行为往往受心理的影响和制约，表现出苦恼、矛盾和渴望的特点。他们有时候缺乏理智，易冲动，在情感方面，他们很脆弱，有时会因为同伴的一个表情、一句话而影响学习，会因为一点小事影响到他们的情绪。

（二）动荡性

青年期既为个性、道德和社会意识的发展创造了条件，同时又造成了青年期心理的特殊矛盾和冲突，从而表现出一种成熟前的动荡。青春发育期的生理剧变，必然引起青年感情上的激荡，表现外露而又内敛。他们的情绪感受性显著提高，常常容易兴奋，兴趣较易转移，意志容易动摇，情绪反应强烈。他们的情绪带有明显的两极性，容易走极端。情绪高涨时像火山，情绪低落时像冰山。他们有话有秘密想与别人倾诉，可面对父母或老师却又缄默不言。他们思维敏锐，但片面性较大，容易偏激；热情，但容易冲动，有极大的波动性。由于高中阶段，青年的思维独立性和判断性的发展，表现出否定的心理倾向，他们喜欢用挑

笔记

剔的眼光去看待人和事，喜欢怀疑一切，内在的不满使他们对周围的人总想反抗，这种思维方式让他们经常处于不愉快、烦躁不安的情绪状态中。这个阶段的高中生意志品质日趋坚强，但在克服困难中毅力不够，往往把简单与执拗，勇敢与蛮干混同起来；在行为举止上表现出明显的冲动性，是意外发生率最高的年龄阶段。

（三）自主性

随着身体的发育，认识能力的增强，知觉、注意、记忆都已成熟，思维已经转向理论型，辩证思维初步形成。由于生活面的扩大，科学知识的丰富，青年期已初步形成世界观，对世界和人生有了较系统、较稳定的观点，青年期开始以“自我”为中心考虑自己的人生道路等问题。随着自我意识的增强，独立思考和解决问题能力的发展，青年期从心理和行为方面表现出强烈的自主性，迫切希望从父母和成人制约中解放出来，开始积极尝试脱离父母的保护和管理。倾向于自主思考、自主抉择。他们具有很强的自信心和自尊心，热衷于显示自己的力量和能力。他们知识面广，思维活跃，具有较强的平等意识、民主意识和自主意识，不盲从，对问题有自己的看法。不管是在个人生活安排上，还是对人生与社会的看法上，开始有了自己的见解、自己的主张，对成年人的意见不轻信，不盲从，表现出自主发展的特点。

（四）社会性

青年期个体思维能力得到很大发展，能从具体事物看出抽象道理，并具有辩证性，扩散思维发展迅速，喜欢提出独到见解，他们渴望有一片属于自己的不受他人干扰的天空，向更广阔的空间发展，社会这个大集体对他们有着极大的诱惑。青年期能更自觉的分析和评价自己的内心世界、自己的能力和其他个性特征，自我教育和锻炼的能力大大提高。他们把自己和社会联系起来，意识到自己的社会责任和义务，他们能根据社会标准分析自己的心理品质和行为，并按这种社会需要锻炼自己，立志成为积极的社会成员。青年期的人生观、世界观的初步形成，普遍具有立志成才的心愿，青年经常考虑的重要问题之一就是自己的前途，具体地说是指升学或就业。他们热心参与各种活动，乐于对社会事务发表自己的意见，开始认真严肃地思考自己未来的生活与职业前途，对未来充满希望，乐于开拓。

（五）闭锁性

青年期不像少年那样，愿意向成人敞开自己的心扉，他们的内心世界变得更加丰富而内敛，但又不轻易表露出来。他们有了自己的秘密，常常希望有单独的房间。有个人的抽屉，并喜欢把抽屉锁起来。希望被人理解，热衷于寻求理解自己的人，却又不轻易相信别人，时常感到孤独。成人的世界是他们所向往的，但心理上又表现为抗拒这种快速的、陌生的变化，有恐惧的心理却又不外露，只能进一步封闭自己。

（六）矛盾性

1. **独立性和依赖性的矛盾** 相比少年，青年增强了独立意识。他们渐渐地在生活上不愿受父母过多的照顾或干预，否则心理变产生厌烦的情绪；对一些事物是非曲直的判断，不愿意听从父母的意见，并有强烈的表现自己意见的愿望；对一些传统的、权威的结论持异议，往往会提出过激的批评之词。但由于其社会经验、生活经验的不足，经常碰壁，又不得不从父母那寻找方法、途径或帮助，再加上经济上不能独立，父母的权威作用又强迫他去依赖父母。

2. **成人感与幼稚感的矛盾** 青年期的心理特点突出表现在出现成人感，认为自己已经成熟，长大成人了。因而在一些行为活动、思维认识、社会交往等方面，表现出成人的样式。内心渴望别人把他看作大人，尊重他、理解他。但由于年龄不足，社会经验和生活经验及知识的局限性，在思想上和行为上往往盲目性较大，易做傻事、蠢事，带有明显的小孩子气、幼稚性。

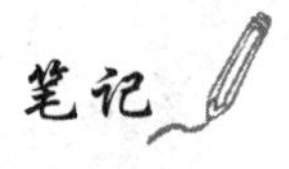

3. **开放性与封闭性的矛盾** 青年需要与同龄人，特别是与异性、与父母平等交往，他们渴望他人和自己一样彼此间敞开心扉来相待。但由于每个人的性格、想法不一，使他们的这种渴求找不到释放的对象，只好诉说在日记里。这些日记写下的心里话，又由于自尊心，不愿被他人所知道，于是就形成既想让他人了解又害怕被他人了解的矛盾心理。

4. **渴求感与压抑感的矛盾** 青年由于性的发育和成熟，出现了与异性交往的渴求。喜欢接近异性，想了解性知识，喜欢在异性面前表现自己，甚至出现朦胧的爱情念头等。但由于学校、家长和社会舆论的约束、限制，使青年人在情感和性的认识上存在着既非常渴求又不好意思表现的压抑的矛盾状态。

5. **自制性和冲动性的矛盾** 青年在心理独立性、成人感出现的同时，自觉性和自制性也得到了加强，在与他人的交往中，他们主观上希望自己能随时自觉地遵守规则，履行义务，但客观上又往往难以较好地控制自己的情感，有时会鲁莽行事，使自己陷入既想自制，但又易冲动的矛盾之中。青年期的心理就是在这样的矛盾中形成并慢慢趋于成熟的，这是一个自然的过程。父母要注意尊重与信任青年人，多与青年交流感情，了解他们的心理，协助青年把自己的生活安排得充实且有意义。

青年期是从少年到成年的过渡时期，在生理、心理上有许多变化，青年心理健康的理想状态：积极向上，精神饱满，朝气蓬勃，有自信心，进取心，自尊心；有自觉性，能以充沛的精力去发挥自己的智慧和能力，自觉完成学习任务，不怕学习困难，智能发挥良好；在家庭、学校与朋友之间，能建立互敬互爱，相互理解的人际关系，在集体中是受欢迎的成员，在群体中有自己朋友，保持和发展互助，融洽，和谐的关系；善于适应新环境；情绪稳定而愉快；心理活动完整，协调，能避免各种因素所引起的病态症状。

二、青年期常见心理问题及表现

青年期的心理问题主要表现在情绪不平衡、学习有压力感、适应不良等方面，同时，男女个体存在显著性别差异，女性中存在心理健康问题的人数所占百分比要明显多于男性，这可能与其不同的生理条件、心理素质等发展及个性差异等因素有关。具体表现在学习、人际交往、恋爱问题、挫折应对等几个方面。

（一）学习类问题

由于青年学生的升学压力比较大，所以他们承受着巨大的心理压力。一般来说，适度的压力是学习的动力，但长时间压力过大容易使学生自卑、压抑、焦虑、抑郁、厌学等。因学习而产生的心理问题是青年心理问题的主要部分，其常见问题有：

1. **学习压力大** 青年的压力源主要是来自学习、父母、老师和同伴、环境、自我发展和时间等方面，其中学习压力是主要压力源。青年的学习压力远远超过童年期和少年期，高考升学的压力越来越大，造成精神上的萎靡不振，进而导致食欲差、失眠、神经衰弱、记忆效果下降、思维迟缓等。

2. **厌学** 是目前学习活动中比较突出的问题，不仅是学习成绩不良的同学不愿意学习，一些成绩较好的同学也容易出现厌学情绪。学生厌学是各种因素综合影响的结果。厌学产生退避行为。除因学校教育要求过高过严、压力过大、学习生活单调、教学方法呆板、内容枯燥不生动，难以适应学习特点和发展水平等客观因素影响外，也有学生受主观因素的影响，由于长期学习失败形成的习得性无助感是重要原因，失去信心、兴趣，进而消极逃避、自暴自弃，发展严重的会产生逃学行为，甚至辍学。

3. **考试焦虑** 特别是遇到较为重要的考试时焦虑更为严重，甚至出现焦虑泛化现象。考试是滋生青年学生紧张情绪的土壤，有的学生因考试紧张，不能发挥自己的水平，主要是由于求胜心切，加重了心理负担，求胜动机在大脑皮质的某一区域形成了占主导地位的兴

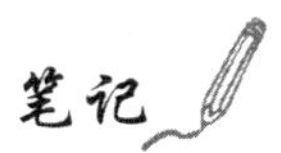

奋中心，致使其附近区域处于抑制状态，这会破坏知识之间的联系，妨碍对知识的调动与提取，而记忆的暂时中断往往会加重焦虑情绪，从而加深青年对考试成绩得失的忧虑，于是导致恶性循环，易造成错答、漏答或不知如何应答，在焦虑的状态下，青年的分析、综合、抽象、概括等具体思维能力无法发挥正常水平，从而导致考试失败。

（二）人际关系问题

人际关系问题也是青年期表现较多的问题。主要有以下几个方面：

1. **与教师的关系问题** 部分教师对学生的不理解、不信任而使学生产生对抗心理，以及教师的认知偏差等情况给学生造成的压抑心理，攻击行为的问题。青年期，教师仍然是学生的理想目标、公正代表，他们希望得到教师的关心、理解与爱。如果教师缺乏理解、耐心与爱心，不能以热情的态度给予指导帮助，反而横加指责，学生就会失望。这种情况下，学生易有压抑感，消极情绪产生，师生关系会日趋紧张。

2. **同伴间的关系问题** 青年除了希望得到老师的理解与支持外，也希望在班级、同伴间有被接纳的归属感，寻求同伴、朋友的理解与信任。由于同伴关系不融洽，甚至关系紧张，有的青年就表现出孤独感，想恢复与同伴的关系，而又不知该怎样去做。青年人际交往中，同伴关系是最重要的方面。青年同伴关系状况如何，将不同程度影响到他们的学习、生活和健康心理的维护，以及健全的个性培养。

3. **与父母的关系问题** 民主型的家庭给青年一个温暖的归属港湾，专制式的家庭中父母与其子女之间不能进行正常的沟通，造成学生孤僻、专横性格。家庭的种种伤痕，会给青年造成不同程度的心理伤害。“父母不和”比“父母一方死亡”更容易造成青年心理上的伤害，因为他们在父母那里看到了人际关系的恶劣性。“父母不和”对青年的心理影响是多方面的，如有被抛弃感和愤怒感，并有可能变得抑郁、敌对、富于破坏性，还常常使得他们对学校学习和社会生活不感兴趣。

（三）恋爱与性心理问题

青年期最突出的矛盾之一是性生理日渐成熟与性心理相对幼稚的矛盾。青年由于受认知能力和个性发展的限制，特别是在教育引导不及时、不得力的情况下，使得青年的性心理的发展表现出相对的幼稚、困惑和矛盾，包括：第一，性意识的萌动与性知识缺乏之间的矛盾。伴随自身生理上的变化和第一性征的迅速凸显，青年的独立意识、性别意识和情感意识开始萌发，他们渴望与异性交往，希望了解性知识，但又唯恐被别人发现或讥讽。因此，在现实生活中，青年往往因为得不到科学的指导和有用的信息而陷于迷惑、焦虑或冲动之中。由于受到传统文化和外在环境的影响，成人通常把青年对性知识的探求和兴趣看作是可耻的，从而使得正常的性心理发展教育变得神秘，遮掩。由于长期处于性知识的贫乏状态，青年的性心理发展始终处于迷惑之中，导致青年只能从各种非正规渠道偷偷地、不分良莠的搜集性知识。第二，与异性交往过程中的心理困惑。青年进行两性交往是正常的情感和心理发展的需要，是增进友谊和团结的需要，也是进行自我完善和社会适应的重要途径，是应该得到尊重和鼓励的。但很多家长或者教师不明真相，也不了解实际情况，捕风捉影，恐慌不已，甚至强行制止。这实际上是对青年人格的不尊重，是对青年自我管理能力和判断能力的不信任，其结果是引发青年的逆反心理和反抗情绪，有时反而“弄假成真”，发生心理学上的“罗密欧与朱丽叶”现象。

（四）挫折应对问题

青年学生的心理耐挫力水平总体都不高，状况令人担忧。青年所面临的挫折是来自多方面的，包括学习、人际关系、兴趣和愿望以及自我尊重等。其原因有客观因素、社会环境因素以及个人主观因素。面对挫折造成的困难与痛苦，青年的反应方式有两种：消极的反应与积极的反应。消极的挫折应对方式一旦习惯化、稳固化，在一定的情境中挫折状态即

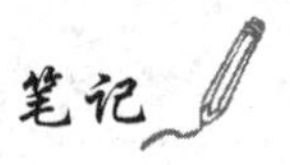

使有所改变，其行为却仍以习惯化的适应方式如影随形地出现。于是，消极的挫折适应方式也就转化为较严重的、需要长期耐心教育的心理健康问题了。

（五）成瘾问题

进入青年期后，与社会的接触更广泛，也更容易受到社会不良因素的影响。成瘾的概念最早来源于临床医学中病人对药物的依赖现象。当前青年群体中较为常见的成瘾现象主要有吸烟、网络成瘾等。

1. **吸烟成瘾** 吸烟行为在青年群体中非常普遍，青少年初次吸烟的年龄也有逐年下降的趋势。在我国，青年吸烟主要有三个突出的特点：男生吸烟的比例较高；少数女生也吸烟，并且人数有增长的趋势；第一次开始吸烟的年龄变小。禁烟已是全社会的共识，虽然这无疑是一项艰巨的社会工程，不能奢望一夜成功，但是希望依靠大家的齐心协力，能够制止青少年吸烟。通过舆论、社区、周围环境等来减少青少年的吸烟行为，以期能够帮助青少年群体远离烟草。

从我国国情来看，影响青年吸烟行为的主要因素有以下四个方面：第一，我国社会吸烟的风气很重，各种公共场合和日常生活中都离不开烟，对青年吸烟行为起着潜移默化的作用。第二，家庭中父母兄弟姐妹的吸烟行为和态度会起到强化和示范作用，家庭中父母的监控不适和亲子关系不良与青年吸烟行为有关，家庭的社会生活背景也有一定影响作用。第三，同伴群体在青年发展中具有成人无法替代的作用，其所属群体对吸烟的态度和团体的性质等都会影响到青年吸烟与否及吸烟的多少。第四，心理上的自我满足。青年人有较强的好奇心与猎奇欲，易对吸烟产生尝试的想法，在独立意识和成人感的催化下，容易使青年沾染上吸烟行为。

2. **网络成瘾** 随着互联网的飞速发展，网络走进了千家万户，网络成瘾问题在青年中愈发凸显。青少年在网络活动人群中占据主要位置，网络成瘾发病年龄为15～40岁，青少年为高发人群。

网络成瘾（internet addiction disorder，IAD），又称为网络性心理障碍或网络依赖等。目前对网络成瘾还没有一致的定义，有人将其定义为无成瘾物质作用下的上网行为冲动失控，表现为由于过度使用互联网而导致个体明显的社会心理功能损害。网络成瘾的人主要表现为一种不自主的强迫性网络使用行为和在网络使用过程中不能有效控制时间，并且随着网上活动带来的满足感的强化，使用者出现难以自拔的现象。初期，患者会出现精神依赖，渴望上网，如果不能如愿就会产生极度的不适应感，情绪低落、烦躁不安、焦虑、抑郁等；随后会发展为躯体的依赖，表现为头昏眼花、双手颤抖、疲乏无力、食欲缺乏等；最终导致学习、生活等方面受到严重影响。网络成瘾会占据患者几乎所有的时间和注意力，使其自我控制能力和认知能力下降，出现严重的动机冲突和情绪困扰，对现实生活失去兴趣，参与集体活动的动力减弱。

三、青年期常见心理问题干预

（一）青年心理健康的表现

青年的心理是否健康，主要体现在以下七个方面：

1. **与别人相似** 人与人之间都彼此相似。当听到月亮时，联想到太阳或星星，都是正常的反应，但联想到死亡，就让人难以理解。这种情况出现多了，就应注意他的心理状态是否正常。如果一个人的想法、言语举止、嗜好、服饰等，与别人相差太大，则应注意他的心理健康问题。

2. **与年龄相符** 人的行为是随着身心的发展而变化的。各种年龄的人，在想法、兴趣、行为上都有不同。青年期时精力充沛，活跃好动，而少年老成的青年，可能心理上是不太健康的。

3. 善于与人相处 每个人都生活在社会中，都是社会的一个成员。一个人不可能脱离社会而单独存在。在青年期，社交范围扩大。在交往中，互相取长补短，培养互助合作精神，丰富群体生活经验，锻炼适应他人的能力，是良好心理状态的体现。

4. 乐观进取 乐观的人，对任何事物都积极进取，无论遇到什么困难都不畏惧，即使遇到不幸的事情，也能很快的重新适应，而不会长期沉陷于忧愁困苦之中。相反，自怨自艾、情绪经常处于忧郁状态的人，心理上是不健康的。

5. 适度的反应 每个人对事物的反应速度与程度都不相同。但差别不会太大。如反应偏于极端，其心理就不健康。如学生因考试失败而一时不悦，是正常现象；但若他为此而几天不吃饭，甚至有轻生的意念，就可能是心理不健康的。当然，对考试失败无动于衷的学生，心理也未必健康。

6. 面对现实 心理健康的人，都能面对现实。遇到困难，他们总是勇于承认现实，找出问题所在，设法解决。相反，心理不健康的人，由于不能适应环境，往往采取逃避现实的方法。这些都不能解决实际问题，只能达到自欺欺人的效果，久而久之，还会发展成病态。

7. 思维合乎逻辑 心理健康的人无论做什么事都有条不紊，专心致志，有克服困难的决心和毅力，而不是三心二意，有头无尾。他们的思维合乎逻辑，说话条理分明，而不是东拉西扯，随说随忘。

（二）青年期心理问题原因分析

尽管青年心理健康问题形成的原因是多方面的角度的，但是我们可以从中分析出主要的脉络：

1. 对青年心理健康教育缺乏应有的重视 这是长期以来存在的一个不争的事实。这一现状，近年来虽有所改观，但落到实处的效果甚微。青年期的心理健康教育已经纳入学校教育的课程之中，但是各个学校由于升学压力，此类课程的实施大打折扣。部分教师没有看到良好的情绪、健全的人格及适用能力对学生学习活动、掌握知识和技能，发展智能的重要作用。学生的管理者和教育者没有把学生日益增多的心理障碍问题与思想品德加以区别，而是把学生存在的心理方面的问题笼统地认为是学生的人品、道德和思想问题，不是采用心理学的方法和技术妥善的咨询解决和治疗疏导，而是采用道德规范严格要求，更增加了学生的心理困扰。

2. 应试教育加大了青年的精神压力 高考是不少青年必须面对的关口，升学的压力是导致青年心理健康问题的原因之一。目前，部分学生每当临近考试就紧张，害怕考不好，所以拼命准备，夜不成眠；有的在考试前承受躯体化症状的侵扰而逃避考试；更有甚者，在高考考场上生理、精神失控，以至于中断考试。

3. 家庭教育方式不当 不正确的家庭教育方式，是青年产生心理健康问题的原因之一。近年来，国内外学者研究指出，0～3 岁既是孩子大脑重量增长的最快时期（由出生时的 1/3 增长到 3 岁时的 2/3），也是智力发展的最快时期；3～6 岁是人的个性形成和显现的关键时期，即我国谚语所说的“三岁看小，七岁看老”。这一时期家庭的情绪、文化氛围及其行为背景对个体的身体、智力、情感，行为以及社会意识的发展具有奠基性的影响，尤其对心理发展的影响十分明显。家庭的教养方式、人际关系、为人处世都直接或间接地影响着个体的心理健康。有些心理健康问题甚至是家庭问题的表象和延续。在家里，父母关心的往往是孩子的学习时间、学习成绩、衣着饮食，而对他的思想变化、心理状况以及成长中所遇到的人生困惑等则是不闻不问，相互之间的理解和沟通少之又少，造成了“营养充裕过剩，管教贫乏奇缺；衣着绚丽多彩，心灵苍白贫穷”等现象。另外，家风不正或父母不检点、家庭专制、成员不和睦、父母离异等，都会对个体造成比较大的心灵伤害。

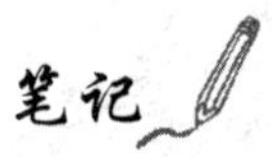

4. 学校教育方式不当 教师不仅是“传道、授业、解惑”者，而且更主要的是青年学生走

向社会、融入生活的向导者。但在具体的教学实践中，不少教师只注重“传道、授业、解惑”，而对向导功能忽视甚至无视。有些教师认为，要提高青年学生的成绩必须对他们严格，在青年学生面前保持一定的威严，认为这样才能让他们听话，才能压住课堂，因此，对犯错误和学习不好的学生动辄进行指责和呵斥，并因此引发青年学生的心理冲突。教师在青年学生的心目中应是公正的代表，青年学生希望得到教师父母般的关爱与朋友般的理解。如果教师的认知发生偏差，对青年缺乏关爱、理解、耐心与热情，他们就会有失望，进而转化成压抑、敌对、攻击等心理和行为。现代心理学的研究越来越能够证明，拥有一个健康的心理对一个人一生的成功有着十分重要的意义。青年期虽不是精神疾病的多发时期，但却是心理健康问题的突出时期，也是不健康行为的孕育期。由于青年心理活动状态的不稳定性、生理成熟与心理成熟的不同步性、对于社会和家庭的依赖性等，使得他们比成年人有更多的焦虑，可能遭遇到更多的挫折，更容易产生心理健康问题。暂时性的心理健康问题若得不到及时排解，便会向心理障碍的方向发展，甚至会酿成日后难以挽回的心理疾病。所以，青年期是容易滋生的心理异常的温床期，必须注重青年心理健康教育。

（三）青年心理问题疏导

对于严重影响青年正常学习、生活功能的心理障碍，临床上一般应用药物对症治疗结合相应的心理疗法对个体进行干预。对于已形成的心理问题，我们不能倒转历史，只能从实际出发，立足现实，把握青年期这一关键阶段，力求在日常生活中给予纠正和克服。

1. **真诚关爱**　爱具有巨大的作用，它是教育的桥梁。《学记》中讲的“亲其师，信其道”就是说情感是知识传授的桥梁，社会大众对青年的爱，能够唤醒青年的爱心，启发青年善良的道德和高尚的情操，可以说爱心是滋润青年心田的甘泉，爱心是一切教育艺术、技巧、方法产生的基础与源泉。爱是人的一种积极的高尚的情感，在教育过程中，教育者只有怀着一颗关切的爱心去接触青年，才可能深入到他们的内心世界。及时发现问题，防微杜渐。如果一个青年学生经常感受到教育者对他的爱，他就会对人生充满希望和愉快，从而使他们学会关心和爱护别人。情绪心理学认为，人在心情舒畅时，才思敏捷、妙语连珠、幽默机智，各种能力都增强；反之，如果情绪低沉、沮丧、忧郁，那就会思维迟钝、记忆衰退、语言呆板，各种能力均下降。教育者应及时管理好自己对青年的情绪，才能获得一把开启青年心灵的钥匙。

2. **理解和宽容**　理解是一种换位思考，是指能站在他人的立场，设身处地地为他人着想。教育者应走近青年，融入青年。想青年之所想，急青年之所急，了解并理解青年的需要。随着自我意识的发展，青年渴望受到成人式的理解，渴望得到教师、家长、同学的认可。青年出现的一系列身心变化，青年自己也是始料不及、难以控制的，特别需要父母、教师的理解和接纳。千万不要看到青年的某些变化，或者发现青年的反常行为就大呼小叫、惊慌失措，更不要打骂训斥、横加指责。否则，只会加剧青年的逆反心理。增加与父母、教师的隔阂。

3. **充分尊重**　青年期的自尊心在其自我意识中最敏感，一方面，他们积极在别人面前表现自己，渴望得到他人的承认；另一方面，当其自尊心受到伤害时，容易引起强烈的情感反应。他们的自我控制能力有了很大的发展，行为调控已由自发走向自觉自主。

人们对尊重的需要有自尊和来自他人的尊重两个方面。自尊包括对获取信心、能力、本领、成就、独立和自由等的愿望。来自他人的尊重包括承认、接受、关心和赏识等。因此，一个具有足够自尊心的人总是更有信心、更有能力、更有效率，而最健康的自尊是以别人给予的尊重为基础的。受到尊重就会使青年感到自己是一个独立的人，具有独立的人格。他们就乐意自由地提出意见、发表见解。尊重青年的个性，能养成青年学生乐观的心理。

4. **信赖和赞扬**　前苏联著名的教育学家瓦•阿•苏霍姆林斯基（B•A•Cyxomjnhcknn）曾经这样告诫过教师：在任何时候都不要急于给学生打不及格的分数，即教师应该相信学生

笔记

是有能力学好的，相信学生的缺点是可以改正的。教师的这种信赖，一旦传递给青年学生，就会使他们感到自己具有才能，对自己的缺点有改正的勇气。社会要创造友好的气氛，多给青年以赞扬，赞扬就像温暖人的心灵的阳光，青年的成长离不开他。

教育者要对青年尊重、理解、信任，与他们多进行感情交流，建立起平等、民主、亲切的互动关系。在与青年的交往中，教育者要用自己的爱去创造爱的氛围，在爱的氛围中教育青年。当青年在认识上或行为上出现问题时，教育者要采取“晓之以理，动之以情”的方式进行说服引导，教育者的循循善诱，亲切教诲必然感化青年，对培养青年健康的心理、克服心理障碍具有重要意义。

对于青年期的生理及心理变化，生理学家、心理学家都进行过大量的研究。青年期是自我发现、产生对未来生活的设想、开始逐步跨入新生活的各个领域的重要时期，是“人生的第二次诞生”。如何引导青年更好地完成“第二次诞生”是我们需要深入探讨和研究的课题。

思考与练习

1. 青年期生理发展的一般特点有哪些？给其心理适应带来哪些影响？
2. 青年期思维发展有哪些特点？
3. 简述青年期学习活动的特点。
4. 青年期情绪发展的特点是什么？
5. 青年期自我意识的发展主要表现在哪些方面？
6. 青年期人际交往表现在哪些方面？有何特点？
7. 结合自己身边的情况，讨论青年期常见心理问题的成因和调控。

推荐阅读

1. 林崇德. 发展心理学. 北京：人民教育出版社，2008
2. 戴安娜•帕帕拉，露丝•费尔德曼. 发展心理学. 第12版. 北京：人民邮电出版社，2015

（蔡珍珍）

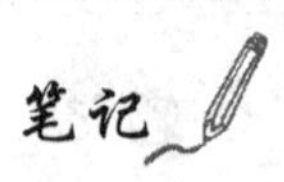

第九章　成年初期身心发展规律与特点

本章要点

成年初期是个体毕生发展过程中从青少年走向成人的第一个时期，因此，个体的心理发展有其独特的规律和特点。在这一发展时期，个体发展的主要特点是自我意识得到了迅速发展，自我同一性确立，人生观、价值观趋于稳定，青年初期个体的恋爱、婚姻与家庭的确立，职业的选择与事业的发展，以及刚刚步入成人社会所产生的种种不适应，并由此产生的心理问题与精神障碍等。

关键词

成年初期　后形式运算　自我同一性　延缓偿付期　职业兴趣

案例

小静是某医学院在读研究生，今年27岁。最近一段时间非常苦恼，她越来越意识到自己考研选择是个错误选择。目前发现自己对专业没有兴趣，毕业课题也毫无进展，能从导师那里得到的指导很少。因为厌倦了日复一日繁重的护理工作才辞职考研的，可是目前看研究生毕业之后还得进入同一行业；也想过干点别的什么工作，但自己又无其他特长……现在每一天都觉得是在浪费时间，在折磨自己。

令她苦恼的还有感情问题。眼看同龄人相继结婚生子，而自己感情还无所寄托，没有合适的对象。自己也常觉得奇怪，自身条件并不是很差，身高、相貌、学历都说得过去，但就是没有遇到过可以谈恋爱的人。没有人能理解自己的苦闷。自己辞职读研究生，不听父母安排家里人对自己十分不满，他们总是用挖苦、讽刺的口吻对待自己，"就你那样，看能折腾出个啥"是爸爸最惯常说的话。从小到大，无论做什么事好像都是错的，对他们而言自己就是累赘、是耻辱；而自己现在所有的自卑、无能也都是拜他们所赐，但是却不能立刻摆脱对父母的依赖。

小静的烦恼正是许多成年初期个体所面临的难题，事业的选择、爱情与婚姻确立、自我的发展、社会的适应等等，并非一蹴而就。

第一节　成年初期生理的发展

成年初期又称为青年晚期，约从18岁开始，到35岁结束。这一时期是个体毕生发展过程中从青少年走向成人的第一个时期。根据孔子《论语·为政》："吾十有五而志于学，三十而立，四十而不惑，五十而知天命，六十而耳顺，七十而从心所欲，不逾矩"，可以看出成年初期的个体正处于"志于学"到"而立"之年。从这个阶段开始，个体要成为一个有能力承担社会责任和义务的真正意义上的社会人。恋爱、婚姻、家庭的确立，职业的选择与事业的发

笔记

展，刚刚步入成人社会所产生的种种不适应，以及由此产生的各种精神困惑等是成年初期主要的发展任务和需要解决的课题。

一、成年初期的年龄界定

个体发展可以分为不同的时期或阶段。人生每一阶段都存在着区别于其他各个时期的显著特征，同时，各个阶段之间又有着必然联系。由一个时期到另一个时期的转变是一个循序渐进、连续的过程。青年期以前的各个时期年龄规定，一般是依据人的生理成熟和心理成熟来进行的。成年初期年龄阶段规定即依据个体从生理成熟开始，到社会成熟这一时间阶段，具体年龄界定为18岁至35岁左右。个体的生理成熟从11、12岁开始，到18、19岁左右生理达到完全成熟，由此，从生理意义上，个体开始进入成年初期。到24、25岁，个体在情绪上趋于稳定，在心理上达到成熟。但是心理上的成熟并不意味着社会性的成熟。青年步入社会，经过多重社会体验和社会实践活动后，最终作为一名社会成员，在事业、家庭等社会生活各方面实现成熟。

二、成年初期的生理特征

一般地，个体的生理发展在成年早期到来时已经结束。成年初期个体身体发育成熟，身高体貌已基本定型，各项生理系统发育成熟，神经系统的复杂化完成。多数人在成年早期处于体能的巅峰期。

（一）身体变化

成年初期的身体变化不像其他阶段那么显著，是平缓进行的。他们的身高的增长逐渐停止，身体形态日趋定型，骨骼、肌肉强健，体魄健壮，青年期瘦长的身材已然成为记忆。根据心理学家的研究，多数人身体功能25～30岁时达到高峰，体力、灵敏度、反应时、手工技能等都处于最佳状态。

（二）神经系统

成年初期个体的大脑和神经系统功能显著发展并逐渐成熟。中枢神经系统兴奋和抑制过程趋于平衡，较青年前期情绪较为稳定；大脑髓鞘化过程是脑发展的一个重要指标，网状组织的髓鞘化过程延续到30多岁；分析与综合能力明显加强，第二信号系统高度发展，高级神经系统的功能达到最佳状态；行为的控制力增强，精力充沛。

（三）呼吸循环系统

心输出量和肺活量在25～30岁最佳，达到人生最大值，30岁以后开始缓慢下降。心肺功能增强，血压稳定。

（四）消化系统

胃、肠道消化、吸收功能增强，有利于营养物质的吸收。

（五）内分泌及免疫系统

成年初期个体免疫力增强，内分泌及代谢功能旺盛。这一年龄阶段是人一生中生长发育旺盛，疾病发生率最低的阶段。

（六）生殖系统

成年初期个体的生殖系统功能成熟，已具有良好的生殖能力。这一时期是生育的高峰期，女性的卵巢、乳腺、盆骨等发育成熟，生殖功能也几近完美，女性最佳的生育年龄是25～30岁。

（七）其他

成年初期个体身体内部各系统功能指标趋于平衡。人的各种生理状态一般在18～30岁期间达到发展的最高水平，体力和精力均处于人生的“鼎盛”期，之后达到一个相对稳定的平台期，中年期后逐渐衰退。

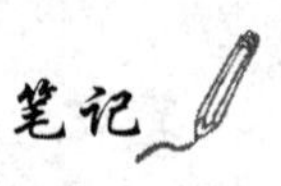

第二节　成年初期认知的发展

在发展心理学中，每一时期个体的认知发展水平都会直接影响和制约着这一时期个体心理发展的整体水平，成年初期也不例外，成年初期的认知发展主要表现为思维和智力方面的发展变化。

一、成年初期思维的发展

个体在18～19岁之前，思维发展的主要任务是获取与社会文化有关的符号系统，以达到对社会的适应，实现社会化。在进入成年初期以后，个体经过进一步学习已基本掌握了本民族的文化及社会道德系统，对社会的基本要求已能适应。因此，成年初期个体在学习、掌握知识方面所面临的目标已不再是对知识的获取和占有，而是如何运用知识、经验、技能及道德规范更好地解决各种问题，承担和履行各种社会责任和义务，以达到对社会的新的适应，并最终取得自我的发展。成年初期个体所面临的新的社会环境和任务赋予了他们新的社会角色，使得他们的思维特点不同于青少年时期所表现出来的形式逻辑思维的特点，辩证的、相对的、实用性的思维形式逐渐成为这个时期个体的重要思维方式。

成年初期个体的思维优势主要表现在理解能力、分析问题的能力、推理能力以及创造思维能力等方面。这个时期的个体，已具有较为稳定的知识结构和思维结构，并积累了许多经验，掌握了解决某些实际问题的技能，思维品质趋于稳定。

成年初期的思维特点表现在以下几个方面：

（一）思维方式以辩证逻辑思维为主

个体虽然在青少年时期已经掌握了某些辩证思维的方式，但形式逻辑思维仍占据优势地位。形式逻辑思维的特点是，它反映的是事物的相对静止性和不同事物之间的确定界限。在这种思维形式中，个体更加注重逻辑性、客观性确定性，较少注意事物的个别性、差异性和运动性，而且这种思维可以脱离感知、表象、经验的支持，以命题为依据，从纯粹的假设出发，通过推理得出结论。

根据皮亚杰的观点，青少年处于认知发展最高阶段——形式运算阶段，个体在15岁左右就达到形式逻辑思维的最高形态。但近年来许多研究结果表明，15岁左右并非是思维发展的终止时期，形式逻辑思维也并不是最高的思维形式。在成年初期的早期阶段，个体的形式逻辑思维仍处于发展状态。在整个成年初期，个体的辩证逻辑思维逐渐发展并成为这一时期的主要思维形态。辩证逻辑思维是对客观现实本质联系的对立统一的反映，其主要特点是既反映事物间的相互区别，也反映相互联系；既反映事物的相对静止，也反映事物的相对运动，在强调确定性和逻辑性的前提下，承认相对性和矛盾性。美国心理学家帕瑞和布朗（Perry & Brown，1979）等人综合其研究认为，个体进入成年初期后，思维中逻辑的绝对成分在逐渐减少，辩证成分逐渐增加。这种变化的重要原因之一是因为个体逐渐意识到围绕同一个问题存在着多种不同的观点，而且解决问题的方法也不是单一的。帕瑞对大学生思维发展进行了系统研究和总结，发现这种转变具有三个阶段：

第一阶段：二元论阶段（dualism）。思维水平处于这一阶段的大学生常以对与错两种绝对的形式来进行推理，对问题及事务的看法是非此即彼、全白或全黑的，没有“灰色区”，易将知识视为固定不变的真理，凡事追求“什么是正确的答案”，而不考虑合理的程度。

第二阶段：相对性阶段（relativism）。此阶段的个体不再毫无区分地把知识当作不变的真理，而是通过权衡比较不同的理论、观点，从而找到能够解释现实的有效理论。在这个阶段，个体思维过程的抽象性及理论性已达到较高水平。

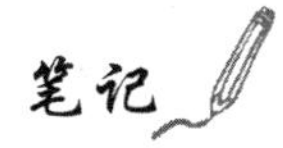

第三阶段：约定性阶段（commitment）。此阶段的个体不仅能进行抽象逻辑思维，而且在分析事物时具有自己的立场和观点；对各种现象的解释能持相对的态度，由于能意识到所有运动及变化的性质，因此，既能坚持那些约定俗成的立场和思想观点，又能随时对此做出调整。

上述三个阶段的具体内容反映了成年初期的个体从以形式逻辑思维为主向以辩证逻辑思维为主过渡的思维形态。

另一位美国著名的成人思维专家拉勃维维夫（Labouvie-Vief，1980）认为，成年期个体思维中的形式逻辑性逐渐减退，而以现实为导向的实用性成分逐渐增多。成年期的这种思维变化，在以儿童为中心的发展心理学理论中，如传统的皮亚杰理论看来是一种退化，即对现实的不适应。而在“成人背景模式”（adult context model）理论看来则是一种适应性的思维形式。此理论认为，形式运算思维是一种依照假设进行的严格的推理形式，当现实情况错综复杂的时候，此种推理会显现出局限性，阻碍个体对现实做出良好的反应。拉勃维维夫认为成年初期出现的变通性思维是思维的一种新的整合，也是一种分析问题和解决问题的新策略。具体表现为个体能够意识到现实生活中的各种条件及限制，而且能够灵活地根据问题情境进行具体的和实用的分析和思考，并不是严格地按照逻辑法规进行推演。这正是思维不断成熟和发展的表现，而不是退化。所以，从成年初期开始，伴随着形式逻辑思维的进一步成熟和完善，个体逐渐表现出一种相对的、实用的并具有背景性的思维形态，这种形态开始出现与大学生阶段，随后便被逐渐固定下来，发展成为成年期认知活动的一般形式。成年初期个体思维发生的这种适应性变化，与其所处的客观环境及生活经验密切相关。

（二）成年初期的后期阶段是个体创造性思维的重要表现时期

创造性思维是一种具有独创性、新颖性及其社会价值的思维形式。这种思维的结果不是简单地承继人类已经积累和总结出来的知识和经验，而是去解决人类尚未解决和认识的问题，因此，创造性思维成果具有首创性、发现性和突破性。成年初期的后期阶段是创造性思维表现十分突出的一个时期，是一生中思维表现的最佳年龄区。

我国学者王极盛（1986）曾以许多科学家、创造发明家为研究对象，系统研究了他们创造力的发展特点，认为创造性思维的最佳年龄区在25～45岁之间（即从大学毕业以后开始）。美国学者威恩•戴尼斯（Wayne Dennis，1966）以艺术家、科学家和人文学家为对象，研究了他们全部的创造成果及其产生的时间，结果发现在不同领域内创造思维达到顶峰的时间不同。例如人文科学家，他们在70岁左右的创造性思维与40岁左右时一样活跃，而艺术家和科学家则在50岁以后创造思维才开始呈现出下降趋势。

戴尼斯的研究同时还表明，无论在科学领域，还是艺术、人文科学领域，都存在着一个共同之处，即相对于以后的各年龄段，个体在20岁前后尚未进入创造性思维的高峰期，我国学者潘洁（1983）也获得同样的研究结论。潘洁依据吉尔福特的智力结构理论对大学生的创造性思维发展特点进行了研究，得出的结论是：大学生的发散思维（创造性思维的主要形式）有一定程度的发展，但表现出的个体差异性较大；在发散思维品质的发展水平上也有差异。从总体来看，思维的流畅性发展最好，变通性次之，因为变通性要求个体从不同方面去考虑问题，涉及面广，相对难度大；独立性品质是代表发散思维的本质，大学生在此向上的得分相对其他品质而言最低。其原因可能是要在思维活动中表现出独创性就意味着各种思维成分之间的重新改组。因此，要求个体以全新的、独立的视角去认识反映事物难度最大。由此可见，在大学生阶段（即成年初期的早期阶段），创造性思维虽有了相当程度的发展，但还尚未达到成熟水平，仍处于为创造性思维的发展做积极准备阶段，此时，有意识地培养和锻炼大学生的与创造性思维有关的思维能力，对其创造性思维的继续发展、完善及呈现具有重要作用。

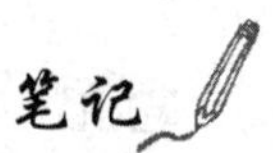

（三）思维发展的第五阶段

按照瑞士儿童心理学家皮亚杰认识论的观点，把个体的思想发展划分为四个阶段，即感知运动阶段、前运算阶段、具体运算阶段、形式运算阶段。后来的研究者发现，皮亚杰的阶段划分并不完整，形式运算并不是个体认知发展的最后阶段。到20世纪80年代以后，研究者用后形式运算（post-formal operation）、反省判断（reflective judgment）、辩证思维（dialectical thinking）、认识论认知（epistemic cognition）等不同的概念，来描述个体思维超出皮亚杰形式运算阶段以后的认知图式，统称为思维发展的第五个阶段。思维发展的第五个阶段就是成人前期的认知特点。

国外有许多心理学家对第五阶段思维的特征进行了论述，主要有以下观点：

1. 美国心理学家里格（Reigel）的辩证运算　在20世纪60年代有两个研究发现，在皮亚杰的空间守恒任务中，个体并未表现出守恒的能力，里格据此提出形式思维并不能用来表述成人的思维。皮亚杰的形式运算（formal operation）只在某些特定条件下，如逻辑、纯学术领域中适用。1973年，里格首先提出辩证运算（dialectical operation）的概念，即强调人的思维的具体性与灵活性对于诸如现实与可能、归纳与演绎、逆向性与补偿作用、命题内与命题间的问题能做全面的及矛盾的处理。他还认为辩证运算可以更好地描述成人的思维。因与皮亚杰的形式运算相对应，辩证运算也有四种形式：即感知动作、前运算、具体运算和形式运算中出现辩证运算的思维特征。个体可以从形式运算的任一水平，直接发展为与之相应的辩证运算模式。

里格认为皮亚杰理论是一种异化理论（theory of alienation）。皮亚杰以同化与顺应这一辩证基点来描述人的认知发展，认为个体的认知向着抽象思维发展，但当个体的思维发展到形式运算阶段，这种思维表现为一种形式化的无矛盾的思维，其发展的基点就不复存在。而在里格看来，矛盾是思维的源泉，例如，在感知运动、前运算和具体运算阶段，就会遇到诸如上下、前后、左右等相对性的关系概念，在形式运算阶段更需要有动态的、发展的、变化的辩证观点。所有这些，都要以矛盾作为思考问题的基础，于是个体思维的发展是不断地抛弃皮亚杰理论中的结构，越来越接受矛盾，使每个阶段都有辩证运算的成分存在，逐步达到思维的成熟阶段。

2. 美国心理学家拉勃维维夫（Labouvie-Vief.G）的成人思维实用性　在探讨后形式运算的认知发展课题中，拉勃维维夫非常强调青少年与成人生活环境的差异对思维的影响。他认为青少年需要建立稳定的同一性才能度过人生中这个疾风骤雨的时期，而形式运算与环境变化保持的一致性，正适合这个目标。而成人所负的社会责任，需要成人建立稳定的情境与具体社会情境的稳定关系，即能在具体情境中进行思维。因此，许多研究者认为，成人是以专门性、具体实用性、保护社会系统的稳定性为特征。思维的专门性（specialization）是指学会在特定的情境中以某一角色出现在所必须具有的特定的思维方式。思维具体实用性（concrete pragmatics）是指学会一种最好的解决办法来解决可能对角色行为构成威胁的具体问题，人们在某种社会情境中必须采取某种角色行为并使之有意义。而保护社会系统的稳定性（protects towards social system stability）是指学会以维持这种社会情境的方式来进行思维。成人思维的这些特征，总体上可归结为建立稳定的社会情境。在这一点上拉勃维维夫同意皮亚杰关于成人认知发展是形式运算能力对社会顺应的观点，但她认为还包括经验的有效性、实用性所带来的结构变化。

3. 美国心理学家辛诺特（J.Sinnott）的相对性后形式运算　辛诺特1984年提出相对性后形式运算（relativistic post-formal operation）作为认知发展的最高级阶段，来与通常的后形式运算相区别。她指出这个概念来源于物理学“现实是认知主体的创造”的思想，即强调作为认识主体的人的主观性在理解现实过程中的重要作用。在她的相对性思维中有两个相关

笔记

的认识假设，一是知识的主体性。客体知识不可能与个体的主观解释分离。例如，当人们试图去了解自己的人际关系状况时，他对人际关系的理解方式将影响着人际关系的性质。二是理解同一现象时存在着几种都正确或都有效的方法。随着主体所选择的方法不同，所获得的知识也不一样。

辛诺特的相对性思维认为思维者在面临某情境时，必须对几种可能的方法做出选择，所以在相对性后形式运算思维中要充分解决某一实际问题，并不存在着单一的形式分析方法；在解决同一问题时，多种甚至相互矛盾的解决方法也是可能存在的；同时选择、运用某种方法乃是依靠个体内部的力量。

二、成年初期智力的发展

个体发展至成年初期，在智力结构的各个方面均已基本发展成熟，所以，从成年初期智力表现的总体水平来看，的确表现出相对稳定的特点。但与此同时，成年初期个体的智力在性质上仍表现出一些全新的属性。美国学者沙伊（K.W.Schaie，1994）总结了有关成人智力发展的研究，提出了成年期智力发展的几个阶段，指出每个阶段都对应着不同的认知任务。对于成年期的个体来说，在获取知识的有效性方面相对于处于形式运算阶段的青少年没有更大的发展，但成年人的智力特点主要是体现于对知识的应用上，这一特点从成年初期开始便明显地表现出来，而且由于知识的获得及应用在这个年龄阶段形成了良好的有机结合，才使得成年初期个体智力结构中的诸要素在基本保持稳定的同时，仍向高一级水平发展。例如，在观察力方面，成年初期个体具有主动性、多维性及持久性的特点，既能把握对象或现象的全貌，又能深入细致地观察对象或现象的某一方面，而且在实际观察中，观察的目的性、自觉性、持久性进一步增强，精确性和概括性也明显提高。

在记忆方面，对于成年初期的个体来说，虽然机械记忆能力有所下降，但成年初期的前一阶段是人生中逻辑记忆能力发展的高峰期，其有意记忆、理解记忆占据主导地位，而且记忆容量也很大。

在想象力方面，成年初期个体想象中的合理成分及创造性成分明显增加，克服了前几个发展阶段中所表现出的过于虚幻的想象，使想象更具有实际功能。

关于智力的发展问题，据美国著名教育心理学家布鲁姆（B.S.Bloom，1964）研究认为，智力发展的速度是先快后慢，若以 17 岁达到的智力水平为 100%，四岁时大约已发展到 50%，4～8 岁期间发展了 30%，其余 20% 是 8～17 岁期间获得发展的。但另外一些研究认为，个体到成年初期才进入智力发展的顶峰年龄，美国学者威克斯勒（D.Wechsler，1976）用标准化的智力测验检查了 7 岁儿童至 65 岁成年人的智力发展状况，结果发现智力发展高峰期，大约在 22～25 岁，然后开始衰退，衰退的速度是随年龄增长而逐渐地递减的；美国学者迈尔斯（W.R.Miles，1944）曾对个体不同智力成分的发展变化进行了更为细致的研究，发现不同的智力成分在各年龄阶段发展的速度和程度是不一样的，其中观察力发展的顶峰年龄约在 10～17 岁，记忆力发展的顶峰年龄约为 18～29 岁，比较和判断力发展的顶峰年龄在 30～49 岁。由此可见，在成年初期，个体的大多数智力成分在质和量的方面均在发展并达到成熟。再加之成年初期个体具有较充分的文化及经验的积累，成熟的社会性能力及高度发展的自我意识，使其在思维发展的总体水平上，尤其在应用适当的思维策略解决问题方面，显示出了高于前几个发展阶段的特点。

第三节　成年初期恋爱婚姻与职业的发展

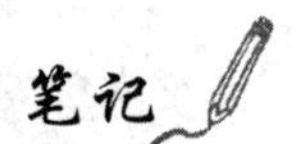

美国心理学家埃里克森（E.H.Erikson，1982）认为成年初期的发展课题是获得亲密感以

避免孤独感，体验着爱情的实现。因此，恋爱、婚姻、家庭的确立以及职业的选择与事业的发展，是这一时期个体发展的主要任务，而这一任务的顺利完成对于个体成功地步入社会具有重要意义。

一、成年初期个体的恋爱与婚姻

成年初期个体情感的发展趋于稳定，而且社会性情感占主导地位。这个阶段社会情感的重要表现形式是爱情，并在此基础上恋爱、结婚。

（一）恋爱

爱情是指男女间一方对另一方所产生的爱慕恋念的感情，是一种跨文化普遍存在的现象，是人的自然属性和社会属性的统一。当个体发育到性成熟时，自然而然地产生对异性的需要，以繁衍后代，延续种族。青少年期个体所萌芽的对性及异性的好奇，到了成年早期逐渐发展为一种强烈的欲望。并且由此开始，个体将对某一异性的情思发展为爱情，并导向恋爱的轨道。

按照美国学者默斯登（Murstern，1987）的观点，爱情的发展一般经历三个阶段：

（1）刺激阶段：通常是双方第一次的接触，双方彼此间的吸引主要建立在表面的、身体方面的特征的基础上，如被对方外貌、年龄或身材吸引。个体留意寻找自己的“另一半”，喜欢打扮自己，注意自己言行，展示自我。

（2）价值阶段：通常发生在双方第二次到第七次之间的相遇过程中。在这一阶段中，关系的特征是双方之间的价值观和信念之间不断增加的相似性。交往双方在考量对方的时候不再是看外表和言谈，而是更多的审核价值取向。对方的家庭、朋友、习惯等都反映了他/她的生活现状，而身处这样的环境下的表现则反映个体的愿望和对未来的期许。情侣之间的这个阶段非常重要，它决定感情是否能继续发展。

（3）角色阶段：大约第八次以后的接触，关系建立在双方所扮演的特定的角色的基础上。双方可能会把自己定义为男女朋友关系，也可能定义为夫妻关系，把自己扮成有家室的人，心头想着念着对方。

成年男女亲密关系经历了对双方外表特征、价值观和最终扮演角色的考察后，沿着三个顺序固定的阶段不断推进，发展出甜蜜的爱情。

1. 恋爱理论　西方关于爱情的科学心理学研究始于 20 世纪 70 年代，产生了 3 种影响较大的理论模型，分别是爱情三角形理论、成人依恋理论、爱情风格理论。

（1）爱情三角形理论（A triangular theory of love）：美国耶鲁大学社会心理学家斯滕伯格（Robert J.Sternberg，1986）的爱情三角形理论认为人类爱情包括三种成分：亲密（intimacy）、激情（passion）和承诺或决定（commitment/decision），三个因素可以看作三角形的顶点，形成“爱情三角”。亲密成分指在爱情中能促进亲近、归属、结合等体验的情感，引起温暖体验；激情成分是指引起浪漫之爱、体态吸引、性完美及爱情关系中的其他有关现象驱力；决定或承诺是指一个人做出了爱一个人的决定或是为了维持爱情关系而做出的承诺或担保。爱情是这三种内在成分的不同排列组合，它们既彼此独立，又互相影响。根据 3 个成分的多寡，可以把爱情关系区分为 8 种类型，即无爱、喜欢、迷恋、空洞之爱、浪漫之爱、友谊之爱、愚昧之爱和完美之爱（图 9-1），完美之爱是三种成分的混合且各成分同等重要。

（2）成人依恋理论：这一理论由美国学者阿藏和谢弗（Hazan & Shaver）1987 年提出的。他们将成年人的爱情关系视为一种依恋过程，即伴侣建立爱情联结的过程，就如同婴儿在幼年时期与双亲建立依恋情感联结的过程一样，爱情关系与母婴依恋的情绪及行为动力为同一生物系统所控制，是自然选择的产物；美国学者里克曼（J.F.Leckman，1989）等人同样关注了依恋在浪漫之爱中的重要作用，并发现亲子依恋和浪漫之爱具有共同的神经生物学基

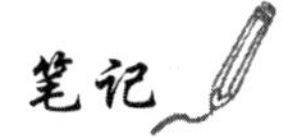

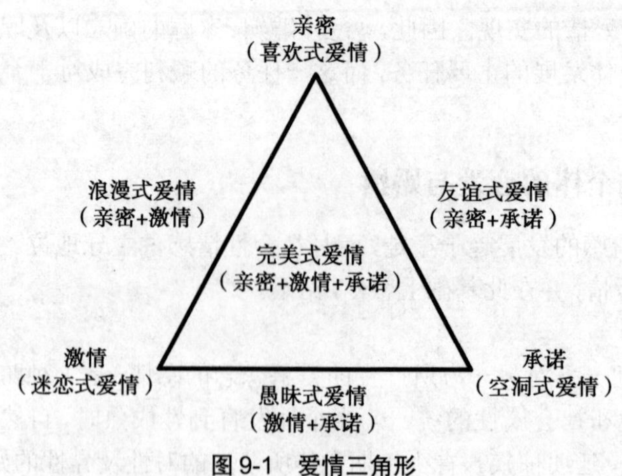

图 9-1　爱情三角形

础。后来，美国学者巴塞洛缪和霍罗威茨（Bartholomew & Horowitz，1991）将成人依恋关系分为四类：安全型、专注型、恐惧型和冷漠型。研究者在依恋类型与成人的婚姻功能、亲密关系质量和理想伴侣形象的关系等方面取得了丰富成果。

（3）爱情风格理论：加拿大社会学家李（John Alan Lee，1973）采用爱情故事卡片分类的方法，归纳出爱情态度的三原色为浪漫、游戏和友谊，男女爱情关系有以下 6 种类型：①浪漫式爱情；②游戏爱情；③同伴式爱情；④现实式爱情；⑤占有式爱情；⑥奉献式爱情。个体在不同的关系中会表现出不同风格的爱，且随时间推移，即使在同一关系中，爱情风格也会发生变化。亨德瑞克夫妇（Hendrick C & HendrickS S，1986）的实证研究验证了李的这一理论。

爱情是人际吸引的最高形式，个体经历过青少年时期的情窦初开后，在成年初期迎来爱情的鼎盛时期。男女间要建立爱情关系，首先需要双方能够互相吸引，而美貌、个性、地域临近、兴趣的相似与互补等都可能成为异性间相互吸引的条件。其次，双方有为建立和维持关系做出努力的意愿，在恋爱关系中乐意奉献的人比回避奉献的人建立的恋爱关系质量好。

2. 我国成年初期的恋爱观　爱情及恋爱的态度是恋爱关系能否建立和维持的先决条件，目前我国成年初期个体的恋爱及爱情观有如下特点：

（1）爱情价值观呈现多元化趋势：国内学者廖莎莎，李欣华等（2009）对当代青年爱情价值观进行了调查分析，发现学历水平越低人群越趋向于贪图性欲和现实功利取向；在理想浪漫取向上大学生存在年级差异；青年人谈恋爱的目的有寻找未来伴侣、体验一次真正的爱情、内心空虚摆脱压抑感等，感情因素并不是恋爱的唯一出发点，寻求精神寄托、满足自身生理需求和从众心理也占有一席之地。此外，金钱在当今青年婚恋观中的地位上升，经济基础成为婚恋双方考虑的重要因素。其原因在于：一方面市场经济提升了金钱在人们心目中和社会生活中的地位，人们在现实婚恋中感受了它的“魔力”；另一方面市场竞争和消费诱惑给婚恋生活带来了压力。因此青年在婚恋中追求情感的同时，金钱等物质的因素成为重要条件甚至是硬件，车子、房子、票子、位子等情感之外的东西左右着婚恋双方的判断和选择。2010 年全国妇联中国婚姻家庭研究会进行的全国婚恋调查显示，20～35 岁人群中，49.7% 的女性将经济条件看作重要的择偶标准，54% 的男性将容貌外表作为重要的择偶标准，男人在择偶时更注重对方的外貌、性格、年龄等方面，女性比较关注对方的经济收入和社会地位，这反映了现代人对婚姻的认识。特别值得注意的是青年农民工群体的婚恋观的变化，其因工作等原因长期居住、生活在城市，受到城市文化的熏陶，男性和女性都不愿意娶或嫁给农民。

笔记

(2) 当代青年择偶更注意个体内在的素质，注重爱情等精神需要：张进辅等(2007)研究发现，青年最看重的九个择偶标准依次是人品、爱情、性格、责任、未来幸福、健康、才能、兴趣、发展前途。在职青年中最重视的前三项条件是品德修养、性格脾气、健康状况；在校学生重视的前三项条件是：性格脾气、品德修养、外貌身材。另外，事业发展潜力、职业、学历、健康状况等方面，女性的要求略多于男性。而肖武(2016)基于全国4739个样本调查中发现，在青年择偶标准问题上，排列在前三位的因素依次是：个人品质、个人能力、双方感情，然后是家人意见、家庭背景、外表、学历，最后是门当户对。

(3) 当代青年对婚前性行为持有更为包容的爱情道德观：他们认为性是一种个人化活动，不应该以道德和法律来衡量。纪秋发(1995)一项对北京市497名青年的调查显示，在已婚或已有恋人的272人中，有48.2%的人有过婚前性行为。所有被调查者中有51.5%的人认为"恋人间的婚前性行为是正常的，可以理解的"，认为是"不正当"的只有13.6%；而从道德上加以谴责，认为婚前性行为是"道德堕落"的人只有14.8%。虽然青年男女对性关系持比较开放的态度，但他们并不是性自由论者。性行为的一个最基本的前提是男女间存在着爱情，但是否有合法的婚姻形式则不被看作是一个重要的条件。40.3%的被调查者同意"只要两个人相爱，不结婚也可以发生性关系"。

(二) 成年初期个体的婚姻特点

对于大多数处于成年初期的青年而言，恋爱双方最终会走进婚姻的殿堂。婚姻是神圣的，是爱情在内容和形式上的升华。幸福的婚姻起到保护、巩固和发展爱情，完善人类繁衍、稳定和进步的作用。青年在婚姻中使爱情得到升华，体验着生活的喜乐。现阶段我国成年早期个体的婚姻具有以下特点：

1. **为爱而婚** 为爱而结婚的想法是我国成年早期个体婚姻思想的主流，在青年婚姻状况调查中，93%的年轻人认为"爱情是婚姻的基础，应为爱而婚。""结婚不仅是共同生活的需要，更是情感交流、关怀的需要。"反对无爱婚姻，认为"和没有爱情的人生活在一起是残忍的。"肖武等的研究(2016)表明，结婚的最重要目标已经不是"生儿育女"，更不是"两性需求"；"相互扶持"和"因为爱情"才是结婚的最主要目的，

2. **结婚是投资** 婚姻在承载爱情的同时，人们更多地希望它是生活的保障，在现实中日趋功利化。对于婚姻的选择，被不少青年人视为投资行为，甚至是投机行为。看重收入、职业、有无房车等与经济实力相关的条件，借助婚姻改变自己在家庭、社会的地位；"抢先淘得第一桶金"，这种急功近利的心态也为今后的婚姻生活埋下了隐患。

3. **独身主义** 独身主义是指他(她)们在生活能力上，生理上完全可以结婚，但由于不愿意承担家庭的负担或感情遭受挫折而自愿地保持单身。由于经济和物质条件的宽裕，现代社会中的独身群体逐渐扩大。一部分青年人，他们追求个性解放和生活自由，拒绝婚姻，拒绝家庭；另外一类青年人，他们不排斥婚姻，不拒绝爱情，但是他们是完美主义者，会把婚姻理想化，对配偶过分挑剔，因此宁愿独身也绝不勉强自己；还有一部分人认为，独身而不禁欲才是最佳人生方案。

4. **特殊的非婚关系——试婚** 试婚是指男女双方以婚姻为目的、未经法律允许和道德约束，带有试验性质的同居行为。试婚这种特殊现象在我国悄然流行，甚至渐成时尚。据调查(许传新，2002)，上海市处于20～35岁的青年中，未持有结婚证件的试婚男女所占比例是19.8%，100对具有大专文化程度的新婚夫妇中，30%有过婚前同居生活。当前，我国大学生婚前性关系发生率呈上升趋势，一些大学生租房同居也是公开的秘密。

不能否认，大多数试婚者的最初动机都出于渴望日后有个幸福美满的婚姻。但由于各种社会的或自身的原因，他们对婚姻暂时还缺乏一定信心，所以决定在正式登记结婚前同居生活一段时间，彼此熟悉，彼此磨合，彼此适应，以确定这桩婚姻对自己和对方是否合适。

笔记

有人戏称为：先上车后补票。

试婚既然是“试”，就会有两种结局：要么成功地走向幸福的婚姻；要么以失败告终。试婚是否真能像试婚者希望的那样，有助于进一步了解对方的性格、兴趣、生活习惯，使将来婚姻更加稳定；有助于预先感受性爱，了解彼此性能力，从而提高接口婚姻质量？对每一位选择这种生活方式的青年男女来说，走上试婚路之前，不妨多些理智，少些冲动，多份责任感，少份游戏态度。

5. **特殊婚姻现象**　近年来，“闪婚”“裸婚”等行为成为青年婚恋中一种新奇并愈演愈烈的现象。“闪婚”，顾名思义就是快结快离，研究者（李银河，2005）认为，这一现象的出现，根本原因是婚姻性质从家庭到个人的转变，结婚不再是两个家庭的结合，而只是两个人的结合，婚姻成为一种个人行为。城市年轻白领和青年农民工群体成为“闪婚”族主体，前者经济独立、观念开放现代，而后者多为城乡二元体制下的“过年回家突击结婚”且货币资本成为重要媒介。婚前接触时间过短、缺乏感情基础的“闪婚”造成青年婚姻生活的不和谐，也一定程度影响社会的稳定。

“裸婚”是当代青年走进婚姻中最新潮的一种结婚方式，他们用“没房、没车、没钻戒、没婚纱、没存款、没婚礼和没蜜月”，用诸多的“无”来诠释节俭的结婚方式。它与经济、社会因素有关，又受个人选择的影响。不同于中国传统家庭理念，现代年轻人越来越强调婚姻的自由和独立，“婚礼”在年轻一代婚姻中，被重视的程度日益削弱，甚至“隐婚”现象也时有出现；另一方面，婚姻成本的畸高，社会压力过大，无房、无车、无存款的“三无人员”过多，在这样背景下，“裸婚”日益展露苗头。研究者表示，尽管“裸婚”、“半裸婚”在更多情况下是一种无奈，但被认为是回归婚姻本质的表现和婚姻走向文明进步的标志。在青年人看来，婚姻并不是物质，而是相互扶持、共同努力的精神和相互依靠的温暖。

二、成年初期个体的事业发展

成家和立业是成年初期个体的两大人生发展课题。从某种意义上讲，青年的事业发展决定着他们以后的生活道路。这一时期青年的事业发展的重点在于职业心理的发展完善和追求事业上的成功。

（一）成年初期个体职业心理发展的特点

人的职业心理是一个终身发展的过程，贯穿于人的一生。美国职业指导专家金斯伯格（E.Ginzberg，1953）认为，人们在职业选择中往往经历一系列典型阶段：①幻想阶段（fantasy period）：人们对职业的选择不考虑技术、能力或工作机会的可获得性，而仅仅考虑这份职业听起来是否有意思，这一阶段持续到 11 岁左右。②尝试阶段（tentative period）：人们开始考虑一些实际情况，务实地考虑职业的要求以及是否符合自己的能力和兴趣。同样，他们也会考虑到自身价值和目标等，这一时期涵盖整个青春期。③现实阶段（realistic period）：成年初期个体根据自己的实践经验或职业培训，明确自己的职业选择。

成年初期个体大体可以分为两类：即进入大学、中专等学校继续学习的青年和中学毕业后直接就业的青年。

对于继续学习的青年来讲，职业心理的发展可分为三个阶段：

1. **矛盾困惑阶段**　职业意识矛盾、困惑较多发生在大学一年级。刚入学的大学生带着高中时期初步形成的职业（专业）意识进入大学。经过一段时间的大学生活，很多人开始怀疑自己对职业（专业）的选择，心理处于矛盾、困惑之中。造成这种情况的原因：一方面是很多大学生入学前对本专业实际了解不够；另一方面是所学专业为父母代选，并不是学生本人所喜欢的专业和职业。

2. **综合考察阶段**　综合考察自己从事的职业发生在大学二三年级。大多数矛盾困惑的

大学生随着对所学专业的逐步了解，逐渐走出了困惑，他们开始客观的分析社会需要和个人的个性品质、知识、兴趣，能够比较全面地综合各方面因素去考察职业问题。如通过转专业、选修第二学位等方法重新寻找专业与职业的契合点。

3. **适应完善阶段** 完善职业意识大多发生在大学毕业到参加工作的前1～2年，个别的甚至持续更长。此时的青年根据自己的经历、经验以及自己的理解不断地去调整职业心理，不仅使职业心理适合自己的需要，还有适合于社会的需要和国家的政策，使职业心理得到不断的发展和完善。

而对于中学毕业后直接就业的青年而言，在职业选择中他们的职业态度常根据可供选择的职业而定，也可经过一段时间的工作实践做出适应性调整，发展起比较稳定的职业心理。

（二）成年初期个体事业发展的特点

追求事业上的成功是成年初期个体职业发展的总特点。具体表现为：

1. **事业的选择** 选择事业是事业成功的开始，但是职业选择并不是一件容易的事。它是一个认识自我和社会的过程，涉及个体及社会诸多因素的影响。

职业兴趣（vocational interest）是指人们对即将从事或正在从事的某种职业活动的喜爱程度，是影响职业选择的一个重要因素。美国著名的职业指导专家霍兰德（John Holland，1959）认为兴趣属于广义的人格，它是人格中对职业影响最大的部分，是匹配人与职业的依据。他在长期职业指导实践的基础上提出了著名的职业兴趣理论，将人的兴趣类型分为六种：社会型、企业型、常规型、现实型、研究型、艺术型。大多数人可以归于六种兴趣类型中的一种，现实中也有六种与之对应的职业模式，人们倾向于寻找和选择那种能发挥个人能力，实现自身价值的职业环境。

有利于个人发展是成年初期青年择业时的一个显著特点。自我实现的需要是人的一种高级需要，对于刚刚步入社会的青年人来讲，他们富有活力，思想开放，但有一定的理想主义色彩，而职业又是他们实现人生理想的基础。青年人往往选择自己喜欢和愿意干的职业，希望能在职业中发挥自己的特长，能把自己所学到的知识应用到职业中去。当代青年选择职业的标准是什么？张进辅（2003）认为，成年初期个体职业选择最优先考虑的五项择业标准依次是：工作有发展前景、能发挥个人的潜力、有较高的工资收入、工作符合自己的兴趣、有较好的工作环境和团体氛围。周倩、王松洁（2016）调查了我国大学生毕业后期望从事的职业，超过70%的学生期望从事专业技术性的职业，17.3%的学生期望成为商业服务人员，较少比例学生选择国家机关工作人员、办事人员、生产运输设备人员和自由职业者；且学生职业选择与工作单位选择契合度较高。

除此之外，现代青年的择业观也不再是一次选择定终身，而是朝着多元化方向发展。他们勇于接受时代的挑战，能够根据自身的性格、能力以及兴趣适时的调整个人的职业目标，这对于人才的合理配置起到很大作用。青年也在不断的调整中充实和完善自己，从而为社会做出更大的贡献。

2. **职业的价值观** 职业价值观（occupational values）是价值观在职业选择上的体现，是人们对于职业的一种信念和态度，或是人们在职业生活中表现出来的一种价值取向。成年初期个体在事业上是否成功，往往与职业的价值观联系在一起。

实用主义是大多数现代青年职业发展中的价值取向。现代青年择业观不再是过去那种重利轻义的传统观念，而是把对经济利益、社会地位和自身价值的追求放到了突出的位置。他们以全新的思维方式去面对生活，不安于现状，不迷恋固定职业，不为从事传统所尊敬的职业而牺牲个人的兴趣和才能，如果能为自己获得更好的发展机会和生活条件，他们可以到社会需要的任何地方去工作。现代青年在择业时已经不再注重虚无的名望，而是带有强烈的实用主义色彩。

3. **职业心理准备** 对于刚刚步入社会的青年来讲，良好的职业心理准备是追求事业成功的基础。职业心理准备主要包括：①准确把握职业的意义；②充分了解和认识社会；③认识自己，准确定位，扬长避短；④培养自己主动和积极的竞争心理，需强化择业的自主意识；⑤发展职业需要的技能和品质。

三、成年初期的社会心理适应

成年初期个体的心理适应范围很广，主要表现在对婚姻、职业和子女的适应三个方面。

（一）对婚姻的适应

婚姻由男女双方缔结而成，在缔结的过程之中或之后，需要有一个适应的过程。如果适应成功，则是一种美满的或比较美满的婚姻，如果适应失败最后的结局往往是离婚。

婚姻适应是成人初期最重要、最严峻的人生课题。婚姻中的人际关系，比其他人际关系更难适应。婚姻适应成功主要从六个方面表现出来：

1. **相亲相爱，忠贞如一** 夫妻双方对夫妻之间的恩爱感情，要忠诚专一，并要形成互敬、互爱、互信、互勉、互助、互让、互谅、互慰的平等和谐的关系。

2. **性生活和谐** 性的适应是一项重要的适应任务，所以夫妻双方要了解一些有关性生活的生理常识和卫生知识，实现和谐美满的婚姻生活。

3. **处理好家庭人际关系** 不管是小家庭还是大家庭，都要处理好与配偶家人及外人的关系，家庭各成员之间要相互尊重、关心和爱护。

4. **家庭经济生活民主化** 家庭生活有夫妻协商、共同管理，家庭有良好的预算、支出，不欠债、不借贷，适当储蓄，经济生活民主化。

5. **共同做好家务劳动** 在中国“男主外女主内”的传统夫妻角色日趋改变，因此，夫妻双方分担家务，互相理解和支持，是很重要的。这样就不会出现懒丈夫综合征（lazy- husband syndrome），即由于丈夫不管家务而导致夫妻间感情的紧张和摩擦。

6. **扮演好父母角色** 随着孩子的出生，夫妻在家庭中的角色发生了转化，扮演好父母这个角色对于孩子的健康成长至关重要。

以上六条是婚姻适应成功的基准，与之相反的就是婚姻不适应。婚姻不适应的结果是夫妻感情的破裂，严重的会导致离婚。这种现象在成年初期婚姻生活中较为普遍。

（二）对子女的适应

成年初期当个体结婚之后，随着孩子的出生，夫妻的二人世界被打破，夫妻双方对孩子必然要有一个适应的过程。

美国社会学家马克•赫特尔（Mark Hurter，1988）的研究表明，83% 的夫妇愿意将第一个孩子的来临称之为“广泛的”或“严重的”危机，因为为人父母后，在社交活动、家务负担、经济开支、住房条件和夫妻交流以及感情等方面都会受到不同程度的影响。例如，第一个孩子有可能危及夫妻亲密婚姻关系的发展。62% 首次做父亲的人都感到自己被“冷落”了。又如以家庭劳动时间来说，在没有小孩时，一个人做家务的时间为每周 30 个小时，但有了小孩后，特别在孩子还很幼小时，一个人每周做家务的时间就大大地增加了，这种时间上的增加，意味着家务负担的繁重。

如何对待孩子，不同的青年夫妇会出现不同的适应风格：第一种是晚育；第二种是根本不要小孩；第三种是重新明确父母的职责，夫妇一起承担起家务负担；第四种是留有一定时间，用于夫妇之间的接触，这是一段双亲时间（parents’time），届时将孩子“忽视”片刻；第五种是接受如何实施父母的优育和优教措施。

（三）对职业的适应

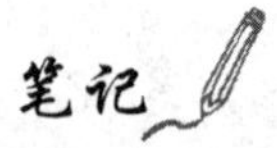

个体一般都是在成年初期就业的。就业后，对职业都会有一个适应的过程。这些适应

包括对工作本身的兴趣、投入工作时间的长短、与同事和上司的关系、对工作环境的态度等。

1. 影响职业适应的因素 影响职业适应的因素很多，主要取决于以下几个方面：

（1）性别：与女性相比，男性既表现出有较好的适应性，但又表现出较大的不稳定性或流动性。

（2）年龄：年龄越大人们改变职业的可能越小。不同年龄的个体对职业适应的内容有所区别：成年初期主要是追求工作和成绩，中年以后主要追求的是薪水和职位。

（3）看工作是否能实现主体所希望的角色：当工作能实现主体希望的角色时，主体会感到满足，于是全身心投入职业生活，适应性也好；否则就不感兴趣，适应性也就差了。

（4）职业训练（受教育程度）和职业能力：职业能力是一种特殊能力，对某一工作，个体职业训练有素，功底好，能力强，则胜任该工作，适应性水平高；否则就难以胜任工作，适应性差。

2. 职业适应的评价 有两个标准可以评定年轻人对职业适应的成功与否，第一是工作的成功与成就；第二是个人与家人对这个工作及社会经济地位所感到的满意程度。

（1）工作成就：成年初期正值个体的“而立”之年，“三十而立”，表现出青年追求事业成功的心理，正是这种追求使青年将全部精力投入到工作上，促使一个人到30岁时事业有成。但影响职业适应的因素是多方面的。中年期以前，职业上的职务、地位等分化是十分明显的。直到中年后期，祈求成功的愿望不如成人前期那么强烈，代之而来的是安全感，到那时才会出现职业稳定性比发展性更重要的情形。对职业适应最差的是失业者。

（2）满意程度：影响职业满意程度的因素既有内在因素，也有外在因素。前者指工作给予主体自我实现的机会，允许潜力发挥的余地，能获得赞许、责任与发展的程度及知足的愿望程度等。后者指上司的为人、公正性和期望，工作的环境、性质和条件、薪水与福利等。个体对职业满意的程度，取决于内在因素和外在因素的交互作用和诸因素的整体效应。

第四节　成年初期人格与社会性的发展

一、成年初期自我意识的发展

儿童期至青年期个体自我意识的发展，促进了成年初期自我的形成。儿童期个体在与外部世界联系的过程中认识到自身的存在，到青年期开始注意到自己的内心世界另一个“我”的存在并将注意力集中到发现自我、关心自我的存在上，直至成年初期思考“我是谁”“人生的意义是什么”“人为什么活着”等问题，自我的形成是经过整个青年期的分化、整合过程之后得以最终完成的。影响这一过程的因素既包括个体积累的知识经验、对他人的态度、来自他人的评价，也包括个体独立的意识及自身在社会中的作用、地位和身份等。

青年在生活中所积累的知识经验直接影响到自我意识的发展，特别是“成功”和“失败”的经验，对自我的形成及自我意识的发展具有巨大影响。青年正是通过自己对这些经验的再评价，来不断修正自我意识。

另外，在来自他人的评价也会直接对自我意识的修正、自我的形成产生作用。自我意识尚未得以确立的青年，往往对他人的评价非常敏感。成年初期的青年可以通过对他人对自己的态度、评价来认识并确认自我的存在价值。

成年初期自我明显的分化，意味着自我矛盾冲突的加剧，其结果造成自我在新的水平和方向上达到协调一致，即自我统一。但是，这并不意味着自我发展的结束。自我的形成，是以自我同一性确立而获得安定的心理状态为标志的。

笔记

二、成年初期自我同一性的确立

埃里克森(E.H.Erikson，1982)将人生历程分为八个时期，每个时期都有其特定的心理、社会发展课题，他称之为“心理、社会的危机”。个体随着发展课题的完成、危机的解决，就会产生积极的品质，反之就会产生消极的品质。埃里克森认为，青年期的发展课题是自我同一性的确立，防止同一性扩散，而进入成年初期之后，发展课题是获得亲密感以避免孤独感。

开始步入成年初期的青年，虽然他们已有能力承担诸多社会责任和义务，但他们在做出某种决断的时候往往进入一种“暂停”局面，以尽可能地满足避免同一性提前完结的内心需要。在延缓所承担的义务和责任的同时，青年学习并实践着各种角色，形成各种本领。由于确立自我同一性，需要有一定的时间，在这一时间内，青年可以合法地延缓所必须承担的社会责任和义务，因此，青年期又被称为“延缓偿付期”。这是一种社会的延缓，也是一种心理上的延缓，因此也称为“心理的延缓偿付期”。

大学毕业并踏入社会以后，青年期的延缓偿付期已经结束，青年开始被看作一个能独立地履行社会责任和义务的实体。与此同时，他们也开始获得了成人的许多权利，具备各种能力并准备着去实践各种社会生活，期以进入成人社会。进入成年初期的青年，需要在自我同一性的基础上获得共享的同一性，这样才能获得美满的婚姻而得到亲密感。而亲密感对能否满足满意地进入成人社会有重要作用。

自我意识的发展和自我同一性的确立，决定着个体自我发展的方向和水平，影响着人生观和价值观的形成和稳固。因此，自我意识的发展和同一性的确立是成年初期的重要发展任务。

三、成年初期人生观、价值观的发展

成年初期的青年正处于人生观、价值观的形成-稳固时期，也是最为迫切、最为认真地关心人生态度、生活方式、生存价值等一系列问题的时期。

(一)成年初期人生观的形成与发展

人生观并非是与生俱有的。人生观的形成和发展，是以个体的思维和自我意识发展水平，以及对社会历史任务及其意义的认识为心理条件的。林崇德(1989)认为，个体的人生观萌芽于少年期，初步形成于青年初期，人生观的成熟或稳定是在青年晚期或成年初期。青年初期之前，个体对人生虽能提出各种疑问，但探索人生的道路和思考人生的意义往往不是很自觉、很成熟的。进入青年初期之后，随着社会生活范围的扩大，生活经验的丰富，心理水平的提高，个体开始较为主动和经常地从社会意义与价值来衡量所从事活动和接触的事件，这一时期青年作为迫切、最为认真的关心人生态度、生活方式、生存价值等一系列问题，他们开始思考“人应该怎样去生活?”“人生的价值、人生的意义是什么?”等与人生密切相关的问题。在他们身上清楚地反映出对人生的探求和摸索，以及为确立人生观所做出的各种努力。但由于这个时期的人生观是从感性体验中得来的，因而并不稳定。到了青年晚期及成年初期，随着个体思维和自我意识水平的快速发展，特别是随着社会性需要发展水平的提高，个体加深了他们对社会生活意义与作用的认识，使他们不至于因外界环境条件的变化而改变对社会生活意义的看法，从而使青少年初期初步形成的人生观日趋稳定和巩固。

(二)成年初期价值观的发展

1. 成年初期价值观的形成 价值观是指个体以自己的需求为基础，对事物的重要性进行评价时所持的内部尺度。价值观作为一种观念系统，对人的思想和行为具有一定的导向

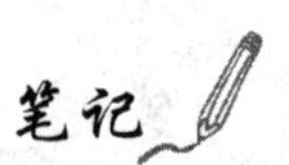

或调节作用，使之指向一定的目标或带有一定的倾向性。从微观的角度看，价值观是世界观的重要组成部分；从宏观的角度看，价值观是特定社会文化体系的核心。

成年初期价值观的形成是与自我意识的发展密切联系、相辅相成的。价值观影响着自我意识的发展水平，自我意识的发展水平又影响着价值观的形成。价值观一旦形成，就可以促进个体人格的整合，从而保证人的行为的一贯性和连续性。而行为的一贯性和连续性，是个体步入社会、履行成人职责的先决条件之一。

日本心理学家加藤隆胜（1983）研究了人生观、价值观的形成条件。结果发现，男女都以“随年龄的增长自然形成”作为回答者居多。这表明许多人都感到价值观、人生观的形成并不是以某一事件为契机，而是以综合过去的经验为基础的。同时，社会的变化，家庭生活、书籍、演讲、电影等都深刻地影响着青年价值观、人生观的形成，是价值观、人生观形成的重要条件。

价值观的形成将会规定价值评价的标准、价值体验的本质及价值判断的根据，从而促进人格的整合。

2. **成年初期个体价值观三个成分的变化** 价值观的基本成分是价值目标、价值手段和价值评价，成年初期个体价值观的成分发生了演变，主要表现为：

（1）价值目标方面的变化：价值目标是价值观的核心成分。它决定着成人初期价值观的性质和方向，指导着青年的生活道路和行为方式的选择，并推动着青年社会实践的进程，因而成为价值观的重点。成年初期价值目标的变化，主要表现为个体对人生目标的看法的变化。

目前关于价值目标的考察和研究多采用个人价值观取向和社会价值取向。陈科文（1985）对北京高校528名大学生的人生目标进行了调查，结果发现追求社会价值的大学生占大多数（73.2%），表明大学生的人生目标是以社会取向为主导，但个人取向也占有一定比例。黄希庭、张进辅（1989）采用罗克奇的“价值调查表”对青年的终极性价值进行了调查，研究发现，一方面可看到目前青年价值目标的积极性和进取性，另一方面也发现某些青年存在不求上进、胸无大志，个人主义严重等消极现象。而且随着年龄的增长，个人价值取向有逐步增强的趋势。

综合国内外已有的研究成果，表明当代成年初期的人生价值目标主要呈现出以下特点：①多数人在观念上认同社会人的人生取向；②相当比例的人试图在社会和个人取向之间维持一种现实的平衡，强调自我与社会融合、索取与贡献并重；③少数人崇尚个人奋斗的人生目标；④随着年龄的增长，个人价值取向有增加的趋向，价值目标内容出现多元化的趋势。

（2）价值手段方面的变化：价值手段是实现价值观的保证。它直接关系到个人所选择的人生道路。彭凯平、陈仲庚（1989）通过调查发现大学生价值倾向由强至弱的顺序是政治、审美、理论经济、社会和宗教，且存在着性别差异。主要是男性更重理论倾向，女性更重审美倾向。曾建国（1990）采用生活方式问卷对1354名各族青年人进行了人生价值手段的调查，各族青年选择排在前面的是“多彩生活”、“开朗达观”、“传统美德”“友好协作”“奉献自我”“奋斗拼搏”。李春玲（1991）在全国9省进行的“中国青年价值取向”的调查中发现，面临挫折时采取坚决抗争或消极态度的青年各占15%，而大多数青年宁愿采取转移目标或接受现状的折中态度。

葛缨（2011）认为成年初期个体在价值手段上的主要特征是：①多数青年努力进取、自强不息；②价值手段出现自我取向和多元化的趋势，比较重视个人素质的作用；③在遭遇重大挫折时，多数青年在进取和接受现实之间采取调和折中，少数人采取消极退缩的应对方式。

（3）价值评价方面：价值评价也是价值观的重要方面，它对个体价值观的确立、维持或

笔记

改变，以及相应的社会态度和行为起着调控的作用。它反映了价值观的动力特征。

人们在社会生活中，总是会依据一定的价值标准，对人生和社会行为的价值进行评价并由此产生值得不值得、幸福不幸福的价值感和意义感，从而对价值目标和手段的方向、程度及相应的社会行为，产生促进或维持或阻止或改变的影响。错误的价值评价，会导致错误的人生态度，必然对人生前途丧失信心，苦闷空虚，悲观厌世。而正确的价值评价则产生乐观主义精神为主导的人生态度，因而能正确地对待人生道路上的各种境遇，能够正确的地科学地进行价值评价、认识人生的意义。

近年来的众多研究表明，成年初期个体的价值评价的主要特征是：①多数青年在观念上赞同社会和集体取向的价值评价标准，其人生态度主流是积极的；②不少青年力图在"贡献"和"功利"标准之间求得平衡，在现实中具体评价内容侧重于所面临的人生重要课题，如事业、自身发展、婚姻家庭、友谊等；③在价值评价标准上具有较大的独立性和稳定性；④少数青年推崇个人取向的价值评价标准；⑤随着年龄增长和时间的推移，青年群体中赞同个人取向的价值评价标准的比例有所增加。

四、成年初期的社会性发展

成年初期由于个体社会角色的变化，其社会性发展出现了新的特点。主要表现为社会关系、友谊以及心理适应等方面的变化。

（一）成年初期社会关系的特点

1. 社会角色的变化 社会角色是指人们在社会生活中不同发展时期所具有的不同角色身份，以及与之相适应的行为模式。

在人生所扮演的各种社会角色中，除性别角色之外，多数角色是变化的。特别是随着年龄的变化，会不断地出现各种社会角色的更替。成人初期，每个人的社会角色都发生了很大的变化。因此，处于这一时期的个体要通过角色学习来了解和掌握新角色的行为规范、权力和义务、态度和情感，以及必要的知识和技能等，以实现角色与位置、身份相匹配，使个体在现实生活中扮演的角色符合社会对该角色应遵守的行为规范的要求，达到角色适应。

成人初期社会角色的变化主要表现在以下几个方面：

（1）从非公民到公民的角色转化：进入成年初期之后，随着生理、心理的成熟，个体成长为独立的社会成员，社会角色发生了很大变化，即从非公民转化为公民，并开始享有公民应有的权利和义务。从非公民到公民的角色转换在个体心理发展中具有重要意义，它标志着个体进入了一个崭新的人生发展阶段。成为真正意义上的社会人。

（2）从学生到职业人员的角色转化：成人初期是个体由学生转变为职业人员这一角色转换的重要阶段。在这个转换过程中，个体首先要经历对职业角色的探索、确立，进而达到稳定发展的阶段。美国职业管理学家萨帕（Donald E.Super）认为，成人初期在进行职业选择过程中，应该处理好五项职业发展任务。第一项发展任务是结晶化（crystallization），约14～18岁。个体将职业观念整合到自我概念之中，并形成与自我概念相关的职业观念。第二项任务是职业爱好专门化（vocation preference specification），约18～20岁。个体主要学习职业训练课程，为择业做适当准备。第三项发展任务是职业爱好落实（implementation of a vocational preference），约20～25岁。个体进行广泛的职业训练，或者直接承担所爱好的职业。第四项发展任务是稳定化（stabilization），约25～35岁，个体落实了具体的某一特定职业，并通过尝试适应工作。第五项发展任务是巩固（consolidation），约在35岁之后，个体在本职业上获得一定程度的成功和某种稳定的地位。在以上五项发展任务中，每项发展任务都包含着探索和确立两个阶段。

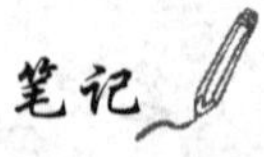

（3）从单身到他（她）人配偶的角色转换：埃里克森（E.H.Erikson，1982）的心理社会发

展理论认为，成年初期个体发展的主要任务是获得亲密感避免孤独感，体验着爱情的实现。因此，大多数青年男女都是在这一时期开始恋爱、结婚，完成了从单身到他(她)人配偶的角色转换。

(4) 从为人子女到为人父母的角色转化：个体在结婚之前，在家庭中扮演的社会角色是单一的，即父母的儿女；结婚之后，随着孩子的出生，这种单一的社会角色发生了变化，个体不再只是父母的子女，更为主要的是担当起孩子父母的角色。这时，个体在家庭中承担着既为人子女又为人父母的双重的社会角色。

成人初期个体在职业发展过程中表现出从最初的对职业的向往到全身心地投入工作，并在工作中开创自己的事业，有所作为，为自己赢得一定的社会地位。

2. **社会交往的特点** 成人初期随着个体社会生活领域的扩大，以及社会角色的变化，人际交往的范围和形式与以往相比发生了明显的变化。特别是随着个体在经济、心理等方面独立于父母或其他成人，开始工作，经历爱情、婚姻并成立家庭之后，社会交往比以前又增添了同事关系、上下级关系、夫妻关系、代际关系等重要的人际关系，使人际交往更加繁琐复杂。处在这一阶段的个体随着自我同一性的发展，对自我有了重新的认知，开始摆脱那种肤浅的、表面的对外界及对自我的认知，在人际关系上也有了新的特点，表现为个体不仅能够体验人际关系的深刻内涵，而且也能领会与人交往的艺术。能够按照自己的需要、愿望、能力、爱好同其他人发展良好关系，并在交往表中表现出对他人更友好、和善和尊敬，能够准确地感知他人的思想、情感，赢得特别的好感和支持，为开创自己的事业奠定社会关系的坚实基础。

（二）成年初期个体的友谊

友谊是个体在交往活动中产生的一种特殊情感，它与交往活动中所产生的一般好感是有本质区别的。成年初期的友谊发展仍然具有重要意义。

1. **友谊发展的阶段** 从青少年期到成年初期，友谊的发展有一个渐进的过程，共分为三个阶段。

第一阶段是少年期：这个时期突出的心理特点是渴望有很多朋友，受他人欢迎。但由于进入青春发育期，身心发育不同步，心理承受水平落后于生理发育水平，此时对友谊的理解并不深刻，友谊关系的维持主要依靠共同活动，而不全是情感上的共鸣，因而友谊的稳定性较差。

第二阶段是青年初期：个体一方面力图摆脱成人的束缚和依赖，独立地走向社会，另一方面又面临社会中的种种矛盾和困难，因此渴望得到知心朋友的帮助和支持，获得某种安全感。他们把友谊视作相互之间的忠诚和信赖，这就使友谊关系得到深化，稳定性提高。由于迫切需要友谊，因此担心得不到友谊或失去友谊的焦虑情绪也在这阶段达到较高程度。

第三个阶段是17～18岁以后(成年初期)：个体心理发展逐渐成熟，个性特点日益稳定、明显，对友谊的理解更为深刻，友谊关系建立在相互间的亲密和情感的共鸣基础上，友谊在这个阶段中得以内化，其稳定性进一步提高。

2. **成年初期友谊的特点** 情绪依恋的需要是青年友谊产生的基础。友谊的本质是一种愿意与他人建立和维持良好关系的情感需要，是成年初期主要的情感依恋方式与人际关系。友谊的需要是成年初期社会化的标志之一。友谊的行为特征是同情、热情、喜爱与亲密。

成年初期友谊的特点主要表现在以下几个方面：①择友的条件。成年初期个体在择友方面与其他年龄段一样，也是以情趣相投为基础。只是这个时期的情趣更多地放在工作、社交、志向及价值观等方面。这些方面的类同和共鸣，是成年初期个体择友的基础。②交友的数量。成年初期个体交友的数量不如青少年期，由于大量成年初期的男女已婚，他们的精力更多集中于家庭生活，自然在交友数量上就会减少；即使未婚成年人，由于择友条件

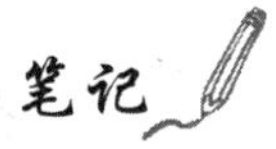

更重质量，因此与青少年时期相比，所交朋友在数量上有所减少，但朋友之间的亲密性却在提高。③知己的程度。成年初期个体一般都有一些老朋友、挚友或知己。但知己的程度却是不一样的。成年男女拥有的知己数量，要看其是否能够把自己的兴趣、问题与希望向别人倾诉而定。④朋友的类型。美国心理学家赫洛克(Hurlock，1982)通过研究发现，已婚成年初期男女的朋友一般可分为两类，一类是兴趣相投的同性朋友；另一类是家庭朋友，即配偶双方都一起认识的朋友。低社会经济阶层的已婚成人的“家庭朋友”，通常要少于高社会经济阶层的已婚成人。

第五节　成年初期常见心理问题与干预

成年初期是个体发展的一个重要时期，它是个体从幼稚的儿童期走入成人社会的第一个阶段。在这一阶段，个体在发展过程中常见的心理问题主要有以下几类。

一、网络成瘾

网络成瘾属于无成瘾物质作用下的上网行为冲动失控，表现为由于过度使用互联网而导致个体明显的社会心理功能损伤。网络成瘾也同样是成年初期出现的障碍。

(一)网络成瘾的主要表现

1. 不由自主的强迫性网络使用，上网几乎占据所有的时间和精力。

2. 在网络中获得强烈的满足感和成就感。

3. 一旦停止网络上网会出现心理和生理方面明显或严重的不良反应，如抑郁、焦虑、行为障碍和社交问题等。

(二)成年初期网络成瘾的原因

网络成瘾的原因不是单一的，既与个体人格因素息息相关，同时也受到外部环境譬如社会环境、网络环境及家庭环境、生活压力等的影响。

1. **个体人格特征**　李秀敏(2006)总结了国内外关于网络成瘾大学生的个性特征研究成果，认为大学生网络成瘾患者往往具有以下人格：喜欢独处、敏感、倾向于抽象思维、警觉、不服从社会规范等。生活中那些性格内向、受挫力低、在人际交流中感到困难而且家庭缺乏幸福感的大学生容易对网络产生依赖，形成网络成瘾。

2. **网络本身的特点**　网络具有匿名性，具有不受现实生活交流方式限制的自由度，尤其是网络运行具有的娱乐性、互动性和虚拟现实的特点对青年具有很大的吸引力，往往不自觉地陷入网瘾而不能自拔。

3. **家庭环境不良、生活压力过大**　家庭中亲子关系、父母关系以及夫妻关系不和谐，长期遭受心理困扰，或者生活中受到挫折较多，而产生情绪、认知和人际关系失调，因此借助网络来舒缓压力、寻找安慰，逃避现实中遇到的困难。

(三)网络成瘾的干预

对于网络成瘾者应从以下几个方面进行干预：

1. **心理治疗**　有研究发现(苏斌原，2104)，以心理治疗为主药物治疗为辅的干预方案可使网络成瘾治疗的成功率从10%上升到85%。可采用认知行为疗法、家庭疗法、自助组织、行为治疗、团体心理治疗等来对网络成瘾进行心理干预。对网络成瘾的认知行为治疗和其他物质成瘾类治疗类似，主要包括评估、诊断、制订治疗计划、干预和有效性评估等一系列的内容。具体的治疗策略包括认知重构、行为练习和暴露治疗等。行为治疗则可采用强化干预和厌恶疗法。

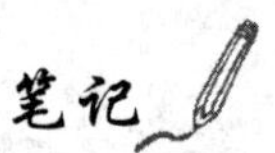

2. **个人自助**　成瘾个体自己采取一些措施和办法来控制成瘾行为。如何在时间上打破

使用的定式，求助于外力制止上网行为，制定限制使用网络的目标，制作个人生活的清单，丰富自己的生活，减少上网行为。

二、精神分裂症

精神分裂症是一种常见的病因尚未完全阐明的精神病，多起病于青壮年。常有特殊的思维、知觉、情感和行为等多方面的障碍和精神活动与环境不协调。一般无意识障碍及智能障碍，病程多迁延。有发展为衰退的可能。

（一）发病的有关因素

精神分裂症的发生，主要同下列因素有关：

1. **遗传因素** 精神分裂症具有一定的遗传因素，血缘关系越近，危险性越高。其中一级亲属的患病率为4%～14%，约为一般人群的10倍。若双亲均患有精神分裂症，子女患病率高达40%。同卵双生子该病的同病率为53%。

2. **神经递质因素** 已有研究表明（Kapur S.2009）精神分裂症发病同脑内多巴胺、5-羟色胺以及谷氨酸的代谢以及受体功能异常有密切的关系。

3. **人格因素** 精神分裂症者多表现出孤僻、不善交往、缺乏情感、羞涩、顺从、敏感、遇事犹豫、与人格格不入的人格特点。但人格特点不是发病的必然条件，只是形成易感人群，发病与否主要在于心理社会因素的影响。

4. **心理社会因素** 心理应激和不良的社会环境被认为是精神分裂症发病的主要诱因。患者经历的生活事件，如家庭破裂，事业或工作上的挫折，都比正常人经历的要多。调查证明（顾华芳，2002），精神分裂症患者发病前有明显的心理问题的占54%～77.6%。

（二）疾病类型与表现

1. **单纯型** 本型占住院病人的1%～4%，一般青少年起病，起病缓慢隐匿，难以确定明确的发病时间，病情持续进展，临床特点为日益加重的孤僻、被动、活动减少、生活懒散，情感逐渐冷漠、行为退缩，脱离现实生活，人格逐渐衰退。发病早期不易被人注意，常被误认为性格不开朗，往往经过数年的病情发展，已经是很严重时才被发现。

2. **青春型** 本型占住院病人的10%左右，起病于青春期，急性或亚急性起病，临床主要表现为言语增多，内容荒谬离奇，想入非非，思维凌乱甚至思维破裂，情感喜怒无常，情感肤浅、不协调，表情做作、幼稚、愚蠢，常有兴奋冲动，本能活动亢奋，妄想幻觉片段不固定。

3. **紧张型** 本型占住院病人的10%左右，多发病于18～25岁之间。此病症状主要有木僵状态与兴奋躁动两种，有时单独出现，有时交替出现。

4. **偏执型** 又叫做妄想型，为精神分裂症中最常见的亚型，占精神病人住院人数的50%以上。起病年龄较晚，多在青壮年和中年。起病形式缓慢，妄想逐渐形成。妄想内容以关系妄想、被害妄想最为常见，其次是自罪妄想、影响妄想以及嫉妒妄想。多数病人可能数种妄想同时存在，也伴有幻听，但以妄想为主。幻听以言语性幻听最为常见。病人的情感和行为常受幻觉或妄想支配，表现疑惧，甚至出现自伤和伤人行为。

（三）精神分裂症的治疗与心理干预

目前，对于精神分裂症病人的治疗仍以药物治疗为主，同时辅助以心理治疗和社会支持，对于精神分裂症病人心理社会康复具有积极作用。

1. **药物治疗** 抗精神病药物治疗是目前临床治疗精神分裂症的主要治疗方法。氯丙嗪、氟哌啶醇等经典抗精神病药物和非经典抗精神病药物如利培酮、奥氮平等常作为治疗精神分裂症的一线药物。

2. **心理治疗和社会支持** 精神分裂症病人在药物治疗的同时，支持性心理治疗、家庭治疗等对于患者的社会康复，减少和预防行为衰退十分重要。相关调查表明（姚秀钰，李峥，

2009)，精神分裂症病人的预后，与良好的家庭照顾和社会支持关系密切。另外，心理康复治疗也是精神分裂症病人心理干预的重要方法，如在社区开展有组织的文娱、工疗活动，重视对慢性精神分裂症病人日常生活能力和社交能力的训练，对病人的家庭进行心理教育，以提高病人的应对技能，改善病人家庭环境中的人际关系等，对减少精神分裂症病人社会生活中的应激、减少复发、促进病人的心理和社会康复起到积极的作用。

三、自杀行为

自杀是自我伤害的一种，属于自我暴力行为。随着科学的进步，一般疾病造成的人类死亡率逐步下降。但是由于生活压力的增大，人类也面临另外一种严重的威胁——紧张和适应不良。自杀就是这种严重威胁导致的后果之一。目前，自杀已经成为全世界15～29岁人群第二大致死因素，世界卫生组织（WHO）发布的儿童主要死因排序中，自残、暴力分别位于15～19儿童死因的第二和第三位，而对于15～19岁的女孩则是第一致死因素。在美国，车祸、暴力和自杀占青少年死亡原因的75%，而暴力和自杀分别为美国青少年的第二、三位死因，仅次于车祸。中国拥有较高的自杀率，自杀人数约占世界自杀人数的22%。2005年时，自杀位居12～18岁青少年的第四位死因。在我国，青壮年人群中自杀的危害更严重，分别是15～34岁女性和男性人口第一、二位死因。

虽然从青春期中期开始自杀的比率迅速上升，并且一直持续到成人期，但是与青少年相比，自杀是成人期更普遍的死亡原因。“成功”的自杀在年龄稍大的成人比青少年中更普遍，而且男性的比例要高于女性。

（一）自杀的原因

人们对自杀的成因问题从不同角度进行了阐释，并且形成了一定的理论观点。社会文化的观点认为，自杀与各种社会因素有关，比如职业、家庭、居住城市的规模和社会经济状况等等。而内部精神的解释（intra-psychic explanations）则忽略社会因素对自杀的影响，以弗洛伊德的精神分析理论为代表，自我毁灭性的行为被看作是直接对自己内部喜爱事物的敌对结果（这个喜爱的事物是个体自己认定的）。也就是说，个体自杀是真正的愤怒所致，自杀行为是对自己内部不和谐的一种反映。如果这种愤怒的感觉到达了致命的程度，就会导致自杀。生物化学的观点认为，自杀行为受到生物化学因素的影响，5-羟吲哚乙酸（5-HIAA）含量过低的人更可能自杀。心理学家研究发现了四种已确定的易导致自杀的危险因素：①患有精神病学方面的疾病，特别是抑郁或药物滥用；②家庭成员有自杀的历史；③经常处于压力状态下，特别表现在成就和性方面；④经受过父母的拒绝、家庭分裂或家庭冲突。涉及以上任何因素的个体都更容易产生自杀观念，而且自杀未遂的人企图再次自杀的几率更高。

一般而言，导致青年自杀的因素主要有：①挫折和失败；②家庭关系不和睦；③失恋；④疾患；⑤不良个性特征。

（二）自杀的预防与干预

自杀的预防与干预主要包括以下几方面：

1. 缓解压力 研究发现（李中海等，2001）个体感受到的大多数压力是来自环境的。在多数情况下，环境中的特定问题对青年的不成熟提出挑战，并导致了情绪的波动。来自于生活、工作、学习等各方面的压力均可导致个体的情绪危机。几乎1/3的自杀者，都承受着来自环境的各种压力。自杀并不总是压力直接导致的结果，而更可能是不能得到社会支持所致。因此，家庭、学校以及社会都应共同关心、爱护、理解青年人，为他们提供精神上的支持和帮助，缓解青年人的生活压力。

2. 危机干预 自杀者从遭受挫折、产生绝望到实施自杀，通常有一个心理过程，即自杀预兆。自杀心理先兆是一种极度亢奋的状态，具有自杀心理倾向的人情绪中常表现出紧张

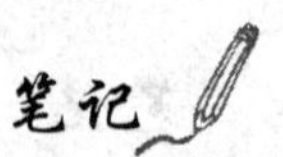

不安或不悦，情绪具有冲动性、爆发性、极端性等特点，往往有过强的情绪冲动。因此，在社会建立和健全各级危机干预系统，及时帮助有自杀意念的人解除心理冲突是预防和减少自杀行为发生的有效措施。美国及世界绝大多数城市都建立了预防中心和“生命热线”电话，使那些寻求帮助的人可以在任何时候都能找到心理咨询人员，得到及时有效的帮助。

3. 增强对挫折的耐受力 挫折是人生中难以避免的事情，青年人应该提高对挫折的心理承受能力。研究发现（李红梅，2000），青年人自杀与个体的性格有关，性格严重内向或抑郁者，承受挫折的能力较差，易受事件消极方面的影响，导致其悲观失望，从而产生自杀心理。而性格执拗者，一旦遭受挫折也容易产生轻生念头。因此，青年人应该努力纠正自己性格中的弱点，掌握合理宣泄情感的技巧，建立起良好的心理防御机制，通过增强对挫折的耐受力，减少自杀行为的发生。

四、性心理问题

（一）一般性心理问题

青年中期以后，个体性生理发育成熟，性能量特别旺盛，也是开始恋爱、结婚的时候。但是由于个体所处特殊环境如在校学生、部队军人等，恋爱和性的问题都容易处理不好，受到各种性行为和性意识的困扰，并且会体验到对性的压抑。

1. 常见性心理问题

（1）性自慰：在我国一直被称为“手淫”，是疏泄性冲动的一种方式。是与青年性生理发育相适应的一种自娱自慰的自限性性行为。有资料显示（刘琦等，2007），男青年中 70%～90% 的人有过手淫行为，男大学生中 90% 以上有过手淫行为，而女大学生的手淫则不同，其发生率与年龄增长成正比。目前有许多人对性自慰怀有恐惧感，认为是“坏事”，怕别人知道，常伴有恐惧、紧张、羞愧甚至罪恶的心理。

（2）性幻想：是自编自演与性交往内容有关的心理活动过程。青春期是性幻想的活跃时期，个体对心仪的异性产生强烈的爱慕但没有勇气表露感情，于是以自己为主角想象、编造性爱情节，以此满足性欲需求。性幻想常会带来困扰，女生担心自己太“风骚”，男生担心自己太“淫秽”，由此背上沉重心理负担。

（3）性梦：是在睡梦中所做的以性内容为主的与异性交合的梦境，青年期男女普遍存在，几乎所有人都做过与性有关的梦。它不受意识的支配，是性欲在梦境中的实现，这种自然宣泄，可以缓和累积的张力。在现实中不少人存在误解，把性梦当成个人品质问题，甚至觉得自己下流无耻。

性幻想、手淫等行为是青春期心理、生理发育导致的自然现象，但是由于认识的偏差，常常造成青年人的困扰，出现不同程度的心理冲突，严重时还会出现失眠、注意力不集中、情绪抑郁、不与人（尤其是异性）交往，并常常陷入烦恼、矛盾、困惑和苦闷之中，从而影响日常工作和生活，甚至干扰自我的正常发展。此外，对性知识和性行为的不恰当的认识和理解，也会造成诸多心理压力，从而进一步发展成为心理问题。

2. 预防与干预措施

（1）普及科学性知识：青年个体出现性心理问题重要原因之一是大众对性问题不正确的认识。学校、社会、家庭都应该在孩子成长的各个阶段，提供健康的成长环境，包括性知识的普及；发挥多媒体，特别是网络优点，把需要宣传的科学知识以合适的形式呈现，避免人们谈性变色；增加学校性教育课程，在不同年龄阶段，各级学校针对个体年龄特点与生理特征，进行知识普及。纠正青年人错误性观念，培养良好性意识。

（2）合理释放性需求：个体若无法通过合法途径解决性的需求问题，则可以采取合适的途径，调节性欲望。其一，学会积极转移，把主要精力用于学习、工作上，尽量少接触与性刺

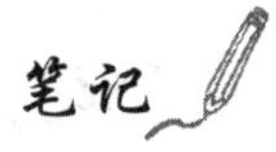

激有关的场面，减少相关刺激；其二，自慰宣泄。适度的手淫（2～3 次 / 周），可以减少性压抑，缓解心理需求，但必须注意“度”的把握；其三，进行安全的性行为，并且要对其后果负责。

（3）做好心理干预：性心理咨询则是心理咨询的一个特殊领域，它是心理咨询人员，运用性心理学的知识和技术，给寻求性心理咨询的来访者以启发、指导和帮助，使来访者免受性意识或性行为障碍困扰，改变不良的性适应行为方式，提高当事人性适应能力，增进当事人身心健康的过程。一般说来，个体对性心理方面的问题都存在着难以启齿的现象，通过专门的具有权威性质的心理咨询或治疗机构，为他们提供相应帮助，效果通常会更好。

（二）性心理障碍

性心理障碍又称性变态、性欲倒错、性歪曲。是以异常行为作为满足个人性冲动的主要方式的一种心理障碍，其共同特点是：病人产生性兴奋、性冲动及性行为的对象和一般人不一样。他们对一般常人不引起性兴奋的某些物体或情境，如对女人用过的内衣、手帕等，产生强烈的性兴奋，而对正常的性行为方式有不同程度的干扰或减低。性心理障碍病人并非道德败坏、流氓成性的人，也并不是性欲亢进的淫乱之徒，他们多数性欲低下，甚至对正常的性行为方式不感兴趣。他们不结婚，有的结了婚，夫妻性生活也极少或很勉强，常常逃避。他们对一般社会生活的适应正常，许多人在工作中尽职尽责，工作态度认真，常受到好评；许多人表现内向、话少、不善交际、害羞、文静。他们的社会生活和一般人没有什么差别，也有一般人的道德伦理观念，因此，常对自己发生的性心理障碍的触犯社会规范的性行为，深表悔恨，但却常常屡改再犯。

1. 病因和发病机制 性心理障碍的病因复杂多样，可能的相关因素有以下几点：

（1）遗传因素：性心理障碍的发生与一定的人格缺陷有关，但各型间缺乏特定的和一致的人格，如露阴癖最多见于具有抑制性特征的内向性人格的人。家族性易性癖病例的发现也提示其发生与遗传因素有一定关系。

（2）躯体因素：性心理障碍的发生与发展与人类性腺活动阶段有关，胎儿期的雄激素水平影响到成人后大脑对性活动的控制能力；该发育过程受到干扰可能不会引起躯体损害，但是个体在儿童期的性生理和性心理发育中易受环境的有害影响。

（3）环境因素：儿童期是性心理发育的重要阶段，父母对包括触摸在内的所有与肉体相关的性行为采取禁止、排斥的态度，会使孩子产生对性的罪恶感和羞耻感，抑制孩子将来享受性乐的能力及成人间关系的健康发展；生活在排斥、敌意和虐待环境中的孩子易于发生性适应不良。

（4）精神动力学派认为变态的性活动是他们幼年性经历的再现和延续。因此，在成人表现出强烈的幼年儿童式性活动就是性心理障碍的病理心理本质。怕羞、胆怯拘谨及缺少排解心理困境和应变能力的个性，创伤性心理诱因等都是发病的条件。

2. 性心理障碍类型

（1）性身份障碍（gender identity disorder）：表现为强烈而持久的异性身份认同，以及对自身个体的解剖性别持续不满或对自身性别角色表示厌恶，存在强烈的改变自身现有性别的欲望。临床又分为易性症、双重角色异装症和童年性身份障碍 3 种。易性症男性患病率高于女性，患者多起病于童年期，坚信自己是生物学意外的受害者，成年后积极寻求变性手术治疗。

（2）性偏好障碍（sexual preference disorder）：指以异常的性行为方式满足性欲。这类患者对无生命物体存在长期而专注的性唤起幻想或行为，在实际生活或想象中折磨或羞辱自身或性伴侣，或与不恰当的性伴侣发生性行为；主要有恋物癖、异装症、窥阴癖、兽奸癖、施虐癖、受虐癖、摩擦癖、性窒息癖、恋尸癖等。在绝大多数文化背景中，男性的发病率远高于女性。

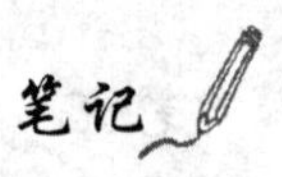

(3) 性指向障碍(sexual orientation disorder)：是指与各种性发育和性定向有关的心理及行为问题，其性爱本身不一定异常。单纯的性指向问题一般不视作一种障碍，国际疾病分类(ICD)和精神疾病诊断与统计手册(DSM)诊断分类系统已经剔除了同性恋和双性恋这样的诊断名称。但是在我国，个体可能因性指向伴发心理障碍，如感到焦虑、抑郁，内心痛苦，并试图寻求治疗来加以改变。

3. **性心理障碍治疗与干预**　目前尚缺乏根本性防治措施。性身份障碍患者期望通过手术或激素治疗改变性别，手术后部分人可获得较满意的效果；对于性偏好障碍患者则以精神治疗为主，常用方法有领悟、疏导等心理治疗、厌恶治疗。如何英奎等(2010)采用认识领悟疗法治疗恋物癖、窥阴症、露阴症等，疗效较好，值得临床应用；也有人同时采用厌恶疗法与内隐致敏法治疗，并鼓励其正常的异性恋行为，取得较好效果。在患者主动配合下，行为治疗可改变患者的变态性行为。针对性心理障碍患者所伴有的抑郁、焦虑情绪，实施抗抑郁药物、抗焦虑药物对症治疗，可在一定程度上缓解相关症状。

思考与练习

1. 成年初期认知发展的主要特点是什么？
2. 成年初期社会交往的特点是什么？
3. 什么是思维发展的第五阶段？
4. 根据恋爱、婚姻及事业发展的特点，谈个体如何更好地适应生活。

推荐阅读

1. 罗伯特•费尔德曼. 发展心理学——人的毕生发展. 6版. 苏彦捷，邹丹，译. 北京：世界图书出版公司北京公司，2007
2. 黛安娜•帕帕拉，萨莉•奥尔茨，露丝•费尔德曼，等. 发展心理学：从成年早期到老年期. 10版. 李西营，冀巧玲，译. 北京：人民邮电出版社，2013

(谢杏利)

第十章　成年中期身心发展规律与特点

本章要点

成年中期是人生发展最为鼎盛的时期，也是人最富有生产力的时期。与其他阶段相比，这一时期个体生理、心理均处于比较稳定的状态，多重的社会角色决定了这一时期个体有别于其他年龄段的心理特点。本章主要对成年中期的生理特点、智力特点、情感特点、人格以及社会性等几个方面进行介绍。

关键词

成年中期　中年危机群伙效应（同层效应）　职业倦怠　空巢期　更年期综合征

案例

一大早，52 岁的老张刚进公司，前台小美微笑着递给他一个文件袋，看着小美，老张常想起自己在外读大学的女儿。到办公室后，老张打开文件袋，里面是医院发过来的体检报告，看到体检报告单里那些向上的箭头，老张瞄了眼自己突起的腹部，计划下班后去回家途中经过的那家健身俱乐部看看。

整个上午老张紧张又忙碌，作为项目经理，他负责整个项目的统筹。老张喜欢这个工作，不过这两年他常有力不从心的感觉，看着那个名校毕业、脑筋灵活又充满活力的小李，像极了年轻时的自己，不禁暗叹长江后浪推前浪，倍感压力，又觉着自己应该找机会提点他责任心再加强点就前途无量了。

老张自觉处于人生鼎盛时期，工作生活经验丰富、稳重老练，虽然身体、精力不大如前，但仍愿意接受多重角色的挑战。其他中年人跟老张有不同吗？读完本章你会找到答案。

第一节　成年中期生理的发展

成年中期（middle adulthood），又叫做中年期，一般指 35 岁左右到 60 岁左右这段时期。成年中期范围的确定主要取决于一个民族的平均寿命，平均寿命越长，成年中期上限的年龄就越大。成年中期自青年期来、向老年期去，它是夹在青年期和老年期之间的漫长的一个发展阶段。一般说来，成年中期是一个心理社会发展与身体功能改变相互矛盾的阶段，一方面从事业上看，他们处于成熟甚至巅峰阶段，另一方面，从身体功能上看，开始从发展的顶峰逐渐趋向衰退，特别是在中年后期（50～60 岁），生理功能的衰退更加明显，对各种疾病的抵抗力开始下降。

一、生理功能开始衰退

（一）神经系统功能变化

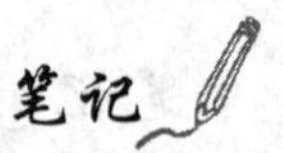

当神经系统由发育成熟转向衰退之时，大脑皮质神经细胞每天死亡 10 万个，因此使神

经传导速度逐渐降低，脑重量开始减轻，神经系统的灵活性也开始弱化，所以人到中年，尤其是中年后期，记忆力开始减退，手脚不够灵活，对各种刺激不像年轻人那样敏感，并且活动后容易疲劳，疲劳后的恢复也较慢。

（二）心血管功能变化

心脏每搏量减少 30%，冠状动脉流量减少 35%，心脏指数每年下降 0.79%，收缩压每 10 年升高 10mmHg，心脏的供氧能力每年下降 5%～10%，动脉逐渐开始硬化，血管壁弹性逐渐降低，管腔变窄，血流阻力变大，心脏负荷加重。

（三）呼吸系统功能变化

人体肺活量通常在 25 岁时达到高峰，如果 20 岁时肺功能为 100%，到 40 岁时，降至峰值的 85%～87%，到了 60 岁则下降到 75%，呼吸道黏膜开始萎缩，分泌液减少，免疫球蛋白含量降低，纤毛运动减弱，清除异物的功能减退，肺泡残气量增加。

（四）骨骼肌肉系统功能变化

人的骨骼一般在 20～25 岁完成骨化过程。通常在 30 岁以后，人的骨骼含钙量每 10 年减少 5%～10%，由此导致的直接后果是骨骼变得更加脆弱，容易骨折；男性的肌肉力量在 25 岁时达到顶峰，通常在 30 岁以后，肌肉力量每 10 年会下降 10%，一个保持良好运动习惯的人下降速度则为 4%～5%，50 岁以后下降速度更快。肌肉比重在 30 岁后开始显著下降，每年约下降 1%。

（五）新陈代谢改变

儿童青少年新陈代谢旺盛，除了维持各器官正常的生理活动外，还必须保证生长发育的需要，进入中年后，新陈代谢较青少年时下降 10%，这时如继续保持原来的食量，身体将会明显发福，参加体育活动的体力、耐力以及灵活性明显下降。从外表上看，毛发开始逐渐稀疏、变白，皮肤日益变得松弛、粗糙、缺乏弹性，出现褶皱和老年斑。

（六）感觉功能和性功能改变

感觉功能开始减退，尤其是视力和听力，45 岁以后视力开始出现老视，听力开始不如从前。

中年后期，性兴趣开始降低，性功能逐渐减退。对于男性来说，阴茎勃起需要更长的时间，性高潮也变得不那么强烈。与青年期相比，阴茎勃起后消退的速度更快了。随着年龄的增长，重新勃起可能需要更长的时间，从几个小时到几天不等；对于女性来说，也会出现影响性反应的身体变化。同青年初期相比，成年中期的性交频度明显减少，55.2% 的中年人每个月性交的次数为 3～6 次。在 45 岁左右的年龄，女性会经历绝经期，或生殖器官的萎缩和衰退。许多生理变化伴随着生育能力的丧失而出现，如绝经、雌性激素分泌逐渐减少、乳房和生殖器萎缩和子宫缩小。75%～85% 的女性要经历“更年期综合征”带来的不适。如面部潮红、出汗、头晕、头痛、肢体麻木、小腹疼痛、心慌、气短、失眠、焦虑易怒、敏感多疑等，表现为自主神经功能紊乱的一系列症状。部分男性 50 岁左右也可有更年期综合征的表现，但是症状不如女性表现得明显。

二、对抗疾病的能力开始下降

中年期是生命过程中由生长、发育、成熟到逐渐衰老的转折时期。这个时期，也是各种主要疾病的易感时期。特别是一些慢性疾病、恶性肿瘤，严重损害着中年人的健康，成为中年人过早死亡的主要原因。冯理达（2004）关于调查我国居民的亚健康状况报告显示，我国居民 40 岁以后体能明显下降，60% 以上的中年人面临健康问题。主要表现在血压升高和肺活量下降，心脏病的发病年龄和 20 世纪初相比在我国至少提前了 15 岁，心脑血管疾病是造成中国人死亡最主要原因，占死亡人数的 34%～40%，其中全国每年因冠心病死亡人数为

笔记

110万人，因脑血管病死亡人数为150万人。

据上海社会科学院公布的知识分子健康调查显示，科技人员平均死亡年龄为67岁，较城市职业人群早逝3.26岁，其中15.6%的科技人员逝于35～54岁。影响中年人身体健康的原因是多方面的，既有生理的原因，也有心理社会的因素。

通常，女性从40岁开始，男性从45岁开始，各个主要脏器的功能开始逐渐减退。前已述及，一般情况下，肺的最大通气量，从30岁开始，随着年龄的增长呈线性下降趋势。因此，人到了40岁以后，在剧烈活动之后，开始明显感到“气”不够用。我们知道，肺脏的主要功能是吸入氧气，排出二氧化碳，从而保证全身组织器官中有充分的氧气供应，维持组织的正常代谢活动。所以，肺脏呼吸功能的下降，必然影响其他组织器官代谢活动，影响身体健康。

心脏是维持全身的血液循环的动力器官。40岁以后，心脏的功能开始下降。40岁以上的人，主动脉内膜的厚度达到0.25mm，较青年时期明显增厚，使主动脉的弹性开始降低。在45岁以后，主动脉内膜增厚的趋势更加明显。步入中年期后，随着年龄的增加，心脏的每搏输出量每年减少1%。由于中年人体育活动减少、高脂肪饮食明显增多等因素，使他们的体重明显增加，体表面积加大，这就同心脏功能下降造成的血液供应相对不足形成矛盾。一旦发生血液供应不足，机体为了缓解矛盾，只有通过收缩血管、升高血压、增加心率来保证血液供应，长此以往，最终导致高血压的发生。据调查，高血压发病年龄集中在30～60岁，从30岁起，发病率逐渐升高。40岁以后迅速增加，有近80%的病人是在40岁以后发病的。目前，高血压病已经成为中年人的多发病之一。除心肺功能外，其他脏器功能也开始减退，因此，到中年之后体力劳动和脑力劳动的效率大不如从前，做什么事情开始有了“力不从心”感觉。隐约感到自己开始变老。

越来越多的研究发现，许多不良的心理社会因素影响着中年人的身体健康。具体表现在工作和生活压力导致的紧张状态、睡眠不足，以及吸烟、饮酒等不良的生活习惯，致使神经内分泌功能紊乱、血压升高、机体免疫力下降，使中年人更容易罹患心身疾病。张爱华等(2005)在对中年人心理压力致躯体症状的研究中，随机抽取某市500名35～50岁中年人进行的心身症状调查结果表明：62.5%感到胸闷，59.4%感到疲倦，51.2%感到易激动，42.4%感到胃部不适，40.6%感到精力下降，38.4%常感到心慌，24.6%感到头痛，23.8%感到神经紧张，33.3%的女性经常月经紊乱。

无论从个体生命发展历程来看，还是从中年期必须面临的心理社会现实来讲，中年期是许多疾病的高发期，是人生过程中的“多事之秋”。所以，应该更加注意生理卫生和心理卫生，加强身体锻炼，注意心理调适。其实，有不少人到了中年以后才开始意识到健康对个人事业发展、家庭幸福的极端重要性，才开始主动参与各种养生保健活动。

第二节　成年中期认知的发展

成年中期的认知发展主要体现在智力的发展变化上。20世纪早期的心理学家们普遍确信，个体的智力发展步入成年期后，随着年龄的增长和生理功能的退化，呈现出停滞和下降的趋势。然而，后来的大量研究表明，成年人的智力发展是一个不同于儿童智力发展的非常复杂的过程。下面我们将从智力发展一般模式、认知加工方式、创造力以及影响智力发展的因素四个方面来阐述成年中期认知发展的特点。

一、智力发展的一般模式

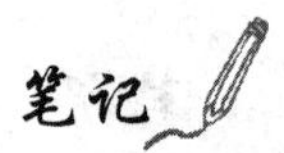

同成年初期以前的各个发展阶段相比，成年中期的智力发展表现出了自己特有的发展模式：纵观人一生的智力发展过程，总的说来，成年中期处于智力发展的最后阶段，从55岁

或 60 岁后，智力发展开始停滞并逐渐趋于衰退；晶体智力继续上升，流体智力缓慢下降；智力技能相对稳定，实用智力不断增长。

（一）成年中期智力总的发展变化趋势

沙伊（Schaie）和拉勃维维夫（Loabouvie-Vief）运用序列研究法，对不同年龄阶段的被试进行了空间知觉能力、语词能力、数字能力、推理能力、语词流畅性等五个能力范畴的追踪研究，发现成年中期智力发展的总体趋势是：智力保持上升或稳定，社会历史发展对中年人的智力发展具有很大影响（群伙效应）。

（二）晶体智力与流体智力

早期能力心理学研究者普遍认为，个体的智力在成年期逐渐开始不可逆转地下降。如美国的心理学家大卫•韦克斯勒（David•Wechsler）认为，“把有机体作为一个整体来看，智力随着年龄下降是一般性感觉退化过程的一部分”。后来的研究者开始注意到，WAIS 的某些分测验相对其他分测验来说显现出较小的智力下降。另有美国心理学研究者桑兹（L.P.Sands & H.Terry，et al，1989）利用 WAIS 对成人的测试结果显示，从 40 岁到 61 岁的个体，在信息、理解和词汇分测验的成绩上有了提高；在填图测验显示出混合的变化，具体表现为在简单项目上有所改善，在复杂项目上有所下降，在数字符号和积木图分测验上呈现出下降的趋势。这些研究的结果提示，对于成年人来说，不同的智力成分其发展变化的趋势是不同的。

美国心理学家卡特尔（R.B.Cattell）和霍恩（J.L.Horn）在通过对多个智力测验结果进行的因素分析过程中反复发现，那些老年人比青年人得分高的测验，可作为一个因子来解释，他们把它命名为“晶体智力”或固体智力（crystallized intelligence），认为这种能力是通过掌握社会文化经验而获得的智力，如词汇、言语理解、常识等以记忆贮存为基础的能力，它更多地依赖于个体接受的后天教育；同时也发现那些中老年人比青年人得分低的测验，也可以作为一个因子来解释，他们把它命名为“流体智力”或流动智力（fluid intelligence），并认为这种智力是以神经生理为基础，随着神经系统的成熟而提高，相对地不受教育和文化的影响，如知觉的速度、机械记忆、模式识别等。可见，神经解剖结构和神经生理功能状态是流体智力的基础。卡特尔、霍恩以及后来西方学者的许多研究，收集了大量的数据来揭示这两种智力发展的各自轨迹，他们发现，青少年期以前两种智力随着年龄的增长而不断提高，青少年期以后，特别是在成年阶段，流体智力缓慢下降，而晶体智力保持相对稳定（图 10-1）。

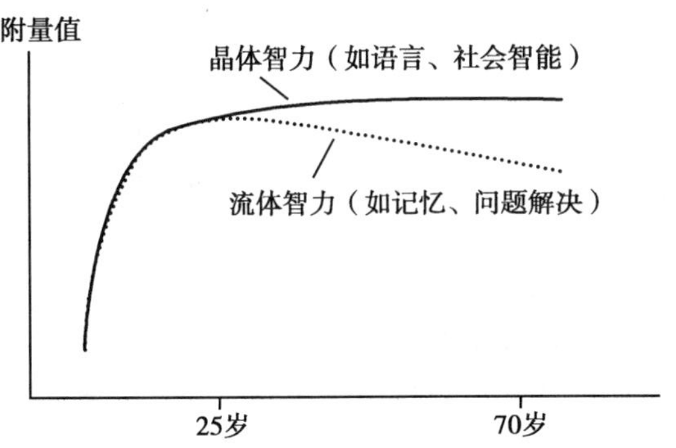

图 10-1　晶体智力与流体智力发展趋势示意图

进一步的研究表明，流体智力随年龄的增长而下降的现象同以下几种能力的下降密切相关：组织信息能力、忽略无关信息的能力、注意集中与注意分配的能力以及在工作和生活中保持信息的能力。上述几种能力的下降同神经生理功能的减退又是密不可分的。与之相比，晶体智力提高同个体的知识经验的日益丰富紧密相连，而知识经验的丰富又总是跟时间（年龄）因素成正比的，因此，成年中期甚至到成年晚期仍然会表现出晶体智力的发展相对稳定甚至有所上升。

笔记

（三）智力技能与实用智力

在卡特尔和霍恩提出的晶体智力和流体智力理论的基础上，巴特尔斯（Baltes）等新功能主义（new-functionalism）学者们把这个理论同认知心理学的研究取向联系起来思考，认为人类的智力发展可以区分为两种过程：①基础过程（basic process），它与思维的基本形式密切相关，其主要的功能在于负责信息加工和问题解决的组织，因此叫做智力技能（intellectual skill）；②应用过程，把智力技能同具体的情境和知识联系起来加以应用，因此又称为实用智力（practical intelligence）。儿童青少年的智力发展以基础过程为主，通过以学校教育为主的规范的教育，使儿童和青少年不断获得各种各样的解决复杂问题的技能。成人的智力发展以实用智力为主，他们要在应用已有的智力技能和知识的基础上，不断学习新知识、解决新问题，使自己的智力（实用智力）发展以成年前期为新的起点，持续地得到发展。

无论是"晶体智力 - 流体智力"理论，还是"智力技能 - 实用智力"理论，都从智力发展的多维性和多向性立场，说明了成年人的智力发展模式不同于儿童青少年的特殊发展轨迹，这对于我们进一步深入理解成年人智力发展的复杂性具有重要的指导意义。

二、社会智力的发展

美国心理学家沙伊（Schaie）认为，智力从本质上说是一种适应。个体不同的发展时期，智力活动的任务是有所不同的，儿童时代智力发展的主要问题是"我应该知道些什么？"，青年和中年时期智力活动的性质是"我应该怎么运用我所知道的东西？"，老年期智力活动的性质是"我为什么要知道？"。

由于成人期的认知任务是以如何运用知识技能为主，因此抽象的学术认知固然重要，但社会认知更加重要。这决定了成人期认知加工的方式不再以抽象的逻辑思维为主，而是由抽象到具体。也就是说，在解决问题时，不仅考虑问题的逻辑结构，而且还要考虑问题的背景和具体条件。

美国心理学家拉勒维维夫曾经做过一个著名的研究，她给 9～49 岁的被试呈现一系列故事，下面举出其中的一个故事。

约翰是一个有名的酒鬼，尤其是他去参加晚会时经常喝得大醉，他的妻子玛丽警告他，如果他再喝醉，她就带孩子离开他。一天晚上，约翰又外出参加晚会并喝醉了。

问：玛丽会离开约翰吗？你对你的回答有多大把握？

结果表明，青少年在解决问题时，解决问题的办法是由问题中的形式条件决定的，即被试不仔细考虑问题的内容，也不变换思考解决问题的角度，只是严格按照三段论推理，且对自己的答案十分肯定。而成年人，尤其是中年人，在解决问题时不仅要考虑问题的逻辑结构、还要考虑问题的背景特征，主人公情感的主观因素等多方面因素，从而对三段论推理的大前提成立的条件与范围予以综合考虑。所以对这类道德推理或认知问题做出符合社会情理的解决，成了解决问题过程的必要组成成分。可见，中年人在做出重要决定时，往往不是单纯地根据逻辑的理由，而是依据情境使用实用智力综合解决问题。中年人由于社会认知能力而获益，这种能力就是对社会经验和各种知识进行思考后产生的洞察力。这是在成功地解决许多个人和社会两难问题后获得的社会智力。解决那些既有哲理又相互矛盾的问题，对发展中年人的社会智力有着特殊重要的作用。

三、创造力的发展

成人智力发展的最高境界就是创造力的发展，这方面的研究主要集中在成人期的创造性的成果之中。综合各领域的关于创造力的研究成果发现，成年中期是创造力表现最好的时期。

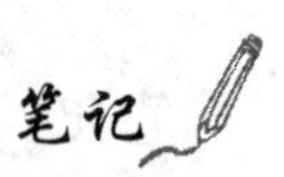

许多研究结果显示在成年中期中存在着创造力发展的高峰。1936年，美国学者莱曼（Lehman）从一部化学史中分析244位化学家提出每项成果时的年龄，统计结果显示他们的最佳创造年龄区是30～39岁。在此后的30年里，他又用类似的方法对不同领域的学者进行了研究，发现不同领域的最佳创造年龄区略有差别：数学家30～34岁；哲学家35～39岁；发明家25～29岁；医学家30～39岁；植物学家30～34岁；心理学家30～39岁；生理学家35～39岁。

有许多学者认为“双峰”更符合创造规律。如：我国学者钟祖荣（1988）对110名经济学家发表重要著作时的年龄进行统计分析，发现36～40岁是第一个创造力的高峰，第二个高峰在61～65岁。张兴强（1981）把科学生命分为三个发展时期：25～45岁为萌发期；45～55岁为生长期；55～65岁为成熟期，创造力相应也经过三个阶段：突破、平衡和后发阶段。美国学者佩尔兹和安德鲁斯（Pelz，D.C.，& Andrews，F.M.，1966）也发现科学创造活动的“双峰”现象，第一个高峰为30岁后半期到40岁后半期，然后创造力的变化相对停滞了，到了50岁以后又开始活跃，在55岁左右出现第二个高峰。虽然对两个创造力高峰的时间段看法不一，但他们都持“双峰”观点。

中国学者于光（2007）结合实证研究指出科技工作者的创造力符合“多峰”的多种威布尔分布，提出个体一生有多次机会表现出创造力的迸发。

虽然不同学者对于创造力高峰所处的年龄段之研究结果略有不同，对于高峰次数的看法也不尽一致，但不可否认的是，个体的创造力在成年中期是个耀眼的特征。

四、影响中年人智力发展的主要因素

从大的方面来说，影响中年人智力发展的因素也无外乎生物（生理）因素和环境因素，但这些因素对中年期智力发展的影响却表现出其特殊的内涵。

（一）社会历史因素

由童年期发展到成年中期，要经历几十年的发展历程，期间要经历很多社会历史事件，有些历史事件有很强的时代性，给从那个时代走过来的人以极其深刻的影响，以至于使他们形成特征性的认知模式和智力发展特点。这种现象就是发展心理学领域中常常提到的“群伙效应（同层效应）”。例如，在20世纪“文化大革命”期间经历了基础教育阶段全部学习历程的中年一代，由于特殊年代、特殊的被教育过程，使他们的知识构成、认知模式、智力发展的总体水平无不留下那个时代影响的痕迹。我们可以设想，现代的孩子，当他们成为中年人的时候，他们的智力发展水平一定要高于现代的中年人，同时在认知模式上也必将打上改革开放转型时代的烙印。如，美国心理学家沙伊（Shaie，1996）研究发现青年至老年的不同群伙在同一年龄上智力差异明显。例如，1910年出生者20岁时达到的智力水平，低于1925年出生者20岁时达到的智力水平。被试的基本心理能力与被试的出生年份密切相关，出生越晚，基本心理能力水平就越高。沙伊认为，这是由于社会历史发展影响的结果。社会越进步人们的医疗保健条件越好，受教育的机会和水平越多越高，大众媒介与科学技术对人的影响越大，基本心理能力水平就越高。因此，人类认知的发展水平总是越来越高。

（二）职业因素

对于一个中年人来说，工作是其最基本的活动，每个工作岗位对从业人员的能力有一些基本要求，长期从事某一职业反过来又会使从业人员的能力得到发展。

我们常碰到类似这样的现象：“O”，英语教师认为这是英文字母，化学家认为这是“氧”，而会计认为这是“零”，同一个事物，从事不同职业的人往往对其有不同的认知。这说明职业对人的认知活动会产生重要的影响。长期从事管理工作的人，组织领导能力得到发展，他们善于调动和利用群众的积极情绪，善于协调和处理复杂的人际关系，善于在纷繁复杂

笔记

的问题面前果断地做出决策。长期工作在高炉前的炼钢工人，能从炉中火焰颜色变化，正确判断壁炉温度的变化。整天和油漆打交道的油漆工人，辨别漆色的能力得到高度发展，他们能够分辨出400～500种颜色。

与儿童青少年相比较，职业对成年个体的发展是个独特的影响因素，因此研究成人智力发展的学者难以忽视职业因素对智力的影响。

美国心理学家埃利瓦和沃尔德曼（Avolio & Waldman，1987）进行过这样的一项研究：从煤矿上随机选取131人作为被试，其中107人为男性，24人为女性，受教育的水平接近，但是工种并不相同，其中69人来自生产部，代表的是非技术工人，62人来自机械部，代表的是技术工人。对他们进行同种能力测验，内容包括空间视觉、数字推理、言语推理、符号推理、机械推理等测量。结果表明，非技术工人组的年龄与测量分数之间有较高的负相关，相关系数的变化范围是-0.37～0.57；而技术工人组的年龄与测量分数之间几乎没有什么相关。这说明技术工人与非技术工人之间在智力上存在一定的差异，非技术工人的智力水平随着年龄的增长而下降，而技术工人的智力则保持相对稳定。因此，不同的工作内容与智力的相关让我们有理由推测：技术工人的工作本身对其智力有着一种积极的维护作用。

为什么不同的职业活动对人的认知影响效果不一样呢？美国心理学家卡米•斯库勒等（Carmi•Schooler，et al，1984）认为，职业对个体的智力活动的影响不在于职业的种类，主要在于职业活动的性质。如果所进行的活动要发挥个人的主观能动性，需要运用个人的思考，需要个人进行独立判断等，那么这种职业活动则有利于智力的发挥，从而对智力的发展产生积极的影响。反之，那些简单的、机械的、重复性的职业活动，则对智力的发展的促进作用不大。

职业活动对智力的影响不是一朝一夕达到的，需要相应的工作知识经验的积淀、积年累月的练习，精心研究、深入探索，才可能影响相应的认知活动。个体进入职场后并不会立刻表现出智力的变化，只有在工作若干年后，进入成年中期，成为某个工作领域的熟手，才会表现出职业对智力的影响。

（三）身体健康水平

人的大脑发育一般在成年初期达到成熟水平，之后随着时间的推移，各种对大脑有害的刺激所产生的消极效应越来越多，当消极效应积累到了一定水平之后，就会导致脑神经机能的退化，进而影响到智力活动。

美国的索尔特豪斯等人（Salthouse，et al，1991—1995）持续考察了健康状况与智力的关系，在对18～87岁的被试进行研究后表明，自评健康状况对个体在有速度要求的智力测验上的成绩（如知觉速度）有显著影响，并可作为中介变量部分解释年龄增长造成的智力下降趋势；心血管疾病和脑生理病变对智力的影响尤为明显，像高血压等心血管疾病对成人的智力水平带来显著的负面影响。

中年后期，心脑血管疾病的发病率开始明显升高。心脑血管病变会直接影响到大脑的血液供应，导致供血不足，从而减少大脑的营养供应，进而影响脑功能的发挥。当这种影响变成长期存在的现象时，必然要损害当事人的智力。美国学者沙伊（Schaie）和尼尔森（Nilsson）及其团队在2009—2014年关于认知老化的神经生物学基础的系列研究中发现，随着年龄的增长，与认知相关的脑区提及会出现选择性萎缩；脑结构越完整认知功能越完好。

第三节　成年中期感情的发展

美国的精神分析师埃里克森（Erikson）认为，成年中期的发展任务主要是获得创生感而避免停滞感，体验关怀的实现。创生的含义很广，既包括履行父母的责任生儿育女，也包括

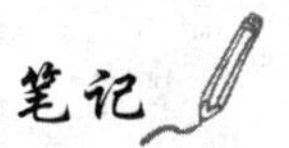

勤奋工作努力为社会创造价值。如果一个人获得创生而避免了停滞，那么他就会产生关心的品质，从而自觉自愿地关心自己从事的工作，承担教育子女、赡养老人的家庭责任。对中年人来说，家庭生活中为人夫、人妻、人父、人母的经历，职场上与形形色色人物交往的过程，使他们的情绪、情感更加仁富、稳定、深厚。

一、婚姻家庭带来的幸福与烦恼

（一）家庭的性质

家庭是生活在一个有限的住房单元人们，其所拥有的资源、收入都集中在一起使用，与劳动力市场相互作用，与邻里建立社会关系，为了一种特定的生活风格而建立的实体组织。因为生育、婚姻或收养而结成的家庭称为家族式的家庭。本节讨论的家庭均指家族式的家庭。

从家庭的本质属性来看，家庭其实是家庭成员之间相互依赖的一个关系系统。孩子接受父母的养育和照料才能生存成长，父母从孩子的成长中获得回报，父母通过满足孩子的过程满足了自己"母性"的需要。随着孩子的成长，相互依赖的平衡关系也会随之逐渐发生改变，直到最后的孩子长大成人、离家，并组成新的家庭。当父母开始变老之时，会越来越依赖孩子。另外，夫妻之间的关系中，以较平等的劳动分工为基础，如果他们想让自己的生活富有意义，那么，他们在感情上就必须相互需要和依赖。

（二）婚姻关系的发展

1. 婚姻关系的特征 婚姻关系，是指男女两人通过合法的婚姻登记手续，在一起共同生活而形成的夫妻关系。正常的婚姻关系有着如下几方面的特征：

（1）男女双方以合法的形式实现两性的结合：由于性关系受到法律的保护和道德限制，因此，男女双方的性满足就成了他们结为夫妻的最重要的因素。从一般的关系来看，性生活是最亲密的肉体接触。有这种关系的男女，因为其亲密性而构成特别的关系。由于以身相许，鸾凤和鸣，男欢女悦，从而产生了人与人之间的相互信任感。这种信任感能越过性的互求性而促进他们在生活上产生亲密关系，同时构成夫妇之间推心置腹的相互依赖性，构成一种男女无拘无束的生动一体性。即便这种肉体上的接触缺乏精神上的爱恋，它至少也能产生生物性的亲密感。如果夫妻双方在精神上也能相互爱慕，又保持经常性的肉体接触，那么他们相互之间必然产生纯朴真挚的亲密感。应该说性的结合是婚姻关系的最大特征。人到中年，性功能开始逐渐下降，所以如何通过心身的调节，始终保持对配偶的性兴趣，从而维护已形成的亲密关系，是中年期心理卫生的重要课题。

（2）夫妻双方在社会、经济和生活上被视为一体：丈夫在社会上的成败影响着妻子的荣辱，丈夫的朋友也自然成为妻子的朋友，妻子的亲戚也是丈夫的亲戚，丈夫的钱就是妻子的钱，妻子的钱当然也是丈夫的钱。因为是夫妻，所以在社会活动以及经济往来中，自然被人们视为一体，而不管他们实际的感情状况如何。

（3）生儿育女，抚养他们长大成人：生儿育女是只有夫妻关系才能做到的一种独特的合作产物。一个家庭，因为有了孩子才更富有生机和希望。夫妻二人只有分别体验了养育孩子的甘苦以后，婚姻关系才会变得更加成熟，个性才会得到进一步完善。中年人的婚姻是在漫长的养育儿女的过程中度过的。

需要说明的是，在现实生活中，不一定所有夫妻的婚姻关系都具备以上三个特征，但它确实是多数正常婚姻关系的基本特点。

2. 婚姻关系演变 我国多数家庭的婚姻关系还是遵循传统的线性模型，即从结婚到孩子出生、成长，再到空巢、退休和死亡；然而随着离婚率的逐渐升高，一些家庭会偏离这样的线性发展模式。

（1）以子女中心：从第一个孩子出生到最后一个孩子离家独立。夫妻之间开始了以子女为中心的新的婚姻关系。这段时间，他们强烈感觉到为人父母的责任和义务，对丈夫的称呼从“老公”变成了“孩子他爹”，对妻子的称呼也从“亲爱的”变成了“孩子他妈”。

多数父母认为孩子是爱的源泉，是个好伙伴，孩子是令人兴奋和有趣的，是联系家庭的纽带；年老的一些父母更多地认为自己在年老时，孩子能给自己提供帮助和安全感；年纪较大的父亲则认为孩子给自己创造了做体面人的机会，强化了自己努力工作的意义；孩子的存在可以提高婚姻的稳定性。不可否认有人认为孩子出生后的一段时期可能会降低夫妻双方对婚姻的满意度，多数父母还是认为有孩子的好处多于因孩子带来的不便。

（2）空巢期：最小的孩子成年后离家，夫妻双方重新过起两个人世界的生活，被称作空巢期（launching period）。一般来说，这个时候夫妻的年龄在 45～50 岁之间，他们要面对一个新的适应问题，即如何面对家庭空巢期的生活。在此阶段，多数妇女进入了绝经期，意味着夫妻自然生殖的年龄已经结束、夫妻间的关系也随着抚养活动的减少而发生改变。父母们会发现，他们又回到了“丈夫和妻子”的位置，而不再只是“父亲和母亲”了，多数夫妻通过对婚姻的这种重新审视过程，可以使夫妻之间的关系变得更加亲密，他们从成功完成他们视为“生命责任”中体验到高度的满意和成就感，这种生命的责任就是把孩子抚养到他们可以独立去经营自己生活的年龄。当看到孩子所形成的自己的生活风格时，父母可能会开始对其做父母的显现进行回顾和评价。埃里克森（Erikson）等人发现在这一期间，许多父母仍然将他们的价值建立在子女所取得的成就上。父母通常会为子女的成就感到高兴，孩子的独立，使他们能够用自己的经济来源重新构建属于自己的生活风格，所以多数父母并不畏惧空巢期的到来。然而，有少部分父母，尤其是原来没有工作一直做家庭主妇的母亲们，她们一直以来照顾自己的孩子来认同自己的价值，当孩子离开父母独立生活后，她们会忽然间感到失去了生活的方向，感情没有了着落，一天无所事事，茫然、彷徨、孤独、抑郁。当这种情绪问题长期得不到解决时，可以诱发一系列身体不适，有些学者将其称为“空巢综合征”。另外，对于一部分原本夫妻感情不和的家庭，孩子的独立恰恰成了他们终于可以离婚的理由和时机。

（3）离婚：尽管夫妻在结婚时都曾经在亲人或“上帝”面前承诺永远彼此相爱，白头到老，但总有一部分夫妻由于种种原因，不得不离婚而难以相伴一生。我国民政部公布的离婚率显示，1980～1990 年离婚案件分别是 27、34、37、41、63、74、79 万对，二十年后，2010 年的离婚案件为 246.8 万对，中国的离婚率呈上升趋势；30～40 岁是离婚率最高的年龄段，40～50 岁以上离婚率虽然有所下降，但也是离婚率较高的年龄段。所以可以认为中年期是婚变发生概率较大的阶段。

导致中年人离婚的原因主要有以下几个方面；①性格不合：婚前夫妻双方更多地注重了对方外在的东西，而对彼此的内涵注意不够。结婚后才发现个人的兴趣、爱好、价值观、对他人的态度等存在很大差距，有时甚至格格不入，很难长期共同生活下去，因此不得不离婚。②婚外情：配偶一方发生婚外情，而另一方不能忍受婚外情关系的长期存在，最终不得不分手。③性生活不协调：我国精神医学专家钟友彬在长期的心理咨询工作中发现，很多离婚者在说明离婚原因时，往往以性格不合为托词，其实他们离婚的真正原因恰恰是难以启齿的性生活不和谐。④非婚生子女的介入：再婚后，双方的子女搅到父母的关系中来，造成这样或那样的矛盾，最终导致婚姻的破裂。

离婚会对当事人的心理和生活产生各种负面的影响：①对心身状态的影响：离婚常常会影响睡眠和健康状况，使记忆力和工作能力下降，有些人可能陷入深深忧郁。同婚姻状况良好者相比，各种身体疾病在离婚者和同配偶分居的人中间更加常见。有人认为这是因为离婚伴随的压力所致，压力可能会降低个体对疾病的抵抗力。同样，压力也会影响心理

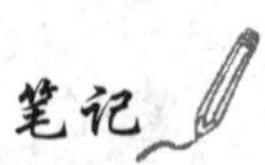

健康，虽然因离婚而住到精神卫生机构的人只占极少数，但是离婚者酗酒和发生自杀行为的比率都比较高。一般认为，离婚者中很多人需要心理咨询和心理治疗服务。②性饥饿：离婚夫妻在他们离婚之前早已经不“同床共枕”了，所以离婚者多数为性不满足者。③人际关系系统遭到破坏：离婚后原有的人际关系系统遭到破坏，原来的很多朋友不再可能成为朋友，亲戚也不再是亲戚。④对孩子的不利影响：离了婚的父母会感到对孩子歉疚而过分迁就他们的过错，或者因生活的拖累而对孩子放任自流，久而久之便使孩子的发展出现一系列的行为偏差。另外，如果带孩子的一方经常在孩子面前表现出对对方的不满和怨恨，孩子就会为归属意识的冲突而烦恼，变得厌恶异性、对婚姻没有信心。

总之，不管因为什么原因，离婚对当事者来说总归是一种严重的负性生活事件，可以造成心理上的痛苦和精神上的创伤。对孩子也会造成严重的消极的影响。

（4）单亲家庭：在中国，随着离婚率的提高，单亲家庭的比例也呈逐渐上升的趋势。单亲家庭同已婚夫妇组成的家庭最大的区别就是缺乏经济来源，尤其是单身母亲的家庭，常常陷入贫困阶层。造成单身母亲家庭贫困的原因主要有母亲的挣钱能力很低，缺乏父亲的支持，缺乏社会的资助。除了贫困外，单身的母亲还要承受社会的歧视和孤立以及独自教育孩子的压力。多项研究表明，在离异单亲家庭环境成长的孩子，总体心理健康水平显著低于完整家庭的子女（王萍，2007），多存在着自卑自责、冷漠孤独、对人焦虑、冲动等问题（李学容，2005），离异会给子女造成情绪、人格及行为方面带来负面影响（刘先华，2010）。

二、爱恨交加的职场生活情感

对于大多数人来说，成年中期代表了成功和权利的顶峰，工作成为家庭以外的基本活动，工作本身不仅是经济的主要来源，个人获得成就感的重要源泉，也是个体感到压力产生倦怠（职业倦怠）的重要原因。可以说中年人的成熟成长、喜怒哀乐与职业生活有着千丝万缕的联系。

（一）工作是获得创生感和成就感的重要源泉

根据埃里克森（Erikson）的观点，成年中期正好是获得创生感、避免停滞感的发展阶段。创生不仅指生儿育女，职业上的成功也是获得创生感的重要途径。通过工作，他们不仅生产出了大量的物质产品和精神产品，而且还将自己的知识和经验传授给年轻的一代，通过工作的成就，获得创生感而避免停滞感。因此，从某种意义上讲，如果一个人长期没有工作将会影响个人心理的成熟和发展。对于中年人来说，个人所从事的职业已经跟自我融为一体，成为其自我意识的重要组成部分。即使他们在向他人介绍自己的时候，也会总是把“我”同自己从事的工作联系在一起。例如“我叫张三，是×××大学的心理学教授。”

成年中期是个人依赖事业发展的情况进行自我评价的时期。他们往往用当前的成就去跟既定的奋斗目标相对照，如果基本实现了既定的目标，就可能感受到自我满足，形成积极的自我意识。相反，如果认识到没有或不可能实现既定的奋斗目标，就可能重新评价原来的目标，并重新评价自我。如果在此基础上，不能根据自己的具体情况调整事业目标和努力的方向，那么就会产生消极的情绪体验，如挫折感、停滞感和自我匮乏感。

（二）职业生活与家庭生活相互影响构成生活的主旋律

对于大多数人来说，成年中期代表了成功和权利的顶峰，同时也是人们投身于休闲和娱乐活动的时期，中年人不再感到必须在工作中证明自己，他们重视自己能为家庭、社会做出贡献，他们可能发现工作和休闲相互补充，增强了整体幸福感。

从世界范围来看，人到中年，以夫妇共同工作（双职工）方式来维持家庭生活是一种普遍的生活模式。人们是在一边工作、一边打理家庭生活的过程中度过每一天的。研究表明，家庭生活同职业生活存在着相互影响的关系。

笔记

相互影响的一方面表现为家庭生活与职业生活相互冲突。如美国学者珀冉思曼（S.Parasurman，2001）发现高工作时长和频繁倒班制的工作人员更多报告工作与家庭的冲突；美国学者福克斯和德威尔（M.L.Fox & D.J.Dwyer，1999）发现工作中的不确定性可能应发工作家庭的冲突体验；还有学者发现家庭规模、发展周期（S.J.Behson，2002；D.S.Carlson，1999 等）；家人患病、小孩上学等（S.Parasurman，2001；D.S.Carlson，1999 等）家庭压力事件会令工作家庭冲突更易发生。持有冲突观点的研究者认为，当工作与家庭的需要在某些方面出现难以调和的矛盾时，个人可能由于工作需要而难以尽到对家庭的责任，或者因家庭事务而影响了工作目标的达成。另一方面表现为个人在家庭和工作的不同角色间活动的相互促进，即获益。如 Crouter（1984）认为在某一角色活动中收获的情感、价值观、技能或行为，可以在工作与家庭之间发生正向迁移；Edwards 等人（2000）认为这种迁移可以从工作指向家庭，也可以从家庭指向工作。Greenhaus 等（2006）认为个体可以从工作或家庭角色中收获有意义的资源，如自尊、技能、视野、物质资源、社会资本、好心情等，这有助于个人在另一角色中表现得更好。持获益观点的研究者更强调工作和家庭相互的积极影响。

总之，在家庭生活和职业生活之间，既有积极的相互影响，也有消极的相互影响。如何平衡职业生活与家庭生活的关系，是中年人面临的重要课题。

（三）仍然存在职业变动要求和失业的威胁

步入成年中期，虽然职业角色进入相对稳定的阶段，但是仍然面临变动职业的需要和失业的威胁。在西方国家，一个人一生要有多次的工种和工作单位的变动，在个人能力和精力最强的时候，可能有最好的工作单位和职业，随着能力和精力的变化，相应工作单位和职业将会随之变动。我国以往在计划经济条件下，常常是一个人一生只能从事一个职业、在一个单位工作。但改革开放以后，随着社会主义市场经济体制的完善和竞争机制的广泛引入，对于中青年人来说，岗位、单位、职业的变动已经越来越频繁。可以预计越来越少的人会在整个一生中只保持同一份工作。

在成年中期，至少有以下四个方面的原因可能会使个人的工作活动或工作目标发生变化：

第一，某些职业在成年中期行将终止。职业运动员就是一个例子，到了成年中期，他们的体力、耐力、速度都难以使他们胜任职业运动员的工作，从而使他们不得不改行从事其他工作。

第二，现有的工作岗位不能给自己带来愉悦的心情和成就感，从而使个体主动变动职业和工作岗位，从事更符合自己兴趣和个人奋斗目标的工作。

第三，由于劳动力结构重组，有些员工被解雇而且不能在这一领域再找到工作。他们不得不为了从事一种新的工作或类似的工作而接受再培训。

第四，个人能力素质的提高没有跟上工作岗位和职业发展的要求，本人的岗位被新人所取代，因此不得不寻找新的职业和工作。

为追求个人价值和成就感而主动变动工作的人，他们会把工作的变动看成是实现新的发展机遇，因此具有良好的心态，其中很多人因为工作的变动而获得新的成功。然而，被动地进行工作变动的人，往往成为失业者。

尽管工作场所是压力的一种主要来源，但是，失业对个人的心理健康和家庭功能的破坏作用更大。对于中年人来说，失业往往与物质的丧失、家庭生活的破坏以及婚姻矛盾增多相关联。中年父母失业后，孩子和配偶也常常受到严重的牵连，并且整个家庭也常常体验到与社会之间的疏离感。失业会对当事人的身体和心理产生消极影响，如自我怀疑、消极被动以及变得孤僻。抑郁是失业后常见的表现，而且伴随着家庭关系的紧张，常常会导致新的家庭矛盾和家庭暴力。美籍学者佩奥特考斯基等（C.S.Piotrkowski，R.N.Rapoport et al，1987）通过一些个案的研究发现，家庭针对丈夫失业所作出的某些调整会导致丈夫的自

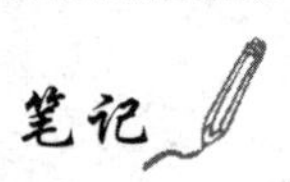

身重要感的进一步降低，并会使其自尊水平进一步下降社会支持，尤其是来自家庭的鼓励和支持，对于缓解失业者的消极心态是至关重要的。

（四）中年承载着巨大的工作压力

中年人往往是单位的业务骨干或领导者，这种角色本身就意味着他们比其他年龄段的人承受更多的工作压力。随着各种改革的深化，单位之间、个人之间的竞争将会愈演愈烈，因此，每个成年个体都要努力奋斗，才可能保住自己的工作，并在此基础上有所发展。现在的成年人越来越多地体会到“干什么都不容易”，尤其是中年人会体会到更多、更大的工作压力。美国学者卡让赛克及其团队（R.Karasek et al，1979）指出，压力最大的工作是那些以高度心理工作负荷要求与低决策自由相结合的工作。高心理负荷的工作要求工作者快速而努力地工作，以便在很短时间内完成过量的工作。低决策自由的工作不允许工作者自己针对工作做出决定。显然，高心理负荷再加上不让自己决策，这的确是一件很困难的活动。

人到中年后，由于生活阅历的丰富、知识技能的成熟，使中年人成为技术的能手、管理的行家，财富的主要创造者和支撑社会的中流砥柱，成为推动社会进步和发展的主力军。因此，中年人面临着多重的角色压力。

1. **角色超载**（role overload） 是指个体的某个角色在有限时间内，承担诸多客观合理的角色期望，当自身时间和能力不能使其顺利完成预期的工作任务时，便会产生角色超载的紧张状态。根据资源保护理论，当出现角色超载时，会导致角色承担者透支自己的生理资源和心理资源去完成过量或过多的任务要求，长期如此则会对角色承担者的心理健康造成影响（S.E.Hobfoll，2001）。例如，一个教授在同一时期要在 4 所不同的大学兼职任教，他要认真地对待每所大学的每次讲授，如同演员赶场一样忙碌奔波，这使他“教授”角色严重超载，陷入筋疲力尽状态之中。

2. **角色冲突**（role conflict） 是指中年人同时扮演若干个角色，各种不同角色的需求和期望之间相互发生矛盾冲突时，所造成的内心或情感的矛盾与冲突。例如，一个医生因为晚上要经常加班抢救病人而无法很好地履行丈夫和父亲的责任，这时“医生”这个角色同“丈夫”、“父亲”的角色发生冲突。

角色超载、角色冲突纠缠在一起时，会导致个体对工作和家庭满意度的降低，有学者（Johlke，et al，2000；李冬梅，2002；Schwepker，et al，2005）研究发现：角色压力与满意度存在负相关；还会导致个人主观幸福感的降低，如高中华和赵晨（2015）对知识员工的研究发现，角色压力对生活满意度有直接的消极影响。

第四节　成年中期人格与社会性的发展

一、成年中期人格的发展

步入成年中期后，个体的人格发展已经成熟，表现出了相当大的稳定性和不同于其他发展阶段的特征。

（一）人格相对稳定

偶尔可以看到成人人格发生巨大变化的事实，如因为重大的生活事件而使其人格发生巨大改变，但这只是特例，对多数个体来说，尽管他们面临的发展问题很多，但成人中期的人格总体上说是稳定的。这种稳定具体表现在两个方面：一是人格结构的稳定；二是每种人格特质不会有强度上的大的变化。

美国心理学家塔佩斯和克瑞斯托（Tupes & Christal，1961）使用词汇学方法进行的研究表明，在个体发展的大部分阶段中普遍存在着五个核心的人格维度（神经性、外倾性、对经

笔记

验的开放性、随和性和责任心，被称为“大五”人格)，为测量这些人格特质，美国心理学家科斯塔和麦克雷(P.T.Costa & R.R.Mccrae，1985)编制出了 NEO 人格调查表(NEO Personality Inventory)，1992 年修订后称为 NEO 人格问卷修订版(NEO PI-R)，并广泛用于人格发展的研究。他们的研究表明从青少年时期开始，“大五”人格结构就在生命的进程中保持不变。大量的用该量表进行的关于人格发展的纵向研究表明，“大五”人格特质在整个成年期是相当稳定的。个体差异在成年早期只是表现出了适当的稳定性，但在 30 岁后人格特质的平均水平和个体差异都保持了非常高的稳定性，这就意味着成年人的人格成熟要在 30 岁以后。

研究表明，卡特尔十六种人格因素调查表适用于 16 岁以上人群，亦即适用于成年人，这说明十六种人格特质对不同年龄阶段的成年人来说，都是客观存在的，不会因为年龄的变化而有所增减。

美国心理学家科斯塔和麦克雷(P.T.Costa & R.R.Mccrae，1988)用大五人格特质模型，对 20～90 岁的 114 名男性被试进行了 12 年的追踪研究，发现大部分特质抱持相对稳定，相关系数在 0.68～0.85 间，说明分数是变化的，而人格特质是相对稳定的。

如果把采用 MMPI、16PF、CPI 以及 NEO 人格调查表所进行的针对中年期人格发展研究成果综合起来分析，就可以得到一个非常一致的结论：中年期的人格发展是稳定的。

根据现有的研究成果很难描绘出成年中期人格发展变化的普通模式，但这并不意味着个体人格的变化是不可能的或者是罕见的。事实上，人格变化是普遍的，甚至在生命的最后几年也是如此。普通模式的缺乏只是表明当人格发生变化时，不同的人在不同的方向上发生变化，并且这时年龄因素对人格的发展变化已经不是主要因素，千变万化的生活环境因素成为影响人格变化的主要因素。

工作 20 年后突然失业，个体因此会变得焦虑沮丧，缺乏信心。再婚后令人满意的婚姻会使当事人重新建立起乐观、自信、自我肯定的人格。所钟爱的人死去会突然增加当事人对其他人的责任感。新的宗教信仰的接受可能导致信仰者行为方式的改变。还可以举出很多生活经历和环境可以使成年人人格改变的事实。然而，这些特殊的生活事件并不是每个同一年龄段的人都会经历到的。因此，心理学家把这类“事件”称作“非常规事件”。相反，像退休这类的事件却是对每个人来说都是在大约同一时间发生的，因此在某种程度上对人格有着普遍的影响，所以会导致在人格测量上有非常清楚的年龄的变化。

综上所述，就漫长的成年中期人格发展而言，一般性的变化基本上不存在，但个人的变化却因每个人的生活经历的不同而发生着相当多的变化，因此，如果说成年中期的人格是稳定的，那么这种稳定却是相对的稳定。

（二）性别角色进入整合阶段

每个人身上都存在与男女性有关的相互独立两个行为丛。一是男性化行为丛(masculinizing behavior clustering)，其核心特点是胜任感，如计划、组织、统治以及取得成就的能力；二是女性化行为丛(feminizing behavior clustering)，其核心特点是情感方面，表现在关心他人、善良、依赖性以及培养。在每个人身上，两种行为丛所占的比例不同，就使人表现出不同的人格特点。有些人两种行为丛都很高，这种特点被称为男女同化(或双性人格)(androgyny)，被誉为：“完美人格”；有些人两种行为丛都比较低，被称为未分化(或未分类)(undifferentiated)；有些人以男性化行为丛为主，被称为男性化；有些人则以女性化行为丛为主，称为女性化。

美国心理学家莱文森(D.Levinson，1983)提出，在人的一生中性别角色的发展大致经历了三个阶段：①未分化阶段：在人生的开始几年，性别角色处于一个混沌的、未分化的时期；②高度分化的、适合性的阶段：在该阶段中，性别角色被严格地、极端地区分开来；③整合阶段：在这个阶段中，先前两个处于极端阶段的性别角色逐渐整合为一体。成年中期恰好

处在第三阶段，即对中年男性来说，其男性行为丛的特点逐渐减弱，而女性行为丛的特点逐渐增多；对中年女性来说，其女性行为丛的特点逐渐减弱，而男性行为丛的特点逐渐增多。男女个体都向着“完美人格”的境界发展。在50岁时，心理健康的男性和女性都具有整合的性别角色。

（三）日益关注自己的内心世界

成年中期是瑞士精神分析学家荣格（C.G.Jung）非常关注的一个发展阶段。他发现许多中年人虽然在事业上取得显赫的成就，在社会上获得了令人羡慕的地位，有了美满的家庭，但是他们却感到人生仿佛失去了意义，心灵变得空虚和苦闷。荣格认为这是在人生的外部目标获得之后所出现的一种心灵真空，他把它称之为中年危机。要想使中年人振作起来，就必须寻找新的价值来填补这个真空，扩展人的精神视野和文化视野。要做到这一点，就必须通过沉思和冥想，把心理能量转向过去所忽视的主观世界，由外部适应转向内部适应。用荣格的话说“对于那些已经到中年，不再需要培养自觉意志的人来说，为了懂得个体生命和个人生活意义，就需要体验自己的内心存在”。因此，反思和内省成为中年人心理生活一个重要特色。荣格的见解已经得到一些实证研究的支持。例如著名的“堪萨斯城研究”。这是一项由钮伽特恩和伽特曼（B.Neugarten 和 D.gutmann）带领其团队所作的关于成人人格发展的系列研究，始于20世纪50年代，研究对象为生活在堪萨斯城的40～80岁的成年人。研究方法包括投射测验、问卷调查和访谈。该项研究的结果表明：与年龄相关的变化主要发生在内在心理生活过程中，表现为对外部世界积极趋向的态度日益减退。

（四）对生活的评价更具有现实性

由于承担着巨大的社会和家庭责任，有了丰富的人生阅历，领略过诸多的经验和教训，又由于身体条件的一系列变化，使得中年人的价值观、人生态度明晰而稳定；因此，同青年人相比，他们对社会、对家庭、对他人、对自己的认识更加深刻而客观，对生活的评价也就更具有现实性。尤其是对个人成就的评价，更加实事求是，知道理想、目标与现实的关系，能恰当地定位自己的动机水平，开始意识到要“量力而行，尽力而为，顺其自然”，尽可能不做超出自己能力范畴和物质条件的事情。

二、成年中期人际关系的发展

（一）成年中期人际关系特点

1. **广泛而复杂的社会交往** 中年人所肩负的重大社会和家庭责任，决定了他们必须具有广泛的社会交往，要同社会上形形色色的人员建立人际关系。要在同众多社会成员的交往过程中，完成自己肩负的使命。

2. **深刻而稳定的人际关系** 在几十年的交往过程中逐渐形成了稳定的人际关系，这种人际关系充满了深刻的情感色彩，不会轻易被偶然因素所影响和左右。

3. **小心谨慎的选择** 同青年人相比，中年人同他人交往显得更加谨慎，不会轻易形成友谊，他们在长期的生活经历中形成了比较稳定的交友标准和处世原则。

（二）家庭人际关系

1. **夫妻关系** 对于中年人来说，夫妻关系是所有人际关系中最为重要的关系，建立和维护健康和谐的夫妻关系，是中年人发展中的一项重要的任务。社会心理学认为缔结婚姻有经济、繁衍和爱情（包括性）三方面动机，不仅有情感的联结，还有以社会认可的方式满足夫妻双方的性需要，继而生儿育女、繁衍后代，而且还包含经济方面的考虑；在现代社会下的婚姻动机中，爱情第一，繁衍其次，经济第三。在现实生活中，多数人的婚姻关系都是既有爱情和性的成分，也有繁衍和经济的因素。中年夫妻关系发展的目标就是，让爱情的成分更多点，功利的成分更少一点。社会学家将婚后的夫妻关系变化划分为如下几个时期：

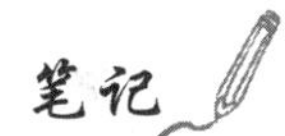

(1) 热烈期：新婚之后，夫妻间感情充满激情，表现为夫妻间强烈的爱慕和依恋。

(2) 矛盾期：夫妻双方生活一段时间后，彼此不再掩饰，缺点和不足开始逐渐暴露，各种性格的、生活习惯的、经济的、人际关系的矛盾开始出现。夫妻双方如果在彼此谦让中妥善处理了这些矛盾，感情会进一步发展，否则可能会出现危机。

(3) 移情期：这个时期以子女出生为标志。这时，夫妻双方都会不自觉地将对对方的爱大部分转移到孩子身上。此阶段，由于工作压力和家务负担的增加，使生活失去了原来的浪漫而变得现实了。

(4) 深沉期：这一阶段，孩子已经长大或已经独立生活，照料孩子的负担大大减轻。夫妻双方又重新开始把注意力转移到了对方身上，夫妻间强烈的依恋感再一次表现出来。但这个时期的感情比以前更加深沉了。

即使对于幸福的一对夫妇来说，婚姻仍然有起伏。满意度在最初几年开始下降，并持续下降到孩子出生时最低。不过从这一段时期开始，满意度开始回升，最终恢复到婚前的水平。有些夫妇会离婚，离婚后的婚姻满意度在最初的下降后并没有回升，而是继续下降。

2. **代际关系**　现在男女双方结婚、生育年龄较晚，同时人的寿命延长了，成年中期的个体在养育孩子的同时，还需为父母提供一系列的照料。在1980年前后出生的个体刚步入成年中期，其中很大一部分是独生子女，他们“4-2-1”的家庭结构往往令其倍感压力，被称为“三明治一代”。尽管他们身上担子很重，但同时也有显著的回报，进入老年的父母可以帮助自己的中年子女照顾他们的孩子，中年子女和他们年老的父母之间的心理依恋将会持续增长，他们可能变得更亲近。

(1) 与父母的关系：中年人在抚养教育孩子的同时，还要照顾日益衰老的双方父母，要处理好同公公、婆婆、岳父、岳母的关系。对于老年人来说，光有物质的保障是远远不够的，心理上的关怀、感情上的交流和沟通显得更加重要，因此，中年人要拿出很大一部分精力去协调和处理同双方父母的关系。

(2) 与孩子的关系：对于很多成年中期个体来说，该阶段主要的转变是孩子上大学、结婚、或在离家很远的地方工作。

中年期是一个较长的发展阶段，在这个阶段里，随着子女年龄的增长，亲子间的关系也会发生相应的变化。子女未成年之前，多数同父母生活在一起，亲子之间交往频繁，因此，相互影响也比较明显。孩子小时，父母在他们的眼里是绝对的权威，他们之间的关系基本上是服从与命令的关系。但是，随着孩子独立性的逐步发展，他们对父母不再言听计从，于是亲子之间的冲突逐渐增多，在孩子步入青少年期，这种冲突达到顶峰。所以，“U型曲线论”的学者(Saxton，1996；Anderson，et al，1983)通过研究认为，结婚初期的年轻夫妻的婚姻满意度较高，第一个孩子出生后开始下降直至孩子离家，进入子女离家阶段又开始上升。这表明，在孩子离家自立前，中年人对婚姻的满意度最低。当孩子离家独立生活后，父母同子女的关系将受到他们同子女配偶以及孙辈关系的影响，父母再次陷入新的“人际关系网”中，亲子关系需要付出新的精力和代价去维护、培植。

(三) 职场人际关系

工作是中年人活动的基本组成部分，是其经济来源和成就感获得的基本途径。为完成工作，中年人必须处理好各种各样的人际关系，如：处理好同事关系、上下级关系、竞争与合作的关系、领导与被领导的关系。当前由于社会竞争日趋激烈，这种现实加剧了中年人人际关系的紧张和内耗。关颖和潘允康(1990)曾在天津进行过社会心理调查，当问及中年人“人事关系紧张与否”之时，答案为“与上级关系不和”的，在1985年为3.99%，1988年为9.3%；“与同事关系紧张的”，1985年为2.3%，1985年为6.9%；“曾被人误会、错怪过的”，1985年为5.0%，1985年为18.9%。研究表明，职场中人际关系紧张是造成中年人心理应激的重要原

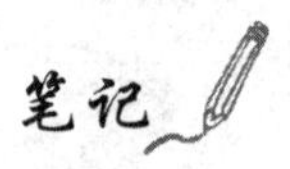

因。看来，善于处理职场中的各种人际关系，与人和睦相处、快乐地工作，在工作中产生朋友、形成友谊，也是中年人必须学习和掌握的一种能力。和睦的家庭成员之间的关系固然重要，但是对于个人的成长来说，朋友有时比家庭成员更重要，这是因为：

1. 家庭成员是给定的，而朋友时自己选择的。人们不能选择父母和兄弟姐妹，及时这种关系让人感到压抑。但他们却能根据自己的需要更换朋友。与家庭成员断绝关系很难，整个毕生的发展过程中，人们感到家庭成员比朋友更多地使人感到不安，而友谊带来的称心如意的感觉可以增强人们的自我尊重感和健康。

2. 朋友通常年龄相仿，他们更容易相互分享个人的特点、共同的经历和生活方式，这些相似性可以促使他们之间比家庭成员之间更能较好地交流和相互理解。

第五节　成年中期的发展任务与常见心理问题

同其他发展阶段一样，成年中期也有其特定的发展任务，在完成发展任务的过程中，会遇到这样或那样的心理问题，完美地完成发展任务是促进个体成熟发展，减少心理问题的重要前提。

一、成年中期的发展任务

（一）成年中期发展任务的相关理论

成年中期的个体处于人生的中段，是个体对社会影响最大的时期，也是社会向个体提出最多要求的时期，个体更要清晰地确定人生的后半段有些什么目标，来自于心理和社会的发展要求有什么，此即为发展任务。有关发展任务的有代表性的观点有如下几个。

1. **埃里克森的观点**　根据埃里克森的心理发展观，人的一生可以分为既连续又不同的八个发展阶段，中年期是人生发展历程的第七个阶段，其发展的主要任务是获得创生感（也称繁衍感），避免停滞感，这种发展任务主要来源个体内在的发展变化。

“创生”是一个含义广泛的概念，包括履行父母职责，如生儿育女，尽其所能做最好父母，努力做最佳父母，帮助儿女；也包括“生产力”“创造力”，积极工作、努力付出，积极参与竞争，创造社会价值，关心信赖身边的家人、朋友和同事，为社会做出贡献。

个体进入中年后，在努力引导和鼓励下一代、积极工作和创造价值的过程中体验到创生感。能够体验创生感的个体，他们的关注点就会超越自身，通过其他人看到自己生命的延续；反之，如果因为家庭、工作超出负荷，感到不能一如既往地竞争和创造时，个体体会到在这个阶段缺乏心理上的成长，往往感到精力枯竭、生活无趣，体验到停滞感。处于停滞状态的人倾向于关注于自己的琐碎小事，因而无法感受到自己的价值。

2. **古尔德的观点**　美国学者古尔德（R.Gould）基于临床观察研究了 524 名 16～60 岁的白人，从个体与家庭的关系来建构自己的理论，认为有一个内部时钟决定了我们在成年期需要完成的任务，并将成人的发展分为七个阶段，认为中年期是痛苦的转折期。其中成年中期处于以下三阶段：

第五阶段：34～43 岁。觉得用于塑造儿女行为的时间或者生命持续的时间越来越少。成年人的父母会重新提出以前的要求，以帮助解决他们遇到的问题和冲突，但方式可能是间接的。

第六阶段：43～53 岁。这是个痛苦的时期，感到一个人的生活不可能再有什么改变了。这个时期也会责备自己的父母对生活不知足，挑剔孩子的毛病，向配偶寻求同情。

第七阶段：53～60 岁。与 40 多岁时相比，这时在感情上变得积极起来。与配偶、父母、子女、朋友之间的关系变得和谐起来，自己也容易满足。

古尔德认为对于中年人来说，与青少年子女教育，以及对老年父母的照顾和关系的维系是最重要的任务。在成年中期也存在痛苦，经过转折之后，个体会变得积极和快乐。

3. **哈维格斯特的观点** 美国学者哈威格斯特（R.J.Havighurst，1974）把中年期的发展任务归纳为如下七条：

（1）履行成年人的公民责任与社会责任。

（2）建立与维持生活的经济标准。

（3）承受并适应中年期生理上的变化。

（4）同配偶保持和谐的关系。

（5）帮助未成年的子女完成他们的发展任务，使他们成为有责任心的、幸福的成年人。

（6）与老年父母保持密切的适应关系。

（7）开展成年人的业余、休闲活动。

哈维格斯特认为发展任务源于个人内在的变化、社会压力，以及个人的价值观，性别，态度倾向等方面。中年人面临生理、家庭（配偶、子女、父母）与社会（工作、经济收入）压力很大，中年人需要找出消磨时间的新方式。

个体发展任务的理论反映了成长与发展过程中的一些基本事实，中年人一方面需要不断完善自我，以求个体人生目标的实现；另一方面承担着教育子女、赡养父母、照顾伴侣、完成工作等多方面的责任。不可否认，成年中期是一个充满挑战的阶段，难免会有感觉身心疲惫的时刻，但正如美国心理学家罗森伯格（M.Rosenberg，1981）研究结果（中年危机在基本健康的成人身上并不是经常出现的现象）一般，我们认为绝大多数人能顺利应对这一阶段的挑战。

（二）成年中期发展的现实任务

成年中期的发展任务主要体现在职业管理、培养亲密关系、关心照顾他人以及家务管理等方面。

1. **搞好职业管理** 工作场所是成人发展的主要环境，一个中年人，在他没有退休之前，白天几乎都是待在工作场所。工作经验和个人成长之间存在着交互作用。用人单位都期望着具有某种特定经验、能力和价值观的人进入特定的工作岗位，他们一旦进入这个岗位，工作环境及其所从事的活动就会影响他的智力、社会性和价值取向。每个进入劳动力市场的人都要谋取份职业，但是，随着时间的推移和各种条件的变化，人们可能或主动或被动地更换自己的职业，也可能因为失业、家庭、兴趣以及继续教育的需要暂时或长期地离开劳动力市场。因此，个体的职业是由不断变化的岗位、志向和满意度所构成的一个动态的结构。当一个人进入中年期后，职业活动是他的主导活动，职业活动同其自身的效能感、同一性和社会性的整合密切相关。所以，对于中年人来说，对自身职业的管理是其发展的重要任务。

2. **培养亲密关系** 有研究表明（Argyle，2001；Berscheid & Regan，2005），亲密关系的质量是成年个体主观幸福感的重要源泉。婚姻关系和其他长期的亲密关系都属于明显的具有动力作用的关系。这些关系的存在可以使人有效地对不断变化的各种事件做出应对，如家庭危机和重大的历史事件。只有投入关注和努力才能使这些关系保持健康和充满活力，并促进个人的成长。对中年人来说，同其他人，尤其是在婚姻关系中培养长期的、充满活力的亲密关系是非常重要的。

在整个成年中期，维持亲密的夫妻关系至少要做到以下三点：

（1）对成长的承诺：夫妻双方必须承诺对方作为个人和作为夫妻会不断成长，这意味着接受这样的观念他们将要在某些重要方面发生改变，而且他们之间的关系也将随之变化。彼此愿意在态度、需求和兴趣等方面发生变化，这会进一步加深彼此之间的关怀和接纳程度。

（2）有效的沟通：夫妻双方必须建立一种有效的沟通系统。我国学者张锦涛等（2009）的研究发现，夫妻间建设性沟通可以显著地正向预测夫妻感知到的婚姻质量，而双方回避

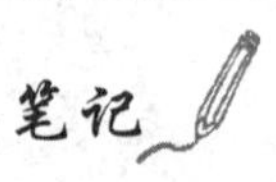

或要求回避沟通则显著地负向预测自身感知到的婚姻质量。对于缺乏一个有效沟通系统的夫妇来说，由于没有机会解决彼此之间的误会，所以他们之间的愤恨会越积越深。而积极倾听并思考对方的问题有利于维系和谐美满的夫妻关系。

(3) 创造性地利用矛盾：夫妻之间常见的矛盾集中在以下几个方面：对金钱支配上的意见不一致、工作和家庭需要之间的矛盾、配偶如何扮演自己的性别角色、养育子女问题、与朋友和亲戚的关系问题以及与健康有关的问题等。夫妻双方必须理解矛盾，同时认识到意见不一致是可以接受的，而且要找出解决矛盾的办法。即使是那些婚姻美满的夫妻，通常也不能解决他们的全部矛盾，但是他们会避免矛盾升级为强烈的敌意。在许多时候，他们会把不一致的意见搁置在一边。如果一方抱怨或表现出不快，那么另一方不会用另外一种消极的反应予以还击。

培养亲密、和谐、富有活力的夫妻关系，是一项长期而艰巨的任务。对于夫妻双方来讲，面对的挑战就是要如何能保持对对方的持久兴趣、关怀以及欣赏。

(三) 关心照顾他人

中年人在社会和家庭中的角色和地位，决定了他们有更多的照顾他人的责任和义务。在众多的照顾任务中，最主要的任务是养育子女和照顾年迈的双亲。这两个领域的任务对中年人的智力、情绪、人格以及身体资源都提出了挑战，他们正是在迎接和完成这种挑战的过程中，使自己不断地成长和发展。

养育子女是一件十分辛苦的事情，不仅需要付出很多的时间和精力，还需要在养育的过程中学习大量的知识。由于孩子在不断地发生变化，而这种变化往往是不可预料的，因此成人为了满足对孩子教育的需要，必须保持对新事物具有一定的敏感性和灵活性。儿童发展的每一个阶段都需要有新的、富有创意的抚养策略。通过养育子女的过程，对人性产生新的认识，对人生形成新的感悟。

在养育子女的同时，又要照顾年迈的双亲。由于独生子女的政策，今后对于居住在城市里的中年人来说，一对中年夫妇可能要照顾两对老人，这对他们来说是孝心、爱心、耐心和德性的考验，中年人在接受考验的过程中，自身也得到成长和发展。

(四) 搞好家庭管理

家庭不只是一种简便计算人口的方式，其实它是人们为了一种特定的生活风格而建立的实体组织。家庭是一个有限的单元，他们的资源、收入和零花钱都集中在一起使用，与劳动力市场相互作用，与他们的邻里建立社会互动关系。家庭管理是指家庭中成人都必须参与所有的计划、问题解决以及各种活动，以便照顾自己及其必须照顾的人。

良好的家庭环境在促进智力发展、社交能力、身体健康以及情绪健康等方面具有重要的作用。对于中年人来说，创造一个能增强每个家庭成员潜力的环境，并因此而使家庭受益，是他们的又一个重要的发展任务。在对家庭的管理上，夫妻双方要有分工；要有家庭的建设计划，要建立民主气氛的家庭环境。中年人正是在家庭的管理和建设过程中，使自己得到成长和发展。

二、成年中期常见心理问题与干预

(一) 心理疲劳

1. 心理疲劳的表现和危害 中年人是社会的中坚、家庭的核心。在社会竞争日趋剧烈的今天，许多中年人常常陷入角色超载、角色满溢、角色冲突之中，他们肩负着巨大的社会责任和生活的压力。

“累”是当今中年人普遍的感慨，他们不仅“累身”，更是“累心”。中年人在开创自己的事业、处理各种复杂的人际关系、扮演多重社会角色的过程中，要不断权衡利弊，总是处于

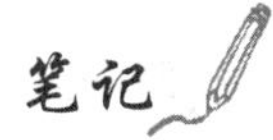

一种思考、焦虑、郁闷、担心的压力之中，表现出心身疲劳的一系列症状：

(1) 记忆力和集中注意能力明显下降，对很多活动都缺乏原有的热情，做事的主动性明显下降，学习和工作效率降低。

(2) 情绪不稳，容易冲动，容易焦虑，心境不佳。

(3) 睡眠质量不高。

(4) 浑身无力，食欲不佳，有时会有恶心、眩晕、头痛、头重、背酸等症状。

心理疲劳表现突出的中年人，似乎总在忍受着一种精神痛苦的折磨，心中积压着悲伤、委屈、苦闷、烦恼等诸多的负性情绪，总感到活得很累，期盼着能有所解脱。但由于中年人特殊的社会身份，决定了他们必须要坚持，于是导致不少中年人无奈、被动地做着似乎永远也做不完的事情。根据临床观察，许多心理疾病的患者，多数在患病前都有一段较长时期的心理疲劳过程，由于没有及时科学地心理调适，最终酿成心理疾病。在日本，每年死于自杀的人数都在3万人以上，这个数字是死于交通事故人数的三倍，自杀人数的40%是四五十岁的中年人。其他国家的调查数据也得出类似的结论。所以，对于中年人来说，如何通过心理的自我调适，减轻和预防心理疲劳是十分重要的。

2. 心理疲劳的自我调适

(1) 扩大关注的范围：要不断提醒自己，不能一天只盯着工作。工作固然重要，但它不是生活的全部。尤其是对忙碌的中年男性来说，除了工作以外，还要关注家人的感受、朋友的关系、业余爱好以及工作以外的社会活动等方面。要注意生活目标的多样性，要给自己创造缓冲压力的平台。

(2) 留出属于自己的私人时间：在现代信息社会里，与人交往的价值越来越被人们看中，于是有不少中年人，为了同别人建立良好的人际关系而投入过分的时间和精力，常常像演员“赶场”一样。在追求“趋同”的过程中，淹没了自我。其实中年人应该学会坚持每周给自己留下数小时，每月给自己留下几天属于自己私人的时间，在这个时间里通过自己喜欢的方式，如读小说、看电影、唱唱歌、练练书法、搞些体育活动等，充分放松自己的心情，培育自己健康的心境。

(3) 善于抓住工作的重点：那些心理失衡的人大都是不善于分清事物轻重缓急的人。从某种意义上说，是否能够合理分配工作是衡量管理者能力高低的尺度之一。最为重要的是：一事当前，首先应该确认哪些事情是自己必须亲自出马的，哪些工作是应该优先分配给别人去做的，然后将自己最旺盛的精力分配到最需要的地方。对于自己应该完成的工作也要排出轻重缓急，然后有序而全力以赴地去完成工作。对于那些无足轻重的琐事没有必要过分地关注，要时刻提醒自己在有限的时间内去做自己最该做的事情。其实，很多时候，忙碌恰恰是自己不善于区分工作的轻重缓急，排列不出处理事务优先顺序的佐证，是缺乏能力的表现。所谓不会排列优先顺序是指当事人不能够评判事务的价值高低，不懂得如何梳理纷繁复杂的工作头绪。真正有能力的人从来就是该休闲时且休闲，他们的人生信条是只有一张一弛才能够为接下来真正重要的事情积蓄能量，才能够在出人意料的关键时刻尽显“英雄本色”。

(4) 树立健康的成败观：对于已过中年的人们来说，树立健康的成败观是十分重要的。为此必须清晰地区分出哪些是自己力所能及的范围，而哪些事情是自己鞭长莫及的，要有自知之明。对于那些鞭长莫及的事情要冷静地予以接受。所谓健康的成败观是指对于成功和失败都能泰然处之，既不过分地渴求成功，也不过分地责难失败。世界没有永远的胜利者，也不存在永远的失败者。每个追求目标的过程，既有成功的希望，也包含失败的可能，因此，对于成功和失败都要坦然接受。

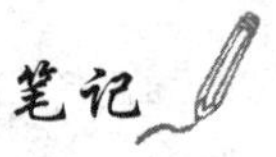

(5) 不要求全：在中年这个特定的发展时期，几十个社会角色一下子落于一身，而这些

角色之间又常常发生矛盾冲突，所以使许多中年人常常陷入力不从心、困惑、焦虑的境地。究其原因，痛苦的根源在于他们想什么都做得优秀，其实这是不可能的。自古就是“忠”、“孝”不能两全，“鱼和熊掌不可兼得”“有一得必有一失”。所以，中年人要想缓解自己的心理压力，就要放弃求全的观念。

(6) 学会倾诉：有了心理压力通过找人倾诉的方法，可以让自己同问题之间保持少许距离，确保自己尽可能冷静地分析、客观地处理问题。另外，倾诉对象还可以为当事人提供来自旁观者的意见，从而使自己不至于钻牛角尖儿。倾诉的对象可以是本单位的同事或上司，当然也可以是与自己没有利害关系的亲朋好友。实践证明，较好的倾诉对象是与自己同年龄段的同学，因为他们更有可能遇到类似的问题，并且和当事人没有利害关系，所以可以敞开心扉说出自己的心里话。当然，如果需要也可以向心理医生倾诉，在医生那里可以得到更加专业的指导。

（二）更年期综合征

更年期是指由性功能旺盛的生育期向老年期过渡的一个转折时期，是一个比较特殊的生命变更时期，过了此期，人便进入了老年期，所以更年期又称为老年前期。目前国际上公认的更年期标准是女性 40～60 岁，男性 45～60 岁。个体进入更年期后会发生一系列的身心变化。

步入更年期的女性表现为外阴不再丰满，阴道逐渐变得干枯狭窄，子宫已经完成了孕育生命的使命日渐萎缩，子宫内膜呈腺型增生，子宫颈组织开始发生退行性变化，卵巢功能逐渐减退，雌性激素分泌的减少导致第二性征也开始逐渐消退。同时表现出怕老、悲观、容易焦虑和抑郁的心理变化；进入更年期的男性，睾丸功能开始衰退，睾丸素分泌减少，前列腺开始增生肥大，前列腺素分泌减少，性欲开始降低，性生活的次数明显减少，大脑功能、心脏功能开始减退，视力、听力明显减退。同时也会伴有失落、焦虑、抑郁的情绪。

若上述身心变化非常严重，以至于严重地影响到了当事人工作、学习和生活的现象叫做更年期综合征。

1. 更年期综合征的表现

(1) 女性更年期综合征的表现：①躯体症状：主要表现为血管运动不稳定和不规则阴道流血。血管运动症状以潮热和夜间出汗为主。潮热是突然出现的暂时温热的感觉，由暖热到酷热，传布到整个身体，特别是胸部、面颊和头部，伴随脸发红，出汗常继之寒战。潮热时少数妇女可能体验到眩晕和软弱。有些人在潮热前 5～10 秒钟可能有焦虑、刺痛和头重的症状。夜间出汗十分常见，严重时可导致衣服湿透。潮热以发作的形式出现，每次发作数秒钟至数分钟不等，心理紧张、湿热气候、咖啡等饮品可能会促进发作。潮热的感受存在着文化的差异。多数美国妇女在绝经期体验到潮热，但日本妇女体验潮热者较少。潮热在月经不规则时出现的占 10%，即将停经时出现的占 20%，月经停止后 4 年仍然有潮热的占 20%。69% 的妇女体验到潮热但并不为之烦恼，32% 的妇女为此而烦恼并寻求治疗。潮热妇女失眠者较无此症状者多 2 倍。由于潮热而睡眠不良者，白天常表现为易激惹和疲劳，这常常成为她们寻求帮助的原因。不规则阴道流血也是妇女更年期综合征常见的表现。②心理症状：集中注意能力下降，记忆力减退，心烦、情绪不稳定、易激惹、易郁闷、对事物变得敏感，总体上表现为轻度的焦虑和抑郁（按精神疾病的标准）。

(2) 男性更年期综合征的表现：男性到了更年期，也有一部分人会有同女性更年期综合征类似的表现，只是没有那么典型，主要表现为情绪不稳、轻度的抑郁和焦虑、轻度睡眠障碍、不同程度的性功能障碍、心脏不适、容易疲劳、血压不稳、关节疼痛等症状。

2. 更年期综合征的应对　步入更年期后，积极健康的应对非常重要，它可以使当事人减少生活的代价，提高生活质量。

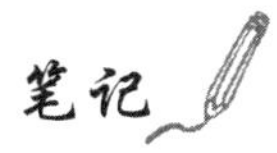

(1) 构建健康正确的认知：①更年期是个过程，而不是疾病。更年期不是病，它只是一个身体衰退的一个转折阶段。人到中年，机体许多功能开始了衰退的进程，也是许多慢性病容易发生的时期，提高对自身健康的关心，注意保养，注意预防早期病症是十分必要的，但有些人对此过于重视，往往把进入更年期后自己身心出现的衰退征象看成是大难临头，怀疑自己得的了某种大病，忧心忡忡，惶惶不可终日。这种疑病感是处于更年期的人容易产生的，也是最有害的。因为它会酿成无形的心理压力，并通过心身反应影响人的生理过程和免疫功能，给疾病的侵袭创造条件。要认识到更年期是每个人必须经历的自然生命过程，它不以个人的意志为转移，不管我们害怕不害怕，喜欢不喜欢都要面对，既然如此，为何不平静地面对它。②要知道知足。虽然没有什么辉煌，但大半生还是坎坷地走过来了，这本身就是值得庆幸的事情。烦恼往往源于过强的欲望，降低自己的欲望，烦恼自然会减轻很多。更年期的人要养成关注自己成就的习惯，哪怕是小小的成就，并为自己的成就而知足高兴。③更加关爱他人。更年期的许多症状往往是当事人过分关注自我所致，过分关注自我的人也容易对他人要求过多、过高，自己却不会关爱他人。这类现象多见于在城市中生活条件较好、平时在工作和生活中比较受宠的人。这些人在更年期可能会变得更加任性，别人劝她或善意地批评她，她会理直气壮地说“我是更年期！”把更年期当成个撒娇任性、换得他人更多关心、关注的理由，结果在别人不断的谦让、关心的强化过程中，使更年期的各种症状变得更加严重和顽固，从而降低了生活质量，影响了自己的健康。有这种心态的人，一定要冷静对待自己的更年期，要淡泊自我，学会关心他人，从关爱他人的过程中寻找人生的乐趣。④与同龄人的交流很重要。进入更年期的人尽可能不要自闭于家中，有时间应该多与同龄人交流，同龄的经历和经验会对当事人很有帮助，有时一个指点可能就会对其产生很大的启发。由于是同龄人，大家彼此遇到的问题有很大的相似性，所以，彼此的经验会存在相互的借鉴意义。另外，与同龄人交流本身也是转移对自身的过分关注和疏泄情绪的重要途径。⑤兴趣和爱好是转移注意增强生活信心的最好动力。把早年的各种兴趣恢复起来，根据自己的条件选择新的休闲方式，培养新的兴趣，工作之余专心致志地投入到自己感兴趣的活动之中，转移对自己身体过分的关注，在积极乐观的心态中，快乐地生活。

(2) 接受必要的专业帮助：如果更年期的症状很严重，就应该到相应的专业机构接受专业人员的指导和帮助。

思考与练习

1. 在描述成年中期的发展时，心理学家常常使用“中年危机”一词，中年人是否存在“危机”，怎样理解“中年危机?”

2. 如何理解成年中期智力发展的模式？

3. 怎样理解心理发展的“群伙效应?”

4. 怎样理解成年中期人格发展的特点？

5. 怎样理解职业对成年中期发展的重要意义？

推荐阅读

1. 许淑莲，申继亮. 成人发展心理学. 北京：人民教育出版社，2006
2. 威廉•J. 霍耶，保罗•A. 路丁. 成人发展与老龄化. 黄辛隐，译. 南京：凤凰出版传媒集团，江苏教育出版社，2008
3. 黛安娜•帕帕拉，萨莉•奥尔茨，等. 发展心理学——从成年早期到老年期. 李西营，冀巧玲等，译. 北京：人民邮电出版社，2013

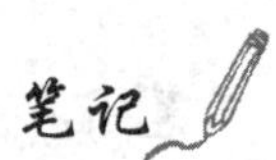

(姬　菁)

第十一章　成年晚期身心发展规律与特点

本章要点

成年晚期即老年期，一般是指个体60岁到衰亡的这段时期。本章概括了成年晚期个体在生理特点、认知、感情、社会性和人格等方面一系列的发展变化，尤其是退休后的适应期，社会交往结构的变化、再适应再社会化的过程、空巢期、孤独、心理转型、对死亡的准备心态等，都是老年人要面对的内容。老年阶段如果适应不良，可能会产生老年焦虑、抑郁、孤独等心理问题。通过选择、优化和补偿的SOC模型重塑老年个体介于失去和获得之间的动态平衡，提前做好老年期心理发展的准备、促进老年人的心理适应和健康长寿，都是我们要讨论的内容。

关键词

成年晚期　退行性变化　社会心理适应　成功老龄化　长寿心理

案例

王华的父亲转眼间就已经跨入老年人的行列，现在已经70多岁。王华亲眼看到了他身上发生的点滴变化。他的体力大不如前，50岁以前走路快如风，说话声如钟，耳聪目明，能挑能扛，最重可以挑起150斤的稻谷。饭量也大，不用什么菜就可以一下子吃完3大海碗白米饭。现在吃饭一小碗，有时喝点白米粥。一头白发，走路颤巍巍。与他谈话沟通，需要在他耳朵边大声说话他才能听得到。眼神也不好，有时在他跟前走过，他也看不清楚。精神也大不如前，常常在冬日的暖阳下靠墙坐着，昏昏欲睡。

他经常忘记自己刚刚拿过或用过的东西放在了什么位置，忘记叮嘱他做的事情；当王华问他在几天前他说过的一件事情时，他却说自己没说过。年轻时喜欢热闹，现在的他却不太喜欢走亲访友，总是独自呆在家里，把电视放得很大声。子女相继成家独立后，他经常抱怨他们在自己身边的时间太少，而且对他们的言行举止不满。

孙辈们都说，祖父太固执，思想太僵化，对自己认定的事情，八头牛也拉不回。他经常回忆起过去，说自己经常梦见年轻时的事情。过年大家团聚的时候，就喜欢和儿女和孙子、外甥们说自己年轻时候的经历和故事，尽管这些故事说了一百遍，一开口孩子们就能背出来。还说自己这一生过得还值得，很想写一部自传，总结自己这一生。

王华父亲晚年生活的变化，也是我们每一位个体要经历的变化。

第一节　成年晚期生理的发展

成人晚期，也叫老年期（old age），是指个体身心功能开始出现显著的退行性变化到衰亡的过程，是人生的最后阶段。一般认为，个体从60岁到65岁就开始步入老年期，但各国

关于老年人的具体年龄划分标准却不尽相同。总体而言，西方发达国家大多把65岁看作是进入老年的标志年龄，而一些经济欠发达的发展中国家则多把60岁作为老年的起点。世界卫生组织（WHO）近年提出了老年人年龄划分的新标准，把60岁到74岁的人群称为年轻老年人（the young old），75岁以上的人群称为老年人（the old），90岁以上的人群称为长寿老人（the longevous）。根据我国的实际情况，中华医学会老年医学会在1982年也把60岁以上确定为划分老年人的标准。我国的《老年人权益保障法》第2条也明确规定，我国老年人的年龄起点标准是60周岁，即凡年满60周岁的中华人民共和国公民都属于老年人。

进入老年期后，个体的各项生理功能都发生较大退化，如毛发脱落、脊柱弯曲、骨质疏松、记忆力下降等，各种老年疾病开始出现，生活也逐渐依赖他人。具体来讲，可以分为形态结构和生理功能两个方面的退行性变化。

一、身体形态结构方面的变化

成人晚期个体形态结构方面的变化主要包括细胞变化、组织器官变化以及整体外观的变化等。

（一）细胞的变化

个体进入到老年期后，细胞开始出现一系列独特的变化，主要表现为细胞数的逐步减少、细胞间质增加。细胞是维持人体正常组织器官功能的基础，一般而言，个体细胞的生长和衰亡保持动态平衡，细胞数量在一段时期能够保持相对稳定。人体内能够不断产生新的健康细胞去替代受损或衰亡的细胞，每一个新的细胞都能够从遗传学上获得分裂或再生的能力，以维持人体的正常功能。细胞的这种分裂和再生的能力在个体年轻时比较强健，随着年龄的增长，会逐渐减退，特别是在成年晚期这种趋势就更加明显。进入老年期后，那些有分裂再生能力的细胞逐渐停止有丝分裂，人体产生新细胞的速度跟不上细胞衰亡的速度，细胞数量上的总体平衡就此打破，从而造成细胞数量的逐年减少。而那些不具备分裂再生能力的细胞，如神经元细胞等，则会因内环境的变化逐渐退化死亡。这些变化是人体衰老的基础。

（二）组织和器官的变化

由于内脏器官和组织的实质细胞数量减少，细胞间质增加，脂肪组织增多，结缔组织及弹力硬蛋白变性，从而导致脏器发生萎缩，重量减轻；同时，肌肉变瘦，力量减弱；骨骼中无机物比重增多，有机物比重减轻，因而韧性减弱，容易骨折；感觉器官功能衰退，一些感官的感觉阈限上升，对特定刺激的感受性下降，造成视力和听力的下降，出现眼花耳聋的现象。一些老年人味觉功能衰退，造成饮食越来越咸，口味越来越重；嗅觉的退行性改变使得老年人对一些刺激性气味的辨识能力下降；内分泌系统功能出现退行性改变，多种腺体分泌能力降低，心、肺、肾、大脑、肠胃等器官的生理功能下降；相对于青壮年期，老年期个体的心搏排血量可减少40%～50%；肺活量可减少50%～60%；肾脏清除功能减少40%～50%；由于神经元等不能分裂和再生神经细胞的衰亡，脑组织逐渐萎缩，造成老年人认知功能减退。胃酸分泌量下降则造成老年人消化功能的降低等。因为这些组织和器官形态结构方面的退行性变化，导致老年人器官储备能力减弱，对环境的适应能力下降，免疫监视功能和免疫防御能力降低，使之容易罹患各种癌症和各种感染性疾病，同时各种慢性退行性疾病的患病风险也显著增加。

（三）整体外观的变化

随着个体进入到成年晚期，整体外观方面会发生较为明显的变化，外貌和体形逐步呈现出老年人的显著特征，如须发变白，逐渐稀疏脱落乃至秃顶；皮肤变薄，弹性降低，皮脂减少。由于结缔组织弹性降低和组织水分的流失，导致老年人皮肤松弛、褶皱、干燥，并常

因黑色素沉着而出现老年斑；头颅骨变薄，牙龈和牙槽组织萎缩，牙齿松动脱落，形成老年人特有的面容；肌肉萎缩、肌力减弱、肌肉以及关节韧带松弛，关节活动不灵，造成老年人行动迟钝、行动缓慢、步履蹒跚、手指哆嗦等，甚至发展为运动障碍。骨骼肌萎缩，骨钙丧失或骨质增生；同时由于椎间盘萎缩、脊柱下弯和下肢弯曲，造成老年人弯腰驼背，身材变矮的形象。一般而言，个体在 35 岁以后身高平均每 10 年降低 1 厘米左右。由于组织和器官的萎缩，老年人的体重也随增龄而降低，指距随增龄而缩短。

需要指出的是，老年人上述变化的个体差异很大，它与一个人的健康状况、生活方式、营养条件、精神状态和意外事件等因素都有密切关系。

王华的父亲在身体组织和器官等方面也呈现出了老年形态结构的变化。

二、生理功能方面的变化

（一）感知觉呈现出显著的退行性变化

感知觉的减退是老年人所有变化中最常见的变化。在成年晚期，感知觉会呈现出显著的退行性变化，感觉阈限相对年轻时有较大提升，这意味着老年人要想产生与以前同样的主观感受，就需要更大的刺激才能被感觉到。如王华的父亲，与他谈话沟通，需要在他耳朵边大声说话他才能听得到。眼神也不好，有时在他跟前走过，他也看不清楚。

根据美国学者克莱恩和莎尔法（Kline & Scialfa，1997）的一项研究，个体的视觉、听觉、味觉、嗅觉等从成人早期就开始出现退行性变化，而且随着年龄的增加，这种变化会越来越明显，越来越剧烈。

1. **视力下降** 进入成年晚期后，个体均会出现不同程度的视力障碍。比较常见的是远视（即老花眼），还会出现视野狭窄、对光亮度的辨别力下降以及老年性白内障等。随着年龄的增长，个体瞳孔的直径不断减少，使得到达视网膜的光线逐渐减少，对光照度变化的适应和调节能力逐渐降低。这就意味着老年人要想看清同样一个物体，必须要有更高强度的光线。同时，由于老年个体晶状体硬化，弹性减弱，睫状肌收缩能力降低而致使调节能力减退，近点远移，导致物体成像在视网膜之后，看近距离的物件就会变得模糊不清，从而发生“老视”现象，俗称“老花眼”。一般而言，个体自 40 岁开始，就会出现不同程度的老花。根据年龄和眼睛老花度数的对应表，大多数本身眼睛屈光状况良好，也就是无近视、远视的人，45 岁时眼睛老花度数通常为 100 度，55 岁提高到 200 度，到了 60 岁左右，度数会增至 250 度到 300 度，此后眼睛老花度数一般不再加深。

2. **听力减退** 老年人听力减退是比视力降低发生更早、影响人群更多的生理退行性变化。一般而言，人的听力最佳年龄是 20 岁，随后便缓慢下降。30 岁以后，听觉阈限就会随年龄的增长逐渐缓慢升高。一旦人的年龄超过 50 岁，听力就会明显下降，70 岁以后的老年人听力下降就会更为显著。老年人对高音调声音感受力比对低音调减退得更早。根据我国学者（胡向阳等，2016）的一项调查，听力障碍现患率随年龄增长而显著升高。研究发现，0～14 岁组听力障碍现患率为 0.85%，60 岁以上老年人占到 55.31%，75 岁及以上组听力障碍现患率为 78.21%。造成老年人听力减退的原因是多方面的，除了遗传方面和生理上的因素外，个体的个性、生活习惯以及一些疾病都是重要的影响因素。

3. **味觉、嗅觉和皮肤觉敏感性降低** 由于味蕾有随年龄增长减少的趋势，因而老年人的味觉阈限有所上升，味觉敏感性随之下降。一个日常的例子就是一些老年人倾向于饮食上越吃越咸，而对食盐的过多摄入又会增加老年人罹患高血压的风险。有资料表明，人的一生中 20～50 岁是嗅觉最为灵敏的时期，然后就逐渐衰退，70 岁以后嗅觉就急剧减退，在 60～80 岁的老人中约有 20% 的人失去嗅觉。老年人皮肤觉敏感性也有随增龄而逐渐下降的趋势。个体触觉在 50～55 岁时变化并不明显，但过了 55 岁后，便会骤然迟钝起来。老年

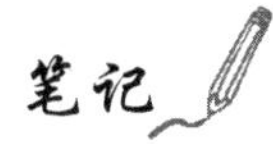

人的温度觉也比较迟钝，高龄老人不仅对室温没有年轻时敏感，而且对自己体温觉察的敏感度也随增龄而下降。痛觉反应阈限有随增龄而升高的趋势，痛觉感受性逐渐降低，表现为痛觉迟钝。

（二）成年晚期各大系统的功能退化

伴随着老化所产生的生理功能变化的特点，老年人各大系统的功能均不同程度地出现退化，主要包括循环系统、呼吸系统、消化系统、神经系统、内分泌系统等的功能改变。

1. **循环系统** 老年人循环系统的功能性变化主要体现在包括心脏和血管的功能变化上。心脏方面，随着老化进程的加剧，心肌逐渐萎缩，心脏变得肥厚硬化，弹性降低，心脏收缩能力减弱，心跳频率减慢，心脏每次搏动排出的血量也会减少。心排血量随年龄增长而减少，65岁老年人比25岁青年人心排血量减少了30%～40%，而80岁老年人心排血量只有2.5L/min，仅为25岁时的50%。心排血量降低，输送到各器官的血流量也就减少，供血不足则影响各器官功能的发挥。在血管方面，随着年龄增长，动脉弹性降低，动脉硬化逐渐加重，同时脂质物质在血管内壁沉积得越来越多，阻塞了血管内腔，使血管通道逐渐变窄，从而使机体主要器官——心、脑、肾的供血不足，导致相应功能障碍。如果是冠状动脉硬化，供给心肌的血液不足时，就会引发冠心病。

2. **呼吸系统** 老年人呼吸系统的功能退化主要体现在肺脏和参加呼吸运动的肌肉与骨骼功能变化上。随着年龄的增长，老年人的肺泡总数逐年减少，肺脏的柔软性和弹性减弱，膨胀和回缩能力降低。另一方面，老年人出现骨质疏松，脊柱后凸，肋骨前突，胸腔形成筒状变形，加上呼吸肌力量的衰弱，限制了肺脏的呼吸运动，造成肺通气不畅，肺活量下降，一般人到70岁时，肺活量可减少25%；至80岁时，减少50%以上。老年人的呼吸功能明显退化，肺的通气和换气功能减弱，造成一定程度的缺氧或二氧化碳滞留现象，因而容易发生肺气肿和呼吸道并发症，如老年慢性支气管炎等。

3. **消化系统** 老年人齿龈萎缩，牙齿组织老化，容易松动脱落，造成咀嚼不完善，口腔内的唾液分泌减少，舌肌发生萎缩、体积减小，舌的运动能力减弱，使食物咀嚼时难以搅拌均匀，这些都会影响到食物消化。同时随着年龄的增长，各种消化酶，如唾液中淀粉酶、胃蛋白酶、胰淀粉酶、胰蛋白酶、胰脂肪酶等分泌均减少，导致消化能力减弱，容易引起消化不良，因此老年人易患胃炎。老年人胃肠蠕动减慢，对食物的消化吸收功能减退，易致便秘，甚至导致肠梗阻。此外，随着老化，老年人发生吞咽障碍的危险也逐渐增加。

4. **神经系统** 神经系统的退化主要包括大脑和神经的功能变化。进入老年期后，人的大脑逐渐萎缩，脑重量减轻，脑细胞数相应减少，脑细胞内脂褐质增加，神经细胞突触数减少。由于大脑的老化，80岁老年人颞上回脑细胞数相对年轻时可减少50%。同时老年人易患脑动脉硬化，其血流量可减少近1/5，容易造成大脑供血不足。此外，由于脑功能失调而出现的智力衰退还易引发老年痴呆症。随着大脑的老化，影响到神经系统的调控功能，尤以下丘脑为甚，因此容易发生精神及情绪方面的改变。另外，由于下丘脑-垂体-肾上腺轴及神经-内分泌系统的老化，使机体应激反应能力明显减退。因而，老年人的适应能力减弱，如手术后易发生并发症，冬天容易感冒，夏天容易中暑，突然虚脱等。在神经功能变化方面，老年人神经传导功能下降，对刺激的反应时间延长，大多数感觉减退、迟钝甚至消失。这使得老年人在行为表现上呈现出行动迟缓的突出特点。由于神经中枢功能衰退，老年人变得容易疲劳、从疲劳中恢复需要的时间延长、睡眠质量欠佳、睡眠时间减少，常有失眠、多梦、睡不沉、易惊醒等体验。

5. **内分泌系统** 包括脑垂体、甲状腺、肾上腺、性腺和胰岛等内分泌组织的功能变化。老年人内分泌器官的重量随年龄增加而减少。一般到高龄时，脑垂体的重量可减轻20%，供血也相应减少。另一方面，内分泌腺体发生组织结构的改变，尤其是肾上腺、甲状腺、性腺、

胰岛等激素分泌减少，可引起不同程度的内分泌系统的紊乱。例如，胰岛素分泌的减少使老年人易患上糖尿病，性腺萎缩常导致老年人更年期综合征的出现。

6. **运动系统** 运动系统的退化主要包括肌肉、骨骼和关节的功能变化。随着年龄增大，老年人骨骼中的有机物减少，无机盐增加，致使骨的弹性和韧性降低，因此骨质疏松在老人中也较多见，且易出现骨折，因此老年人要谨防摔倒。同时由于肌肉弹性降低，收缩力减弱，肌肉变得松弛，因此老年人耐力减退，容易疲劳，难以坚持长时间的运动。由于关节面上的软骨退化，老年人还容易出现骨质增生、关节炎等疾病。

第二节　成年晚期认知的发展

当我们谈到老年人的认知发展，容易健忘是人们对他们的普遍印象。下面的一段对话就较好地描述了老年人的这一特点。

三名老年女性正在客厅里聊天，谈论年老给自己带来的不便。

甲："有好多次，我发现自己站在楼梯口，却不知道自己是要上楼还是要下楼！"

乙："那不算什么，我有时候穿完一只袜子，手上拿着一只袜子，却拼命找另一只袜子。"

"哦，我的天啊！"丙大声说道："谢天谢地，我真高兴没出现你们一样的问题。"她边说边敲着桌子。"噢，请等一下。"她从椅子上站起来，"有人在敲门。"

但这种对于老年人认知能力必然衰退的传统观点却受到了强力挑战。现代研究者却越来越倾向于认为老年人的认知能力下降并不具备必然性；与此相反，他们的整体智力和某些特定方面的认知能力更有可能保持良好，甚至能有所提升。越来越多的证据显示，只要通过适当的练习和接触一定类别的适度环境刺激，老年人的认知能力就能够获得较大的改善。

一、成年晚期认知发展的特点

综合来看，成年晚期的认知活动具有三个显著的特点：一是在总体趋势上呈现退行性变化。虽然具有较大的个体差异，但总体上老年人的认知是随着增龄而呈现减退或老化而不是增长或发展。二是发展的终身性。老年人认知方面退行性变化的总趋势并不代表他们的认知发展完全停止或是减退，而是始终在持续进行，在一些特定领域，如高级认知功能思维、晶体智力等方面还保持着增长，这种发展的能力是终身的。三是认知差异性。这种差异性，一方面表现为同一个体不同心理功能老化的早晚和速率都不尽相同，如受生理因素影响较大的感知觉衰退得较早较快，而跟思维相关的高级认知活动能力则老化得较晚较慢。另一方面，在不同个体之间认知的发展状况也有很大差异。有些老年人，甚至是高龄老人，仍然担任着政府或国际组织高管或大中型企事业单位的领导者和决策者，仍然表现出高于常人的洞察力和相当高的智慧。一些从事科学、文学、艺术等领域的老年人，在暮年的时候仍保持着高度的创造力，并创造出了大量的举世惊叹的文学艺术作品。而另外一些老年人则表现出认知能力显著衰退，记忆力急剧下降，心智迅速钝化，思维严重呆滞。可见，成年晚期的认知活动较为复杂，不能仅仅用增长或衰退任何一个单一的维度来描述，而是呈现出增长中有衰退、衰退中有增长的复杂模式，因此必须综合进行具体分析。

二、成年晚期记忆的发展

进入成年晚期后，由于感知觉系统发生显著而迅速的退行性变化的影响，老年人记忆能力总体上也随年龄的增长而逐步下降，特别是与感觉登记关系密切的短时记忆衰退得尤为明显。但记忆衰退的速度和程度也因记忆过程和个体因素的不同而呈现出较大的差异。

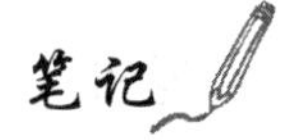

（一）记忆发展与年龄关系的一般趋势

记忆如何随着增龄而发展和变化，历来受到研究者的积极关注。美国学者米切尔（Mitchell，1993）以年龄作为独立变量的内隐和外显记忆实验性分离研究表明，大多数受试对象的内隐记忆不随年龄的变化而变化，而外显记忆却明显相反，其毕生发展曲线呈倒U形。中国科学院心理研究所吴振云、许淑莲、孙长华等人自20世纪80年代开始，对老年人认知功能与心理健康系统包括记忆年老化展开了系统研究，为我国成年晚期个体的认知发展积累了宝贵的材料，并取得了一系列突出的研究成果。如许淑莲等的研究表明，成年后个体记忆的衰退是连续性和阶段性的统一。在总趋势表现为衰退的基础上，记忆的发展并不是直线下降的，而是具有一定的阶段性特征。总体而言，个体的记忆在40岁以前下降并不明显，40～50岁期间有一个轻度但明显的衰退阶段，然后维持在一个相对稳定的水平上，直到70岁左右才又进入一个明显的衰退阶段。

（二）成年晚期记忆发展的基本特征

个体进入成年期后记忆总体上会呈现出衰退的趋势，到了成年晚期，这种衰退会更加明显和迅速，表现出明显的年龄差异。但老年人的记忆并不会出现全面的衰退，而是跟记忆的性质和内容密切相关，表现出记忆年老化过程中的选择性和可塑性。许淑莲等的研究表明，进入成年晚期后，虽然由于衰老而导致的记忆力衰退的确是事实，但因增龄而受到严重影响的记忆却主要限于与特定生活经验有关的情景记忆，如要求回忆具体是哪一年参观过哪个景点，过去的某个时间里的一次聚会上见过哪几个人等，老年人特别是高龄老人在做这样需要回忆具体细节的任务时表现不佳。而对于其他类型的记忆，包括涉及一般知识和事实的语义记忆，如2＋6＝8，或天安门在哪个城市等，以及不需要个体意识参与或人们意识不到自发的内隐记忆，如：如何骑自行车等，却基本不会受到年龄的影响。吴振云、许淑莲等通过对20～90岁的成年人的记忆进行研究，概括出了老年人记忆的几个基本特点：

1. **老年人的初级记忆好于次级记忆**　初级记忆（primary memory）和次级记忆（secondary memory）是由美国哲学家和心理学家威廉•詹姆斯（W.James）最早提出来的两种心理学术语，后来分别被称为短时记忆和长期记忆。初级记忆是个体加工信息的一个即时工作站，通过感官获得的信息在这里进行登记和初步编码，并根据对个体的意义而要么被遗忘，要么被转入到次级记忆。换句话说，初级记忆是对刚刚听过或看到的事物，脑子里还留有印象的时候，立即进行回忆，老年人保持得较好，年龄差异不大。而次级记忆则需要对外界信息进行加工编码、储存和提取，过程较为复杂，老年人保持得较差，年龄差异大。如在一项数字广度测验中，顺背数字（主要是初级记忆成分）成绩较好，记忆减退较晚，直到70岁以后才出现显著衰退；而在要求倒背数字（包含次级记忆成分较多）时，老年人的成绩没有年轻人好，呈现出明显的年龄差异，记忆衰退较早，一般在35岁就开始下降，60～70岁时，衰退明显。

2. **老年人的再认成绩好于回忆成绩**　再认是对已听过或看过的事物，再次呈现在面前进行辨认。许淑莲等人1985年采用自编的"临床记忆量表"对20～90岁的成人进行测查，测查的内容包括指向记忆、联系学习、图像自由回忆、无意义图形再认和人像特点联系回忆五个项目，结果发现，相对于回忆而言，老年人对于无意义图形的再认虽然在总体趋势上呈现出随增龄而下降的特点，但下降幅度较小，发生也较晚，要到70～80岁时才会显著衰退。测验中，再认的成绩保持得比较好，80岁组仍为20岁组成绩的67%。在智力匹配的条件下，未有明显的年龄差异。而回忆的成绩则组间年龄差异显著，随着年龄的增长，老年人的回忆成绩显著下降，减退得也比较早。如人像特点联系回忆在50岁时已明显减退，指向记忆和图像自由回忆也衰退明显。

3. **老年人的意义识记好于机械识记**　老年人对于有意义的或内容上有逻辑关联的材料记忆保持得比较好，但对于内容无意义无关联的机械记忆减退得比较早。例如，在联系学

笔记

习测验中，有逻辑关联的学习材料（如太阳 - 月亮、粮食 - 大米、白天 - 晚上、上去 - 下来等）的联系学习成绩保持较好，50 岁组只比 20 岁组减少 3%，减退较晚，直到 60 岁才会明显减退，且年龄差异不大，80 岁组成绩仍然可以达到 20 岁组的 75%；而无逻辑关联的识记材料（如西瓜 - 衣服、光明 - 服从、享受 - 路灯等）需要机械记忆，老年人联想学习的成绩减退较早，30 岁已有明显减退，而且组间差异明显，随年龄增长，减退得厉害。50 岁组比 20 岁组低 18%，而 80 岁组只能达到 20 岁组的 30%。

4. 老年人日常生活记忆好于实验室记忆 日常生活记忆跟个体的人生经验的积累有关，这种记忆能力直接涉及老年人的生活质量。吴振云、许淑莲等把成人分为青年、中年、年轻老年和年老老年组，并将北京 25 个人们熟悉的地名系列回忆作为日常生活记忆的材料，将无意义图形再认作为实验室记忆材料，分别对他们进行测查。研究结果表明，在记忆年老化的过程中，老年人对于“地名系列回忆”这类日常生活记忆保持得比较久，减退缓慢，年龄差异较小，成绩好于实验室记忆。可见，老年人可以用自身具备的人生经验在一定程度上来补偿因增龄带来的记忆减退。

（三）成年晚期记忆力减退的突出表现和个体差异

由上述研究可以得知，老年人记忆力减退的主要方面突出表现为记忆广度、机械识记、再认和回忆等的减退或下降。排除病理性老化的情况，一般认为，这种减退主要是由于老年人细胞、组织、器官等的生理性衰退造成的编码、存储和提取困难的相互作用造成的。随着年龄的增长，老年人的记忆广度有所下降。从编码过程来讲，老年人不善于主动运用记忆策略，因此机械记忆成绩不佳。若提醒他们使用记忆策略或是对他们进行记忆策略方面的训练，则其记忆力的表现就不会太差。从提取过程来讲，和回忆相比，老年人的再认能力下降得不是太多。换句话说，老年人可能“知道”很多事情，但却不能快速地把它们从脑海中提取出来。如果对他们进行线索或生活情景方面的提示，或者给予足够长的时间让他们回忆，他们就更有可能想起来。

研究者在上述研究中发现，记忆成绩的个体差异在不同的年龄组内均有表现，而且有随增龄逐步扩大的趋势。老年人记忆的个体差异比其他年龄组要大，表现为不同个体记忆发生明显减退的时间有早有晚，减退速率有快有慢，减退程度有重有轻，有的甚至向相反的方向发展。以变异系数为指标，个体短时记忆的成绩的变异系数有随增龄而加大的趋势，随年老而离散度增大，80 岁组的变异系数是 20 岁组的 2.5 倍，此外，不同年龄组的组内差异也随增龄有扩大的趋势，如 30 岁组、50 岁组和 80 岁组各组内的最高分和最低分的差值也逐渐加大，80 岁组的差值是 30 岁组的 2.6 倍。这种情况体现了记忆年老化的变异性特征。

（四）成年晚期记忆力下降的机制

对于成年晚期个体记忆力下降的解释，根据美国心理学家费尔德曼在《发展心理学——人的毕生发展》一书中的概括，目前主要集中在以下三个方面：环境因素、信息加工缺陷和生物因素。

1. 环境因素 进入老年期后，由于退休、空巢、丧偶等不同生活事件的接踵而至，个体一方面不得不重新适应与原来完全不同的生活环境；另一方面，这种环境因素的改变有可能不利于老年人记忆的保持。比如退休以后的老年个体，不再需要面对来自工作方面的智力挑战，同时面对惬意而闲适的晚年生活，他们也没有太多的要求记忆的艰难任务。这一切都可能导致老年人对记忆的使用不再那么熟练，特别是记忆策略的丧失。除此之外，老年个体日益内省的价值取向和思维方式，使得他们对于外界信息的记忆动机不如以前，在实验测试情境中，他们可能不会像年轻人那样尽力而为，因而在记忆任务时表现出较差的成绩。另外由于老年人更有可能比年轻人服用一些妨碍记忆的处方药，因此老年人在记忆任务上的较差表现，可能跟他们长期服用药物导致的副作用有关，而与年龄无关。

笔记

2. **信息加工缺陷** 老年人记忆减退有可能跟他们对信息获取和加工能力的改变有关。为了便于理解，可用计算机术语作类比，形象地概括为“内存不足说”和“CPU 性能不足论”。

“内存不足说”认为工作记忆的容量变小是老年人记忆减退的根本原因。工作记忆相当于计算机的“内存”，老年人短时记忆的容量有限，很多需要处理的信息不能保留在“内存”中，在进一步处理之前就已遗忘，因而影响了信息加工的能力和成效。另外，由于“内存”的限制，不能同时进行多任务操作，因而老年人在需要同时面对多任务记忆时，往往表现不佳。

“CPU”是中央处理器的简称，负责对数据进行处理和运算，被称为是计算机的大脑。“CPU 性能不足论”则是指个体进入成年晚期后，随着脑细胞数量的减少和中枢神经系统的功能老化，对于信息的处理能力逐渐减弱，记忆加工过程的速度明显减慢，“CPU”的性能出现下降，从感觉登记、信息编码、信息提取到整个记忆过程都需要比年轻时更长的时间，从而导致了老年人的记忆力减退和记忆效率的下降。比如美国学者罗和卡恩（Rowe & Kahn）对老年人和青年人短时记忆能力的比较研究发现，年龄与短时记忆能力没有直接关系，但是与将新学习信息转人长时记忆并在需要时能够回忆出来的能力有关。老年人在再认过去所学的信息方面与青年人一样有效，但是他们在回忆一个具体的名字或数字时会感到困难。

3. **生物因素** 还有一种观点把对于成年晚期个体记忆力下降机制的解释集中在生物因素上。根据这种观点，老年人记忆的衰退是由他们大脑和身体的退行性生理改变或功能减退决定的。随着年龄的增长，大脑中的新生神经元的数量日益减少，这种现象被认为是生物因素导致老年人记忆下降的主要原因之一。海马区被认为是大脑负责记忆与认知功能的关键区域，而新神经元对于大脑的某些层面的记忆有关键性作用。科学家们已经在成人大脑的海马区找到了与新神经元生成有关的重要证据。海马细胞的减少与个体记忆能力的下降具有某种程度的关联性。另外一些研究表明，情景记忆的衰退可能与大脑颞叶的退化或雌性激素的减少有关。

三、成年晚期智力的发展

关于成年晚期的智力发展，与传统的观点不同，经典的“西雅图”研究表明老年人智力出现衰退的时间和程度都比我们预期的要晚要小。对于老年人的智力随增龄日益减退的传统观点，批评者指出这主要是来自于我们对研究结果的误解。

（一）序列交叉设计的“西雅图”研究

为了克服横断研究设计和纵向研究设计各自的缺点，近年来发展心理学家在研究方法上作出了积极的探索。如美国发展心理学家华纳•沙伊（K.Warner Schaie）利用序列交叉研究设计对成年个体智力等认知能力的发展进行了一项规模宏大的研究。序列交叉研究就是把横断研究和纵向研究结合起来，通过选择在若干个时间点对不同年龄的被试进行测查。这种方法有利于结合横断研究易于在短期内得到大量数据和纵向研究长于探寻同一被试组智力发展的历程和规律的优势，从而得出更为科学严谨的结论。

自 1956 年开始，沙伊就在美国的西雅图对个体的认知发展进行长达 35 年的追踪研究，在这项著名的研究中，沙伊随机选择了 500 名年龄跨度在 20～70 岁的被试，对他们进行了一系列的认知能力测验。从 20 岁开始，这些被试年龄相差 5 岁就被编为一组。研究者每 7 年就对他们进行一次测试，在每次测试中都补充一些年龄范围相当的新被试，从而在结果分析时能将横向与纵向的数据有机地结合在一起。至 1994 年，接受测试的人数已经超过了 5000 人。

在研究中他选用了 6 种基本心理能力作为测量的因素，即数字（计算能力）、词汇理解能力、言语流畅性、归纳推理能力、空间定向能力和知觉速度。其中知觉速度、归纳推理能力和空间定向能力属于流体智力，词汇理解能力、词语流畅性和数字计算能力则属于晶体

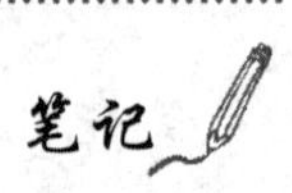

智力。研究结果与其他的研究得出了相似的结论，知觉速度通常最早开始下降，而且非常迅速。其他方面的认知能力则下降比较慢，且并非全面下降。很少有人所有能力都削弱，甚至大多数能力削弱的情况都很少，有些领域的能力，特别是跟晶体智力相关的能力甚至会有所提高。大多数健康的老年人直到将近 70 岁或 70 多岁，心理能力才会表现出些许的丧失。直到 80 岁，老年人整体认知功能才低于年轻人的平均表现。甚至到了这个时候，言语能力和推理能力的下降也很小（图 11-1）。

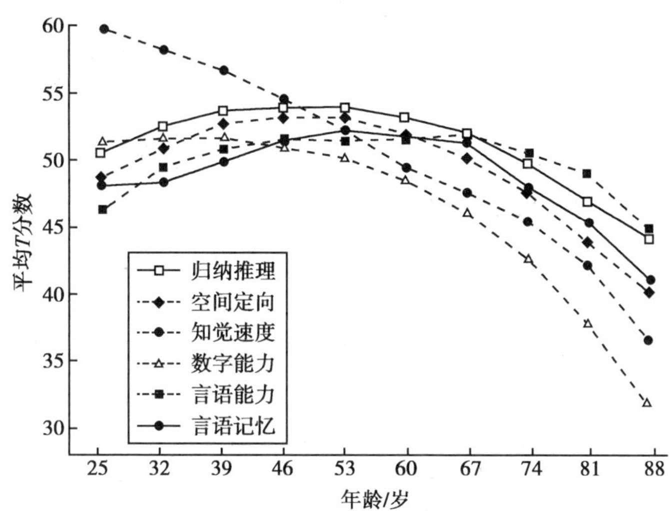

图 11-1　六种能力构想平均分数的纵向估计值

不难看出，“西雅图研究”采用序列交叉设计，较好地克服了单一横断研究或纵向研究的弊端，使得其得出的结论更加客观。

（二）老年人智力发展的特点

“西雅图”研究发现，老年人智力具有以下的特点：

1. **某些认知能力的下降不是老年人的“专利”**　实际上，在以 25 岁为起点的整个成年期，个体的某些能力逐渐下降，而另一些能力则相对稳定。进入成年晚期后，随着年龄的增长，流体智力逐渐下降，而晶体智力则保持稳定，在某些情况下还会上升。

2. **成年晚期智力有所下降，但幅度不大**　对于普通人来说，虽然进入成年晚期后，个体的某些认知能力会有所下降，但下降的幅度很小，而直到 80 岁以后才会逐渐显著。即使在 81 岁时，也只有不到一半的人在测验中的成绩比 7 年前有所下降。

3. **智力的发展变化存在较大的个体差异**　有些人从 30 岁开始就出现智力下降，而另一些人直到 70 岁才会出现这种下降。测验数据表明，大约有 1/3 的 70 多岁的老年人在智力测验成绩上要高于年轻成人的平均成绩。另外 Powell，Whitla 和 Schaie 等人的研究也表明，一些非常年老的人仍然能十分快速地做出反应。

4. **老年人智力出现下降的程度跟其接触的环境因素和文化因素存在相关**　如果个体不受慢性疾病的困扰、拥有较好的社会经济地位、社会支持系统良好、具有灵活的人格特点、经常置身于能够激发智力的环境中、其配偶情绪愉快乐观、保持良好的知觉加工速度、对自己早些年的成就感到满意，那么其智力下降的幅度就会较小。这一研究发现提示我们，老年人的智力下降也许不是增龄的结果，而是由环境的影响造成的，或者至少是年龄和环境交互作用的结果。

“西雅图”研究的结果改变了人们长期以来对老年人智力持续衰退的成见，提出了老年人智力“可塑性”的概念，表明成年晚期可能发生的智力改变并不是固定不变的。当在一定的时机受到适当的刺激、练习和激励时，老年人就能够保持他们的智力。由此可见，我们的

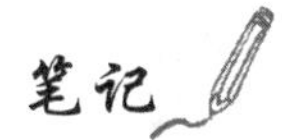

命运大部分掌握在我们自己手里，老年人的智力发展和人类其他领域的发展一样，同样符合“用进废退”的基本原则，即一些特定的认知功能在某种程度上依赖于老年人是否经常使用它们。

第三节　成年晚期感情的发展

目前对于成年晚期感情发展的研究主要集中在对老年人情绪情感特点和发展变化规律的探索上，对于这一问题的深入研究，不仅是发展心理学家关注的重要课题，而且对于老年人生活质量的改善和身心健康发展，特别是对他们主观幸福感提升，帮助他们度过一个安康祥和的晚年，同样具有重要的意义。

一、成年晚期感情发展的一般特点

（一）老年人感情日益内敛，更善于控制自己的情绪

一般而言，自中年期始，个体感情就开始呈现出一定的内敛倾向，从热衷于对外界知识的探索慢慢转向对自身内心的感悟，到了成年晚期这种倾向就更加明显。老年人往往比年轻人和中年人更遵循某些规范以控制自己的情绪，尤其表现在控制自己的喜悦、悲伤、愤怒和厌恶情绪方面。所以大多老年人表现为老成持重，心境恬淡，遇事一般不会喜怒形于色，能理性地应对各种生活事件，有些人甚至能够达到“不以物喜，不以己悲”的感情境界。同时老年人更加理性，做事不急不躁，三思而后行，遇事一般不慌不忙，不容易冲动，同时善于克制自己的不满和愤怒情绪。

（二）老年人的情绪体验比较强烈而持久

随着年龄的增长，一方面老年人人生经历丰富，人生阅历和经验增强了他们对于熟悉事物的适应水平，他们遇事更不容易冲动或出现大起大落的情绪情感体验。但另一方面由于生理功能的日渐衰退，老年人机体本身的适应能力和控制能力，也开始逐步减弱，所以当他们遇到外界刺激，情绪往往很容易产生波动。同时老年人中枢神经系统过度活动倾向和较高的唤醒水平，使得他们的情绪呈现出内在、强烈而持久的特点。当碰到激动的事件，老年人仍然能像年轻人一样爆发出强烈的情绪，而且一旦被激发，就需要较长的时间才能恢复平静。

（三）老年人的积极情感和消极情感并存

传统观点认为，由于成年晚期个体生理、心理的退行性变化以及退休后经济状况、社会地位的降低、社会角色的弱化和交往活动的减少，老年人容易产生抑郁感、孤独感、衰老感、无助感和自卑感等消极的情绪情感。但是瑞典学者海勒拉斯（Hilleras）等在著名的瑞典斯德哥尔摩的“国王计划”（Kungsholmen Project）研究中，对105名90～99岁认知健全的老年人的调查发现，老年人同时具有积极情感和消极情感。老年人的积极情感和消极情感之间并无显著相关，换句话说，在积极情感上得分高的老年人未必在消极情感的得分就低。近年美国学者艾塞科沃斯（D.M.Isaacowitz）等的研究也发现，人格和一般智力是老年人最强有力的积极情感和消极情感的预测源，而并不是我们传统观念认为的年龄因素。这进一步说明，老年人的积极情感和消极情感呈现出并存的趋势。

二、成年晚期的感情表现

（一）老年人积极情绪情感的表现

积极的情绪情感主要包括愉快感、自主感、自尊感等能够表征个体感觉活跃、警觉和热情程度的情绪情感。老年人的积极情绪情感或正性情绪情感的强弱、多少是由个性特点及

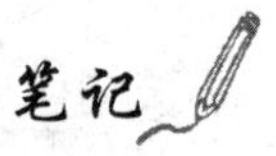

环境条件所决定的。概括说来，老年人的积极情绪主要体现在以下几个方面：

1. **满足感和幸福感** 满足感和幸福感与个体自身的期望有关，是以个体生活愿望和生活需要为基础的、对现有生活持积极和肯定态度的内心情感体验。一般而言，能够悦纳自我的老年人都能体验到强烈的满足感和幸福感。

2. **轻松感和解放感** 相对于年轻人的工作上事业上的压力和生活、家庭等方面的责任而言，老年人不需要考虑这些困扰，只需要安排好自己和老伴的生活就行了，因而相较于年轻人，他们能够很容易体验到轻松感。加之退休以后，没有了工作任务，有时间发展自己的兴趣爱好、或收入更加稳定等都会使得老年人感受到强烈的轻松感和解放感。

3. **成功感和自豪感** 对老年人而言，成功感和自豪感同样是一种向上的动力、前进的牵引力和永葆青春的助推力，是他们主观幸福感的重要来源。根据埃里克森的观点，成年晚期的发展任务主要为获得完善感和避免失望、厌倦感，体验着智慧的实现。在这一阶段中，老年人倾向于在思考和"回味"中评价自己的一生。如果他们对自己的一生感到满意，就会产生一种完善感，悦纳自我，对自己所做的和所拥有的感到成功和自豪。如果一个人找不到这种感觉，就不免追悔往事，恐惧死亡，对人生感到厌倦和失望。美国密歇根大学心理学家克鲁斯的研究称，他们对全美 884 名 65 岁以上的老年人进行调查发现，成就感与寿命有关，成就感强的人更容易长寿。

（二）老年人消极情绪情感表现

不可否认，老年期是负性生活事件的多发阶段，随着生理功能的逐渐老化、各种疾病的出现、社会角色与地位的改变、社会交往的减少，以及丧偶、子女离家、好友病故等负性生活事件的冲击，老年人经常会产生消极的情绪体验和反应。

1. **紧张害怕感** 进入成年晚期后，有些老年人因为身体或心理能力的相对降低，容易体验到一种紧张害怕感，即对生活中碰到的事物往往产生一种莫名的恐惧感，因此他们接人待物总是谨小慎微。有时对待一些平常小事，也感到紧张害怕，信心不足，生怕办不好。有些老人发展为非理性的恐惧，如害怕吃鸡，怕得癌症，或不敢吃花生，怕有胆固醇会损害心脑血管。有些老年人害怕被子女嫌弃，不敢提出完全正当的要求；怕发生车祸，因而以步代车；怕煤气中毒，因而拒用煤气灶；怕身受辐射线伤害，因而不敢看电视等。特别是在对待要学习的新生事物方面，他们更是显示出本领恐慌，如操作电脑、使用智能手机等，就会产生紧张害怕感。

2. **孤独寂寞感** 对于一些个性比较内向的老年人，常常还会体验到一种孤独寂寞感。由于孩子学习、工作、结婚等原因不再跟老年父母生活在一起，很多老年家庭成了空巢家庭，感到孤独寂寞。特别是对于那些丧偶的老人，独居一隅，独立生活，更容易体验到这种消极情感。另一方面，"退休"后的老年人原来习惯的工作圈子已不复存在，而有些喜欢热闹和社交的老年人，离退休之后可能因身体不好，长期一人独居在家，无人谈心聊天，也会产生一种孤独寂寞感。

3. **无用失落感** 由于生理上的退行性变化以及某些认知功能的减退，一些老年人不能接受自己不再"耳聪目明"或失眠健忘等的现实，对自己的能力预期也没有进行适应性的调整，所以对于自己在完成一些任务时的表现不满意，从而产生"老了不中用了"的感觉。这种无用感常常会困扰一些老年人，使他们对自己的能力产生怀疑甚至否定，并进一步导致老年人自怨自艾的消极情感。而一部分退休前曾担任过领导干部或曾有过实权的老年人，曾经门庭若市，拜访的人多。而离退休之后，找的人少了，关心的人少了，门可罗雀，从而感到失落。

4. **多疑不满感** 老年人的多疑往往以胡乱猜疑、嫉妒、乖僻的形式反映出来，如有媒体报道，一位 85 岁的男性老人曾向该媒体记者写信诉苦，说他老伴（80 岁）常常无端怀疑他有

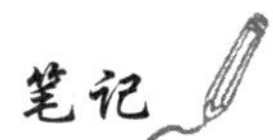

外遇。老年人多疑主要是由于感觉系统的退行性变化，使得他们接受和加工外界信息的速率减慢，效率降低，因此易于凭主观去猜测。同时一些社会和家庭因素的改变也是造成他们多疑的重要来源，如离开工作岗位，社会活动的减少，人际关系的疏远，以及家庭中的地位改变和不睦等，均使老人的自尊心容易受到伤害，增强其戒备心，从而使他们总处于紧张的防御状态。在思维方式上常常会表现出像儿童时期一样的“自我中心化”倾向，从自己的意愿和需要出发去考虑事情，评价结果。

5. **焦虑和抑郁**　我国学者严丹君、俞爱月在2011年采用焦虑自评量表、老年抑郁量表和生活满意度量表，对绍兴市795名老年人进行测查，比较不同性别、健康状况和居住情况之间老年人焦虑、抑郁和生活满意度的差异及三者之间的关系。研究结果表明，老年期存在不同程度的焦虑、抑郁情绪，有5.1%～23%的老人存在各种各样的不良情绪。女性的抑郁程度明显高于男性（$P<0.05$）。健康老年人其焦虑、抑郁水平明显低于患病老人，而其生活满意度则高于患病老人（$P<0.01$）。独居老人，其焦虑、抑郁程度要明显高于在养老院和与家人同住的老人，而生活满意度则较两者低（$P<0.05$）；和家人同住的老人，其焦虑、抑郁程度明显低于独居老人（$P<0.05$）。老年人焦虑和抑郁呈正相关（$P<0.01$）；生活满意度与焦虑、抑郁均呈负相关（$P<0.01$）。老年人焦虑、抑郁水平与生活满意度密切相关，焦虑、抑郁水平、健康状况和居住情况是重要影响因素。

老年人的角色冲突、自我同一性危机、社会认知偏差及挫折感等正是产生焦虑的心理温床，家庭关系、精神上的持续压力、社会能力及运动功能、受教育程度、邻居关系等对抑郁症状均有较大影响。

三、成年晚期感情与健康的关系

感情主要包括情绪和情感两个方面，而情绪情感是人们对外界客观事物是否满足主体需要而产生的主观态度和体验。成年晚期的情绪情感的发展和变化特点与个体身心健康关系密切。高级神经活动生理学创始人、著名的俄国生理学家巴甫洛夫揭示了愉快乐观的情绪和健康长寿之间的内在联系。

概括地讲，成年晚期的情绪情感对于个体健康的影响主要体现在两个方面。

（一）积极的情绪情感能促进老年个体的身心健康

积极情绪（positive emotion）即正性情绪或具有正效价的情绪，是指个体由于体内外刺激、事件满足个体需要而产生的伴有愉悦感受的情绪，如乐观、开朗、轻松、愉快、宁静、和谐、安全感、满足感等。一般而言，成年晚期稳定而持久的积极情绪情感有利于促进老年个体保持身心健康状态。

根据进化心理学的观点，积极情绪的产生可以激活一般性的行动，能够促进或保持活动的连续性，使个体获得更高的主观幸福感。在积极情绪状态下，个体会保持趋近和探索新颖事物，保持与环境主动的联系。

美国学者弗勒德克森（B.L. Fredrickson，1998）提出的积极情绪扩展和建设理论（the broaden-and-build theory of positive emotions）认为，积极情绪比如快乐、兴趣、满意等能够扩展个体的瞬间思维活动序列，产生更多的思想，扩大个体的注意范围，增强认知灵活性。即在积极情绪状态下，个体的思维更开放、更灵活，能够想出更多的问题解决的策略。另外，积极情绪还能够帮助个体建设和拓展资源，包括身体资源（如身体技能、健康）、智力资源（知识、心理理论、执行控制）、人际资源（友谊、社会支持网络）和心理资源（心理恢复力、乐观、创造性）等。因此，成年晚期保持积极的情绪情感状态，对于弥补老年个体认知上出现的退行性变化，帮助老年人应对丧失、协调资源、增进社会适应性，促进老年个体实现成功老龄化，具有十分重要的作用。

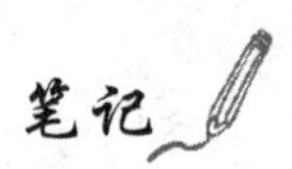

（二）消极情绪情感可能会对老年个体健康产生不利影响

成年晚期个体由于生理功能的退行性改变、各种疾病的出现、从重要的社会结构中离开，社会角色和地位的丧失、社会关系的削弱以及各种负性生活事件的影响，容易体验到紧张害怕感、孤独寂寞感、无用失落感、多疑不满感以及焦虑和抑郁等消极的情绪情感。老年人长期处于消极的情绪情感状态之中或反复体验到这些消极的情绪情感，会抑制和削弱个体免疫系统的功能，并更有可能导致个体应对资源的耗竭，从而对其身心健康产生不利影响。

长期的、反复性的消极情绪情感体验不仅可能会使成年晚期个体更容易出现血压和血糖升高，从而增加个体患病的风险，而且更重要的是它们还会抑制免疫系统中自然杀灭细胞（natural killer cell），简称 NK 细胞的活性，使人更容易罹患癌症。

现代医学研究已经证明，长期性、反复性的消极情绪情感确实会增加许多疾病的易感性。如癌症与情绪的长期压抑、悲观、绝望有关；高血压、冠心病、脑卒中等与情绪的焦躁、恼怒有关；口腔、胃肠等消化道溃疡跟长期过度的压力和紧张的情绪有关，医学上把这些与情绪密切相关的疾病称之为心身疾病，而这些疾病也正是老年人的头号杀手，因此正确面对、善于调适自己的不良情绪，始终保持积极乐观情绪是延年益寿、提高生存质量的重要途径。

四、成年晚期感情的调适

既然保持积极乐观的情绪情感状态，克服消极悲观的情绪情感状态对于提升老年人主观幸福感，促进其健康长寿有重要意义，那么成年晚期感情的调适就显得尤为重要了。概括地讲，成年晚期感情的调适可以从以下几个方面入手：

（一）心胸开阔，做到喜怒有度

儒家经典《中庸》开篇就提出“致中和”的思想，指出“喜怒哀乐之未发谓之中，发而皆中节谓之和。中也者，天下之大本也，和也者，天下之达道也。”意思就是人的内心没有发生喜怒哀乐等等情绪时，称之为中。发生喜怒哀乐等等情绪时，始终用中的状态来节制情绪，就是和。中的状态即内心不受任何情绪的影响、保持平静、安宁、祥和的状态，是天下万事万物的本来面目（基础）。而始终保持和的状态，不受情绪的影响和左右（自我控制情绪，不让情绪失控，让情绪在一个合理的度里变化），则是天下最高明的道理。成年晚期个体经历了各种生活事件，对人生的成败得失有着更深的感悟，理应更容易理解保持中庸之道的道理，从而保持心胸开阔，做到不大喜大悲，喜怒有度，情绪有节。

（二）合理认知，保持积极乐观的心态

从情绪情感的定义我们知道，情绪情感是一种主观体验，它不仅取决于个体需要是否得到满足，而且跟主体对事物的认知息息相关。事物是否满足了主体需要还有赖于认知的评估作用，换句话说，并不是客体满足了主体需要，就一定会产生某种态度体验，而是跟人的主体认知有关系。美国心理学家埃利斯（A. Ellis）的情绪 ABC 理论表明，激发事件（activating matters）A 本身只是导致情绪后果（emotional consequence）的诱因，而个人对激发事件的认识或信念（belief）B，才是导致情绪发生的主要原因。因此老年人要学会调整自我认知的技巧，运用换个角度看人生的智慧，凡事都全面、辩证、发展地进行分析，多看到事物的积极面，尽量保持积极乐观的心态，这样才有利于身心健康。

（三）培养兴趣爱好，做好角色转变

人进入到老年阶段，就意味着个体要从重要的社会结构中离开，在这种情况下，要重新认识自己的角色改变，做好角色转化，重塑社会角色。老年人要培养其他的兴趣爱好，应宁静致远，修身养性，形与神俱，以神御形，比如，在家养花弄草、书法丹青、垂钓荷塘、太极养生等，在外与人为善，广结善缘，广交朋友，可约上三五好友，或公园练剑、或鼓瑟吹笙、或

笔记

聚餐小酌、或谈古论今。同时一些身体比较好的老年人还可以利用自己的特长或专业技术，找个相对轻松、力所能及的工作，或积极参与到所住小区的业委会工作中去，义务服务社区居民，发挥余热，不为赚钱，只为充实退休后的老年生活。这些不仅可以提升老年人的主观幸福感，也有利于成年晚期感情的调适。

（四）适时表达情绪，避免过度压抑

成年晚期个体的感情调适最为重要的原则就是要避免情绪情感的大起大落，要时刻保持一个平和的心态，既不大喜大悲，也不压制情绪，抑郁焦虑。祖国中医早在2000多年前就提出了五志对应五脏、七情致病的理论，明确提出“喜伤心、怒伤肝、忧伤肺、思伤脾、恐伤肾”。中医认为“百病皆生于气”，人的情绪失调就会干扰到人体气机的正常运转，“怒则气上，喜则气缓，悲则气消，恐则气下，惊则气乱，思则气结”，从而影响到个体的身心健康。

另一方面，情绪不能不发。有些老年人出于各方面的原因，或是要保持自己“老好人”“无所谓”的公众形象，或是怕引起或激化矛盾，不愿意表达自己的情绪情感，或是习惯化地压抑自己的情绪情感，喜怒不形于色，然而过度压抑自己的情绪情感，可能会削弱老年人自身的免疫系统的功能，从而更容易罹患癌症等严重疾病，因此对老年人的身心健康伤害极大。适时适度地表达自己的情绪情感，避免过度压抑自己的情绪情感，是老年人健康长寿的保证。

第四节　成年晚期社会性与人格的发展

成年晚期的社会性发展，指的是个体进入老年后，在与他人关系中所表现出来的观念、情感、态度和行为等随着年龄而发生的变化。成年晚期个体人格的发展一般保持稳定，但同时也会发生一定的变化，总体上持续稳定的趋势大于变化。

一、成年晚期的心理社会性理论

（一）埃里克森的心理社会性发展阶段理论

美国心理学家埃里克森（E.H.Erikson）认为，个体的心理社会性发展贯穿于整个生命全程的各个阶段，在成年晚期，个体面临的心理社会性危机是自我完善对失望。老年期是个体心理社会性发展的第八个阶段，属于个体的成熟期，这一阶段的发展就是获得完美感，避免失望感。个体如果在先前七个阶段中的发展任务得到了圆满解决，人生的积极成分多于消极成分，就会在老年期汇聚成自我完善感。他们回忆自己的一生，感到很值得，这一辈子过得很有价值。老年人就会以一种乐观、热情和豁达的人生态度来面对晚年，对自己的生命产生一种活跃、充实和完整的感觉，而这种认知促成的满意感能够弥补老年人因身体方面逐渐衰退产生的不适感，帮助他们找到人格上的一致，从而产生完善感。反之，那些在前面的几个阶段中发展任务解决得不太好、人生中的消极成分多于积极成分的老年人，则会体验到失望感。他们认为自己的一生失去了许多机会，或在一些关键的人生选择上走错了路，想要重新开始又感到为时已晚，因此有种绝望的感觉，精神萎靡不振，马马虎虎混日子，以一种失望、失落、迷失人生态度看待自己的生命，最终带着遗憾和恐惧走向死亡。

（二）佩克的老年心理社会性任务理论

美国心理学家佩克（R.C.Peck）拓展了埃里克森的老年心理社会性危机的理论，提出了老年心理社会性任务理论。该理论强调老年人对重大生活事件的适应能力，主张从帮助老年人认识和应对老龄化带来的任务或挑战的角度来促进老年心理社会性发展。他指出，个体进入成年晚期后，将面临以下三个挑战或任务：

1. **自我分化对工作角色专注**　面对退休这一人生中重大的生活事件，老年人必须重新

定位自己所扮演的社会角色。工作角色关注的个体往往把由职业带来的地位、荣誉或成绩等看成是自我价值体现的唯一来源，一旦退休他们就很容易体验到无用感或世态炎凉感。而自我分化的个体则表现出了面对挑战的良好适应能力，能够通过发展一系列有价值的活动和心理特性，帮助自己从原来单一的工作角色关注中解脱出来，能够从多方面看待和评价自己的能力，从工作角色之外的多种社会角色中重新发现自我价值，从而促使个体走向新的道路，体验到满足感和价值感。

2. **身体超越对身体专注** 随着年龄的增长，老年人的生理会出现一些退行性变化，身体技能也会逐渐衰退，一些人可能还会患上各种慢性病。面对成年晚期个体发展的这些客观变化，不同个体的适应方式和策略也有所不同。一些老年人对自己的身体过于关注，他们把身体的健康看作是快乐和舒适的唯一来源，不能接受自己身体的客观变化，感到身体健康和力量的衰退是一种莫大的侮辱。特别是当他们因身体原因不能完成原来可以轻松完成的任务时，更容易体验到一种自怨自艾的消极情感。而有些老年人虽然身体健康状态不是很好，甚至是长期遭受病痛的折磨，但他们却能超越对身体的关注，善于从人际关系和心智活动中寻找新的快乐源，从而获得满足感。

3. **自我超越对自我专注** 对于年轻人来讲，死亡是离自己很遥远的事情，但老年人却不得不直面日益临近的死亡威胁，不管一个人能活多久，最终都不得不向死亡妥协。自我专注的老年个体专注于自我的各种丧失和缺陷，将死亡看作是肉体的消失和全部人生意义的幻灭，因此对死亡充满抵触和恐惧。而自我超越的个体却能不断扩展他们创造生命中真正心之所向的能力，能在为他人和为社会作出贡献的过程中找到满意感，如捐赠希望小学、在大学设立各种各样的奖学金，甚至是捐献自己器官或遗体等，让其他人从中获得永久的益处。这样的人不会感到自己的死亡有多么重要，自己的死亡并非是个人影响力的终结，从而完成了对自我的超越。

（三）维兰特的情绪健康理论

成功老龄化（successful aging）通常是指在老龄化过程中，外在因素抵消内在老龄化的进程，从而使老年人的各方面功能没有下降或只有很少下降。美国哈佛大学医学院的精神病学家乔治•维兰特博士（George E. Vaillant）近年来一直致力于成功老龄化的研究。他于2001年指出成功老龄化应该包括三个方面的内容：①发生疾病和疾病相关残疾的概率低；②高水平认知功能和躯体功能；③对生活的积极参与（如人际交往和生产活动）。根据这些维度，他将老龄人群分为三类：成功老龄、常态老龄（usual aging）和病态老龄（impaired aging）。

为了探索如何实现成功老龄化，维兰特提出了独具特色的情绪健康理论。早在20世纪40年代早期，研究人员开始每隔5年对一些毕业于哈佛大学的学生进行追踪研究，在他们65岁时，维兰特和他的同事再次对其中的173名被试进行研究。研究者首先对老年人的情绪健康作了一个操作性定义，即明确具有游玩、工作与爱人的能力，并对生活感到满意；能够成功处理生命中的消极、责难或苦楚。研究结果显示，在大学阶段被描述为“稳定、可靠、安全、精心、真诚、值得信赖”的被试以及在学业上的良好实践组织者，往往在老年时情绪调适得最好。务实和可靠等人格特质似乎比果断、容易交友等大学期间很重要的品质对个体的成功老化更有意义。值得注意的是，研究发现许多在生命初期的因素在成人发展方面的影响并不如传统的精神分析理论强调的那样大，即使是相对阴暗的童年（诸如贫穷、孤儿、父母离异等），对这些65岁的哈佛人成功老化的影响也很小。这些结果被另一项历时4年的研究所支持，美国研究人员迪纳和苏（Diener & Suh，2000）通过研究得出结论，情感幸福并不是由个体外在环境所决定的，人格的韧性在其中起着更为关键的作用。同时，维兰特研究中的那些65岁的哈佛被试主观报告说，情绪健康并不是以快乐的童年、满意的婚姻或职业的成就及认可为根基，那些发展出心理弹性足以应对生命冲击和改变的人，才是能够

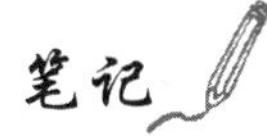

享受最好生活、实现成功老化的人。这些人的自我意识能够驱使他们控制原始冲动，当他们遇到人生中的重大变故和一些重大生活事件时，能够使用研究者所称的“成熟适应机制”来平静地作出反应，而不会发展为暴怒、责怪、沮丧等消极情感，从而促进了情感满意度和身心健康的发展，有利于实现成功老龄化的目标。

（四）巴尔特斯和玛格丽特的SOC模型

1990年，德国心理学家巴尔特斯（Paul Baltes）与玛格丽特（Margret Baltes）从毕生发展的角度出发，提出了成功老龄化的元理论模型——选择补偿最优化模型（selective optimization with compensation，SOC模型）。在这个模型中，成功老龄化被定义为获得积极（想要得到）的结果并使之最大化，避免消极（不想要）的结果并使之最小化。该模型的假设基础是：人的一生中不但会面临各种资源的限制（例如疾病），而且也会遇到各种机遇（如教育），表现出的是一种介于获得和丧失之间的动态平衡。而这种动态平衡又都可以通过选择、优化和补偿三种成分相互作用而得到调整适应，因此它被认为是成功解决成年晚期适应老化带来的各种变化的理论模型。

SOC理论模型描述了老年人应该如何在应对老化带来的挑战中选择优化分配各种资源，在面对丧失时应该如何进行补偿，通过积极的心理和行为适应从一种不平衡的状态重新达成一种新的平衡状态，实现个人的目标，从而实现成功老龄化。SOC模型给老年人最重要的启示是，性别、年龄、民族以至于经济收入并不能预测老年人的生活质量或生活满意度，幸福与否依赖于这样一种能力：通过对有限资源的管理，个体设法减轻生活应激事件所带来的消极影响，以便继续承担有价值的角色和从事有价值的活动。

从上述的几个理论的发展脉络概括而言，西方心理学家认为成年晚期个体面临三大挑战和四项发展任务。三大挑战包括：①适应生理上的变化；②重新认识过去、现在和未来；③形成新的生活结构。四项发展任务为：①接受自己（退休后）的生活；②促进智力发展；③将精力投入到新的角色和活动中；④形成科学的死亡观。

二、成年晚期的社会性适应

在成年晚期，面对众多的心理社会危机、挑战和发展任务，个体以适宜而睿智的方式应对生命历程中不可避免的各种生活事件的挑战，获得良好社会适应就显得尤为重要。

（一）退休

根据相关规定，我国企事业单位目前大多执行的是男60岁、女55岁的退休政策，加上离休群体，每年有大量的老年人从工作岗位上退下来，由原来朝九晚五的辛劳工作转为恬淡闲适的退休生活。探索如何尽快适应这一人生中重大的生活事件，不仅是老年发展心理学理论工作者所面临的现实课题，也是老年人自己需要认真思考、积极应对的人生挑战。能否正确认识、顺利适应这一变化，直接关系到老年人的身心健康发展以及主观幸福感的获得。

美国学者艾齐利（Atchley）等在2001年的研究认为，退休一般会经历期望、过渡和最终适应等三个阶段，整个阶段又包括以下几个时期：

1. **蜜月期** 刚刚从工作中解放的老年人，首先进入蜜月期，他们会感到一种自由感和轻松感，可以参加之前由于工作原因而无法安排的各种活动。他们可以寄情山水，饱览祖国的秀丽河山，有条件的还可以周游世界。有的老年人进入老年大学、夜校等教育机构学习，利用多出来的闲暇时光进行自我充电，圆自己的大学梦。他们可以有更多的时间和家人在一起，陪老伴郊游、帮助儿女教育抚养孙辈，享受家庭的天伦之乐。在这个时期，时间的宽裕、责任和压力的减轻、多种的自由选择使得老年人觉得退休生活其实挺不错的。

2. **清醒期** 相对于刚刚退休的老年人，清醒期的老年人慢慢会觉得退休并不像自己原

笔记

先想象的那样美好，退休后的各种不适应困扰着他们，他们开始想念工作时的成就、奖励、同事情谊，想念工作过的车间、厂房、办公室等，他们发现自己已经不能够重新紧张和忙碌起来，感到一切都是灰蒙蒙的，退休的生活空虚而无助。

3. **重新定位期** 在这个阶段，大多数老年人已经意识到退休是一个客观的存在，并付诸努力主动地适应这一变化。他们开始重新考虑自己的选择，帮助自己完成从工作角色专注转向自我角色分化，通过发展家庭角色、社区角色、朋友角色等社会角色来努力弱化工作角色在自我评价中所占的比重，对自己进行重新定位。同时参与新的更加充实的活动，在工作外的新的舞台上重新找到自己的位置，在各种各样的活动中发展新的自我，力求重新获得成就感和满足感。

4. **平淡期** 成功地经历了上一阶段的老年人，就进入了退休平淡期。经过给自己的角色重新定位，他们开始接受了退休的现实，以积极的态度和振奋的精神培养自己多方面的兴趣，并从各种新的丰富多彩的活动和生活中真正体验到快乐和满足。但这种适应的过程是因人而异的，可长可短。一般的老年人经过一年左右的时间，便能适应和习惯退休后的生活，接受新的生活秩序，转向稳定、平淡但不乏充实、快乐的闲适生活。但显然不是所有的老年人退休后都能达到这样的阶段，有些人在很长的时间内都不能接受和适应退休生活。面对退休的重大变化，他们要么感到怅然若失、郁郁寡欢，要么脾气暴躁、烦躁不安，还有的不知所措，从而产生厌倦、抑郁、焦虑、无助等不良的情绪情感，甚至还会导致一些情绪问题和身心失调，患上所谓的“退休综合征”。

5. **稳固期** 经过平淡期的适应，退休后的老年人大多能结束对这种变化的纠结，认识到退休就像一个人的出生、毕业、婚恋一样，是人生的某个阶段必须经历和接受的生活事件，从而能在思想和情感上更加理性和客观地对待退休。他们逐渐建立了自己全新的生活内容和生活节律，形成了一套与退休生活相适应的生活模式。这个时期一般将会持续10～15年，直到个体的健康状况、经济来源发生变化或社会支持系统出现重大变动为止。

需要指出的是，并不是所有的老年人都必须经历上述阶段，而且这些阶段的先后顺序也不一致。在很大程度上，老年人对退休的态度取决于当初他们对退休的生活的认知和预期，那些由于突然出现的健康问题而被迫退休的个体和希望摆脱工作倦怠享受退休生活的老年人，内心对于退休的体验显然是不一样的。

（二）空巢

空巢是近几年才频繁出现在人们生活中的一个热词，单从字义上讲，空巢就是“空寂的巢穴”，比喻小鸟离巢后的情景，现在被引申为子女离开后家庭的空虚、寂寞的状态。换句话说，空巢家庭即是指无子女共处，只剩下老年人独自生活的家庭。

近年来，我国空巢家庭一直呈上升趋势，1987年我国空巢家庭在老年家庭中所占的比例是16.7%，2000年上升到26.0%。随着老龄化社会的到来及年轻劳动人口的流动，“空巢老人”正在成为一个越来越引人关注的社会问题。根据全国老龄办2012年的最新统计数据，目前我国城市老人空巢率占了一半，占比49.7%。而在农村，原来并不存在空巢老人问题，但随着农民外出务工人员数量的急剧增加，我国农村老年人“空巢家庭”比例也达到了38.3%，上升得比城市还快。“空巢老人”，作为我国老龄化浪潮中最突出的表现和最严峻的挑战之一，已经引起了政府以及社会各界的高度重视。

研究发现，空巢老人是各种慢性病的易感人群，这是由于老年人的体质正处于衰退期，因此心理上的适应不良容易影响到正常的生理功能运行，导致老年人的内分泌紊乱，免疫功能减退，抵御不住各种疾病的入侵，进而引发一系列病症。空巢老人往往身体状况差、患病率高、行为不便等，而子女关爱和照顾的缺失，更使得这些老人大多闷闷不乐，行为退缩，对自己的存在价值表示怀疑，常陷入无趣、无欲、无望、无助的状态，严重的还容易引发老年

笔记

痴呆症。缺乏爱，是导致“空巢综合征”的根本原因，与病痛等肉体上的伤害相比，缺乏精神慰藉对许多“空巢老人”来说则是一种更大的伤害。那么老年人要怎么样才能适应这一重大的人生变化呢？

1. **未雨绸缪，正视“空巢”这一客观现象** 我国实行的是独生子女的计划生育政策，很多家庭都是“4+2+1”的家庭结构，即4位祖父母、2个父母、1个孩子，当孩子出外工作、成家立业后，必然会产生空巢家庭。老年人应该尽早正视“空巢”这一客观现象，认识到这是一个不以人主观意志为转移的客观存在，因此父母首先要对自己与子女的关系有一个正确的界定，在子女离家前，就应该尽早调整好自己的生活重心和生活节奏，积极安排自己的生活，避免一切围着孩子转的倾向。只有积极正视，才能有效防止空巢带来的家庭情感危机。

2. **广交朋友，丰富生活，冲淡空巢心理** 广交朋友是老年人克服空巢心理的极佳途径。老年朋友在一起趣味相投，经常串串门，聊聊天，畅谈生活趣事，分享保健心得，倾诉内心的压抑与不快是非常好的心理良药；同时要积极培养自己的兴趣爱好，如种花、练书法、听音乐及适度的体育锻炼等，有条件的人还可以参加老年大学和各种社区活动，不仅可以提升自我，还可以陶冶情操、丰富生活，与社会保持密切联系和接触，便于转移关注中心，排解不良情绪，冲淡空巢心理，克服心理危机。

3. **积极投身到社会，发挥余热，老有所为** 对于一些身体较好的老人，积极参加社会活动是充实心理，克服空虚的良好途径。如参加社区服务和建设或在一些非盈利组织中担任力所能及的职务，发挥余热，老有所为。一些有一定专长的老年人，可返聘参加专业技术工作或在一些学校、中小企业充当顾问等，重新确立自己新的生活追求目标，这是老人克服空巢心理的最佳方式。

4. **自我调适，乐观生活，重新构建有规律的生活** 空巢老人要调整好自己的心态，学会关爱自己，寻找适合自己的生活方式，重新构建有意义、有规律的老年生活。老年人可找一些大众型的心理学、保健学等方面的书籍看看，以学会自我调适心情。出现心慌、焦躁不安、害怕等现象时，可静坐下来，听听积极向上的民乐，做做深呼吸等。情绪起伏不定时，应加强自控力，保持内心的宁静。建立有规律的生活，对老年人是很有好处的。

（三）丧偶

成年晚期个体遇到的最悲痛的生活事件莫过于丧偶了，俗话说：“少来夫妻老来伴”，老年夫妻一起生活多年，经过生儿育女，风雨同舟，使他们习惯了相伴相守。几十年的相濡以沫，相扶相牵，几十年来的生活旅途，会悄悄积淀下一种巨大的情感力量，这种力量平时淹没在琐碎的生活中，而在老年人丧偶的那一刻，这种撕心裂肺的悲痛就会爆发出来，给人以致命打击。他们会感觉天陡然塌了一半，情感失去了皈依，生活失去了重心，人生失去了意义，对任何事情都提不起精神。有的老年人从此一蹶不振，少言寡语、茶饭不思，精神恍惚，说话语无伦次，甚至生活习惯和性格都发生了变化，造成适应性障碍，形成所谓的“丧偶综合征”。轻的可表现为心境抑郁，表情悲伤，持续时间短暂；重的则可表现为悲恸欲绝，呼天抢地，痛不欲生或呆若木鸡，神思恍惚。

为了了解社会心理因素与疾病之间是否存在相关性以及相应的相关程度，美国学者霍尔姆斯（T. Holmes）和拉赫（R. Rahe）调查了5000个被试的病史，然后进行定量和定性的分析，列出了43种生活紧张事件，并对每种事件可能对人健康产生破坏作用的程度，按0～100计分，每分称为一个“生活变动单位”，编制了“社会紧张事件的再适应计量表”（表11-1）。

由表中数值我们可以看到，最亲近的家庭成员的死亡特别是丧偶位居榜首，是最有可能引发疾病的社会紧张事件，因此需要最大的适应，记为100分。由此可见，丧偶是一个人人生过程中的一个需要引起特别关注和积极应对的重要生活事件，能否适应这一重大人生变化的挑战，直接关系到老年人的身心健康和生活质量。

表 11-1 社会紧张事件的再适应计量表(部分)

事件	记分	事件	记分
配偶死亡	100	亲密朋友死亡	37
离婚	73	夫妻不和	35
夫妻分居	65	借贷超过1万元	31
坐牢	63	与领导有矛盾	23
婚姻问题	50	工作条件有改变	20
被解雇	47	社会活动改变	18
退休	45	家庭成员的变化	15
事业遭受困难	39	打架	12

在一项对芬兰的150万以上已婚夫妻的追踪研究中，芬兰学者马迪卡尼恩和瓦尔科宁(Martikainen & Valkonen，1996)考察了一方配偶死亡后另一方配偶的死亡率，在考察了所有的死亡原因后，研究者发现，无论是男性还是女性，丧偶后的鳏居或寡居的人的死亡率要高于仍处于婚姻关系中的老人的死亡率。换句话说，寡居和鳏居会导致活着的配偶死亡率升高。丧失配偶的过程似乎加快了已有疾病的进程，并且导致自杀率、事故率以及与酗酒有关的死亡率的升高。研究表明，丧偶后男性的死亡率显著升高，这一趋势在其配偶死后6个月内尤为明显。

总之，配偶的死亡对于老年人的打击是巨大的，这一重大的人生变化不仅骤然打破了老年夫妻经过多年经营达成的一种稳固的家庭生活结构和情感支持模式，而且一方的离去也会在心理上让活着的配偶感受到自己离死亡的距离已日益临近，因此容易产生各种消极情绪情感，进而影响到他们的身体健康。

因此，需要我们主动从各个方面帮助老年人予以积极应对和心理调适，帮助他们顺利度过这一社会心理危机期。一方面，应该为丧偶的老年人提供更多的社会情感支持。缓解他们精神上的压力和过于悲痛的情绪，同时予以必要的经济和物质上的支持和帮助，使他们感到温暖，帮助他们重新树立起生活的勇气和信心。

另一方面，老年人自身也应主动适应这一变化，积极维护自己的身心健康。

当丧偶后情绪极度悲伤时，可大哭一场，或向别人倾诉，以便发泄心理上的消极情绪。倘若把忧伤深深地藏在心里，独自一个人冥思苦想，只会强化心理压抑，久而久之，容易引起身心疾病。

国外一系列研究发现，对于男女两性来说，建立一种新的人际关系与他们丧偶后的心理健康有着积极的关联，并且可以被当作一种积极的应对策略。丧偶后的老年人可以通过转移注意、培养兴趣、发展友谊、参加社区活动等各种方式，积极融入到社会生活中去，以一个全新的社会角色来应对丧偶带来的挑战，通过形成一种新的亲密关系或建立一种新的独立生活方式来适应全新的生活。

(四) 死亡

不管你愿意与否，死亡是我们每个人在某个时间都会遇到的事情，它的必然性就如同我们无法自己选择来到这个世界一样。换句话来说，每个人一降生就注定了他或她会在未来某个时候走向死亡，这是一个不以人的主观意志为转移的客观存在。尽管如此，老年人在对待死亡这个个体生命历程中至关重要的里程碑事件时，仍然是态度迥异，各不相同。在人的一生中，每个人都独自来到这个世界，然后通常是很多年以后，又独自离开这个世界。而在这一来一去之间，就构成了我们的人生。因此从某种意义上说，个体对于死亡的态度或者说如何面对死亡，是他们独特人生观的体现。

笔记

1. **死亡焦虑** 尽管个体对待死亡的恐惧程度不尽相同，但对死亡过程的恐惧却具有一定的普遍性。有的老年人认为死亡虽是肉体生命的结束，但并不必然意味着自己生存价值的完全丧失，自己可能在死后仍然会对后人发挥着某种程度的影响力，因此能够坦然接受死亡这一现实，显示出较少的死亡焦虑。也有一些老年人认为死亡意味着一种新生活的开始，一个去往另一个世界的通道。还有一部分老年人认为死亡是一种自我的幻灭和丧失，是人生的最大失败，因而对死亡表现出更大的抗拒和焦虑。一项回归分析的研究发现，自我效能感是老年人对临终和死后所未知的一切恐惧的重要预测变量。

对于自己即将死亡的恐惧是一件非常自然和正常的事情。恐惧死亡的原因是多方面的，有些是属于对濒死过程的焦虑，而有些则是对死亡结果的担忧。担心濒死过程包括害怕孤单、疼痛、让别人目睹自己所受的罪或者对身心失去控制的无力感等。而担心濒死结果包括对死后未知世界的害怕、对自己同一性丧失的担忧、他人将会感到悲痛、身体的腐烂以及来世的惩罚或痛苦等。由于死亡在老龄人群中普遍存在，同时老年人还面临着周围环境中越来越多的死亡，如配偶、兄弟姐妹、同龄友人、同事都可能率先离开了世界，而且老年人自身也更有可能处理诸如选择墓地、立遗嘱、安排葬礼、交代自己的身后事务等与死亡有关的事宜，这一切使得老年人相对于其他年龄段的个体，对待死亡持更加接纳的态度，死亡焦虑也相对减少。虽然老年人似乎比青年人更接近死亡，也更经常地考虑到死亡问题，但他们并没有主观上表现出更多地受到死亡的威胁。研究表明，老年人相对于其他年龄的群体而言，对死亡的恐惧程度最低而表示不畏惧死亡甚至渴望死亡的比例却是最高的。但这并不意味着老年人欢迎死亡，而只能说明他们对待死亡的态度更加理性、更为实际。他们对死亡这一人生中不可避免的客观存在，进行过深邃的思考，对于生死人生有着更深的体悟，并一直努力地为死亡做着心理上和现实中的准备。国外学者 Cicirelli 通过对比实验研究也证实了这一结论：相比而言，年轻人（20～29 岁）比老年人（70～97 岁）对死亡怀有更大的恐惧感。

2. **临终阶段** 在人们的社会生活中，医务人员和家庭亲属都倾向于向当事者隐瞒其即将死亡的事实，这似乎已经成为人们心照不宣的一种惯例。但现在的研究人员对这一做法提出了异议，呼吁应关注个体的死亡知情权，以便重塑死者的人性与尊严、将死亡还原成完整人生的重要组成部分。瑞士精神病学家伊丽莎白•屈布勒 - 罗丝（Elisabeth Kübler-Ross）就是这一领域的先驱者，她的研究工作对我们理解人类如何面对死亡具有巨大的影响力。她发现在对待死亡的问题上，尊重自己的真实情感并加以表达对所有的当事人都有益，临终的过程能够带给他们一个人格成长的新契机。事实上，相关调查研究表明，有超过 80% 的老年人希望一旦自己得了不治之症，身边的人能够如实相告，以便他们对自己来日不多的时光作出自己的安排，或是了结自己的一些心愿，而避免给自己的人生留下遗憾。

基于屈布勒 - 罗斯的观察，她在与临终者及其看护者广泛调查接触的基础上，于 1975 年提出了人们在面对死亡的临终过程中要先后经历五个阶段的理论。

（1）拒绝：个体在得知自己即将死亡的消息时，第一反应就是拒绝，不肯承认死亡这么快就即将降临在自己身上。“不可能，一定是他们搞错了。”即使是那些对于自己死亡做了较好的心理准备的老年个体也难免会有这样的情绪和心理反应。在这个阶段，有些个体直接拒绝相信医生的诊断结论，有些个体甚至质疑当事医生的专业水准，从而转诊或转院到其他的人员或机构以寻求更加“权威”的诊断。在一些极端的事件中，患者在得知诊断消息前后几个星期的记忆都会被遗忘。还有一些个体在拒绝接受诊断消息和承认他们知道自己即将死亡之间反复摇摆。

（2）愤怒：当现实粉碎了种种幻想，经过“拒绝”阶段后，个体最终承认了他们即将死亡的信息，但这并不意味着他们同时接受了这一事实，他们很有可能进入到“愤怒”阶段。在

笔记

这个阶段中，他们既可能在心理上有愤怒的情绪情感体验，如认为老天怎么会如此不公正，自己一生踏实做人、勤勉做事、家庭和睦、与人为善，怎么偏偏就是自己要面对死亡，而不是其他的许多在他们看来更坏的人。同时也有可能在现实生活中表现出具体的愤怒行为，如一个濒死的人可能会对与他们接触的任何人大发脾气，他们可能会因一点小事而强烈指责或猛烈抨击其他人，包括他们的配偶、子女、亲戚或是其他家庭成员、那些照顾他们的人，甚至是其他任何与他们接触的健康人。

与处于“愤怒”阶段的濒死个体相处是一件非常困难的事情，因为他们可能会把自己的愤怒不加节制地发泄在其他人身上，任何一点细小的“导火索”都会让他们不假思索地说出或是做出一些让身边亲人难以理解或是十分痛苦的事情。好在身边的亲人大多都能理解他们这些愤怒的表现是由面对死亡这个巨大的应激源导致的，而不是针对某个具体的个人，因而能够宽容地理解他们的这些“过火”的言语和行为。

（3）讨价还价：经过了“否认”的心理防御机制和“愤怒”的情绪情感反应后，个体越来越感受到了死亡作为一个事实正日益临近的客观性，但在死亡的时间节点上却有着自己的期待，由此进入了临终的“讨价还价”阶段。在这个阶段，濒死个体似乎更加愿意相信“善有善报”的因果逻辑，往往倾向于以一种“虚拟语气”式的假设来对死亡的到来讨价还价。如“假使能够多活一年，甚至是多活几个月，我将会做很多事情来弥补自己曾经犯下的过错，或为其他人服务。”“要是能够活到看到儿子结婚就好了，那个时候我就没有遗憾了，也就能坦然接受死亡”等。

从一定程度上讲，“讨价还价”在濒死者身上同样可能会带来正性结果。虽然死亡不能被绝对推迟，但濒死者心理上的积极期待却有可能影响死亡的具体时间节点。美国学者菲利普斯等（Phillips & Smith，1990）的研究显示，以参加某一特定活动或活到某个特定时刻（如看到孙子出生）为目标确实能够延缓死亡的到来。如我国很多老年人在春节等重要节假日之前或之间的死亡率显著降低，而在节日过后又将有所回升。在西方，犹太人的死亡率在逾越节前后的也会大幅降低。

（4）抑郁：当所有的“讨价还价”都无法阻挡死亡临近的脚步时，人们往往会产生巨大的失落感，从而进入了“抑郁”阶段。在这个阶段，他们以一种悲情的眼光看待世界和人生，他们意识到自己即将要和所爱的人生离死别，自己的生命正在真正走向终结。

屈布勒 - 罗斯把濒死者经历的抑郁分为两个类型：反应型抑郁和预备型抑郁。在反应型抑郁中，悲哀的感觉主要建立在已经发生的事情上，如接受医疗措施后产生的身体无助感、尊严丧失感，或是想到自己可能要死在医院、可能永远无法重返家中过自己熟悉的生活等。濒死者也经常体验到预备型抑郁，这种抑郁中，悲哀的基础是即将到来的无法弥补的损失。他们意识到即将到来的死亡不仅是他们身体功能的终止，而且意味着他们经营一生的社会关系的终结，他们将永远见不到自己的朋友、同事、亲戚和亲人。死亡这一无法摆脱的生命结局将引发他们巨大的悲痛和难以避免的抑郁感受。

（5）接受：这是个体临终心理的最后阶段。在经历上述阶段后，个体逐渐地接受死亡这一无法改变的人生结局，他们完全认识到死亡的迫近对自己意味着什么。在这个阶段，他们常常希望独处，说服自我接受死亡这一客观现实。伴随着情感冷漠和少言寡语，他们对现在和未来已经没有任何积极的和消极的感觉。对处于接受阶段的个体而言，他们能够相对坦然地接受这一现实，死亡再也不能引发进一步痛苦的感觉。

屈布勒 - 罗斯在这个领域可谓成果丰硕、贡献良多。但事实上并不是每一个人在死亡过程中都会经历她提到的每一个阶段，而即使经历这些阶段，它们的顺序也不是固定不变的，有些人可能是以其他的顺序经历这些阶段，而其他的一些人则可能在同一个阶段上反复经历好几次。美国学者斯特娄比和汉森（Stroebe & Hansson，1993）等人研究发现，人们在面

笔记

对即将到来的死亡时表现出巨大的个体差异。对死亡的确切原因、死亡过程将会持续多久等的认知、病人的年龄、性别、人格特征，以及能从家庭和朋友那里得到的社会支持等都会影响死亡的进程和人们对死亡的反应。

（五）临终关怀

所谓临终关怀（hospice care），是指对因身患绝症、身体衰弱或其他原因而导致生存时间有限（6 个月或更少）的个体，提供适当的医疗、护理和服务，以减轻其生理痛苦和心理恐惧，使他们在余下的时间里获得尽可能高的生活质量。由于临终关怀必然要涉及各种症状的姑息治疗，所以在肿瘤科领域它和姑息治疗往往是同义语。

印度近代诗人泰戈尔说："生似夏花之绚烂，死如秋叶之静美。"生命的真谛就是活得有意义，浓郁而热烈，好似享受夏花之绚烂；死得有尊严，宁静而安详，如同欣赏秋叶之静美。如果恶疾无法治愈，死亡已不能避免，那么，坦然地面对以追求宁静的善终，也许是最佳的选择。

1. 临终关怀的目的　临终关怀倡导一种理念：死为生命的一过程，也是生活的一部分，每个人即使身体或思想上功能降到最低仍应得到应有的尊严及照顾，垂死患者的意愿应受到尊重及有选择的权利，在最后的日子里，生活质量远比生命长短更重要。因此临终关怀跟放弃治疗和"安乐死"不同，其目的既不是治疗疾病或延长生命，也不是加速死亡，而是改善临终者余寿的质量。简单点说，也就是让临终者在有限的时光里，能够安详、舒适、有尊严地走过人生旅程的最后一站。

2. 临终关怀的对象　临终关怀的对象主要包括临终者和他们的家属。首先是包括被认为生存时间少于 6 个月的临终者，与原来的界定不同的是，现在对这些临终者的界定更为宽泛，不仅包括罹患了如癌症等各种严重疾病而被诊断不可治愈的濒死者，也包括那些没有疾病、身体功能自然衰退而导致即将死亡的濒死者。另一方面还包括这些临终者的家属，甚至他们更是需要临终关怀尤为关注的对象。因为家属往往比临终者本身更难接受死亡的事实，痛不欲生，往往会产生相应的悲观情绪。临终关怀服务人员在临终者死亡前后，要加强对家属的关怀服务，使他们能够加强自我调适，承受"丧失"的打击，帮助他们重新建立新的生活勇气，以适应新的生活，这对保护和增进家属的身心健康具有重要意义。

3. 临终关怀的内容　一般说来，临终者的需求可分三个水平：①保存生命；②临终期减轻身体病痛；③没有痛苦地死去。因此，当死亡不可避免时，临终者最大的需求是安宁、避免骚扰，亲属随和地陪伴，给予精神安慰和寄托，对美（如花、音乐等）的需要，或者有某些特殊的需要，如写遗嘱、见见最想见的人等等。临终者亲属都要尽量给予病人这些精神上的安慰和照料，使他们无痛苦地度过人生最后时刻。因此，临终关怀的内容主要包括人身关怀、心理关怀和灵性关怀三个方面。①人身关怀：通过医护人员及家属的照顾减轻临终者身体上的痛苦，再配合天然健康饮食提升身体能量，提升其人身的舒适度。②心理关怀：通过专业医护人员等的心理疏导，使临终者减轻恐惧、不安、焦虑、埋怨、牵挂等心理，令其安心、宽心并对未来世界（指死后）充满希望及信心。③灵性关怀：引导和帮助临终者回顾人生寻求生命意义或建立生命价值观。

4. 临终关怀的发展历程　临终关怀是近代医学领域中新兴的一门边缘性交叉学科，是社会的需求和人类文明发展的标志。就世界范围而言，它的出现只有几十年的时间。临终关怀运动始于英国的圣克里斯多费医院。20 世纪 50 年代，英国护士桑德斯（Cicell Saunders）在她长期工作的晚期肿瘤医院中，目睹了垂危病人的痛苦，决心改变这一状况。1976 年她创办了世界著名的临终关怀机构（ST. Christophers' Hospice），使垂危病人在人生旅途的最后一段时间得到需要的满足和舒适的照顾，"点燃了临终关怀运动的灯塔"。随后，世界上许

笔记

多国家和地区开展了临终关怀服务实践和理论研究，20 世纪 70 年代后期，临终关怀传入美国，80 年代后期被引入中国。在我国，“临终关怀”一词的正式应用，始于 1988 年天津医学院（现天津医科大学）临终关怀研究中心的建立。经过理论引进和研究起步、宣传普及和专业培训以及学术研究和临床实践全面发展等三个阶段，我国的临终关怀事业有了长足的发展。目前我国临终关怀机构主要有如下几类：一是以老年护理为主的医疗机构；二是肿瘤医院内部开展的部分姑息医学治疗，如镇痛等；三是提供居家病人部分镇痛药物及家庭护理指导的宁养院；四是部分等级较高的综合医院开办的姑息医学住院部；五是一些发达地区，如上海的部分社区医院，在社区服务中心和家庭内部提供部分姑息治疗等。

三、成年晚期人格的发展变化

（一）成年晚期人格发展变化的一般特点

老年人的人格特征既有稳定的一面，又有变化的一面，但稳定多于变化。老年人人格的变化大体趋势有：自我中心化加剧；容易导致不安全感、孤独感和失落感；适应性差、拘泥刻板、趋于保守以及好回忆往事等。

成年晚期的人格是个体中年人格的连续，表现出比较稳定的心理特征。如果一个人在早年具备宽容、乐观、豁达、自信等的人格特质，到了老年期这些人格特质仍能得到较好的保持，老年人的日子也会过得快活一些。而老年人的一些不良人格也并非是年轻时期人格方面质的变化，而只是过去不良人格特点的“放大”而已，当年潜抑的人格缺陷，到年老之时，在精神衰退的情况下表现得更清楚更突出罢了。同时，时代不同，生活的环境不同，人格不同，变化的速度也不同。在以传统农业劳动为主的生活环境中，一般女性到了 45 岁以后，男性到了 50 岁以后其人格和心理行为便开始出现衰老特征；在劳动强度减轻，物质生活水平开始提高的工业化劳动为主的时代，一般女性到了 55 岁，男性到了 60 岁以后，其人格和心理行为显示出衰老特征；而在以脑力劳动为主、物质文化生活极为丰富的环境里，一般女性到 60 多岁，男性到近 70 岁以后才会出现人格和心理行为的衰老特征。

（二）成年晚期的人格类型

由于老年人的经历、所处的环境条件和心理素质不同，故他们的适应状况、适应水平和适应方式都会有所不同。根据他们的适应方式和适应水平的特点，可将其人格大体分为以下六个类型：

1. **成熟型** 此种类型老年人的主要特点是性格开朗、外向，和蔼可亲，随和善良，乐于助人，容易与人交往。他们对自己的过去评价适度，并能够以理性的态度勇于面对现实，以有效的策略处理各种现实问题，显得成熟、老练，能妥善处理工作、社会和家庭的人际关系，同时能根据自己的实际能力和身体条件安排自己的活动，进退有方，行为适中，承认衰老，正视疾病和困难。

2. **安乐型** 该型老年人对自己的过去无怨无悔，能接受退休的现实，对人生有着自己的理解，人际关系随和。他们不再像年轻时那样刻意追求外在的东西，不再刻意强调行为的目的性和计划性，而是乐意享受悠闲轻松的生活乐趣，并发展出自己的娱乐活动，如下棋、养鸟、钓鱼、听音乐、养花、听戏或打球等，与人为善，与世无争，随遇而安，安享清福。

3. **进取型** 进取型也称奋进型，该型老年人的主要特点是身体健康、精力充沛、头脑灵活，他们积极进取，充分发挥自己的才能。他们对自己以往的工作感到自豪，心安理得地退休，退休后仍有目的地从事一些有益身心的活动。他们有乐观的人生态度，能恰如其分地评价自己、别人和周围的事物，常常会积极主动地搞好人际关系。这类老年人大多会在退休后利用自己的专长继续发挥余热，为社会和家庭继续作出贡献，并从中获得极大的成就感。

4. **防御型** 根据精神分析的理论，这类老年人内在焦虑水平很高，他们有强烈的事业心，

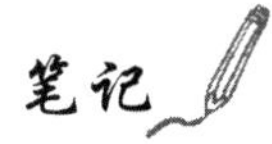

不服老，不愿面对老年期生理上退行性变化的现实，他们不会休息、不会娱乐，似乎对工作有着过分的热情，过分强调自己的责任和义务，因此不顾身体衰退而不停地工作和忙碌，一旦停下来，便会陷入焦虑和不安之中。这种类型的老年人退休后大多仍设法继续工作，把自己置身于忙忙碌碌、终日操劳的境地，借此来排除由于身体功能下降而产生的焦虑不安，在意识上逃避承认自己已老化的事实。同时，由于切实地感受到工作上年轻人带来的竞争压力，因此对他们易产生嫉妒心理。

5. **怨恨型** 该型老年人的主要特点是心存怨恨、缺乏理性、容易发怒、难以自控。他们同样无法接受自己业已衰老的事实，同时回顾自己的一生，又会因未实现自己既定的人生目标，或认为这个世界对他不公平而产生怨恨。他们往往对自己的人生持负面的评价，而且将其原因归咎于他人、社会、环境等外界因素，习惯于用悲观的观点看待一切事物。由于在归因方式上存在偏差，因而他们往往对社会和别人怀有敌意，在生活中对同事、朋友和家人常无故发怒。

6. **厌世型** 该型老年人生活在深深的自责、自罪的内疚之中，总是认为自己这一生的许多选择是错误的，把自己的生活历程看成是失败的一生，他们看不到自己的优点与成绩，把失败的原因归咎于自己的能力和运气。同时他们认为自己给别人带来了痛苦和灾难，他们悲观、失望，无任何生活乐趣，常常孤僻独处，不愿与别人交往，他们对生活心灰意冷，认为死亡才是他们的真正解脱，所以该型老年人可能会以自杀来了结自己的一生。

需要指出的是，以上对于老年人的人格类型的论述只是大体的划分，换言之，这种心理类型的划分都是相对的，而不是绝对的。在现实生活中，很少有老年人完全属于上述某个典型类型，更多的老年人则可能是几种类型的混合。一般来说，老年人的个性特征是他青年和中年期人格延续发展的结果。老年人的人格特征与他以前的生活经历及人格形成和发展历程有着密切的关系。概括地讲，青壮年期健全、成熟的人格有利于老年期健全、成熟的人格的形成，反之亦然。但也有些曾经是十分健全、受人尊敬的人到了老年变得十分古怪、令人费解，而大多数人格障碍者到了老年期都不同程度地有所缓解。还有一些曾经犯过罪的人，到了老年，反而变得十分友善，为人和气，与青年时期判若两人。

第五节 成年晚期常见心理问题与干预

成年晚期，随着个体身体功能系统的退行性变化以及社会角色的弱化等，使得老年人可以利用的资源（如时间、体力、智力、反应速度等）明显减少，社会经济地位明显下降，再加上退休、丧偶等一些重大的负性生活事件的影响，这些都构成了老年人不得不直接面对的现实挑战。如何适应这些变化，就成为成年晚期心理适应的重要课题。

一、成年晚期的心理问题与干预

成年晚期是人生的最后一个阶段，个体面临着生理上的各种丧失、社会结构的调整和社会角色转变以及社会资源、经济社会地位的下降，内外环境的剧烈变化对老年个体心理适应任务提出了严峻的挑战，因此成年晚期也是老年人心理问题的易发多发阶段。

（一）成年晚期常见的心理问题

老年人常见的心理问题主要有以下表现：

1. **黄昏心理** “夕阳无限好，只是近黄昏”。一些老年人一方面感叹生活的美好，现在孩子也相继成家立业，终于可以从日复一日的工作和养儿育女的沉重负担中解脱出来，终于可以过自己想过的生活，衣食无忧，生活无虞。但另一方面又感叹日月无情，时光这把雕刻刀不仅让自己的容颜失去了往昔的光彩，而且身体也随之年岁的增长而大不如前，一部分

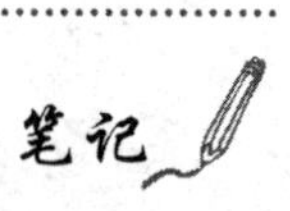

老年人由于丧偶、子女离家工作、自身年老体弱或罹患疾病，感到生活失去乐趣，对未来丧失信心，甚至对生活前景感到悲观等，对任何人和事都怀有一种消极，否定的灰色心理。

2. **焦虑心理** 焦虑是个体意识到危险、但危险又还没有降临时产生的自动化的情绪反应，是个体对一个模糊的、非特异性的威胁做出反映时经受的不适感和自主神经系统激活状态。老年人由于体弱多病，行动不便，力不从心或是疑病性神经症以及各种应激事件和某些疾病如抑郁症、老年痴呆症等都可以诱发焦虑。一般来说，一定程度的焦虑是个体应对外部环境变化的良好的适应机制，具有一定的进化适应意义，但持久过度的焦虑则会严重损害老年人的身心健康，加速衰老，增加失控感，损害自信心，并可诱发高血压、冠心病；急性焦虑发作可导致脑卒中、心肌梗死、青光眼高压性头痛失明，以及跌伤等意外发生。

3. **抑郁心理** 抑郁是一种感到无力应付外界压力而产生的消极情绪，是人们遇到精神压力、生活挫折、痛苦境遇、生老病死、天灾人祸等情况时容易出现的情绪反应，表现为情绪低落、思维迟缓、丧失兴趣、缺乏活力、食欲减退和失眠等。老年人由于身体器官与组织老化，免疫能力降低，人体功能及活动能力下降，慢性疾病如高血压病、冠心病、糖尿病及癌症等与躯体功能障碍和因病致残导致自理能力下降或丧失，以及多种应激生活事件累积、孤独、消极的认知应对方式等都容易引起悲观、失落和忧虑等老年抑郁心理。主要表现为情绪低落、思维迟缓和行为活动减少三个主要方面。老年人抑郁表现特点为大多数以躯体症状作为主要表现形式，心境低落表现不太明显，称为隐匿性抑郁（masked depression）；或以疑病症状（hypochondriasis）较突出、可出现“假性痴呆”（pseudodementia）等；严重抑郁症老人的自杀（suicide）行为很常见，也较坚决，如疏于防范，自杀成功率也较高。

4. **无用自卑心理** 经常听老年人把“我老了”，“不中用了”这样的话语挂在嘴边，其实背后折射的是无用自卑心理。随着老年人从重要的工作岗位上退下来，一些个体往往对退休后的无所事事的生活久久无法适应，认为自己从一个社会财富的创造者变成了一个纯粹的靠退休金供应的社会物质的消耗者，认为自己成了社会和家庭的累赘，对自我的评价过低，从而产生无价值感或无用感。同时由于退休后经济收入减少，社会地位下降，感到不再受人尊敬和重视，而产生失落感和自卑心理，可表现为发牢骚、埋怨，指责子女或过去的同事和下属，或是自暴自弃。由于自卑，很多老年人习惯把自己封闭和孤立起来，不愿与人交往，对外界社会反感，不安全感加剧，进而进一步促进了无用自卑和无助的感觉。

5. **孤独寂寞心理** 孤独（loneliness）是一种心灵的隔膜，是一种被疏远、被抛弃和不被他人接纳的情绪体验。老年人由于离退休后远离社会生活、无子女或子女离家后造成的空巢、丧偶、性格孤僻或因自己体弱多病，行动不便，客观上降低了与亲戚朋友来往的频率等都会导致老年人产生孤独寂寞心理。孤独寂寞、社会活动减少使老年人容易产生伤感、抑郁情绪，精神萎靡不振，常偷偷哭泣，顾影自怜，如体弱多病，行动不便时，上述消极情绪情感会更加加重，长此以往，就会导致老年人身体免疫功能降低，为疾病敞开大门。

6. **疑病症** 疑病症是一种老年人常见的心理疾病，患者常怀疑自己患了某种躯体疾病，或是断定自己已经患了某种严重的疾病，感到十分烦恼，其烦恼的严重程度与患者的实际健康状况很不相称。患有疑病症的老年人性格上都有一定的缺陷，例如敏感、多疑、易受暗示；孤僻、内向，对周围事物缺乏兴趣，对身体变化过度关注，以及过分自恋等。

7. **睡眠障碍** 睡眠障碍是指睡眠量的异常及睡眠质的异常或在睡眠时发生某些临床症状，老年人睡眠障碍常见的表现主要有三种：一是入睡或维持睡眠困难。老年人由于大脑皮质兴奋和抑制能力低下，造成睡眠减少或睡眠障碍，表现为睡眠浅、多梦、早醒或易惊醒，晚上不能入睡而白天没精神，或是黑白颠倒，晚上不睡而白天昏昏大睡等。二是睡眠呼吸障碍。多见50岁以上人群中，睡眠后均可能发生呼吸障碍，如睡眠呼吸暂停、睡眠加重呼吸疾病、夜间吸入或夜间阵发性呼吸困难。睡眠呼吸暂停综合征（sleep apnea syndrome SAS）

笔记

是老年人最常见的睡眠呼吸障碍，占睡眠疾患的70%，且随增龄而发病率增加，男女发病之比为5∶1～10∶1。有SAS发生者，其脑血管病发病率升高，尤其缺血性卒中的发生机会增多。三是嗜睡。嗜睡是老年人睡眠障碍的另一常见现象，日常生活中我们常常可以看到一些老年人总是精神不济、昏昏欲睡。老年人嗜睡的原因主要有有脑部疾病（脑萎缩、脑动脉硬化、脑血管病、脑肿瘤等）、全身病变（肺部感染、心衰、甲状腺功能低下等）、药物因素（安眠药）及环境因素等。由于老年人对身体病变的反应迟钝或症状不明显，有时仅表现为嗜睡；因此，了解老年人嗜睡的意义就在于明确嗜睡的原因，确定其是否属于病理性的嗜睡，并使之得到尽早的治疗。

（二）成年晚期常见心理问题的干预

对于成年晚期上述常见心理问题的干预，老年人只有积极地寻求心理适应，才能应对各种挑战，避免产生各种心理问题，达到一种新的平衡，从而心境平和、健康长寿、颐养天年。

对于成年晚期常见心理问题的干预，首先就要明确其是属于一般性的心理问题、心理障碍还是严重的心理疾病，从而对其进行针对性分诊干预。不管是何种心理问题，都要以预防为主，从认知和行为两个方面入手，调动各种资源进行应对，总体上讲，成年晚期常见心理问题的干预可以从以下几个方面入手：

1. 对老年期的退行性变化和对老年期生活的心理准备 研究表明，老年人对自己身心发生退行性变化的认识程度以及对未来生活或可能遇到的重大生活事件，如退休、丧偶、寡居等提前做好心理准备，对提升其在成年晚期的心理适应能力具有重要作用。

2. 主动创造和适应新的社会角色，促使个体主要活动的积极转换 在新的社会活动中体现老年人的价值，维护自我尊严。老年人要退而不休，应保持适度的、积极的社会参与，一些身体健康状况良好的老年人可以利用自己的经验能力或者专业知识，在一些中小企业、事业单位从事业务顾问等工作，发挥余热。也可以重新塑造工作之外的新的社会角色，如积极参与社区事务、老年大学、联谊会等，实现新的自我价值。

3. 深化朋友间的友谊关系 老年人的朋友虽然一般数量都不多，但都是经历了时间的沉淀而形成的深厚友谊，尤为可贵，因而老年人更应加强和朋友间的沟通和交流，巩固友谊，从而使之成为个体重要的社会支持资源。实际上，在成年晚期，朋友是比家人更有力的社会资源，老年人与朋友们在一起的时间往往多于与家人在一起的时间，可见友谊在老年人的生活中占据着重要的地位。

4. 协调好家庭关系 夫妻恩爱、家庭和谐是老年人幸福生活的重要因素。老年人在对待夫妻关系上，要互敬互让，互亲互爱，相互体贴，感情上相互依恋，生活上相互照顾，和睦的夫妻关系能使老年人心情愉快、身体健康。在对待子女的问题上，老年人要克服过于担忧、过于操心的倾向，"儿孙自有儿孙福"，他们的道路最终还是要靠他们自己去走，维护好自己的身心健康，让儿女们免去后顾之忧，才是对他们工作事业的最大支持。

5. 避免逃避式的适应方式 "人有悲欢离合，月有阴晴圆缺"。人难免会遇到不如意的事情，因此也要做好接受不愉快情感的准备，不要一遇到问题，就选择逃避，不愿直接面对。其实，面对一些不可避免的负性事件，积极面对、调动现有资源进行主动调适才是最好的适应方式。

二、成年晚期长寿心理保健

科学家根据对哺乳动物生长规律的研究，估计出人类的最高寿命应该是100～175岁。结合现在的时代特点、生活环境、卫生条件等因素，美国学者威尔莫斯（Wilmoth，1998）根据目前的人口统计学推断，到2050年，人类的预期平均寿命可以达到85岁。根据来自中国老年学会的数据，截至2011年7月1日，中国（不包括港、澳、台地区）健在百岁老人已达到

48 921 人，比去年百岁老人总数净增加 5228 人，增幅为 10.69%。在其 2010 年发布的“第三届中国十大寿星排行榜”上，来自广西壮族自治区巴马县的瑶族老寿星罗美珍以 125 岁的高龄居十大寿星榜首，上榜的前 10 名寿星平均年龄为 119.9 岁。老年人要长寿应遵循以下心理保健措施：

（一）经常活动，老有所为

生命在于运动，老年人更要经常活动，不仅要从事适度的规律的身体锻炼，还要和社会保持密切的联系，积极参与一些社会活动，扮演一定的社会角色，做到老有所为。在新疆的 865 位百岁老人中，有的生活在牧区，他们经常活动。广州市的 26 名寿星都从小参加劳动，到 70～80 岁才逐渐减少。浙江省的 54 位百岁老人的第一条经验是热爱劳动，坚持体育锻炼。

（二）兴趣广泛，热爱生活

大多数长寿老人，都有业余爱好，兴趣比较广泛。如种花养鱼、吹拉弹唱、书法绘画、集邮写作、河边垂钓等。生活充实，才能“乐以忘忧”，并且使大脑和全身各器官得到锻炼，延缓衰老。长寿老人多数有“老骥伏枥，志在千里”的雄心壮志，显得精力充沛，生气勃勃。这主要是他们热爱生活，热爱家庭。他们每天读书看报，能与时代共前进，每天有事干，精神有寄托。而且他们具有比较科学的生活方式，起居有规律，睡眠有保证，能顺应自然。基本做到了人与自然的平衡。这些自然有益于健康长寿。

（三）素食为主，不嗜烟酒

良好的饮食习惯也是长寿的重要保证，大多数百岁老人居住在以素食为主的农村，没有一个是体重超标者。有位新疆寿星说：“吃饮留口，能活 99。”虽然有少数百岁老人中午或晚上也会喝少量的酒，但几乎没有吸烟者，也没有嗜酒者。

（四）心态平和，心情愉快

研究表明，一个人有过多的奢求，必然会经常失望，心理出现不平衡，影响健康长寿。而长寿老人则多具备知足而乐的心态。在人生道路上，不可能一帆风顺，都会遇到各种各样的坎坷、挫折，甚至灾难等，这些自然会让人气愤。而长寿老人遇到这种情形，都能尽量做到心态平和，平静制怒，顺其自然，想得通、看得开，在逆境中自强自立，努力走出困境。这种和善、平静、知足的心理，使他们的身心与环境长期处于平衡而有规律的状态，为健康长寿铺平道路。

（五）心胸豁达，性格开朗

长寿老人大都胸襟开阔，心态平和，为人处世热情，乐于工作，善于助人，遇事不怒。他们生活得自由自在，轻松大方，没有压力。事实证明“心胸窄，忧患多；心胸宽，人快活；人快活，疾病躲”。凡事不斤斤计较，不患得患失。具有这种良好心理和精神境界，心理上自然容易保持平衡，有益于延年益寿。

总之，成人晚期是在身心发生退行性变化的总体趋势下，个体在某些特定领域仍然保持诸多优势的时期，是身心变化衰退性特征日趋明显和获得性发展并行的时期。在当今世界老龄化进程普遍加快的时代背景下，研究老年期个体的身心发展规律和特点，就是为了应对老龄化带来的挑战，增强全社会对老年人的认知与理解，树立起尊重老人、服务老人的意识，以便更好地关心和关爱老年人，增强其主观幸福感，为推进人类文明进步作出贡献。

思考与练习

1. 国外最近的一些研究认为，年龄似乎并不是老年人身心发展或衰退的必然根据，一些中间变量可能影响了这一进程。你认为这些中间变量可能包括哪些方面？
2. 请论述成年晚期智力退化的几种主要观点。
3. 如何认识成年晚期的感情发展规律？

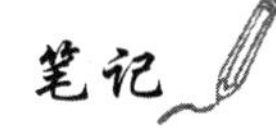

4. 请概述一下成功老龄化的SOC适应模型。

5. 社会关系在老年人心理适应过程中扮演什么样的角色？联系实际谈谈老年人社会性和人格发展的一般趋势。

推荐阅读

1. 夏埃，威利斯. 成人发展与老龄化. 5版. 乐国安，等. 译，上海：华东师范大学出版社，2003
2. 林崇德. 发展心理学. 北京：北京师范大学出版社，2005
3. 郭晓燕，王振宏. 积极情绪的概念、功能与意义. 心理科学进展，2007，15（5）：810-815

（吴寒斌）

笔记

参考文献

1. 谢杨. 青少年自杀行为及影响因素研究. 首都公共卫生，2017，(6)：115-117
2. 陈春霞. 激光穴位照射联合音乐胎教治疗孕妇胎位不正的临床效果. 中外女性健康研究，2017，25(8)：72-75
3. 霍晓燕，董友玲，谷瑞瑜. 妊娠期妇女感染 HPV 对产妇和胎儿的影响. 实用临床医药杂志，2017，21(1)：84-86
4. 徐阳. 女性生育的最佳时期. 实用妇产科杂志，2016(4)：242-244
5. 谭旭运. 爱情心理学的四大理论构建集成. 心理研究，2016(9)：92-96
6. 肖武. 中国青年婚姻调查. 当代青年研究，2016(9)：79-85
7. 颜志雄，刘勋，等. 发展认知神经科学：人脑毕生发展的功能连接组学时代. 科学通报，2016，61(7)：718-727
8. 周倩，王松洁. 大学生职业选择特点与引导策略思考. 教育与教学研究，2016(12)：63-68
9. 池丽萍. 中国人婚姻与幸福感的关系：事实描述与理论检验. 首都师范大学学报：社会科学版，2016，228(1)：145-156
10. 丁祖荫. 幼儿心理学. 北京：人民教育出版社，2016
11. 王洪芳. 孕妇肥胖和血脂水平对新生儿出生结局的影响分析. 当代医学，2016，22(33)：79-80
12. 孙晓彤，杜彩素. 妊娠晚期孕妇焦虑状况及影响因素分析. 河北医药，2016，38(16)：2528-2530
13. 王妍平，陈叙. 宫内营养对胎儿心血管健康的远期影响. 国际妇产科学杂志，2016，43(2)：226-229
14. 卢韦，陶柳，孙洪玉，等. 妊娠期孕妇保健知识需求及心理健康状况调查与分析. 航空航天医学杂志，2016，27(12)：1566-1568
15. 杨柳. 音乐胎教对胎儿血流动力学及行为活动影响的超声评价. 实用中西医结合临床，2016，16(10)：11-13
16. 邓翠莲，钟玉瑶，李玉文. 音乐胎教对胎儿免疫功能的影响. 临床护理杂志，2016，15(1)：20-32
17. 李晓捷. 人体发育学. 2 版. 北京：人民卫生出版社，2016：73-83
18. 方晓义，刘璐，邓林园，等. 青少年网络成瘾的预防与干预研究. 心理发展与教育，2015，1(14)：100-107
19. 林崇德. 北京师范大学发展心理研究所三十年回顾与展望. 心理发展与教育，2015，1(1)：1-8
20. 魏晓娟. 农村青年闪婚的心理基础及引导路径. 中国青年研究，2015，(9)：84-88
21. 张秋丽，孙青青，郑涌. 婚恋关系中的相似性匹配及争议. 心理科学，2015(3)：748-756
22. 雷敏，黄小云，刘惠龙，等. 深圳母亲不同分娩年龄与剖宫产比率研究. 中国妇幼卫生杂志，2015，6(3)：38-41
23. 郭玲. 妊娠合并梅毒患者不良妊娠结果及影响因素分析. 中国现代医生，2015，53(18)：76-79
24. 周梦林，应俊，陈丹青. 父源因素对胎儿生长发育的不良影响研究进展. 国际生殖健康：计划生育杂志，2015，34(5)：424-428
25. 王兴洁，王云芳，成桂荣，等. 妊娠晚期孕妇抑郁与剖宫产的相关影响因素分析. 中国妇幼保健，2015，30(24)：4186-4187
26. 黄绍芳，朱淑平，万曦娣. 胎教方式在电子胎心率监护中唤醒胎儿的临床研究. 江西医药，2015，50(5)：452-454，470
27. 常向东，马丹英. 企业员工工作倦怠与自杀意念的相关性. 中国健康心理学杂志，2014，22(6)：847-849
28. 黎玲玲. 胎教有"度"——浅谈音乐胎教中存在的问题. 音乐时空，2014，62(12)：81-82
29. 柴林利. 肥胖孕妇母婴并发症和分娩结局分析. 基层医学论坛，2014，18(20)：2616-2617
30. 危娟，徐富霞. 音乐疗法在早产儿护理中的初步应用. 护理研究，2014，28(3)：329-330
31. 陆根书，彭正霞，康卉. 大学生创业意向及其影响因素研究——基于西安市九所高校大学生的调查分析. 西安交通大学学报：社会科学版，2013，33(4)：104-113

32. 王存同，余姣．中国婚姻满意度水平及影响因素的实证分析．妇女研究论丛，2013，115（1）：25-32
33. 邓林园，方晓义，刘朝莹，等．心理健康教育模式在青少年网络成瘾预防与干预中的有效性初探．心理研究，2013，6（1）：75-81.
34. 李甦．学前儿童心理学．北京：高等教育出版社，2013
35. 吴艳洁，王璐，李文瑜．孕妇吸烟与新生儿畸形发病率关系研究．2013年河南省妇产科护理安全管理研讨班论文集，2013
36. 唐芹，方晓义，等．父母和教师自主支持与高中生发展的关系．心理发展与教育，2013，（6）：604-615
37. 邓睿．我国不同类型中学教师职业成就感现状及比较分析．教师教育研究，2013，25（5）：30-36
38. 申顺芬，林明鲜．婚姻满意度研究：以山东省为例．人口研究，2013，37（4）：92-102
39. 王薇，李安平，胡佩诚．中国婚姻满意度调查及满意婚姻设想．中国性科学，2013，22（6）：83-87
40. 王存同，余姣．中国婚姻满意度水平及影响因素的实证分析．妇女研究论丛，2013，115（1）：25-32
41. 曾远红．企业员工工作倦怠的影响因素分析．当代医学，2012，18（10）：159-160
42. 吴少晶．围产期肥胖对母婴近远期的影响．华夏医学，2012，25（3）：426-428
43. 杨英伟，星一．农村中小学生校园欺侮现状分析．中国学校卫生，2012，25（8）：964
44. 李海垒、张文新、于凤杰．青少年受欺负与抑郁的关系．心理发展与教育，2012，24（1）：77-82
45. 董奇．发展认知神经科学：理解和促进人类心理发展的新兴学科．中国科学院院刊，2012
46. 曾远红．企业员工工作倦怠的影响因素分析．当代医学，2012，18（10）：159-160
47. 杨洋．心理学视野中的爱情内涵及结构述要．社会心理科学，2011（7）：52-54
48. 史玥，孙林岩，王敏．工作特征、职业倦怠与工作绩效的关系研究．人类工效学，2011，17（1）：36-40
49. 杨洋．心理学视野中的爱情内涵及结构述要．社会心理科学，2011（7）：52-54
50. 常燕玲．用心完成宝宝生命第一课——胎教．家庭 & 育儿，2011（4）：81-83
51. 史玥，孙林岩，王敏．工作特征、职业倦怠与工作绩效的关系研究．人类工效学，2011，17（1）：36-40
52. 林崇德，辛自强．发展心理学的现实转向．心理发展与教育，2010，1：1-8
53. 沈洁．霍兰德职业兴趣理论及其应用述评．职业教育研究 .2010.07（7）：9-10
54. 李富业，黄云飞，刘继文，等．专业技术人员职业倦怠现状及影响因素分析．中国公共卫生，2010，26（8）：985-986
55. 林莹．妊娠期糖尿病孕妇的孕期管理对妊娠结局的影响．公共卫生与预防医学，2010，21（5）：110-111
56. 陈帼眉．幼儿心理学．2版．北京：北京师范大学出版社，2017
57. 李晓捷．人体发育学．2版．北京：人民卫生出版社，2016
58. 刘泽伦，陈英和．发展心理学．北京：北京师范大学，2015
59. 陈帼眉主．学前心理学．2版．北京：人民教育出版社，2015
60. 雷雳．毕生发展心理学：发展主题的视角．北京：中国人民大学出版社，2014
61. 马莹．发展心理学．2版．北京：人民卫生出版社，2013
62. 傅松滨．医学遗传学．3版．北京：北京大学医学出版社，2013：1-93
63. 高英茂，李和．组织学与胚胎学．2版．北京：人民卫生出版社，2010
64. 胎教的实用与科研．北京：教育科学出版社，1991
65. 戴维•谢弗．发展心理学：儿童与青少年．邹泓，译．北京：中国轻工业出版社，2016
66. 戴安娜•帕帕拉，萨莉•奥尔茨，露丝•费尔德曼．发展心理学．第10版．李西营，译．北京：人民邮电出版社，2016
67. 斯科特•A•米勒．发展心理学研究方法．陈英和，译．北京：北京师范大学出版社，2015
68. 费尔德曼．发展心理学——人的毕生发展．6版．苏彦捷，邹丹，译．北京：世界图书出版公司，2013
69. David R. Shaffer & Katherine Kipp．发展心理学．8版．邹泓，译．北京．中国轻工业出版社，2013
70. 谢弗．社会性与人格发展．5版．陈会昌，译．北京：人民邮电出版社，2012
71. 西格曼，瑞德尔．生命全程发展心理学．陈英和，译．北京：北京师范大学出版社，2009

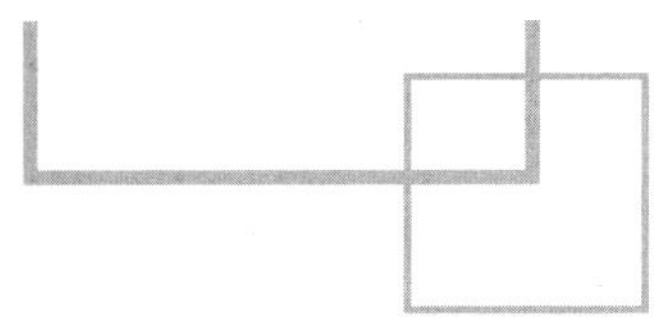

中英文名词对照索引